高等学校规划教材·软件工程

面向对象设计与Java编程

（第2版）

主编　马春燕

编者　马春燕　张　涛　王　犇　干红平

西北工業大學出版社

西　安

【内容简介】 本书为软件系统开发指导教程。首先，通过对比结构化编程，介绍面向对象编程的基本概念和特点，以及根据软件需求设计 UML(Unified Modeling Language，统一建模语言)类图的方法。重点围绕面向对象中类的封装性、类之间的关联关系、类之间的继承关系和多态等特性，阐述应用 Java 语言对 UML 类图进行编程实现的核心技术。然后，围绕Java 项目开发，介绍集成开发平台 Eclipse、IntelliJ IDEA 的使用，以及 Java 大型项目管理工具 Maven 和多任务协作开发版本控制系统 GitHub 的使用，并阐述 Java 异常处理、Junit 单元测试、Java 编程规范和 Javadoc 注释等 Java 程序的质量保障技术。最后，阐释面向对象可复用设计模式等面向对象设计的高级主题，以及输入输出、并行处理、网络编程等高级 Java 和界面编程技术。

本书内容编排独特，讲解通俗易懂，通过大量具体示例及贯穿全文的综合应用案例来阐述设计理念、编程技术和面向对象理论知识，具有较强的工程性和应用性。

本书可作为高等院校软件工程教育核心教材，也可作为计算机专业及相关专业的课程教材，以及软件开发人员的参考用书。

图书在版编目(CIP)数据

面向对象设计与Java编程 / 马春燕主编. — 2版. — 西安 : 西北工业大学出版社, 2022.11
高等学校规划教材. 软件工程
ISBN 978-7-5612-8354-7

Ⅰ. ①面… Ⅱ. ①马… Ⅲ. ①JAVA语言-程序设计-高等学校-教材 Ⅳ. ①TP312.8

中国版本图书馆CIP数据核字(2022)第158204号

MIANXIANG DUIXIANG SHEJI YU Java BIANCHENG
面 向 对 象 设 计 与 Java 编 程
马春燕 主编

责任编辑：张 友 **策划编辑**：何格夫
责任校对：雷 鹏 **装帧设计**：李 飞
出版发行：西北工业大学出版社
通信地址：西安市友谊西路127号 邮编：710072
电 话：(029)88491757，88493844
网 址：www.nwpup.com
印 刷 者：兴平市博闻印务有限公司
开 本：787 mm×1 092 mm 1/16
印 张：26.875
字 数：705千字
版 次：2015年8月第1版 2022年11月第2版 2022年11月第1次印刷
书 号：ISBN 978-7-5612-8354-7
定 价：98.00元

第 2 版前言

为适应我国经济结构战略性调整的要求和软件产业发展对人才的迫切需要，实现我国软件人才培养的跨越式发展，教育部 2001 年批准设立 35 所示范性软件学院，2021 年批准设立 33 所特色化示范性软件学院。笔者所在西北工业大学软件学院以培养国际化、工程型、复合型软件人才为目标，积极与世界范围内先进的课程体系和教学方法接轨。本书第 1 版——工业和信息化部"十二五"规划教材《面向对象思维、设计与项目实践》(ISBN 978 - 7 - 5612 - 4373 - 2，西北工业大学出版社，2015 年 8 月出版)的思想就起源于 2004 年学院引进的卡耐基梅隆大学软件系统开发系列课程之一"面向对象编程与设计"。在 18 年的教学实践中，笔者和教学团队紧跟产业需求和新技术，不断建设、丰富和优化面向对象编程与设计的教学内容，在本书第 1 版的基础上进行了修编。

在软件工程这一领域的图书中，单纯介绍面向对象设计理论、设计模式或 Java 语言的书籍相对较多，而面向对象开发系统综合能力培养的书籍相对较少。面对复杂工程问题，进行系统分析、设计和实现，需要高阶、综合的知识体系和解决问题的能力，以及应用现代工具进行实践的能力。本书借鉴国际先进教学内容和教材设计的理念，将面向对象设计与编程进行了完美结合，能使读者具有"需求分析—面向对象设计—Java 编程"的系统综合能力。Java 语言是实现面向对象设计蓝图的编程语言，本书以迭代式"需求分析—设计—分点实现"的方式对其知识点进行讲解，能使读者更加理解面向对象编程的精髓。

本书的主要指导思想是：①培养读者从现实世界需求出发，采用面向对象的思想和可复用设计模式进行高质量软件设计的高阶能力；②培养读者理解并应用面向对象编程机制对设计方案进行软件开发的能力；③培养读者熟练运用 Java 语言和现代工具进行编程的能力；④培养读者的新时代科学发展观和职业素养。

本书的重点内容如下：

(1)通过对比结构化编程，介绍面向对象编程的基本概念和特点，以及根据软件需求设计 UML 类图的方法。

(2)围绕面向对象中类的封装性、类之间的关联关系、类之间的继承关系和多态等特性，阐述应用 Java 语言对 UML 类图进行编程实现的核心技术。

(3)介绍 Java 软件开发中常用的第三方类库，包括我国对世界做出贡献的 Java 流行库，并针对现实世界真实需求，从数据库链接、多线程编程、网络通信应用举例，带动学生采用所学知识设计和开发面向对象软件。

(4)介绍流行的 Java 程序开发工具，包括 Eclipse 集成开发环境、Java 大型项目管理工具 Maven、多任务协作开发版本控制系统 GitHub。

(5)介绍 Java 异常处理、Junit 单元测试、Java 编程规范和 Javadoc 注释等 Java 程序的质量保障技术。

(6)介绍输入/输出、界面、并行处理和网络编程等高级 Java 编程技术。

(7)介绍使用频率较高的 10 个面向对象可复用设计模式等面向对象设计的高级主题。

本书以“任务”驱动和“工程项目”导向的方式阐释面向对象需求分析、设计和编程等内容，讲解 UML 技术、面向对象设计模式、Java 面向对象编程技术等软件设计和开发实用技术，在讲解面向对象基础理论和 Java 语言基础知识之上，提供丰富的大型案例和应用示例，详细讲解知识的应用方法，强化和培养读者对知识的灵活应用能力和软件开发能力。书中还讲解 Java 程序开发系列工具，强调对学生规范化软件开发和职业素养的培养，并且以企业实际项目进行案例分析，重视读者职业实战能力和工程素质的培养。

本书适合作为全国示范性软件学院软件工程专业以及计算机相关学科本科教材，参考教学时数为 48 学时，配套实验课时 32 学时。若课内实验机时安排不足，可安排课内机时和课外机时 32 学时。

本书由马春燕担任主编并负责统稿。第 1～7 章由马春燕编写，第 8～9 章由张涛编写，第 10～11 章由王犇、千红平编写。

西北工业大学软件学院的部分研究生分工搜集资料和认真阅读了书稿每一章，提出不少修改意见，他们是冯奕璇、毛夏煜、陈晶、常征、吕炳旭、高帅、李琪、黄江南、温晓然、林伟、时雨、王寅隆、侯蓓、王欢、刘子渝、张一夫等，对他们的辛勤劳动表示衷心感谢。在编写本书的过程中，笔者参考了大量相关文献，在此对其作者一并致谢。

为了便于读者使用，笔者为本书制作了电子课件，并提供本书所有示例的源码。需要的读者可登录西北工业大学出版社网站(www. nwpup. com)下载。

限于水平，书中难免有不妥之处，敬请各位读者批评指正。

编　者

2022 年 5 月

第1版前言

为了满足我国软件产业发展需要，培养高层次软件人才，国家教育部先后在全国设立了35所国家示范性软件学院。笔者所在软件学院以培养国际化、工程型、复合型软件人才为目标，积极引进国外先进的课程体系。在多年的教学实践过程中，笔者积极探索对国外先进课程体系的吸收和改进，编写了本书。

本书的主要指导思想是：①培养学生用面向对象的思想进行设计的能力；②培养学生应用面向对象机制进行规范化编程的能力；③培养学生运用Java语言、C++语言和专业工具进行面向对象软件开发的能力。

本书具有国际先进教学内容和教材设计的理念，内容组织方式以迭代式"需求分析—设计—分点实现"为线索。国内软件工程这一领域的图书，要么只是单纯介绍面向对象设计理论的书籍，要么只是Java语言或C++语言的参考书，而本书将面向对象设计与编程进行了完美的结合。虽然Java语言和C++语言被视作为辅助面向对象设计的编程语言，但是通过本书对它们清晰的讲解，读者能够更加理解Java语言和C++语言面向对象编程的精髓。

本书共11章，针对面向对象软件设计和编程，以"任务"驱动和"工程项目"导向的方式阐释教材内容，讲解UML技术、面向对象设计模式、Java面向对象编程技术和C++面向对象编程技术等软件设计和开发的实用技术，在讲解面向对象基础理论、Java语言和C++语言基础知识之上，提供丰富的大型案例和应用示例，详细讲解知识的应用方法，强化和培养学生对知识的灵活应用能力和软件开发能力。同时，为提升读者用面向对象编程语言进行编程的能力和熟练程度，本书将Java与C++的面向对象编程机制进行对比分析。书中还讲解Eclipse开发工具、Javadoc技术和Java编码规范，强调对学生规范化软件开发和职业素质的培养，并且以企业实际项目进行案例分析，重视学生职业实战能力和工程素质的培养。为了便于读者使用，笔者为本书制作了电子课件，需要者可登录西北工业大学出版社网站(www. nwpup. com)下载。

本书适合作为全国示范性软件学院软件工程专业以及计算机相关学科本科教材，也可作为工程硕士相关专业研究生教材，推荐教学时数为60学时(第一单元14学时，第二单元26学时，第三单元10学时，第四单元10学时)，配套实验课时72学时(若课内实验机时安排不足，可安排课内机时和课外机时各36学时)。

本书由马春燕担任主编并负责统稿。第3章由马春燕和王少熙编写，第8章和第9章由张涛编写，第11章由马春燕和陆伟编写，其他章节由马春燕编写。在编写过程中，笔者参阅了国内外有关的文献资料，在此向各位作者深致谢忱。

由于水平所限，书中难免有不妥之处，敬请各位读者批评指正。

编　者

2015年2月

目　　录

第一单元　面向对象基础和类图设计

第二单元　Java 面向对象编程机制

第三单元 Java输入/输出(I/O)和界面编程

第四单元 Java编程进阶

第五单元　面向对象设计进阶

第一单元　面向对象基础和类图设计

第 1 章　面向对象基础

1.1　面向对象

在学习软件中的面向对象概念之前，可以先来看看现实世界中对象的概念。现实世界中任何有属性的单个实体或概念，都可看作对象。对象可以是有形的，例如，学生“张三”、顾客“李四”、教授“王五”和“402 教室”等。对象也可以是无形的（即概念对象），例如，“一个银行账户”“一个客户订单”“一门课程”“张三的硕士学位”等。

现实中的对象一般都拥有属性，描述了对象的静态特征，例如：学生“张三”具有姓名、学号、成绩等属性；顾客“李四”具有姓名、账户等属性；“一个银行账户”具有用户名、余额等属性；“一个客户订单”具有货品名、单价、数量等属性。

在现实世界中，往往要对对象的属性进行操作，实现相应的功能。例如，打印学生“张三”的姓名、学号和成绩，查询顾客“李四”的账户余额，查看“一个订单”的价格。对对象属性的操作，描述了施加在对象上的动态行为。

在用面向对象技术搭建软件的过程中，可以将现实世界描述的问题域中的对象抽象为具体的软件对象，通过一系列软件对象以及它们之间的互操作，来完成用户要求的功能。如图 1-1 所示，一个软件对象封装了一组属性和对属性进行的一组操作，它是对现实世界用户需求中描述的对象实体的一个抽象。因此，软件对象，就是现实世界中对象模型的自然延伸。这里将软件对象简称为对象，本书以后章节中所指的对象，都是指的软件对象。

图 1-1　软件对象的概念

面向对象（Object-Oriented）是一种软件开发方法，包括利用对象进行抽象、封装类、通过消息进行通信、对象生命周期、继承和多态等技术。对象是面向对象软件开发的核心概念，它是真实世界中实体或概念的软件模型，在面向对象的软件执行过程中，对象被创建，对象之间通过消息进行互操作，以完成相应的功能。

面向对象的技术可以较容易地实现一个真实世界中问题域的抽象模型。下面以银行业务员为顾客提供存款和取款的服务操作为例进行说明。为了实现顾客存款和取款的操作，银行业务员需要查询顾客的用户名、密码和账户余额等顾客账户详细信息，以便确定顾客是否有支取一定金额的权利。

在使用面向对象技术建立软件模型时，对于问题域中的顾客和账户，都可以建模为对象，“顾客”对象的属性包括“用户名”“身份证号”和“账户对象”等，“账户”对象的属性包括“卡号”“账户余额”等。从需求描述中抽取的对象模型如图 1-2 所示，“顾客”对象和“账户”对象通过消息进行通信，银行业务员可以很方便地通过顾客对象访问其账户对象的信息，以便完成顾客存款和取款等操作。

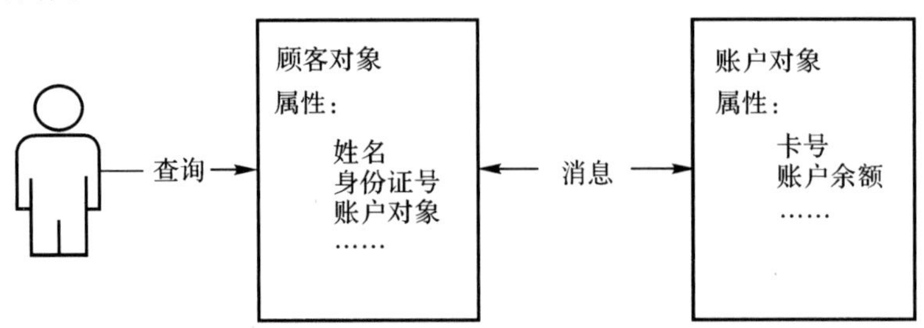

图 1-2　访问顾客账户信息的面向对象技术

综上，面向对象技术是以对象为中心、以消息为驱动的软件建模技术，它将需求域中出现的实体或概念以及它们之间的关系抽象为对象及消息，对象之间通过消息进行通信，来完成相应的操作。面向对象软件机理如图 1-3 所示。

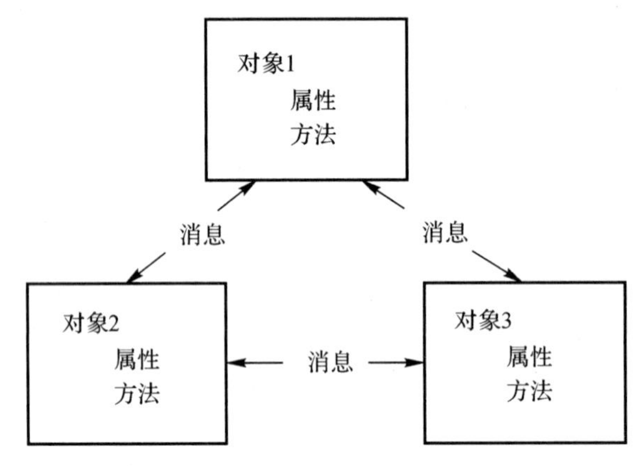

图 1-3　面向对象软件机理示意图

1.1.1　类与对象

几乎所有现实世界中的事物，都可以在软件设计中建模为对象。例如：可以将一台电视机建模为一个对象；在更抽象的环境中，可以将一个二维“点”建模为一个对象；或者更一般地，需求中描述的所有实体或概念，都可以建模为一个对象。每个对象都有一组和它相关联的属性（又称为数据或状态）。例如，电视机的属性包括“型号”“频道”和“指示开关”的状态等，二维“点”的属性包括“x”坐标（或横坐标）和“y”坐标（或纵坐标）等。

在面向对象软件中，对象除了拥有属性之外，还拥有建立在属性之上的方法（又称为行为、操作或服务）。提供处理属性的方法是对象的职责。例如，电视机需要提供访问其“型号”“频道”和“指示开关”的方法，以及修改其“频道”和“指示开关”的方法。二维“点”需要提供访问其“x”坐标和“y”坐标的方法，图 1-4 给出了 3 个二维点对象，第一个二维点对象 pointOne

的属性 x 是 100，属性 y 是 20，方法 getX()可以获得属性 x 的值，方法 getY()可以获得属性 y 的值。其他两个二维点对象 pointTwo 和 pointThree 的属性值都不同于对象 pointOne，但是它们和 pointOne 有相同的方法 getX()和 getY()。

对象 pointOne	对象 pointOne	对象 pointOne
属性:	属性:	属性:
x: 100.0f	x: 300.0f	x: 70.0f
y: 20.0f	y: 500.0f	y: 60.0f
方法:	方法:	方法:
getX(): 返回x坐标的值	getX(): 返回x坐标的值	getX(): 返回x坐标的值
getY(): 返回y坐标的值	getY(): 返回y坐标的值	getY(): 返回y坐标的值

图 1-4　二维点对象

对象包含属性(又称为数据或状态)和用于处理属性的方法(又称为行为、操作或服务)。对象的属性也可以是对象。例如，“一辆汽车”可被看成一个对象，它包含“发动机”等许多组件。“发动机”拥有自己的属性，它也可以被看成一个对象。

划分类别是我们认识事物的基本方法，在现实世界中，任何实体都可归属于某类事物，任何对象都是某一类事物的实例。例如，无论大学生“张三”，还是大学生“李四”，我们都可以把他们划分为大学生。对于“大学生”这种类别而言，“张三”和“李四”都是“大学生”这种类别的不同实例。

划分类别也是面向对象编程的基本手段，在面向对象编程中，将所有二维“点”对象的共性抽取出来形成类 Point2D，其定义如图 1-5 所示。类 Point2D 是对所有二维“点”对象特征的描述或定义，即所有的二维点都有 x 坐标和 y 坐标的属性，以及建立在该属性之上的操作 getX()和 getY()(在面向对象编程中，所有的属性都有相应的数据类型，这里假设 x、y 的数据类型为 Java 的浮点型 float)。

类 Point2D
属性:
x: float
y: float
方法:
getX(): 返回x坐标的值
getY(): 返回y坐标的值

图 1-5　类 Point2D 的定义

在面向对象编程中，类就是一个创建对象的模板(即属性没有具体的值)，它定义了通用于一个特定种类的所有对象的属性和方法。对象是类的实例，给类中的属性赋予确定的取值，便得到该类的一个对象，对象为类模板中属性提供了具体的值。例如，对象 pointOne、pointTwo 和 pointThree 都是类 Point2D 的实例。

在面向对象系统中，每个对象都属于一个类。属于某个特定类的对象称为该类的实例。因此，常常把对象和实例当作同义词(本书后续内容将对对象和实例不加区分)。

从程序设计的角度看，类是面向对象编程中最基本的程序单元。就像 C 语言的数据类型[例如整型(int)、结构体类型(struct)]一样，类也是一种数据类型，这种数据类型是引用类型。上述类 Point2D 就是一种引用类型，可以像 C 语言的数据类型一样，使用该种数据类型来声明变量，例如，用类 Point2D 来声明变量 pointOne、pointTwo 和 pointThree，通过类声明的变量称为对象变量。

在编写面向对象程序时，程序员首先要撰写类，通过类生成对象。当程序运行时，对象被创建并存在，通过对象与对象之间的互操作来完成功能。在某一时刻，一个类可以只有一个对象存在，也可以有任意多个对象存在。

上面通过例子，阐释了如何去认识软件建模中的类和对象。下面给出对象和类的概念。

对象(Object)：面向对象的基本单位。对象是一个拥有属性、行为和标识符的实体。对象是类的实例，对象的属性和行为在类定义中定义。

类(Class)：类是对一组对象的描述，这一组对象有相同的属性和行为，即类定义了该类的所有对象都具有的属性和行为。

上述类和对象的例子，可以帮助读者理解类和对象的概念及其区别。

1.1.2 属性

属性(Attribute)用于保持对象的状态信息，可以是一个布尔型变量或其他基本数据类型。例如，图1-5中的类Point2D，它包含两个浮点型的属性，都是简单的基本数据类型。属性也可以是一个复杂的结构体，或是一个对象变量。例如，图1-6中的类Triangle，它包含5个属性，前3个属性pointOne、pointTwo和pointThree是对象类型(即Point2D类型)，后两个属性perimeter和area是浮点型(即简单的基本数据类型)。

```
类 Triangle
属性:
   pointOne: Point2D
   pointTwo: Point2D
   pointThree: Point2D
   area: Point
方法:
   getX(): 返回x坐标的值
   getY(): 返回y坐标的值
```

图1-6 类Triangle

对于类的定义而言，属性用来刻画从该类诞生的所有对象的状态特征。在具体的软件运行环境中，对象的属性有其确切的取值，属于同一个类的不同对象可能有不同的属性值。例如1.1.1节中提到，用来表示二维点对象的pointOne、pointTwo和pointThree，它们都具有x坐标和y坐标两个属性，这3个点的“x，y”的取值分别为“100.0f，20.0f”“300.0f，500.0f”“70.0f，60.0f”。

在面向对象的编程语言里，这一组从属于某类对象的属性，是用变量来表示的，这些变量称为类的成员变量。

1.1.3 方法/操作/服务/行为

类内部所定义的属性，仅仅是类定义的一部分，类还需要定义一些建立在这些属性之上的方法(或操作)，用来实现对象的行为。方法可以用来改变对象的属性，或者用来接收来自其他对象的信息以及向其他对象发送消息，因而这些方法通常作为类的一部分进行定义。

方法是一个对象允许其他对象与之交互的方式，在使用一个类时，更多关注的是它能够提供什么样的方法，如果知道了一个类提供的具体方法，就可以通过该类的对象调用相应方法完成所需的功能，以满足应用需求。例如，对于使用 Point2D 对象的 Triangle 而言，关心的是 Point2D 提供了哪些方法，然后通过构成三角形的 3 个点对象，分别调用其 getX()方法和 getY()方法实现计算三角形面积的功能。

方法是建立在属性之上的操作的实现，属性有了具体的值，方法的调用才有意义，才能实现其功能，所以类(例如，Point2D)中的方法仅仅是定义，方法的调用[例如，getX()和 getY()]必须通过对象(例如，pointOne、pointTwo 或 pointThree 对象)进行激活，才能访问该对象的属性值来实现其功能[例如，如果通过 pointOne 激活方法 getX()，则 getX()返回对象 pointOne 的属性 x 在内存中的值]。方法实现的功能有多种类型，它包括给属性赋值的方法、访问属性值的方法，以及以某种方式处理属性并返回一个计算结果的方法等。在具体的软件运行环境中，由于对象的属性有其确切的取值，属于同一个类的不同对象可能有不同的属性值，所以通过同一个类的不同对象激活同样的方法，其返回值可能不一样。

在一些描述面向对象开发技术的著作中，也将方法(Method)称为行为(Behavior)、操作(Operation)、服务(Service)、函数(Function)等。但是在面向对象的 UML(统一建模语言)建模的一些著作中，通常行为、操作和方法是有区别的：行为是外界可见的对象活动，它包括对象如何通过改变内部状态，或向其他对象返回状态信息来响应消息；操作是类的特征，用来定义如何激活该类对象的行为(服务和操作只是名称上的区别)；方法是操作的实现，用来实现对象的行为。

一个类提供哪些方法，要依据具体的系统需求而定。通常类都提供了访问和修改其属性的方法，使用户可以访问和修改该类所诞生对象的状态。一个类定义和它诞生的对象被使用时，主要关心的是该类提供了哪些操作。

1.1.4　消息(Message)机制

为了能完成任务，对象需要与其他对象进行互操作。互操作可能发生在同一个类的不同对象之间，或是不同类的对象之间。通过发送消息给其他对象，实现对象之间的互操作(在 Java 中，发消息是通过调用一个对象的方法完成的)。消息激活已公布的方法，用来改变对象的状态或请求该对象完成一个动作。在对象的操作中，发送一条消息至少要包括接收消息的对象名、发送给该对象的消息名(即方法名)，以及消息的实际参数。例如，对象 pointOne 提供一个方法 getX()，Triangle 对象可以发送消息 pointOne.getX()来获取对象 pointOne 的 x 坐标，其中，pointOne 是对象名，getX 是消息名，该消息没有对应参数。

从面向对象的角度来思考问题时，会说一个对象向另一个对象传递了一个消息。Java 程序中的消息，实际上是对对象的方法的调用，方法通过返回值来响应消息。虽然是在调用对象方法，但从消息传递的角度来思考，表达为 A 类的对象传递了一个消息给 B 类的对象。从具体的程序设计角度来讲，发送消息是通过调用某个对象的方法实现的，接收消息是通过其他对象调用本对象的方法实现的。

1.2　面向对象程序的特点

面向对象程序的主要特点有 3 个，即封装(Encapsulation)、继承(Inherit)和多态(Polymorphism)，本书在第二单元中将结合 Java 编程语言，对面向对象程序的这 3 个特点进行深入讲解，本节仅对这些特点进行概括性的阐述。

1.2.1 封装性

面向对象程序设计将数据及对数据的操作封装在一起，形成一个相互依存、不可分离的整体——对象。对系统的其他部分来说，属性和操作的内部实现被隐藏起来了，这就是面向对象的封装性。对象是支持封装的手段，是封装的基本单位。面向对象的思想始于封装这个基本概念，即现实世界可以被描绘成一系列完全自治、封装的对象，这些对象通过一个受保护的公共接口访问其他对象。由于对象的封装性，在应用程序投入使用后，对象内部的数据结构改变将不会产生连锁效应，只有受影响的对象的内部逻辑必须修改，通过接口使用对象的客户端代码无须改变。

Java 语言是“纯面向对象”的编程语言，它的封装性较强，没有类定义之外的全局变量和全局函数，在 Java 中，绝大部分成员是对象，只有简单的数字类型、字符类型和布尔类型除外。而对于这些简单的基本数据类型，Java 也提供了相应的对象类型以便与其他对象交互操作。

在面向对象的思想中，每个类越独立越好。每个类都尽量不要对它的任何内部属性提供直接的访问。例如，在 Java 程序设计中，一般将属性的访问权限设为私有的，即只有对象内部的方法可以访问该对象的私有属性。类应该向外界提供能实现其职责的最少数目的公共方法，并且向外界提供的公共方法的特征，应该尽量少地受到类内部设计变化、存储结构变化等的影响，将类的封装最大化。

因此，面向对象的封装性保证了对象内部的数据信息细节被隐藏起来，对象以外的部分不能随意访问和修改对象的内部数据(属性)，每个对象的状态只能通过定义良好的公共接口才能改变，从而有效地避免了外部错误对它的影响，使软件错误能够局部化，降低了查错和排错的难度。

1.2.2 继承性

继承是面向对象的又一重要特征，它是基于现实生活中的语义进行说明的，表现了“是一个”的关系。如果两个类有继承关系，一个类自动继承另一个类的数据和操作，被继承的类称为基类、父类或超类，继承了父类所有数据和操作的类称为子类。

在面向对象技术中，继承是子类自动地共享父类中定义的数据和方法的机制。继承性使得用户在开发新的应用系统时不必完全从零开始，可以继承原有相似系统的功能或者从类库中选取需要的类，再派生出新的类以实现所需要的功能，所以，继承性使得相似的对象可以共享程序代码和数据结构，从而减少了程序中的冗余信息，并支持程序的复用和保持接口的一致性。采用继承的方式来组织设计系统中的类，具有如下特点：

(1)一类对象(子类对象)拥有另外一类对象(父类对象)的所有属性与方法，在编程语言中，子类使用关键字可轻易复用父类的功能。

(2)系统可以任意扩展新的子类，代价较小，使得开发人员能够集中精力于他们要解决的问题。

1.2.3 多态性

在面向对象的软件技术中，多态性是继承关系衍生的特点，分为变量的多态性和方法的多态性。变量的多态性通过“子类对象可以当作父类对象来使用”进行体现，如果声明一个父类型的变量，该变量的取值可以是父类型的对象，也可以是其任意子类型的对象，父类型变量的取值呈现的多种类型，即是指变量的多态性。如图1-7所示，有一个父类A，它有3个子类分别为B、C、D，通过A、B、C、D，分别创建了4个对象a、b、c、d。如果变量x的数据类型是父类A，那么x可以赋值为4个对象a、b、c、d中的任何一个对象，即既可以为x赋值为自身类型的对象a，也可以为其赋值为它的任何一个子类对象b，c或d。

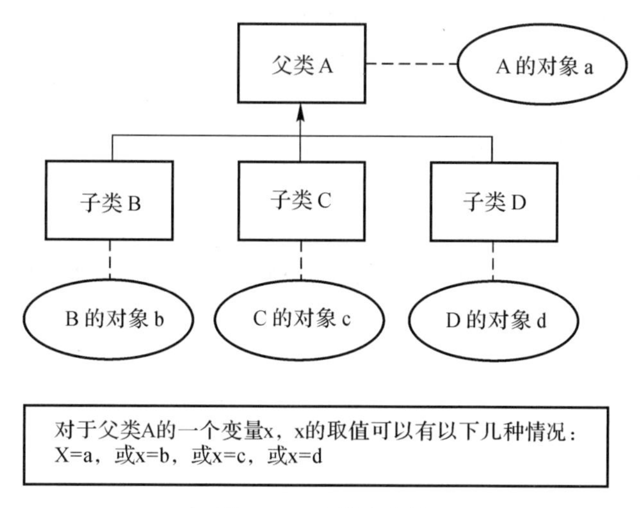

图1-7 变量多态性

同样的消息(或方法调用)既可以发送给基类对象也可以发送给子类对象，在类继承关系的不同层次中，基类和子类可以共享(公用)一个行为(方法)的名字，然而不同层次中的每个类却各自按自己的需要来实现这个行为。当父类型变量接收到发送给它的消息时，根据该父类型变量的取值(具体的对象类型)动态选用基类或子类中定义的实现算法，以体现面向对象中方法的多态性。如图1-8所示，父类A有一个方法g()，子类B、C、D都覆写了该方法g()，即子类B、C、D按自己的需要分别实现了方法g()，那么类A、B、C、D的方法g()有共同的方法声明，但有不同的方法体。对于上述父类型的变量x，方法调用x.g()会根据x具体指向的对象，调用相应类的方法体，例如，如果x=a，那么x.g()调用类A中的方法g()，如果x=b，那么x.g()调用类B中的方法g()，以此类推。

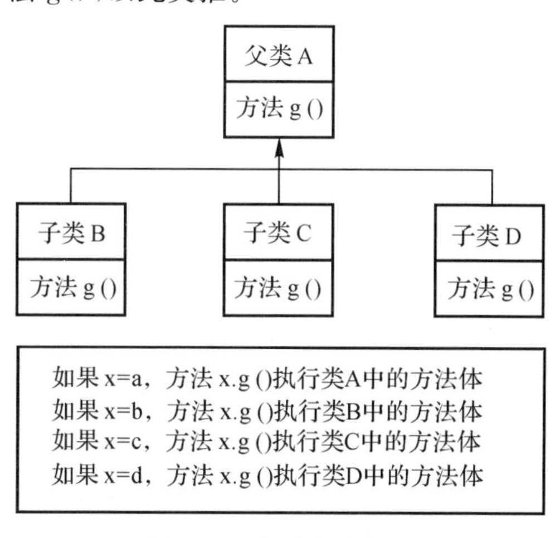

图1-8 方法的多态性

多态总是和继承以及从通用基类得到子类一起发生的。它是通过基类的变量的多态性，以及基类中被覆写的方法的多态性来实现的。

面向对象的多态性有以下优势：

(1)使开发人员所写的大部分程序代码仅操作基类的变量(例如访问上述变量 x)，不需要知道“和子类对象类型息息相关”的信息，只要处理整个族系的共同表达方式即可。

(2)可以使开发人员轻易扩增新类，而大部分程序代码都不会被影响，使得程序便于阅读和维护。

(3)具备多态性质的程序，不仅能够在项目开发过程中逐渐成长，也能借由增加新功能较容易地扩充规模。

变量的多态性发生的条件：变量必须是基类的变量。

方法的多态性发生的条件：①子类的对象赋给基类的引用变量；②通过基类的引用变量调用被子类覆写的方法。

第2章　UML 类图及其设计

面向对象是一种思维方式，需要用一种语言表达和交流。UML 就是表达面向对象需求分析、设计的首选标准建模语言。UML 是一种对面向对象系统的产品进行说明、可视化和编制文档的手段，它是软件界第一个统一的标准建模语言。要在团队中开展面向对象软件的设计和开发，掌握 UML 进行可视化建模是必不可少的。

自 1997 年起，OMG（Object Management Group，对象管理组织）采纳 UML 作为基于面向对象技术的标准建模语言，经过多年的发展，UML 已发展到 UML 2.5 版本。

UML 提供了不同视图描述系统的静态结构和动态行为。类图主要用在面向对象软件开发的分析和设计阶段，是面向对象系统的建模中最常见的图，用来描述系统的静态设计视图。它也是构建其他动态设计视图（例如，对象图、状态图、序列图和协作图等）的基础。

本书主要讲解 UML 类图的核心语法和从需求规格说明构建 UML 类图的指导性经验及案例，然后围绕 UML 类图的编程实现，阐述 Java 的面向对象编程技术。

2.1　UML 类图

UML 类图主要用在面向对象软件开发的分析和设计阶段，描述系统的静态结构。类图展示了所构建系统的所有实体、实体的内部结构以及实体之间的关系，即类图中包含从用户的客观世界模型中抽象出来的类、类的内部结构、类与类之间的关系。它是构建其他设计模型的基础，没有类图，就没有对象图、状态图、协作图等其他 UML 模型图，无法表示系统的动态行为。类图也是面向对象编程的起点和依据。

2.2.8　类

在 UML 类图中，类用长方形表示。长方形分成上、中、下 3 个区域，上面的区域内标示类的名称，类名的第一个字母一般大写，其后每个单词的第一个字母大写（例如，CatalogItem 类），中间区域内标示类的属性列表，最下面的区域标示类的操作列表，如图 2-1 所示。

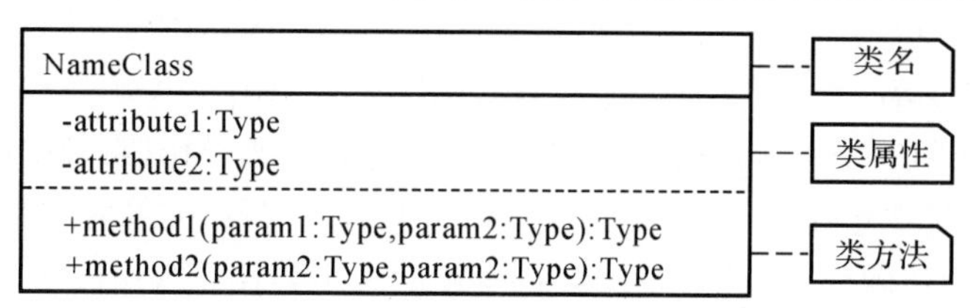

图 2-1　UML 类的图示

类的每个属性信息占据一行，每行属性信息的格式如下：

访问权限控制　属性名：属性类型

例如，图2-2所示的类CatalogItem中的属性code信息如下：

```
−code: String
```

其中“−”表示私有的访问权限；code是属性名，属性名第一个字母小写，其后每个单词的第一个字母大写，这样易读性和易理解性强；String（即字符串类型）是属性code的数据类型，本章涉及的数据类型均为Java语言中的数据类型。

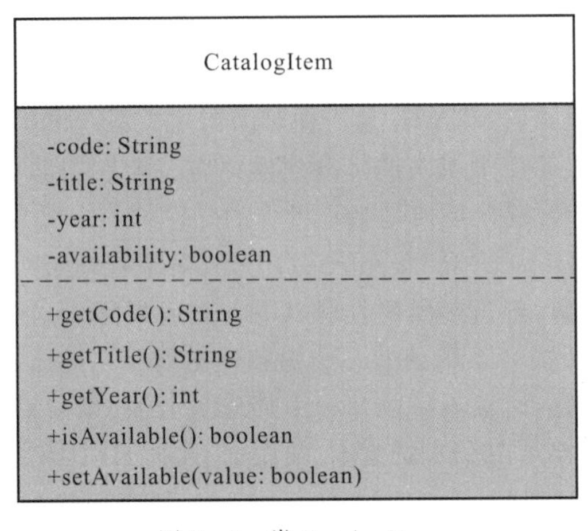

图2-2　类CatalogItem

类的操作列表中，每个操作信息也单独占据一行，每行操作信息的格式如下：

访问权限控制　操作名（参数列表）：返回值的类型

例如，图2-2所示的操作getCode()的格式如下：

```
+getCode():String
```

其中“+”表示公有的访问权限；getCode是操作名；()中是参数列表，本例中该操作的参数为空；String表示该操作返回值的数据类型。操作名一般第一个字母小写，其后每个单词的第一个字母大写。

参数列表中每个参数的格式与属性信息类似，但没有访问权限，参数之间以逗号分隔，参数列表的格式如下：

参数名1：参数类型，参数名2：参数类型，……

例如，方法setAvailable(value：boolean)有一个参数value，其数据类型为boolean（即布尔型）。

类属性和操作的访问权限控制的表示见表2-1。“+”代表访问权限是公有的，如果类A的一个属性或操作的访问权限是“+”，那么表示该属性或操作可以被类A或之外的类进行公开访问；“#”代表访问权限是保护的，如果类A的一个属性或操作的访问权限是“#”，那么表示该属性或操作可以被类A的子类访问，也可以被与类A在一个包内的类访问（包的概念见3.3.1节）；“−”代表访问权限是私有的，如果类A的一个属性或操作的访问权限是“−”，那么表示该属性或操作的访问权限限制在类A内部的成员；“～”代表访问权限是友好的，如果类

A 的一个属性或操作的访问权限是“～”，表示该属性或操作允许被与类 A 在同一个包内的类访问，其访问权限在包内友好。

表 2 - 1　类属性和操作的访问权限控制的表示

符　号	描　述
+	代表 public
#	代表 protected
−	代表 private
～	代表 package，即 friendly

2.1.2　类之间关系

类之间关系是面向对象软件系统设计的关键，面向对象中定义的类与类之间关系包括依赖关系、关联关系、聚合关系、继承关系和组合关系。其中关联关系和继承关系是最重要和最常用的，一般设计的类图都要体现类之间的关联关系和继承关系。

1. 依赖关系

依赖关系是类与类之间最弱的关系，是指一个类（依赖类）“使用”或“知道”另外一个类（目标类）。它是一个典型的瞬时关系，依赖类和目标类进行简单的交互，但是，依赖类并不维护目标类的对象，仅仅是临时使用而已。例如，对于窗体类 Window，当它关闭时会发送一个类 WindowClosingEvent 对象，就说窗体类 Window 使用类 WindowClosingEvent，它们之间的依赖的表示如图 2 - 3 所示，从依赖类画一根带箭头的虚线指向目标类。

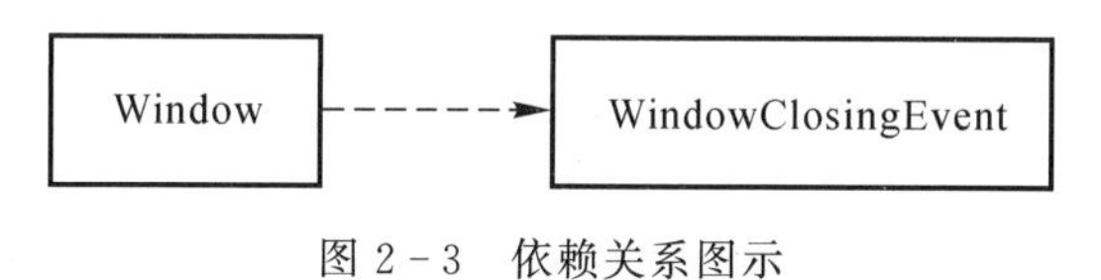

图 2 - 3　依赖关系图示

2. 关联关系

关联关系是一种比依赖关系更强的关系，是指一个类“拥有”另一个类对象的引用，表示类之间的一种持续一段时间的合作关系。下面讨论常用的类之间的单向关联关系和双向关联关系。

(1)单向关联关系。类 A 与类 B 是单向关联关系，是指类 A 包含类 B 对象的引用（即指向或存储类 B 对象的变量），但是类 B 并不包含类 A 对象的引用。在类图中通过从类 A 画一条带箭头的线到类 B 来表示它们之间的单向关联关系，箭头的方向指向类 B。

例如客户（类 Client）拥有银行账户（类 BankAccount）的信息，银行账户并不拥有客户的信息，那么客户（类 Client）和银行账户（类 BankAccount）就是单向关联关系，如图 2 - 4 所示。类 Client 除了拥有属性 name 外，还拥有一个类 BankAccount 类型的引用，即类 Client 拥有两个属性信息，一个是姓名信息，一个是银行账户信息。

图 2 - 4 中仅指示类 Client 包含类 BankAccount 对象的引用，并没有表明包含的引用个数，也没有包含引用的“标示”。在类图编程实现时，需要明确类 Client 包含类 BankAccount

引用的数量。

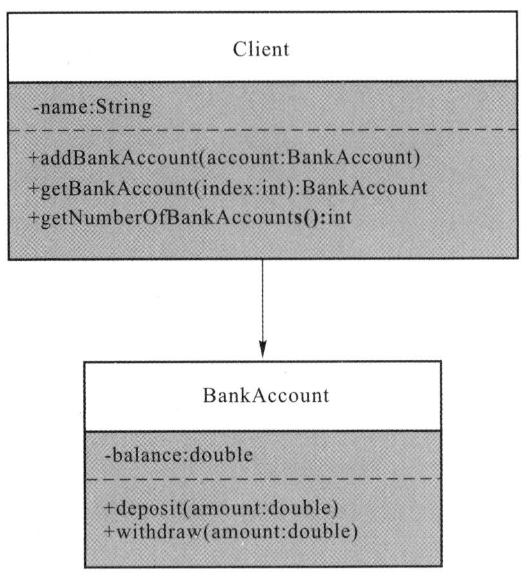

图 2-4　单向关联关系 Ⅰ

因此，在类图中还应该进一步表示出类之间关联引用的数量，即和类 A 的一个对象关联的类 B 对象的数量。同时在关联数量的旁边，需要写出引用的“标示”，如图 2-5 所示，它表示和类 Client 的一个实例关联的类 BankAccount 对象的数量是 1 个，关联的引用（或称为关联的属性，它将作为类 Client 的一个属性）标示为“account”，即类 Client 拥有两个属性信息，一个是自身属性 name，一个是与类 BankAccount 的关联属性 account，其中，name 的数据类型是 String，account 的数据类型是 BankAccount。

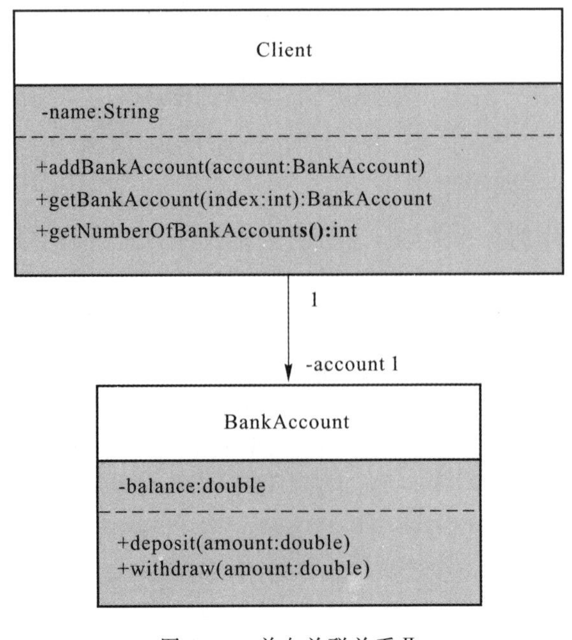

图 2-5　单向关联关系 Ⅱ

在编程实现时，关联的引用转化为类的私有属性。例如，针对以上类图，用 Java 语言编程实现时，引用 account 将作为类 Client 的私有属性，即有

```
class Client {
     private String name;
     private BankAccount account;
   …
}
```

综上，类 Client 包含类 BankAccount 的一个引用，引用名为 account，其数据类型是 BankAccount。

类与类之间常用的关联数量表示及其含义有以下几种：

1）具体数字：比如图 2－5 中的 1。

2）* 或 0.. *：表示 0 到任意多个。

3）0..1：表示 0 个或 1 个。

4）1.. *：表示 1 到任意多个。

（2）双向关联关系。类 A 与类 B 如果彼此包含对方的引用，则称类 A 与类 B 是双向关联关系。例如，在一个需求描述中，一个学生（Student）拥有其选修的 6 门课程的信息，一门课程（Course）包含选修该门课程的多个学生的信息。

在面向对象的软件建模中，将需求中的学生和课程分别建模为类，并通过类图表明学生和课程这两个类之间有双向关联关系，它们彼此包含对方的引用。在类图中，用一条直线连接两个类，表示它们之间的双向关联关系，并在类图中表示出学生类和课程类关联的数量及关联的引用标示，如图 2－6 所示。

图 2－6 表示和类 Course 的一个实例关联的类 Student 对象的数量为 0 个或任意多个，即用“ * ”表示，关联的引用标示为“students”；和类 Student 的一个实例关联的类 Course 对象的数量为 6 个，关联的引用标示为“courses”。即类 Student 拥有一个属性信息是 courses，类 Course 拥有一个属性信息是 students，其中，courses 是一个包含 6 个元素的集合，每个元素的数据类型是 Course，students 是一个包含任意个元素的集合，每个元素的数据类型是 Student。

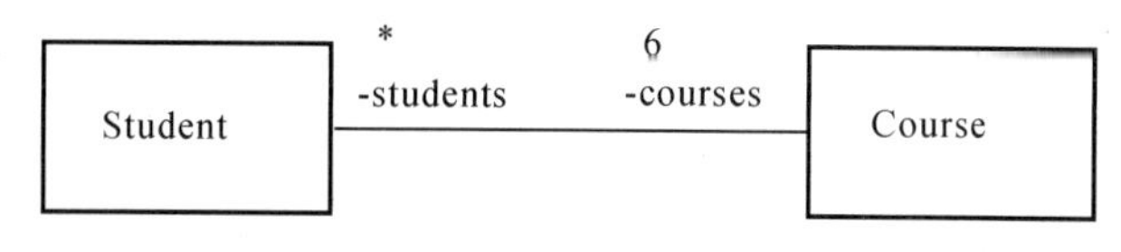

图 2－6　双向关联关系

关联关系是面向对象的设计中类与类之间最常见的一种关系。例如，在图 2－7 所示的图书馆系统的类图中，类 Borrower（借阅者）与类 BorrowedItems（借阅者借出的项目列表）之间是一对一的关联关系。类 BorrowerDatabase（借阅者数据库）与类 Borrower（借阅者）、类 BorrowedItems（借阅者借出的项目列表）与类 CatalogItem（可以借阅的项目）以及类 Catalog（可以借阅的项目的目录）与类 CatalogItem（可以借阅的项目）之间的关系是一对多的关联关系。关联的引用作为类的私有属性实现，对于图 2－7 中一对一的关联关系，关联的引用“borrowedItems”作为类 Borrower 的私有属性，其数据类型是类 BorrowedItems。而对于一

对多的关联关系，关联的引用(例如 borrowers)是集合类型的(borrowers 的数据类型可以是数组)，它也是作为其中一个类的私有属性(borrowers 作为类 BorrowerDatabase 的私有属性)，集合中元素的数据类型是被关联的类(borrowers 中元素的数据类型是 Borrower)。

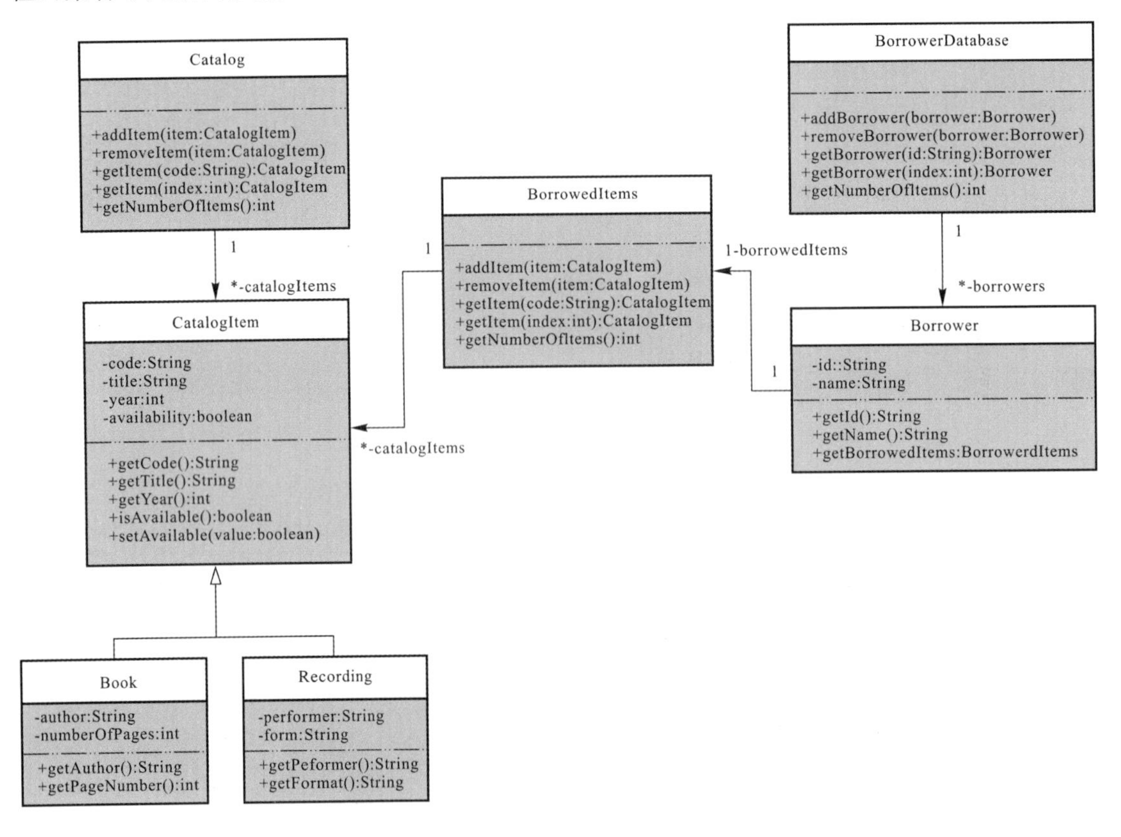

图 2-7 简化的图书馆系统类图

在类图中，关联关系的绘制应该注意以下几个问题：

1)关联的方向。

2)关联的数量。

3)关联的引用。关联的数量为1个，引用命名为单数(除非其对应的数据类型——类命名为复数)；关联的数量为多个，引用命名为复数。

3. 聚合关系

聚合关系是一种特殊的关联关系，代表两个类之间的“整体-部分”的关系，整体在概念上处于比部分更高的一个级别。例如，图 2-8 表示整体类 Car 和部分类 Wheel 的聚合关系，从“部分”画一条末端带空心菱形的线指向“整体”，也可以像关联一样，在线的两端分别标记整体包含部分的数量，例如在 Car 类的这一端标记1，在 Wheel 类的这一端标记4，表示一个 Car 可以包含4个 Wheel 对象的引用。聚合关系与关联关系的编程实现一致：如果一个 Car 包含一个 Wheel 对象的引用，则整体类 Car 包含一个局部类 Wheel 类型的属性变量；如果一个 Car 包含4个 Wheel 对象的引用，则整体类 Car 包含一个集合变量，集合中的每个元素的数据类型为局部类 Wheel。另外，部分类对象可以独立于整体类对象而存在，例如，一辆汽车被组装之前，轮胎可以提前数周制造并存于仓库，即轮胎对象(部分)可以独立于汽车对象(整体)

存在。

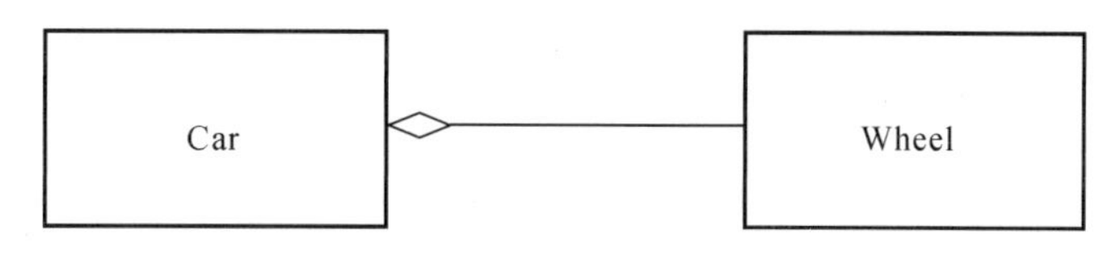

图 2－8　聚合关系图示

聚合暗示着类图中不存在有关联关系的回路(即不存在自包含关系的类和关系环类，自包含关系的类结构和关系环模型详见 2.2.2 节和 2.2.3 节，例如，类 A 包含类 B，类 B 包含类 C，类 C 又包含类 A，那么类 A 就是自包含的类，类 A、B 和 C 形成了关系环模型)，只能是一种单向关系。

在进行面向对象设计时，如果两个类之间的整体和部分关系语义不明显，直观感觉两个类之间的关系建模为关联可以、聚合也可以时，就将它们之间的关系建模为关联关系即可。

4．组合关系

组合关系用于表示强的“整体-部分”的关系，在任何时间内，“部分”只能包含在一个“整体”中。部分的生存周期依赖于整体的生存周期，如果整体被销毁了，部分也就没有存在的意义了。例如，账户 BankAccount 和交易 Transaction 被建模为两个类，那么账户 BankAccount 对象存在之前，存钱交易和取钱交易都不可能发生，即 Transaction 类对象的创建依赖于 BankAccount 类对象，如果 BankAccount 对象被销毁，Transaction 对象也自动销毁。图 2－9 体现了 BankAccount 和 Transaction 的组合关系，从“部分”画一条末端带实心菱形的线指向“整体”，也可以像关联一样，在线的两端分别标记整体包含部分的数量，例如，在 BankAccount 类的这一端标记 1，在 Transaction 类的这一端标记 4，表示一个 BankAccount 可以包含 4 个 Transaction 对象的引用(代表不同类型的交易)。用面向对象的语言编程实现时，组合关系与关联关系的编程实现一致：如果一个 BankAccount 包含一个 Transaction 对象的引用，则整体类 BankAccount 包含一个局部类 Transaction 类型的属性变量；如果一个 BankAccount 包含 4 个 Transaction 对象的引用，则整体类 BankAccount 包含一个集合变量，集合中的每个元素的数据类型为局部类 Transaction。

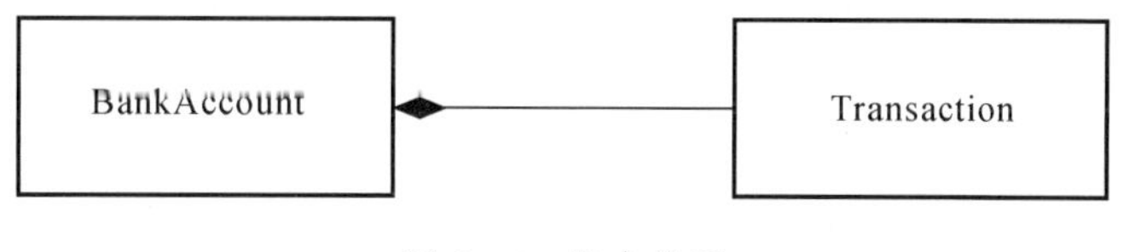

图 2－9　组合关系

5．继承关系

由于现实世界中很多实体都有继承的含义，所以在软件建模中，将含有继承含义的两个实体建模为有继承关系的两个类。

在 UML 类图中，为了建模类之间的继承关系，从子类画一条实线引向基类，在线的末端，画一个带空心的三角形指向基类。例如，若把学生(Student)看成一个实体，小学生(Elementary)、中学生(Middle)和大学生(University)等都具有学生的特性。此外，它们又有自己的特性，小学生(Elementary)、中学生(Middle)和大学生(University)可以看成子实体，学生是它们的“父亲”，而这些子实体则是学生的“孩子”。在面向对象的设计中，可以创建如下4个类：Student，Elementary，Middle，University。其中Elementary，Middle和University分别继承Student，如图2-10所示。

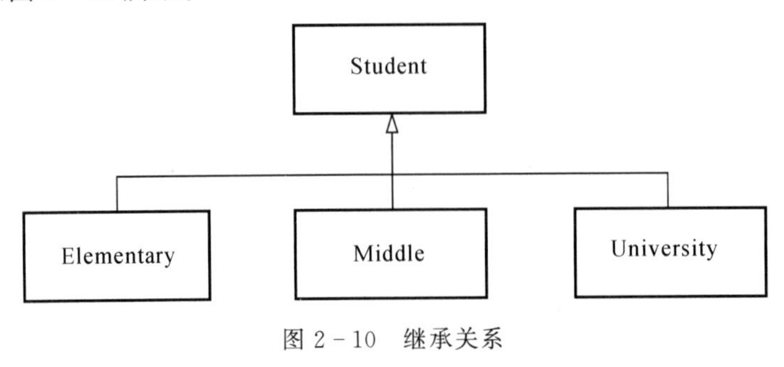

图2-10 继承关系

继承是面向对象设计中很重要的一个概念，表现了“is-a(是一个)”的关系。由于图2-10中的Elementary，Middle和University分别继承Student，它们就具备了Student所拥有的属性和方法，在面向对象的环境中，Elementary，Middle和University相应的对象分别可以当作Student对象进行使用，即一个Elementary对象也“是一个”Student对象，一个Middle对象也“是一个”Student对象，一个University对象也“是一个”Student对象。

在继承关系中，被继承的类称为基类(或父类、超类)，继承的类称为子类，子类对象都可以当作父类对象，一个子类对象也“是一个”父类对象。

2.2 典型的类图结构及其应用举例

通常，类与类之间的关系依据具体的软件需求而定。但是，有一些类结构在面向对象设计中经常被用到，例如，集合(Collections)模型、自包含类(Self-Containing Classes)和关系环(Relationship Loops)模型，这些典型的类图结构被认为是基本的构建块，用以构建复杂的应用系统。本节结合案例对这些典型类图结构进行分析讲解，以期让读者积累更多面向对象建模的经验。

2.2.1 集合(Collections)模型

一个集合模型代表类与类之间一对多的关联关系，它是最常使用的类与类之间关系之一。例如，在一个应用系统中，客户(Client)和银行账户(BankAccount)分别建模为一个类，如果在需求描述中，一个客户可以拥有多个银行帐户(BankAccount)，那么这两个类之间就是一对多的关联关系，如图2-11所示，关联的引用“accounts”是集合类型的，集合中元素的数据类型是BankAccount，“accounts”将作为类Client的私有属性，这种类结构就称之为集合模型，将Client称之为集合类。在集合模型中，集合类(例如Client)通过一个集合类型的变量(例如accounts)管理和维护了另一个类(例如BankAccount)的许多对象。在Java的编程实现中，accounts通常声明为List等容器类型，以管理和维护另一个类对象的集合。

通常，在类图中，由于集合类维护了另外一个类对象的集合，为了便于访问集合中的对象元素，集合类应提供以下常用公开方法，对集合中的对象进行操作，这里假设集合中元素的数据类型是XObject。

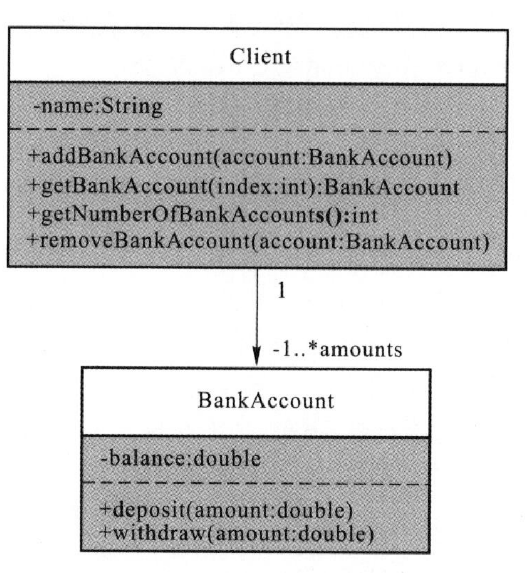

图 2-11　常用的集合模型

(1)将对象 xObject 添加进集合中。

addXObject(xObject: XObject): void

(2)将对象 xObject 从集合中删除。

removeXObject (xObject: XObject): void

(3)根据集合中的索引(即 index)或唯一标示对象的属性值(即键值 key,其数据类型假设为 YObject)获取集合中某一对象。

getXObject (index: int): XObject

或

getXObject (key: YObject): XObject

(4)获取集合中对象的总数。

getNumberOfXObject(): int

根据集合类维护的对象类型,XObject 可以用相应的类名替换,例如,图 2-12 所示的集合类 Client,相应的方法名分别用 BankAccount 替换了 XObject,即 Client 提供了以下 4 个公开的方法,这些方法的功能通过访问属性“accounts”实现:

(1)将对象 account 添加进集合中。

addBankAccount(account: BankAccount): void

(2)将对象 account 从集合中删除。

removeBankAccount (account: BankAccount): void

(3)根据集合中的索引(即 index)或唯一标示对象的属性值 id 获取集合中的元素。

getBankAccount (index: int): BankAccount

或

getBankAccount (id: String): BankAccount

(4)获取集合中对象的总数。

getNumberOfBankAccount(): int

根据具体的业务应用需求,可以对上述集合类中的方法进行增加和修改。上述获取集合中某个元素的两个方法也可以同时提供。在学习 Java 的容器类时，就会发现，集合类还可以提供返回迭代器的方法，以通过迭代器访问集合中的元素。

2.2.2 自包含(Self-Containing)类

自包含关系是指一个类和自身有关联关系。在这样的类中有一个具有这个类本身类型的私有属性。例如，一个人(Person)有父亲(Father)和母亲(Mother)，同时父亲和母亲也是 Person 类型的，父亲和母亲自己也有各自的父亲和母亲。这种关联关系可以用图 2-12 所示的结构表示，表示一个或多个孩子(即 Person 对象)有一个父亲(即 father，father 的数据类型是 Person)和一个母亲(即 mother，mother 的数据类型是 Person)。

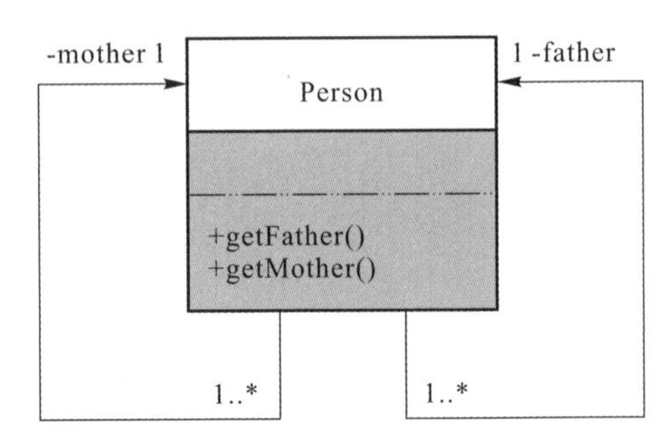

图 2-12 自包含类示例

自包含类的应用范畴十分广泛，例如，对于类似员工贡献价值查询系统的应用需求，可以用自包含关系的类对其进行建模。

员工贡献价值查询系统需求说明

一个公司有基层员工、各部门的经理以及执行总裁等。一个经理可以管理多个基层员工和其下属部门的经理，同时一个经理也是一个员工，会被上层部门的经理和执行总裁管理。公司的每个员工都有薪水，现要求开发一个员工贡献价值查询系统，可以随时查询员工对公司的贡献价值。

员工对公司的贡献价值定义为他的薪水和他所管理的所有下属员工的薪水总和，即：

(1)基层员工对公司的贡献仅包含他自己的薪水。

(2)部门经理和执行总裁对公司的贡献是他的薪水和他所管理的所有下属员工的薪水总和。

在上述需求描述中，由于基层员工、经理和执行总裁都是“员工”，同时，如果员工是一个部门经理或执行总裁，每个员工可以管理一个或更多个其他“员工”；如果员工是一个基层员工，那么他不管理任何员工。在面向对象设计中，为了获取员工对公司的贡献价值，可以设计图 2-13 所示的自包含关系的类 Employee，即认为公司的所有人员都是“员工(Employee)”，一个员工可以管理任意多个(包括 0 个)其他员工。

在图 2-13 所示的类图中，类 Employee 与其自身是一对多的关联关系，拥有 name，salary 和 subordinates 3 个私有属性。其中：name 的数据类型是 String(字符串类型)；salary 的数据类型是 double(即浮点数)；subordinates 是关联属性，其数据类型是集合类型，集合中元素的数据类型是 Employee。类 Employee 建立在这 3 个属性之上，可以提供的操作及其功能实现描述如下：

(1)getName()：返回 Employee 对象的 name 属性。

(2)getSalary()：返回 Employee 对象的 salary 属性。

(3)addEmployee()，removeEmployee()，getEmployee()，getNumberOfEmployee()是 Employee 提供的对属性 subordinates 中元素的操作(其含义详见 2.2.1 节对集合类公共接口的描述)，这些操作的功能建立在对属性 subordinates 进行访问的基础上进行实现。

(4)getCost()：可以设计一个类似于 C 语言的 for 循环，getNumberOfEmployee()的返回

值作为 for 循环终止的条件，通过方法 getEmployee()的返回值获取集合 subordinates 中的每个 Employee 对象，然后通过返回的每个 Employee 对象激活方法 getSalary()，获取各下属员工的薪水进行累加，以计算当前员工的贡献价值。getCost()方法的代码见示例 2－1。

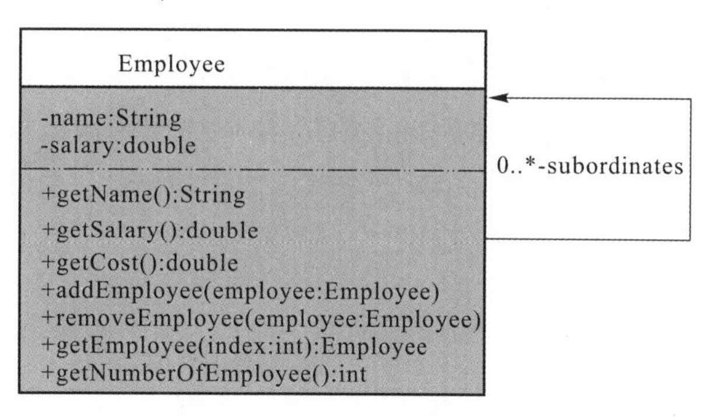

图 2－13　自包含员工类方案一

示例 2－1　getCost( )方法代码示例

```
getCost() {
    double total=0.0d;
    for (int i=0; i< getNumberOfEmployee();i++) {
        Employee  employee = getEmployee(i);
        total+= employee.getSalary();
    }
    return total;
}
```

在给出设计方案的时候，也可以考虑将基层员工单独设计为 1 个 Employee 类，将部门经理或执行总裁设计为 Manager 类。由于 Manager 对象也是一个 Employee 对象，可以赋值给 Employee 类型的变量，所以，Manager 继承 Employee。同时，Manager 对象可以管理一个或更多个其他“员工”，Manager 和 Employee 之间还拥有 1 对多的关联关系，关联属性 subordinates 是一个集合，集合中的元素类型为 Employee 类型。该集合中可以存入的对象可以是 Employee 对象，也可以是 Manager 对象，如图 2－14 所示。

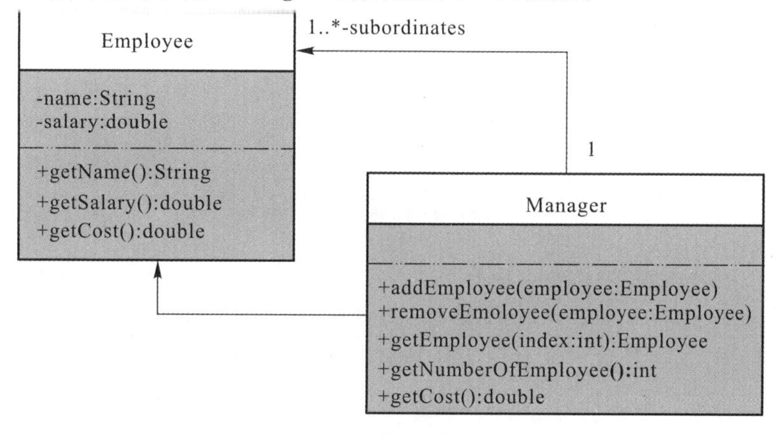

图 2－14　自包含员工类方案二

2.2.3 关系环(Relationship Loops)模型

2.2.2节中的员工贡献价值查询系统的设计方案是可行的,该方案可以实现查询各员工对公司的贡献价值[由getCost()方法实现]。图2-14所示的类图通过关系环模型,给出另外一种设计方案。由于每个部门经理(包含执行总裁)除了有name和salary信息之外,还具有所管辖员工的信息,而基层员工仅有name和salary信息,其管理的下属员工信息为空。在这种设计方案中,设计了Manager和Employee两个类。Manager代表部门经理(包含执行总裁),Manager有name,salary和subordinates 3个属性;Employee代表基层员工,Employee有name和salary两个属性;类Manager和类Employee有以下两层关系:

(1)关联关系。类Manager和类Employee是一对多的关联关系,即Manager维护一个集合subordinates,集合中元素的数据类型是Employee。

(2)继承关系。类Manager继承类Employee,因此Manager对象可以看作Employee的对象来使用,即类Manager的对象也可以存入subordinates集合中。所以,Manager的属性subordinates中存储的元素可以是Employee类型的对象,也可以是Manager类型的对象(因为它可以当作Employee对象来用)。

为了分析该设计方案是否可行,可以考察该设计方案是否可以实现查询各员工对公司的贡献价值,如果可以实现该功能,该设计方案就是可性的,否则不可行。如果员工是一个基层员工(即Employee对象),没有承担任何管理职务,那么他不管理任何员工,所以他的薪水就是他对公司的贡献价值,这可以通过调用他的getSalary()方法实现。如果员工是一个部门经理或执行总裁,每个员工可以管理一个或更多个其他“员工”,这可以通过调用他的getCost()方法实现,该方法是通过遍历其维护的集合subordinates,获取其管理的各下属员工(即集合subordinates的元素)的薪水进行计算的,该方法的实现原理与第一种设计方案中的getCost()方法的实现原理一致,很容易实现查询部门经理或执行总裁对公司的贡献价值的功能。由于Manager是集合类,所以建立在属性subordinates之上,还提供了addEmployee(),removeEmployee(),getEmployee()和getNumberOfEmployee()等4个操作。因此,通过员工贡献价值查询系统的两个设计方案可以看出,针对同一个需求,设计方案可以有很多种,关键看是否可以实现用户要求的功能。

图2-14中类Manager通过类Employee和自身关联,所以类Manager也是自包含的,这里的自包含涉及了两个类,这种类图设计方案被称为关系环模型。

为了熟悉常用的关系环模型,下面给出文件系统的需求,进一步分析关系环模型的案例,同时也有助于读者对常用的关联关系和继承关系的进一步深入认识。

文件系统需求说明

一个文件系统有文件夹(Folder),文件夹可以包含文件(File)或更多的文件夹,每个文件或文件夹都有名字、创建日期和文件的大小。另外,每个文件都有扩展名。请给出该文件系统的设计方案,用户可以实现访问或打印文件和文件夹的相关信息。

上述需求涉及文件和文件夹,可以设计两个类:File和Folder,File代表文件,Fold代表文件夹,设计的类图如图2-15所示。其中File拥有4个属性:name,date,size和extension,拥有返回该 4 个属性的操作：getName()，getDate()，getSize()和 getExtension()；Folder 类拥有 5 个属性：name，date，size，folders(和 Folder 类自身关联的一对多属性)和 files(和 File 类关联的一对多属性)，拥有返回该前 3 个属性的相应的操作：getName()，getDate()，getSize()，以及包含 folders 和 files 两个集合所提供的 8 个操作(即 4 个对文件集合的操作：addFile()，removeFile()，getFile()和 getNumberOfFile()；4 个对文件夹集合的操作：addFolder()，removeFolder()，getFolder()和 getNumberOfFolder()。请读者试着分析该设计方案，如何实现访问或打印文件和文件夹的相关信息等功能，分析原理与员工贡献价值查询系统的设计方案的分析原理一致。

在图 2-15 所示的设计方案中，两个类 Folder 和 File 之间存在相同的属性 name，date，size 和操作 getName()，getDate()，getSize()，而且 Folder 类包含 folders 和 files 两个集合，所以，它提供了操作这两个集合常用的 8 个操作，这必将导致 Folder 类的代码体量较大。

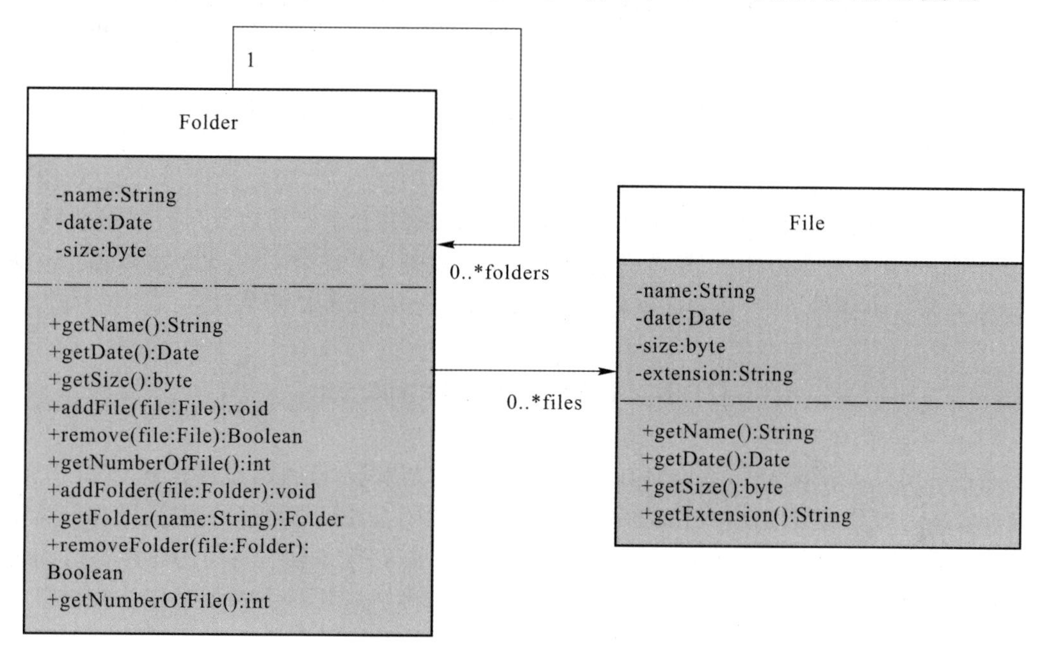

图 2-15　文件系统的设计方案一

为了便于代码的复用，以及表述这两个类之间的共性，可以再设计一个存放共性代码的类 FolderItem[拥有属性 name，date，size 和操作 getName()，getDate()，getSize()]，让类 File 和类 Folder 继承类 FolderItem，这样，它们就自动继承了类 FolderItem 的所有属性和操作，而且，Folder 类仅需维护一个集合 folderItems，集合中元素的数据类型为 FolderItem，由于子类对象可以当作父类对象来使用，无论是 Folder 对象还是 File 对象都可以存入集合 folderItems，即，只要是文件夹包含的内容都可以存入集合 folderItems。新的设计方案如图 2-16 所示，由于 Folder 类通过其基类 FolderItem 和自身关联，因而该设计方案也被称作关系环模型。

图 2-15 和图 2-16 所示的两种设计方案都可以满足功能需求，在第 5 章，讲到多态性的 Java 编程实现时，会对这两种设计方案再进一步讨论，分析哪种设计方案更优。

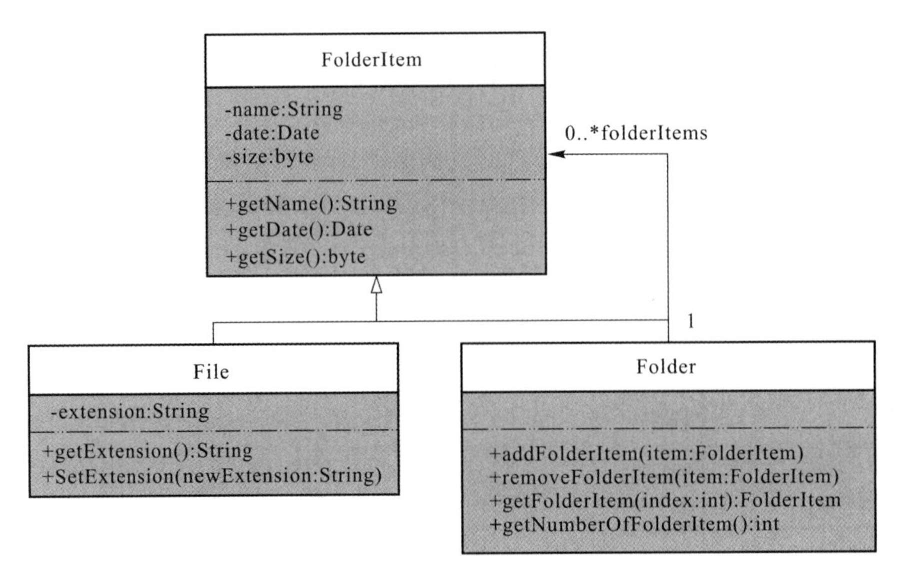

图 2-16　文件系统的设计方案一

在面向对象的设计中，如果发现类 B 和类 C 存在同样的代码，可以设计一个类 A，用于存放通用的代码，使得类 B 和类 C 继承类 A。通过继承，类 B 和类 C 可以复用类 A 的代码。

在面向对象的程序设计中，采用继承的方式来组织设计系统中的类，可以提高程序的抽象程度，更接近人的思维方式，使程序结构更清晰，并降低编码和维护的工作量。

2.3　UML 类图的设计

通过对用户需求的分析，在面向对象软件开发的分析和设计阶段，通过建立 UML 类图描述软件系统的对象类型以及它们之间的关系，为软件编码实现提供足够的信息。同时，类图的设计也是面向对象分析和设计阶段的第一个最关键的步骤，系统动态行为的建模都以此为基础。开发、维护、测试人员通过类图，也可以查看编码的详细信息，即软件系统的实现由哪些类构成，每个类有哪些属性和方法，以及类之间的源码依赖关系。

2.3.1　UML 类图的设计方法

面向对象设计是指为一个系统设计一个类图(即对象模型)，要求系统中的相关事物对应一个类，或者某个类的属性；相关事件对应某个类的操作，指明该类的对象可以执行的动作。

系统类图模型的设计信息来源于针对用户的需求所编写的需求描述，基于需求规格说明设计类图的一般步骤如下：

(1)定义类。

(2)识别类间的关系，如关联、继承等。

(3)识别类的属性。

(4)识别类的操作。

(5)使用 UML 绘图工具，绘制设计的类图。

类图设计完成后，开发人员可以运用 UML 建模工具绘制相应的类图，应用较广泛的

UML 建模工具有 StarUML，ProcessOn，Violet，Visio 和 TinyUML 等，见表 2－2。

表 2－2　UML 类图绘制工具

工　具	描　述
StarUML	StarUML(简称 SU)是一种生成类图和其他类型的 UML 图表的工具，其发展快、灵活、可扩展性强
ProcessOn	ProcessOn 是一款全新的在线 UML 工具，支持主流 UML 图的绘制
Violet	Violet 是一种轻量级的 UML 建模工具，可快速绘制类图、对象图、时序图和状态图，易学易用、跨平台 支持中文且源码开放
Visio	Visio 中的“UML 模型图”解决方案为创建复杂软件系统的面向对象的模型提供全面的支持
TinyUML	TinyUML 用于简单快速地创建 UML 图，它在 Java 平台上运行，需要 Java SE 6 及以上版本

2.3.2～2.3.4 节将通过对雇员信息管理系统、公共交通信息查询系统和接口自动机系统 3 个案例的分析，详细阐述从需求规格说明设计类图的方法和步骤，为面向对象设计的初学者提供一个入门和经验积累的机会。

2.3.2　雇员信息管理系统的建模

1. 雇员信息管理系统需求描述

雇员信息管理系统

雇员信息管理系统主要用于管理公司雇员的信息。雇员的基本信息包括身份证号、姓名、出生日期和电话，每个雇员的身份证号是唯一的；公司雇员分为普通雇员和工时雇员，普通雇员包括佣金雇员和非佣金雇员。其中：

(1)工时雇员有固定的小时薪水(即每小时支付的费用)，其薪水在每周五按照其每周的工作记录进行计算，每个工作记录包括一个工作日期和工作的小时数。如果在某工作日期，其工作时间超过 8 个小时，超过的每小时按照小时薪水的 1.5 倍来计算。系统需要保存工时雇员每周的所有工作记录。

(2)非佣金雇员每月的薪水仅包含固定的月薪，其薪水在每月的最后一个工作日期进行计算，系统需要记录非佣金雇员固定的月薪和每月的工作记录，每个工作记录包括一个工作日期和工作的小时数。

(3)佣金雇员每月的薪水除了包含固定的月薪之外，还包含按照其每月的销售额获得的佣金。其佣金计算方式为：销售额超过 10 万元部分，提取超额部分的 10％作为其佣金；超过 20 万元部分，提取超额部分的 15％作为佣金。对于每个佣金雇员，系统需要保存其固定的月薪、每月的工作记录(每个工作记录包括一个工作日期和工作的小时数)以及每月的销售记录，销售记录中的每一销售项包括已售的产品名称、单价、数量及其销售日期。

在该应用系统中，用户可以做以下事项：

(1)显示雇员的基本信息；

(2)根据指定的日期，显示雇员的周工作记录或月工作记录；

(3)根据指定的日期,显示雇员周或月的薪水信息;

(4)根据指定的日期,显示佣金雇员某个月的销售记录。

2. 类的定义

作为UML类图设计过程中的第一步,类的识别工作尤为重要。该过程是将现实世界问题域中的实体或抽象概念用软件对象的方法进行描述的过程,即从需求规格说明中提取软件系统应用到的所有类。

类的识别通常使用列举名词并逐步筛选的方法得到初步结果。以雇员信息管理系统需求描述为例,类的识别步骤如下:

步骤1:标出需求规格说明中出现的所有名词和名词短语。

该步骤将确定系统中可能涉及的所有候选类,作为类的识别过程的基础,在后续步骤中将会对候选类作进一步筛选。

例如,对雇员信息管理系统的需求描述,依次标记出以下名词和名词短语(用黑体部分表示):

雇员信息管理系统主要用于管理**公司雇员**的**信息**。**雇员**的**基本信息**包括**身份证号**、**姓名**、**出生日期**和**电话**,每个雇员的身份证号是唯一的;公司雇员分为**普通雇员**和**工时雇员**,普通雇员包括**佣金雇员**和**非佣金雇员**。其中:

(1)工时雇员有固定的**小时薪水**(即每小时支付的**费用**),其**薪水**在**每周五**按照其**每周**的**工作记录**进行计算,每个工作记录包括一个**工作日期**和**工作的小时数**,如果在某工作日期,其**工作时间**超过8个**小时**,超过的每小时按照小时薪水的1.5倍来计算。**系统**需要保存工时雇员每周的所有工作记录。

(2)非佣金雇员每月的**薪水**仅包含**固定的月薪**,其薪水在**每月**的最后一个工作日期进行计算,系统需要记录非佣金雇员固定的月薪和每月的工作记录,每个工作记录包括一个工作日期和工作的小时数。

(3)佣金雇员每月的薪水除了包含固定的月薪之外,还包含按照其**每月**的**销售额**获得的**佣金**。其佣金计算方式为:销售额超过10万元部分,提取**超额部分**的10%作为其佣金;超过20万元部分,提取超额部分的15%作为佣金。对于每个佣金雇员,系统需要保存其固定的月薪、每月的工作记录(每个工作记录包括一个工作日期和工作的小时数)以及每月的**销售记录**,销售记录中的每一**销售项**包括已售的**产品名称**、**单价**、**数量**及其**销售日期**。

将该步骤标记的名词罗列在Excel表格中,见表2-3。

表2-3 雇员信息管理系统名词列表

序号	名 词	序号	名 词
1	雇员信息管理系统	19	工作记录(工时雇员、非佣金雇员、佣金雇员)
2	公司雇员	20	工作日期(工时雇员、非佣金雇员、佣金雇员)
3	信息	21	工作的小时数
4	雇员	22	工作时间
5	基本信息	23	小时
6	身份证号	24	系统

续表

序号	名　词	序号	名　词
7	姓名	25	薪水
8	出生日期	26	固定的月薪(非佣金雇员、佣金雇员)
9	电话	27	每月(非佣金雇员、佣金雇员)
10	普通雇员	28	销售额
11	工时雇员	29	佣金
12	佣金雇员	30	超额部分
13	非佣金雇员	31	销售记录
14	小时薪水(工时雇员)	32	销售项
15	费用	33	产品名称
16	薪水(工时雇员、非佣金雇员、佣金雇员)	34	单价
17	每周五	35	数量
18	每周	36	销售日期

步骤 2:对步骤 1 标记出来的所有名词进行筛选。

筛选过程可以根据需求描述的内容将部分名词删除或更改,一般遵循以下原则:

(1)将同义词进行归类形成同义词组。

例如,根据雇员信息管理系统的描述,“雇员”和“公司雇员”是同义词,“雇员信息管理系统”和“系统”是同义词,“小时薪水”和“费用”是同义词,“工作的小时数”和“工作的时间”是同义词,将表 2-3 中的名词进行同义词归类,见表 2-4。

表 2-4　雇员信息管理系统同义词归类列表

序号	同义词	序号	同义词
1	雇员信息管理系统,系统	17	工作记录(工时雇员、非佣金雇员、佣金雇员)
2	公司雇员,雇员	18	工作日期(工时雇员、非佣金雇员、佣金雇员)
3	信息	19	工作的小时数,工作时间
4	基本信息	20	小时
5	身份证号	21	固定的月薪(非佣金雇员、佣金雇员)
6	姓名	22	每月(非佣金雇员、佣金雇员)
7	出生日期	23	销售额
8	电话	24	佣金
9	普通雇员	25	超额部分
10	工时雇员	26	销售记录

续表

序号	同义词	序号	同义词
11	佣金雇员	27	销售项
12	非佣金雇员	28	产品名称
13	小时薪水(工时雇员),费用	29	单价
14	薪水(工时雇员、非佣金雇员、佣金雇员)	30	数量
15	每周五	31	销售日期
16	每周		

(2)删除指代某个特定对象的名词(例如:张三),用泛指某一类别事物的名词代替(根据不同的应用情景,可以将张三用客户、学生等泛指类别的名词替代)。

在雇员信息管理系统中,“每周五”是“工作日期”的特例,所以可以将表2-4中的名词“每周五”删除,保留“工作日期”。

(3)删除仅作为某个类属性的名词,如果该名词虽然作为某个类的属性,但是它还拥有自己的属性,那么该名词就不予删除,即如果名词表达的实体或抽象概念具有自己的属性,将不予删除。

例如,在雇员信息管理系统中,“销售记录”作为“每月(对于佣金雇员而言)”的属性,其自身又拥有属性“销售项”,所以,要保留该名词;在雇员信息管理系统中,将删除以下仅作为类属性信息出现的名词,见表2-5。

1)“身份证号”“姓名”“出生日期”以及“电话”(仅作为“雇员”的属性信息)。

2)“小时薪水”(仅作为“工时雇员”的属性)。

3)“工作日期”和“工作的小时数”(仅作为“工作记录”的属性)。

4)“固定的月薪”(仅作为“非佣金雇员”和“佣金雇员”的属性)。

5)“销售额”(仅作为“销售记录”的属性)。

6)“产品名称”“单价”“数量”及“销售日期”(仅作为“销售项”的属性)。

(4)删除其值可以由其他属性值进行计算的名词。

例如,在雇员信息管理系统中,将删除以下其值可以由其他属性值进行计算的名词,见表2-5。

1)工时雇员的“薪水”可以由“小时薪水”和每周的“工作记录”进行计算,非佣金雇员的“薪水”可以由“固定的月薪”进行计算,佣金雇员的薪水可以用“固定的月薪”和“销售记录”进行计算。

2)“销售额”“佣金”和“超额部分”可以由“销售记录”进行计算。

表2-5 删除仅作为类属性以及其值可以由其他属性值计算的名词

序号	名 词	说 明
1	雇员信息管理系统,系统	
2	公司雇员,雇员	

续表

序号	名　词	说　明
3	信息	
4	基本信息	
5	身份证号	仅作为“雇员”的属性
6	姓名	仅作为“雇员”的属性
7	出生日期	仅作为“雇员”的属性
8	电话	仅作为“雇员”的属性
9	普通雇员	
10	工时雇员	
11	佣金雇员	
12	非佣金雇员	
13	小时薪水(工时雇员)，费用	仅作为“工时雇员”的属性
14	薪水(工时雇员、非佣金雇员、佣金雇员)	根据小时薪水、固定的月薪水以及销售记录可以计算
15	每周	
16	工作记录(工时雇员、非佣金雇员、佣金雇员)	
17	工作日期(工时雇员、非佣金雇员、佣金雇员)	仅作为“工作记录”的属性
18	工作的小时数，工作时间	仅作为“工作记录”的属性
19	小时	
20	固定的月薪(非佣金雇员、佣金雇员)	仅作为““非佣金雇员”和“佣金雇员”的属性
21	每月(非佣金雇员、佣金雇员)	
22	销售额	根据销售记录可以计算
23	佣金	根据销售记录可以计算
24	超额部分	根据销售记录可以计算
25	销售记录	
26	销售项	
27	产品名称	仅作为“销售项”的属性
28	单价	仅作为“销售项”的属性
29	数量	仅作为“销售项”的属性
30	销售日期	仅作为“销售项”的属性

(5)删除既不是需求问题域中的实体,也不是需求问题域中抽象概念的名词,或删除其意义描述不明确的名词。对于这类名词,即使把其作为候选类,也会发现其没有任何明确的属性。

例如,在雇员信息管理系统中,这类名词有“信息”“基本信息”和“小时”。

(6)删除指代系统本身的名词。

例如,在雇员信息管理系统中,“雇员信息管理系统”和“系统”指代系统本身。

经过上述筛选过程后剩下的名词就是为应用系统设计的核心类,表2-6中的最左边一列即是为雇员信息管理系统设计的核心类。

步骤3:为类命名。

根据名词在需求描述中表达的含义,为类命名。类的名称要符合命名规范,并且尽量自然易懂,同时不能有歧义。对于同义词组,要从所有的同义词中选择最合适的名词作为类名。

步骤4:根据需求,如果有必要,在步骤3获得的类的基础上,适当增加与系统描述相关的类。

同时,将中文类名翻译为英文,这里要以英文单词的单数作为类的名称。按照以上步骤,最终命名以下类搭建雇员信息管理系统,见表2-6。

表2-6　雇员信息管理系统类的列表

最终识别的类	类的中文名	类的英文名
公司雇员,雇员	雇员	Employee
普通雇员	普通雇员	GeneralEmployee
工时雇员	工时雇员	HourEmployee
佣金雇员	佣金雇员	CommissionEmployee
非佣金雇员	非佣金雇员	NonCommissionEmployee
每周	周工作记录	WeekRecord
工作记录	日工作记录	DayRecord
每月(对于非佣金雇员而言)	非佣金雇员月记录	NCEMonthRecord
每月(对于佣金雇员而言)	佣金雇员月记录	CEMonthRecord
销售记录	销售记录	SaleRecord
销售项	销售项	SaleItem

3. 类与类之间关系的识别

类与类之间存在多种关系,如继承关系和关联关系等。为应用系统定义类之后,明确类与类之间的关系是搭建类图最重要的部分之一。类与类之间关系的识别是以需求描述为依据,查看哪一句话或哪一段话同时出现了相关的类,并描述了它们之间的关系。为了使识别过程更加清晰,通常使用建立关系表格的方式来构建类与类之间的关系,其识别步骤如下:

步骤1:建立一个行和列都以类命名的$N \times N$二维表格,N为系统中定义的类个数。

例如,对于雇员信息管理系统,建立的二维表格见表2-7。

表 2-7　类与类之间的关系表格

	雇员	普通雇员	工时雇员	佣金雇员	非佣金雇员	周工作记录	日工作记录	非佣金雇员月记录	佣金雇员月记录	销售记录	销售项
雇员											
普通雇员											
工时雇员											
佣金雇员											
非佣金雇员											
周工作记录											
日工作记录											
非佣金雇员月记录											
佣金雇员月记录											
销售记录											
销售项											

步骤 2:识别类与类之间的继承关系。

对于 A 行 B 列的一个单元格:

(1)如果类 A 的实例也是类 B 的实例,或者类 A 拥有类 B 的所有属性,则在 A 行 B 列的单元格标记“S”,即类 A 相对于类 B 而言是特殊的类,其中 S 是 Specialization 的首字母,表示 A 是 B 的子类。

(2)如果类 B 的实例也是类 A 的实例,或者类 B 拥有类 A 的所有属性,则在 A 行 B 列的单元格标记“G”,即类 A 相对于类 B 而言是一般的类,其中 G 是 Generalization 的首字母,表示 A 是 B 的基类。

例如,在雇员信息管理系统中,“工时雇员”和“普通雇员”都是雇员,“佣金雇员”和“非佣金雇员”都是普通雇员,因此,雇员信息管理系统类与类之间的继承关系在二维表格中的表示见表 2-8。

表 2-8　类与类之间的继承关系

	雇员	普通雇员	工时雇员	佣金雇员	非佣金雇员	周工作记录	日工作记录	非佣金雇员月记录	佣金雇员月记录	销售记录	销售项
雇员		G	G								
普通雇员	S			G	G						
工时雇员	S										
佣金雇员		S									
非佣金雇员		S									

续表

	雇员	普通雇员	工时雇员	佣金雇员	非佣金雇员	周工作记录	日工作记录	非佣金雇员月记录	佣金雇员月记录	销售记录	销售项
周工作记录											
日工作记录											
非佣金雇员月记录											
佣金雇员月记录											
销售记录											
销售项											

步骤3:识别类与类之间的关联关系。

对于A行B列的一个单元格,如果类A的实例可以包括一个或多个类B的实例,则在A行B列的单元格标记关联的数量或引用。

在雇员信息管理系统中,为了实现查找工时雇员的周工作记录,系统需要保存工时雇员每周的所有工作记录,所以“工时雇员”和“周工作记录”之间是1对多的关联关系。

同理,根据需求的描述,可以找到其他类之间的关联关系。需求描述与关联关系识别的对照表见表2-9。雇员信息管理系统类与类之间的关联和继承关系在二维表格中的表示见表2-10。

表2-9　需求描述与关联关系的识别

序号	需求描述	类之间的关联关系
1	“其薪水在每周五按照其每周的工作记录进行计算”	“周工作记录”和“日工作记录”之间的1对5的关联关系
2	“系统需要保存工时雇员每周的所有工作记录”	“工时雇员”和“周工作记录”之间的1对多的关联关系
3	“系统需要记录非佣金雇员的固定的月薪和每月的工作记录”	“非佣金雇员”和“非佣金雇员月记录”之间1对多的关联关系
		“非佣金雇员月记录”和“日工作记录”之间1对多的关联关系
4	“对于每个佣金雇员,系统需要保存其固定的薪水、每月的工作记录(每个工作记录包括一个工作日期和工作的小时数)、每月的销售记录中的每一销售项包括已售的产品名称、单价、数量及其销售日期”	“佣金雇员”和“佣金雇员月记录”之间1对多的关联关系
		“佣金雇员月记录”和“日工作记录”之间1对多的关联关系
		“佣金雇员月记录”和“销售记录”之间的1对1的关联关系
		“销售记录”和“销售项”之间的1对多的关联关系

表 2－10　雇员信息管理系统类与类之间的关联和继承关系

	雇员	普通雇员	工时雇员	佣金雇员	非佣金雇员	周工作记录	日工作记录	非佣金雇员月记录	佣金雇员月记录	销售记录	销售项
雇员		G	G								
普通雇员	S			G	G						
工时雇员	S					*					
佣金雇员		S							*		
非佣金雇员		S						*			
周工作记录							5				
日工作记录											
非佣金雇员月记录							*				
佣金雇员月记录							*			1	
销售记录											*
销售项											

步骤 4：进一步考虑类与类之间有无组合和聚合关系，如果需求中未出现明显的整体和部分的关系，本书建议将组合和聚合关系作为关联关系进行识别即可，在雇员信息管理系统中，没有组合和聚合关系出现。

步骤 5：对于没有上述关系的类与类对应的单元格填入字母“X”或保持空白，至此完成关系表格的建立。

4．属性的识别

属性是指类可以维护的数据或者信息。如果说已定义的类和类之间关系的定义为软件系统搭建了一个完整的骨架，那么接下来的类属性和类操作的定义则是为系统添加血肉和灵魂的过程。

通常，属性的识别包含以下 4 个部分：

(1)在类定义过程中，已经将仅属于某种类属性的所有名词从候选类名中删除，该步骤将被删除的该类名词分别添加为类的属性，然后按照命名规范对其进行命名即可。因此，属性定义中的第一部分就是需要从被删除的名词之中挑选出合适的名词，并将其与前面定义的类关联起来。在雇员信息管理系统中，这类名词有身份证号、姓名、出生日期、电话、小时薪水、工作日期、工作的小时数、固定的月薪、销售额、产品名称、单价、数量、销售日期等。

(2)观察关系列表中所有具有继承关系的类，在基类和子类中归纳可以合并的属性，将其作为基类中的属性并让子类继承即可。在雇员信息管理系统中，这类名词有固定的月薪等。

(3)关联属性的添加：如果一个类 A 的实例中关联一个类 B 的实例，一般使用与类 B 同名的符合命名规范的单数形式作为类 A 的私有属性；如果一个类 A 的实例中存在许多类 B 的实例,则使用与类B同名的符合命名规范的复数形式作为类A的私有属性。在雇员信息管理系统中,这类名词有日工作记录、周工作记录、佣金雇员月记录、非佣金雇员月记录、销售记录、销售项等。

(4)根据需求分析说明书,对系统中的类添加其他合适的、必要的属性。雇员信息管理系统的属性列表见表2-11,为了对比,分别列出了类、属性的英文表示,见表2-12。

表2-11　雇员信息管理系统类属性列表(中文表示)

类	属　性	关联属性
雇员	身份证号、姓名、出生日期、电话	
普通雇员	固定的月薪	
工时雇员	小时薪水	周工作记录(*)
佣金雇员		佣金雇员月记录(*)
非佣金雇员		非佣金雇员月记录(*)
周工作记录		日工作记录(5)
日工作记录	工作日期、工作的小时数	
非佣金雇员月记录		日工作记录(*)
佣金雇员月记录		销售记录(1),日工作记录(*)
销售记录	销售额	销售项(*)
销售项	产品名称、单价、数量、销售日期	

表2-12　雇员信息管理系统类属性列表(英文表示)

类	属　性	关联属性
Employee	id,name, birthday, mobileTel	
GeneralEmployee	fixMonthSalary	
HourEmployee	hourSalary	weekRecords
CommissionEmployee		cEMonthRecords
NonCommissionEmployee		nCEMonthRecords
WeekRecord		dayRecords
DayRecord	workDay, hourCount	
NCEMonthRecord		dayRecords
CEMonthRecord		saleRecord,dayRecords
SaleRecord		saleItems
SaleItem	productName, price. quantity,saleDay	

5. 操作的定义

系统要求实现的功能都在类的操作中得以体现。具体来说，一般按照以下步骤来定义操作。

步骤 1：对于类的私有属性，添加访问（Accessor）和修改（Mutator）该私有属性的操作。

一般而言，对象将所有属性倾向于私有化，并且对外提供可以对属性进行访问和修改的操作以增强安全性。访问操作也称为 get 方法，用于获得类的属性值，通常使用 getVariableName 命名（variableName 是访问的属性名）；相反修改操作则用于修改属性的值，也称为 set 方法，通常使用 setVariableName 命名（variableName 是修改的属性名）。如果属性在创建对象时进行初始化，并且初始化不允许修改，则相应的 set 方法不予考虑。

步骤 2：如果集合类（详见 2.2.1 节集合模型的有关内容）出现，则集合类应提供常用的操作（向集合中添加元素、从集合中获取某元素、删除集合中某指定元素和返回集合中元素个数等操作）以操作集合中的对象。

步骤 3：观察关系列表中所有具有继承关系的类，在基类和子类中归纳所有动作中存在的共同特点，作为基类中的操作。如果子类的该操作需要体现子类所特有的功能，则在相应的子类中也添加该操作。

例如，在雇员信息管理系统中，普通雇员是基类，非佣金雇员和佣金雇员是其子类，由于非佣金雇员和佣金雇员都有属性“固定的月薪”，所以“固定的月薪”作为普通雇员的属性，普通雇员应该提供访问月薪的操作 getMonthSalary，但是佣金雇员和非佣金雇员的月薪计算是不一样的。因此，非佣金雇员和佣金雇员都拥有各自访问月薪的操作 getMonthSalary。

步骤 4：从需求描述（或者详细的需求分析文档）中找出与类相关的动词，或者为了实现需求描述中提到的功能而执行的必要动作，并且将其实现为合适的操作。

根据上述 4 个步骤，雇员信息管理系统定义的类操作见表 2－13。

表 2－13　类方法列表

类	操　作
Employee	getId()：string getName()：String getBirthday()：Date getMobile()：String
GeneralEmployee	getFixMonthSalary()：double getMonthSalary (day：Date)：double
HourEmployee	getSalary(day：Date)：double getHourSalary()：double addWeekRecord(weekRecords：WeekRecord)：void removeWeekRecord(weekRecords：WeekRecord)：boolean getWeekRecord(workDay：Date)：WeekRecord getNumberOfWeekRecord()：int
CommissionEmployee	getMonthSalary(day：Date)：double addCEMonthRecord(cEMonthRecords：CEMonthRecord)：void removeCEMonthRecord(cEMonthRecords：CEMonthRecord)：void getCEMonthRecord(workDay：Date)：CEMonthRecord getNumberOfCEMonthRecord()：int

续表

类	操 作
NonCommissionEmployee	addNCEMonthRecord(nCEMonthRecords:NCEMonthRecord):void removeNCEMonthRecord(nCEMonthRecords:NCEMonthRecord): void getNCEMonthRecord(workDay:Date):NCEMonthRecord getNumberOfNCEMonthRecord(): int
WeekRecord	addDayRecord(dayRecords:DayRecord): void removeDayRecord(dayRecords:DayRecord):boolean getDayRecord(workDay: Date):DayRecord getNumberOfDayRecord(): int
DayRecord	getWorkDay():Date getHourCount():int
NCEMonthRecord	addDayRecord(dayRecords:DayRecord): void removeDayRecord(dayRecords:DayRecord):boolean getDayRecord(workDay:Date):DayRecord getNumberOfDayRecord():int
CEMonthRecord	getSaleRecord():SaleRecord addDayRecord(dayRecords: DayRecord):void removeDayRecord(dayRecords:DayRecord):boolean getDayRecord(workDay: Date):DayRecord getNumberOfDayRecord():int
SaleRecord	addSaleItem(saleItems: SaleItem):void removeSaleItem(saleItems: SaleItem):boolean getSaleItem(productName: String):Saleltem getNumberOfSaleItem(): int
SaleItem	getProductName():String getPrice(): double getQuantity():double getSaleDay(): Date

6. 驱动类设计

经过上述 2.～5.的设计过程，已经设计了实现系统业务逻辑的类，通常将上述过程获取的类称为核心类，如图 2-17 所示。

为应用系统搭建的核心类是否能实现用户需求，需要一种方法来测试，因此，需要进一步为软件提供相应的驱动类(或测试类)。例如，在雇员信息管理系统中，软件需要实现下述功能：

(1)显示雇员的基本信息。

(2)根据指定的日期，显示雇员的周工作记录或月工作记录。

(3)根据指定的日期,显示雇员周或月的薪水信息。

(4)根据指定的日期,显示佣金雇员某个月的销售记录。

因此,对于雇员信息管理系统而言,在图2-17所示的核心类的基础上,需要进一步设计一个驱动类“雇员信息管理系统(EmployeeManagerSystem)”,该驱动类维护一个雇员实例的集合,它提供如下操作:

(1)displayEmployee(id:String):String(显示雇员的基本信息)。

(2)displayWorkRecord(id:String,day:Date):String(根据指定的日期,显示雇员的周工作记录或月工作记录)。

(3)dispalySalary(id:String,day:Date):String(根据指定的日期,显示雇员周或月的薪水信息)。

(4)displayMonSaleRecord(id:String,day:Date):String(根据指定的日期,显示佣金雇员某个月的销售记录)。

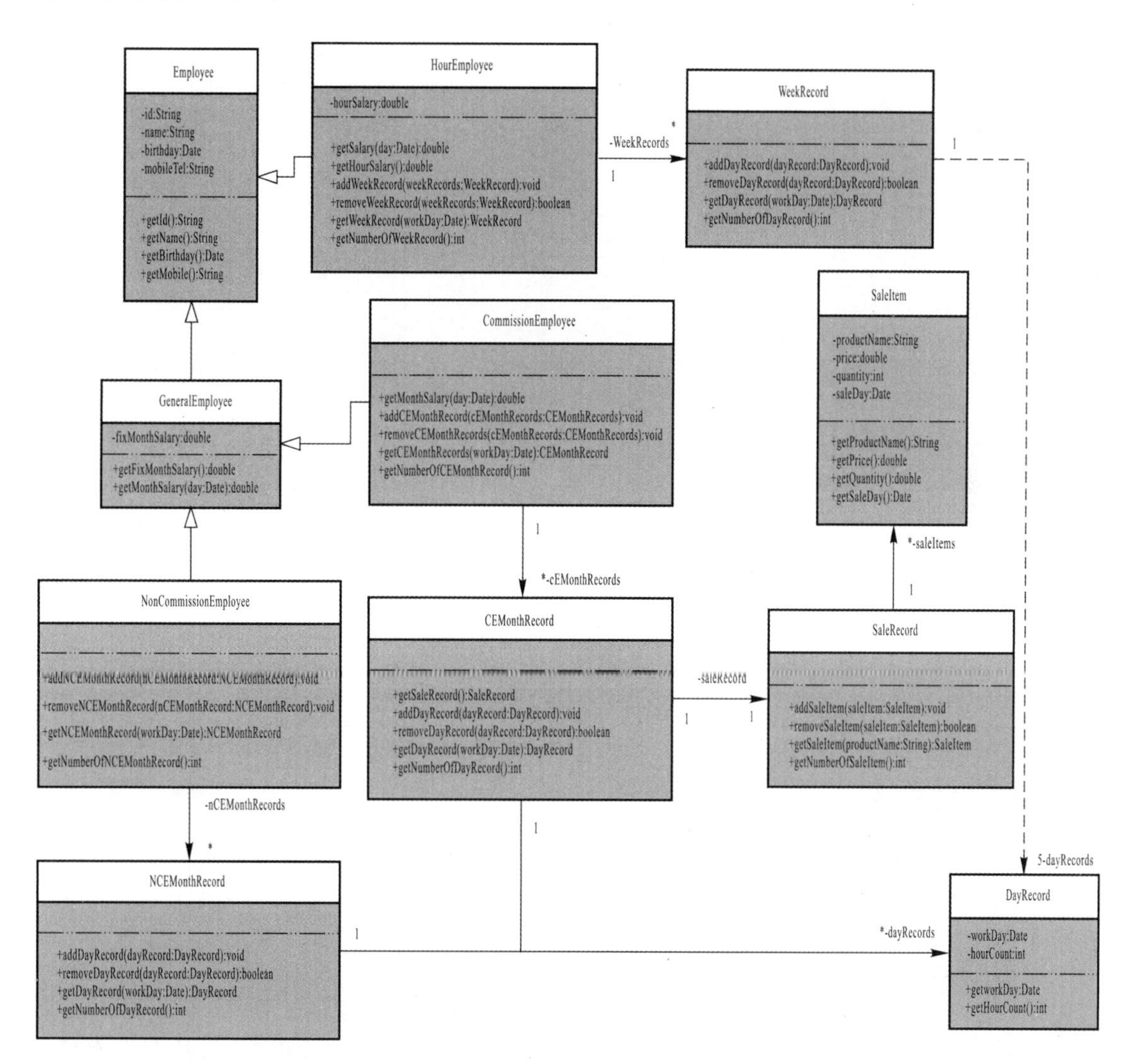

图2-17　雇员信息管理系统的核心类图

综上所述,雇员信息管理系统完整的设计方案如图 2－18 所示。

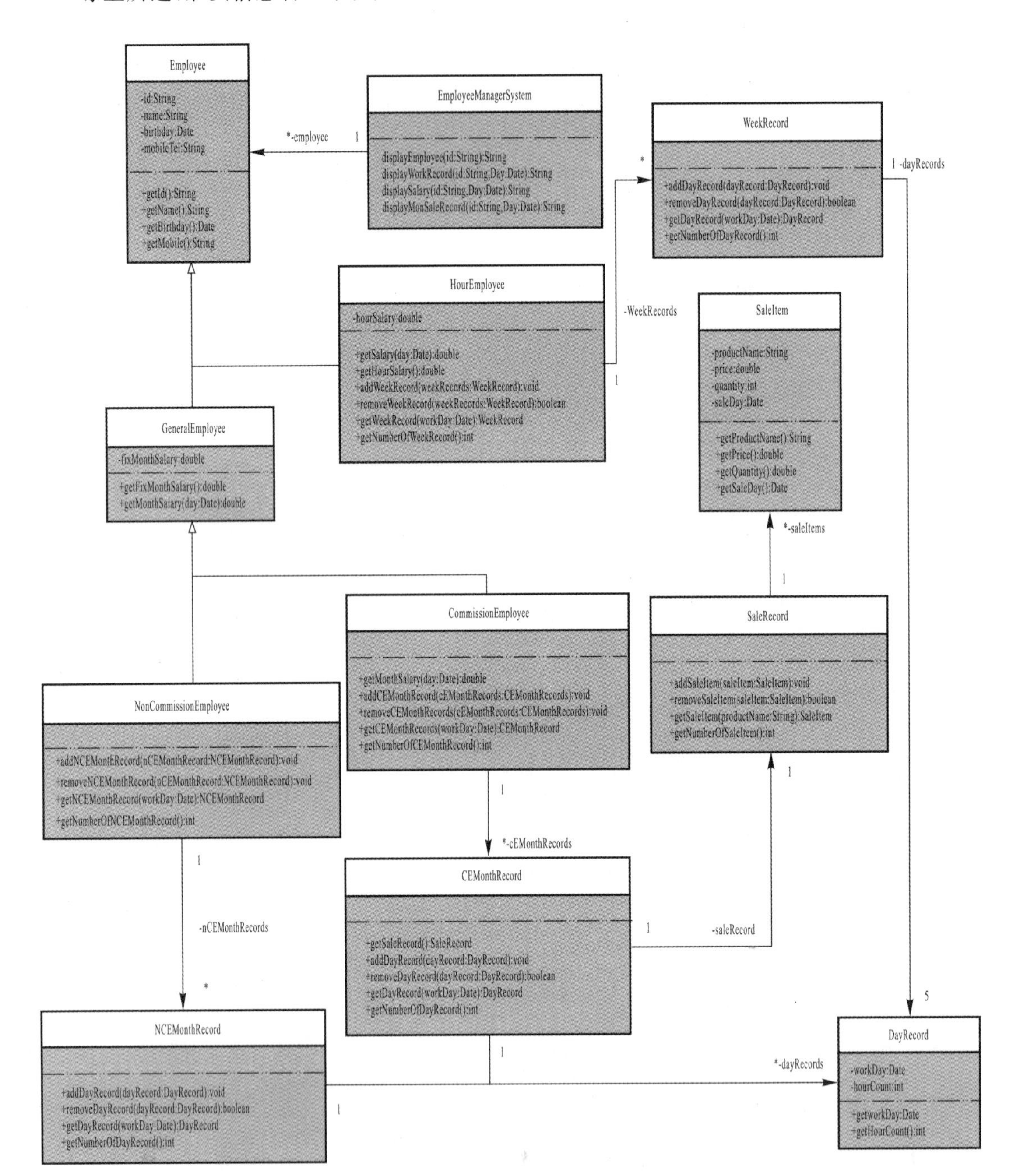

图 2－18　雇员信息管理系统的设计类图

7. 类图的绘制

设计了 UML 模型后,可以采用 UML 建模工具对其进行绘制。目前,应用最广泛的 UML 建模工具如 PowerDesigner,Eclipse UML 和 Violet 等。本书采用 Visio 绘制了雇员信息管理系统的核心类图和带驱动类的类图,如图 2－17 和图 2－18 所示。

2.3.3　公共交通信息查询系统的建模

1. 公共交通信息查询系统需求描述

公共交通信息查询系统

公共交通信息查询系统维护公共交通站点(public transport stations)和公共交通线路(public transport lines)的信息。系统包括两类公共交通线路:公交线路和地铁线路。与此同时,系统也维护公交站点和地铁站点。

(1)公交线路的信息。

1)名称。

2)早班车时间。

3)晚班车时间。

4)线路长度。

5)包含的站点序列。

6)是否有公交刷卡机。

7)是否有空调。

8)所属公交公司。

(2)地铁线路的信息。

1)名称。

2)早班车时间。

3)晚班车时间。

4)线路长度。

5)包含的站点序列。

(3)公交线路和地铁线路的站点信息。

1)名称。

2)包含经度和纬度的站点位置。

3)经过该站点的线路列表。

在该应用系统中,用户可以实现如下功能:

(1)为系统添加一个公共交通线路。

(2)为系统添加一个公共交通站点。

(3)查找给定名称的公共交通线路信息。

(4)查找给定名称的站点信息。

(5)查找经过给定站点的公共交通线路信息。

(6)查找经过给定线路所包含的所有站点信息。

2. 类的定义

对于上述公共交通信息查询系统,类的识别步骤如下:

步骤1:标出需求规格说明中出现的所有名词。

对公共交通信息查询系统的需求描述,依次标记出以下名词和名词短语(用黑体部分表示):

公共交通信息查询系统维护**公共交通站点**(public transport stations)和**公共交通线路**

(public transport lines)的**信息**。**系统**包括两类公共交通线路:**公交线路**和**地铁线路**。与此同时,系统也维护**公交站点**和**地铁站点**。

(1)公交线路的信息。

1)**名称**。

2)**早班车时间**。

3)**晚班车时间**。

4)**线路长度**。

5)包含的**站点序列**。

6)是否有**公交刷卡机**。

7)是否有**空调**。

8)所属**公交公司**。

(2)地铁线路的信息。

1)**名称**。

2)**早班车时间**。

3)**晚班车时间**。

4)**线路长度**。

5)包含的**站点序列**。

(3)公交线路和地铁线路的站点信息。

1)**名称**。

2)包含**经度**和**纬度**的**站点位置**。

3)经过该站点的**线路列表**。

将该步骤标记的名词罗列在Excel表格中,见表2-14。

表2-14 公共交通信息查询系统名词列表

序号	名 词	序号	名 词
1	公共交通信息查询系统	15	公交刷卡机(公交线路)
2	公共交通站点	16	空调(公交线路)
3	公共交通线路	17	公交公司(公交线路)
4	信息	18	名称(地铁线路)
5	系统	19	早班车时间(地铁线路)
6	公交线路	20	晚班车时间(地铁线路)
7	地铁线路	21	线路长度(地铁线路)
8	公交站点	22	站点序列(地铁线路)
9	地铁站点	23	名称(公交线路和地铁线路的站点)
10	名称(公交线路)	24	经度(公交线路和地铁线路的站点位置)
11	早班车时间(公交线路)	25	纬度(公交线路和地铁线路的站点位置)
12	晚班车时间(公交线路)	26	站点位置(公交线路和地铁线路的站点)
13	线路长度(公交线路)	27	线路列表(为公交线路和地铁线路的站点维护的)
14	站点序列(为公交线路维护的)		

步骤2:对步骤1标记出来的所有名词进行筛选。

(1)将同义词进行归类形成同义词组。

"公共交通信息查询系统"和"系统"是同义词,虽然"公共交通站点"分为"公交线路站点"和"地铁站点",但是需求中描述工具线路站点和地铁站点的信息完全一致,所以,"公共交通站点""公交线路站点"和"地铁站点"是同义词,这里将它们统一简称"站点"。同理,为公交线路维护的"站点序列"和为地铁线路维护的"站点序列"也是同义词。

(2)删除指代某个特定对象的名词(例如:张三),用泛指某一类别事物的名次代替。

表2-14中未出现指代某个特定对象的名词或名词短语。

(3)删除仅作为某个类属性的名词,如果该名词虽然作为某个类的属性,但是它还拥有自己的属性,那么该名词就不予删除,即如果名词表达的实体或抽象概念具有自己的属性,将不予删除。

在公共交通信息查询系统中,表2-14中的第10～17项都是"公交线路"的属性,但是,第14项"站点序列"是"站点"的集合,所以,要保留"站点序列",其余的第10～13项以及第15～17项都删除,因为它们仅作为"公交线路"的属性。与此同理,第18～21项仅作为"地铁线路"的属性,第23项仅作为"站点"的属性,第24和第25项仅作为"站点位置"的属性,它们将被删除,第26项和第27项保留,它们都有自己的属性。

(4)删除其值可以由其他属性值进行计算的名词。

表2-14中未出现这样的名词。

(5)删除既不是需求问题域中的实体,也不是需求问题域中抽象概念的名词,或删除其意义描述不明确的名词,对于这类名词,即使把其作为候选类,也会发现其没有任何明确的属性。

在公共交通信息查询系统中,这类名词有"信息"。

(6)删除指代系统本身的名词。

在公共交通信息查询系统中,"公共交通信息查询系统"和"系统"指代系统本身。

经过上述筛选过程后剩下的名词就是为应用系统设计的核心类,表2-15中的中间一列即是为公共交通信息查询系统设计的核心类。

步骤3:为类命名。

表2-15中的左边一列即是为公共交通信息查询系统命名的核心类。

步骤4:根据需求,如果有必要,在步骤3获得的类的基础上,适当增加与系统描述相关的类。

这里暂时没有增加与公共交通信息查询系统相关的其他类,如果后面发现用户要求的某些功能未实现,则可以考虑这一点。

将最终识别的中文类名翻译为英文,除了表达集合的概念外,都要用英文单词的单数作为类的名称,见表2-15中的最右列。

表2-15　公共交通信息查询系统类的列表

最终识别的类	类的简单含义	类的英文名
站点	公共交通站点,公交站点,地铁站点	Station
公共交通线路	公共交通线路	TransportLine

续表

最终识别的类	类的简单含义	类的英文名
公交线路	公交线路	BusLine
地铁线路	地铁线路	SubwayLine
站点序列	站点序列(为公交线路和地铁线路维护的)	StationSequence
站点位置	站点位置(公交线路和地铁线路的站点)	StationPosition
线路列表	线路列表(为公交线路和地铁线路的站点维护的)	LineList

3. 类与类之间关系的识别

步骤1:建立一个行和列都以类命名的7×7的二维表格,见表2-16。

步骤2:识别类与类之间的继承关系。

在雇员信息管理系统中,“公交线路”和“地铁线路”都是“公共交通线路”,因此,继承关系在二维表格中的表示见表2-16。

步骤3:识别类与类之间的关联关系。

在公共交通信息查询系统中,根据需求的描述,可以找到类与类之间的关联关系。

(1)由于“站点”的信息包含经过该站点的“线路列表”,所以,它们之间是一对一的关联关系,关联属性标记为lineList。

(2)由于“站点”包含了“站点位置”信息,所以,它们之间是一对一的关联关系,关联属性标记为stationPosition。

(3)由于“公交线路”和“地铁线路”都维护了“站点序列”,所以,“公共交通线路”与“站点序列”是一对一的关联关系,关联属性标记为stationSequence。

(4)由于“站点序列”包含了若干“站点”的信息,所以,它们之间是一对多的关联关系,关联属性标记为stations。

(5)由于“线路列表”包含了若干“线路”的信息,所以,它们之间是一对多的关联关系,关联属性标记为transportLines。

表2-16展示了公共交通系统所有类与类之间的关联和继承关系。

步骤4:进一步考虑类与类之间有无组合关系,本书建议聚合关系作为关联关系进行识别即可,在公共交通信息查询系统中,没有组合关系出现。

步骤5:对于没有上述关系的类与类对应的单元格填入字母“X”或保留空白,完成关系表格的建立。

表2-16 公共交通信息查询系统类与类之间的关联和继承关系

	Station(站点)	TransporLine(公共交通线路)	BusLie(公交线路)	Ssmbway L. ine(地铁线路)	StatioanSequence(站点序列)	StationPosition(站点位置)	LineList(线路列表)
Station(站点)						stationPosition	lineList
TransportLine(公共交通线路)			G	G	stationSequence		

续表

	Station（站点）	TransporLine（公共交通线路）	BusLie（公交线路）	Ssmbway L. ine（地铁线路）	StatioanSequence（站点序列）	StationPosition（站点位置）	LineList（线路列表）
BusLine（公交线路）		S					
SubwayLine（地铁线路）		S					
StationSequence（站点序列）	stations						
StationPosition（站点位置）							
LineList（线路列表）		transportLines					

4. 属性的定义

（1）在类定义过程中，已经将仅属于某种类属性的所有名词从候选类名中删除，该步骤将被删除的该类名词分别添加为类的属性，然后按照命名规范对其进行命名即可。因此，属性定义中的第一部分需要从被删除的名词之中挑选出合适的名词，并将其与前面定义的类关联起来。在公共交通信息查询系统中：

1）与“公交线路”相关的这类名词有“名称”“早班车时间”“晚班车时间”“线路长度”“公交刷卡机”“空调”和“公交公司”。

2）与“地铁线路”相关的这类名词有“名称”“早班车时间”“晚班车时间”和“线路长度”。

3）与“站点”相关的这类名词有“名称”。

4）与“站点位置”相关的这类名词有“经度”和“纬度”。

（2）观察关系列表中所有具有继承关系的类，在基类和子类中归纳可以合并的属性，作为基类中的属性并且让子类继承该属性。

在公共交通信息查询系统中，与基类“公共交通线路”有关的这类名词有“名称”“早班车时间”“晚班车时间”和“线路长度”。

（3）关联属性的添加。在公共交通信息查询系统中：

1）关联属性 stationPosition 和 lineList 将作为“站点”的私有属性。

2）关联属性 stationSequence 将作为“公共交通线路”的私有属性。

3）关联属性 stations 将作为“站点序列”的私有属性。

4）关联属性 transportLines 将作为“线路列表”的私有属性。

（4）根据详细的需求分析说明书，对系统中的类添加合适的、必要的属性。

公共交通信息查询系统中各个类的属性见表 2－17，上述内容已用中文对类的属性进行介绍，表 2－17 中的类、属性是用英文表示的。从表 2－17 可以发现，类 SubwayLine 从

TransportLine 继承所有的属性，但是自身没有新的属性，而类 BusLine 除了从 TransportLine 继承所有的属性，自身还有 3 个新的属性：cardAvailability，airConditionAvailability 和 company。那么既然类 SubwayLine 和 TransportLine 的属性完全一致，该类是否可以删除？如果用类 TransportLine 代替类 SubwayLine，则设计方案仍然可以满足需求，实现用户要求的功能，从设计方案的进一步扩展和维护性方面考虑，保留类 SubwayLine 易于理解，有助于设计方案的扩展和维护。

表 2-17　公共交通信息查询系统类属性列表(英文表示)

类	属　性	关联属性
Station	name	stationPosition，lineList
TransportLine	name earlyTime lateTime lineLength	stationSequence
BusLine	cardAvailability airConditionAvailability company	
SubwayLine		
StationSequence		stations
StationPosition	latitude longitude	
LineList		transportLines

5. 操作的定义

步骤 1：对于类的私有属性，添加访问(Accessor)和修改(Mutator)该私有属性的操作。

一般而言，通常使用 getVariableName 命名(variableName 是访问的属性名)的方法用来返回属性的值，例如，类 Station 的 getName()方法用来访问其属性 name；当一个变量的取值是布尔型时，使用命名为 isAvailableOfVariableName(variableName 是访问的属性名)的方法来返回属性的值更易理解，例如，类 BusLine 的 isAvailableOfCard()和 isAvailableOfAir()方法分别用来访问属性 cardAvailabilty 和 airConditionAvailabilty 的值；使用 setVariableName 命名(variableName 是修改的属性名)的方法来修改属性的值，当一个变量的取值是布尔型时，使用命名为 setAvailableOfVariableName(variableName 是访问的属性名)的方法来返回属性的值更易理解，例如，类 BusLine 的 setAvailableOfCard()和 setAvailableOfAir()方法分别用来修改属性 cardAvailabilty 和 airConditionAvailabilty 的值。如果属性在创建对象时进行初始化，并且初始化不允许修改，则相应的 set 方法不予考虑。

步骤 2：如果设计的类中存在集合类(详见 2.2.1 节集合模型的有关内容)出现，则增加相应的方法，见表 2-18。

表 2 - 18　公共交通信息查询系统的各个类的方法列表

类	操　作
Station	+getName():String +getStationPosition():StationPosition +getLineList():LineList
TransportLine	+getName():String +getEarlyTime():Date +getLateTime():Date +getLineLength():String +getStationSequence():StationSequence
BusLine	+isAvailableOfCard():boolean +isAvailableOfAir():boolean +setAvailableOfCard(value:boolean):void +setAvailableOfAir(value:boolean):void +getCompany():String
SubwayLine	
StationSequence	+addStation(stations:Station):void +removeStation(stations:Station):void +getNumberOfStation():int +getStation(index:int):Station +getStation(name:String):Station
StationPosition	+getLatitude():double +getLongitude():double +sefLatitude(newLatitude:double):void +setLongitude(newLongitude:double):void
LineList	+addTransportLine(line:TransportLine):void +removeTransportLine(line:TransportLine):void +getNumberOfTransportLine():int +getTransportLine(index:int):TransportLine +getTransportLine(name:String):TransportLine

步骤 3：观察关系列表中所有具有继承关系的类，在基类和子类中归纳所有动作中存在的共同特点，作为基类中的操作，如果子类的该操作需要体现子类所特有的功能，则在相应的子

类中也添加该操作，见表2-18。

步骤4：从需求描述（或者详细的需求分析文档）中找出与类相关的动词，或者为了实现需求描述中提到的功能而执行的必要动作，并且将其实现为合适的操作。

根据上述4个步骤，公共交通信息查询系统定义的类操作见表2-18。类Station提供了3个访问属性值的方法。类TransportLine提供了5个访问属性值的方法。类BusLine提供了3个访问属性值的方法，2个修改属性值的方法，因为也许公交车上以前不能打卡，现在新安装了打卡机，以前没有安装空调设备，现在新安装了空调设备，所以允许修改打卡机和空调的属性值，true代表有这些设备，false代表没有这些设备。

6. 驱动类设计和类图的绘制

经过2.～5.的设计过程，已经设计了实现系统业务逻辑的类图，通常将上述过程获取的类称为核心类。现在进一步为软件提供相应的驱动类（或测试类）“交通系统（TransportSystem）”。根据公共交通信息查询系统需求描述维护有关“公共交通站点（public transport stations）和公共交通线路（public transport lines）的信息”，因此，驱动类TransportSystem与核心类LineList，StationSequence分别是一对一的关联关系，将驱动类中的关联属性分别标记为lines和stations，它们的数据类型分别为LineList和StationSequence，建立在这两个属性之上，该驱动类至少应提供如下操作，以实现上述用户要求的功能：

（1）addTransportLine（lines：TransportLine）：void。该操作可以通过变量lines访问类LineList提供的方法addTransportLine()，实现为系统添加一个公共交通线路的功能。

（2）addStation（stations：Station）：void。该操作可以通过变量stations访问类StationSequence提供的方法addStation()，实现为系统添加一个公共交通站点的功能。

（3）LookUpLine（lineName：String）：TransportLine。该操作可以通过变量lines访问类LineList提供的方法getTransportLine（String name），实现查找给定名称的公共交通线路信息的功能。

（4）LookUpStation（stationName：String）：Station。该操作可以通过变量stations访问类StationSequence提供的方法getStation（String name），实现查找给定名称的公共交通站点信息的功能。

（5）LookUpLinesOfStation（stations：Station）：TransportLine[ ]。该操作可以首先通过变量stations访问类StationSequence提供的方法getNumberOfStation()和getStation（index：int）：Station，进行循环遍历stations集合，先找到给定的站点对象station，然后通过找到的station对象，激活类Station的方法getLineList()，实现查找经过给定站点的公共交通线路信息的功能。

（6）LookUpStationsOfLine（lines：TransportLine）：Station[ ]。该操作可以首先通过变量lines访问类LineList提供的方法getNumberOfTransportLine()和getTransportLine（index：int）：TransportLine，循环遍历lines集合，先找到给定的线路对象line，然后通过找到的line对象，激活类TransportLine的方法getStationSequence()，实现查找经过给定线路所包含的所有站点信息的功能。

综上所述，公共交通信息查询系统完整的设计方案如图2-19所示。

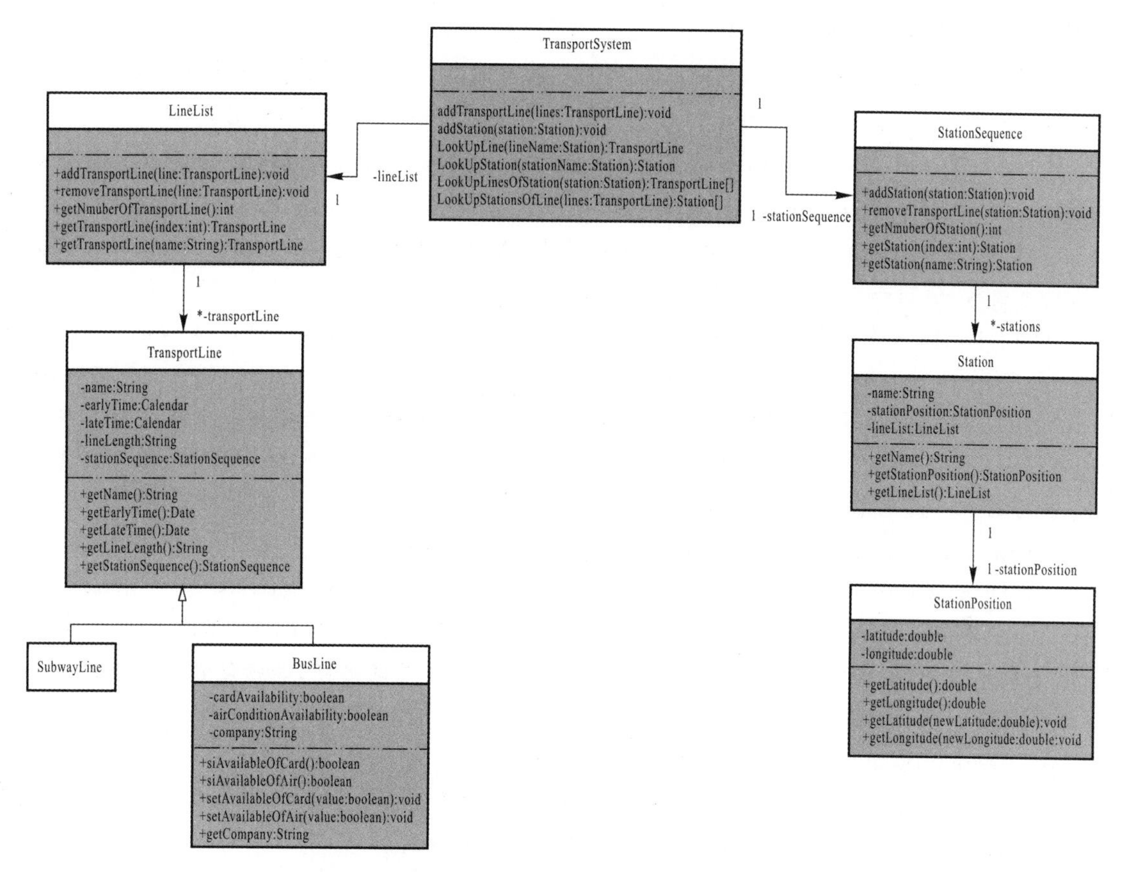

图 2-19　公共交通信息查询系统的设计类图

2.3.4　接口自动机系统的建模

1. 接口自动机系统需求描述

接口自动机形式化模型在软件系统的行为建模中非常常见，其用途也非常广，这类模型的编程实现在数据结构和算法中也非常重要，但对于面向对象建模的初学者来说，该案例有一定的难度，因为需求来自英文发表的论文，所以本案例采取中英文对照的形式撰写需求，使读者可以更容易理解。

由于该案例是一个形式化表达模型的定义，存在有许多英语字母标记的符号表示，因此后面在分析该需求的过程中，多采用英文形式描述。根据本案例，读者可以延伸思考，会发现离散数学中学习的很多数学模型，都可以用面向对象的思想进行设计，并用面向对象的语言进行编程，以实现建立在该形式模型之上的一些访问和计算功能。

接口自动机系统(an interface automaton system)

An interface automaton $P=<V_p, V_p^{init}, V_p^{final}, A_P^I, A_P^O, A_P^H, \triangle P>$ consists of the following elements(一个接口自动机 $P=<V_p, V_p^{init}, V_p^{final}, A_P^I, A_P^O, A_P^H, \triangle P>$ 包含下属元素)：

(1) V_p is a set of states. Each state has a unique name. (V_p 是一个状态的集合，每个状

态有一个唯一的名字标示)

(2)$V_p^{init} \subseteq V_p$ is a set of initial states.(${V_p}^{init}$是一个初始状态的集合,它是 V_p 的子集)

(3)$V_p^{final} \subseteq V_p$ is a set of final states.(V_p^{final} 是一个终止状态的集合,它是 V_p 的子集)

(4)A_P^I、A_P^O and A_P^H are mutually disjoint sets of input, output, and internal actions. $A_P = A_P^I \cup A_P^O \cup A_P^H$ is denoted as the set of all actions. Each action has a unique name.(A_P^I、A_P^O 和 A_P^H 是互不相交的输入、输出和内部行为的集合,$A_P = A_P^I \cup A_P^O \cup A_P^H$ 标记为所有行为的集合,每个输入、输出和内部行为都有一个唯一名字标示)

(5)$\triangle P \subseteq V_p \times A_P \times V_p$ is a set of steps. Each step contains three elements and a unique name. For example $\forall t \in \triangle P$, t is denoted as $t = < v_1, a, v_2 >$, where $v_1 \in V_p$, $v_2 \in V_p$ and $a \in A_P$, t is the name.($\triangle P$ 是所有步骤的集合,每个步骤包含三个元素和一个唯一的名字标示,例如,$\triangle P$ 中的任意元素 t 记为$< v_1, a, v_2 >$,其中,v_1 和 v_2 是集合 V_p 中的元素,a 是集合 A_P 中的元素,t 是元素名称)

In the interface automaton System, the user can(在接口自动机系统中,用户可以实现):

(1)Display the states: lists name of each state. If the state is initial state and/or final state, please list its name and whether it is initial state and/or final state.(显示状态:列举每个状态的名字,如果状态是初始状态和/或终止状态,请列举它的名字,并标记它是初始状态还是终止状态)

(2)DisplayInput A_P^I.(显示集合 A_P^I 中每个元素)

(3)Display the element of A_P^O.(显示集合 A_P^O 中每个元素)

(4)Display the element of A_P^H.(显示集合 A_P^H 中每个元素)

(5)Display the element of $\triangle P$, each is denoted as $t = < v_1, a, v_2 >$, where $v_1 \in V_p$, $v_2 \in V_p$ and $a \in A_P$.(显示集合$\triangle P$ 中每个元素,每个元素被标记为 $t = < v_1, a, v_2 >$)

2. 类的定义

对于上述接口自动机系统,类的识别步骤如下:

步骤1:标出接口自动机需求规格说明中出现的所有名词。

对接口自动机系统的需求描述,依次标记出以下名词和名词短语(用黑体部分表示):

接口自动机系统(an interface automaton system)

An **interface automaton** $\mathbf{P} = < \mathbf{V_p}, \mathbf{V_p^{init}}, \mathbf{V_p^{final}}, \mathbf{A_P^I}, \mathbf{A_P^O}, \mathbf{A_P^H}, \triangle \mathbf{P} >$ consists of the following **elements**(一个接口自动机 $P = < V_p, V_p^{init}, V_p^{final}, A_P^I, A_P^O, A_P^H, \triangle P >$ 包含下属元素):

(1)V_p is **a set of states.** Each **state** has a unique **name.**(V_p 是一个状态的集合,每个状态有一个唯一的名字标示)

(2)$V_p^{init} \subseteq V_p$ is **a set of initial states.**(V_p^{init}是一个初始状态的集合,它是 V_p 的子集)

(3)$V_p^{final} \subseteq V_p$ is **a set of final states.**(V_p^{final} 是一个终止状态的集合,它是 V_p 的子集)

(4)A_P^I、A_P^O and A_P^H are mutually disjoint **sets of input, output, and internal actions.** $\mathbf{A_P} = A_P^I \cup A_P^O \cup A_P^H$ is denoted as the **set of all actions.** Each **action** has a unique **name.**(A_P^I、A_P^O和 A_P^H 是互不相交的输入、输出和内部行为的集合,$A_P = A_P^I \cup A_P^O \cup A_P^H$ 标记为所有行为的集合,

每个输入、输出和内部行为都有一个唯一名字标示）

(5) $\triangle P \subseteq V_p \times A_P \times V_p$ is **a set of steps.** Each **step** contains **three elements** and a unique **name.** For example $\forall \mathbf{t} \in \triangle P$, t is denoted as $t = \langle \mathbf{v_1}, \mathbf{a}, \mathbf{v_2} \rangle$, where $v_1 \in V_p$, $v_2 \in V_p$ and $a \in A_P$, t is the name.（$\triangle P$ 是所有步骤的集合，每个步骤包含三个元素和一个唯一的名字标示，例如，$\triangle P$ 中的任意元素 t 记为 $\langle v_1, a, v_2 \rangle$，其中，$v_1$ 和 v_2 是集合 V_p 中的元素，a 是集合 A_P 中的元素，t 是元素名称）

将该步骤标记的名词罗列在 Excel 表格中，见表 2－19。

表 2－19　接口自动机系统名词列表

序号	名　词	序号	名　词
1	interface automaton	16	sets of input actions
2	P	17	sets of output actions
3	V_p	18	sets of internal actions
4	V_p^{init}	19	A_P
5	V_p^{final}	20	set of all actions
6	A_P^I	21	action
7	A_P^O	22	name(for each input, output and internal action)
8	A_P^H	23	a set of steps
9	$\triangle P$	24	step
10	elements	25	three elements
11	a set of states	26	name(for each step)
12	state	27	t
13	name(for each state)	28	v_1
14	a set of initial states	29	a
15	a set of final states	30	v_2

步骤 2：对步骤 1 标记出来的所有名词进行筛选。

(1)将英文描述中的复数名词或名词词组用单数名词代替，类名倾向于用单数名词或名词词组表示。

表 2－19 中的"steps"和"states"删除即可，用相应的单数"step"和"state"代替，"elements""initial states""final states""actions"和"internal actions"用相应的单数名词"element""initial state""final state""action"和"internal action"代替。

(2)将同义词进行归类形成同义词组。

表 2－19 中的"interface automation"和"P"是同义词，都表示接口自动机；"sets of input (actions)"和"A_P^I"是同义词；"sets of output(actions)" 和"A_P^O"是同义词；"sets of internal actions"和"A_P^H"是同义词；"V_p"和"a set of states"是同义词；"A_P"和"set of all actions"是同义词。

(3)删除指代某个特定对象的名词(例如:张三),用泛指某一类别事物的名词代替。

表2-19中出现的"t"指代"step"一个特例,它是一个具体的对象,可以将其删除,用泛指的名词"step"代替;"v_1"和"v_2"是状态("state")的例子,可以用"state"代替;"a"是行为("action")的例子,用泛指的名词"action"代替;由于需求中描述的"input action""output action""internal action"都是"action",它们都有相同的属性(即仅包含唯一的名字标示),都是"action"的不同对象而已,所以将它们3个用"action"进行代替即可;A_P^I、A_P^O和A_P^H是3个"action"集合的对象,可以用泛指的名词"actionSet"作为"action"集合类,该词在需求中没有出现过,是我们为A_P^I、A_P^O和A_P^H定义的泛指名词;由于"V_p""V_p^{init}"和"V_p^{final}"都是状态("state")集合的对象,可以用泛指的名词"stateSet" 作为"state"集合类,该词在需求中没有出现过,是我们定义的泛指名词。

(4)删除仅作为某个类属性的名词。

如果该名词虽然作为某个类的属性,但是它还拥有自己的属性,那么该名词就不予删除,即如果名词表达的实体或抽象概念具有自己的属性,将不予删除。

在接口自动机系统中,表2-19中的第13,22和26项仅作为"state""action"和"step"的属性,它们将被删除。

(5)删除其值可以由其他属性值进行计算或表示的名词。

表2-19中未出现这样的名词。

(6)删除既不是需求问题域中的实体,也不是需求问题域中抽象概念的名词,或删除其意义描述不明确的名词。对于这类名词,即使把其作为候选类,也会发现其没有任何明确的属性。

在接口自动机系统中,将"elements"和"three elements"划分为该类词,它们表示的含义是若干名词的解释,比较笼统。

(7)删除指代系统本身的名词。

在接口自动机系统中,"interface automaton"和"P"指代系统本身。

步骤3:为类命名。

经过上述筛选过程后剩下的名词就是为应用系统设计的核心类,表2-20中左边一列是到目前为止剩余的名词列表,中间一列即是为接口自动机系统设计的核心类的类名,右边一列是该类的简单解释。

表2-20 接口自动机系统类的列表

名 词	命名的类名	简单含义
state	State	状态
stateSet	StateSet	状态的集合
actionSet	ActionSet	状态的集合
a_P	A_p	包含输入行为的集合、输出行为的集合和内部行为的集合
action	Action	行为
△P	DeltaP	步骤的集合
step	Step	步骤

步骤 4:根据需求,如果有必要,在步骤 3 获得的类的基础上,适当增加与系统描述相关的类。

这里暂时没有增加与接口自动机系统相关的其他类,如果后面发现用户要求的某些功能未实现,则可以考虑这一点。

3. 类与类之间关系的识别

步骤 1:建立一个行和列都以类命名的 7×7 的二维表格,见表 2-21。

步骤 2:识别类与类之间的继承关系。

在接口自动机系统中,继承关系没有体现,如果输入行为、输出行为和内部行为分别有区别于行为(action)的各自的特征,可将输入行为、输出行为和内部行为建模为行为的子类,但是需求中没有这样的描述,故认为它们是行为的具体对象。

步骤 3:识别类与类之间的关联关系。

在接口自动机系统中,根据需求的描述,可以找到类与类之间的关联关系。

(1)由于"StateSet"是状态("State")的集合,所以,它与"State"之间是一对多的关联关系,关联属性分别标记为 states,见表 2-21。

(2)由于"ActionSet"是行为("Action")的集合,所以,它与"Action"之间是一对多的关联关系,关联属性标记为 actions。

(3)由于"A_p"维护了输入行为的集合、输出行为的集合和内部行为的集合,所以,"A_p"与"ActionSet"是一对三的关联关系,3 个关联属性分别标记为 aip,aop,ahp。

(4)由于"DeltaP"是步骤"Step"的集合,所以,它们之间是一对多的关联关系,关联属性标记为 steps。

步骤 4:进一步考虑类与类之间有无组合关系,本书建议聚合关系作为关联关系进行识别即可,在接口自动机系统中,没有组合关系出现。

完成关系表格的建立,表 2-21 展示了接口自动机系统所有类与类之间的关联关系。

表 2-21　接口自动机系统类与类之间的关联关系

	State	StateSet	ActionSet	A_p	Action	DeltaP	Step
State							
StateSet	states						
ActionSet					actions		
A_p			aip,aop,ahp				
Action							
DeltaP							steps
Step							

4. 属性的定义

属性的定义过程包含以下 3 个部分:

(1)在类定义过程中,已经将仅属于某种类属性的所有名词从候选类名中删除,而本步骤将被删除的这些名词分别添加为对应类的属性,然后按照命名规范对其进行命名即可。因此,属性定义中的第一部分就是需要从被删除的名词之中挑选出合适的名词，并将其与前面定义的类关联起来。在接口自动机系统中：

1)与“State”相关的这类名词有 name(唯一名称)。

2)与“Action”相关的这类名词有 name (唯一名称)。

3)与“Step”相关的这类名词有 name (唯一名称)，v1，a 和 v2(用 v1，a 和 v2 表示构成 step 的 3 个元素)。

(2)关联属性的添加，在接口自动机系统中：

1)关联属性 states 将作为“StateSet”的私有属性。

2)关联属性 actions 将作为“ActionSet”的私有属性。

3)关联属性 aip，aop，ahp 将作为“A_p”的私有属性。

4)关联属性 steps 将作为“DeltaP”的私有属性。

(3)根据详细的需求分析说明书，对系统中的类添加合适的、必要的属性。

自动机接口系统中各个类的属性见表 2-22。

表 2-22　接口自动机系统类属性列表

类	属　性	关联属性
State	name	
StateSet		states
ActionSet		actions
A_p		aip，aop，ahp
Action	name	
DeltaP		steps
Step	name，v_1，a，v_2	

5. 操作的定义

根据类似于 2.3.2 和 2.3.3 节中的 4 个步骤，接口系统定义的类操作见表 2-23。由于前面两个案例解释得比较详细，本节不再赘述。

表 2-23　接口自动机系统的各个类的方法列表

类	操　作
State	+getName():String +setName(name:String):void
StateSet	+addState(states:State):void +removeState(states:State):void +getNumberOfState():int +getState(index:int):State +getState(name:String):State
ActionSet	+addAction(actions: Action):void

续表

类	操　作
A_p	+removeAction(actions:Action):void +getNumberOfAction():int +getAction(index:int):Action +getAction(name:String):Action +getAip():ActionSet +getAop():ActionSet +getAhp():ActionSet +setAip(aip:ActionSet):void +setAop(aop:ActionSet):void +setAhp(ahp:ActionSet):void
Action	+getName():String +setName(name:String):void
DeltaP	+addStep(steps:Step):void +removeStep(steps:Step):void +getNumberOfStep():int +getStep(index:int): Step +getStep(name:String):Step
Step	+getName():String +setName(name:String):void +getV1():State +getA():Action +getV2():State +setV1(vl:State):void +setA(action:Action):void +setV2(v2:State):void

6. 驱动类设计和类图的绘制

经过 2. ～5. 的设计过程后，已经完成接口自动机系统业务逻辑的类图设计，通常将上述过程获取的类称为核心类。现在进一步为软件提供相应的驱动类(或测试类)“接口自动机(InterfaceAutomation)”。根据接口自动机系统需求描述，驱动类 InterfaceAutomation 与核心类 A_p，DeltaP 是一对一的关联关系，将驱动类中的关联属性分别标记为 ap 和 deltaP。驱动类 InterfaceAutomation 与核心类 StateSet 是一对三的关联关系，将驱动类中的关联属性分别标记为 vp，vpInit 和 vpFinal，建立在这 5 个属性之上，该驱动类至少应提供如下操作，以实现用户要求的功能：

(1)DisplayStates():void。通过访问属性 vp，vpInit，vpFinal，该操作可以实现显示状态信息，列举每个状态的名字，如果状态是初始状态或/和终止状态，列举它的名字，并标记它是初始状态还是终止状态。

（2）DisplayInputActions（）：void。驱动类通过访问属性 ap，激活其方法 getInputActionSet，显示集合 A_P^I 中每个元素。

（3）DisplayOutputActions（）：void。驱动类通过访问属性 ap，激活其方法 getOutputActionSet，显示集合 A_P^I 中每个元素。

（4）DisplayInternalActions（）：void。驱动类通过访问属性 ap，激活其方法 getInternalActionSet，显示集合 A_P^I 中每个元素。

（5）DisplaySteps()：void。驱动类通过访问属性 deltaP，显示集合△P 中每个元素，每个元素被标记为 t= $<v_1, a, v_2>$。

综上所述，接口自动机系统完整的设计方案如图 2－20 所示。

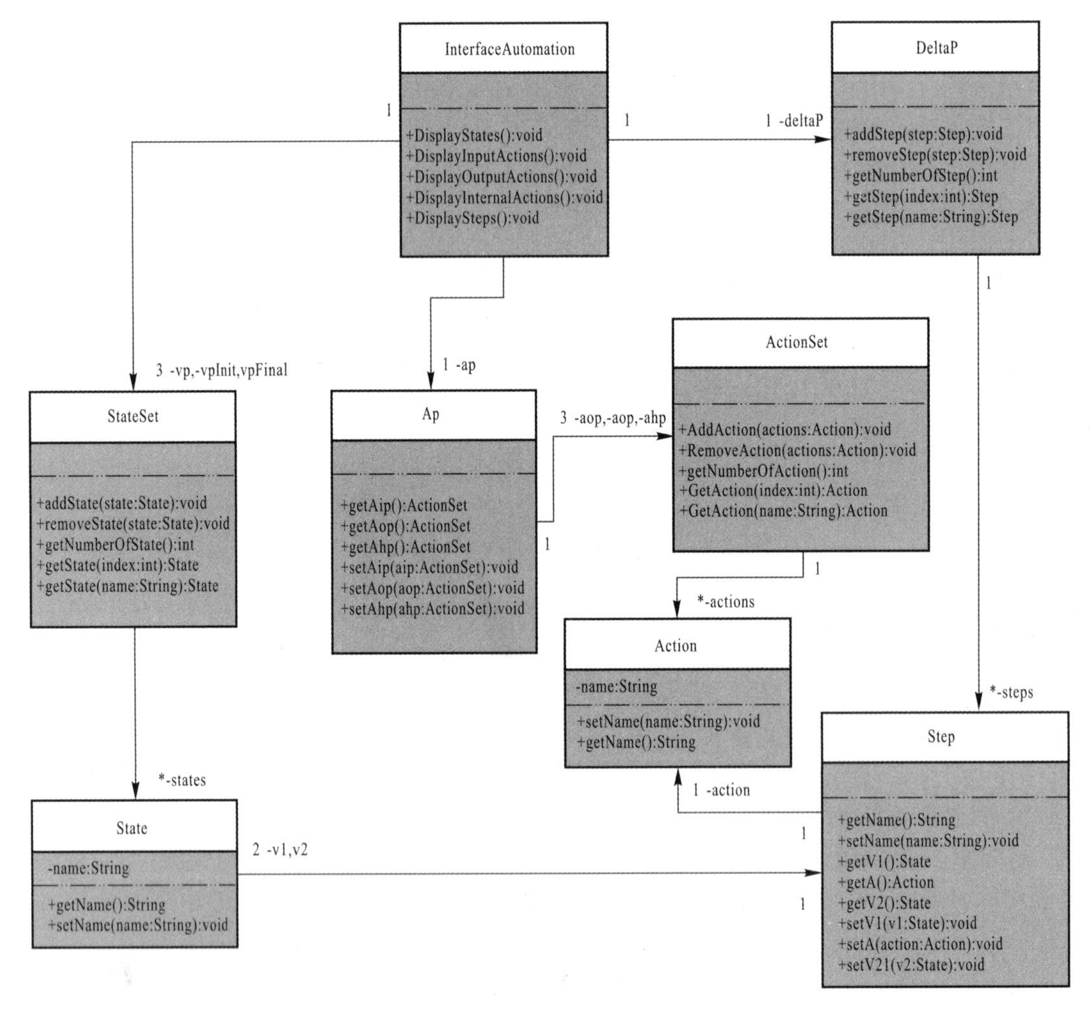

图 2－20　接口自动机系统的设计类图

第二单元　Java 面向对象编程机制

第3章 封装性的Java编程实现

Java的封装性就是把对象的属性和对属性的操作组合为一个独立的单位，并尽可能隐蔽对象的内部细节。它包含两个含义：

（1）把对象的全部属性和对属性的操作结合在一起，形成一个不可分割的独立单位（即对象）。Java是一种纯粹的面向对象程序设计语言，除了基本数据类型（如整型、浮点型等），Java中的数据都以对象的形式存在，将属性和操作封装在对象中，以有效实现细节隐藏。

（2）信息隐蔽，即尽可能隐蔽对象的内部细节，对外形成一个边界，只保留有限的对外公开接口，使之与外部建立联系。这一点通过Java类及其成员的访问权限来实现。

3.1 Java编程语言

3.1.1 Java概述

Java是一门面向对象的编程语言，Java具有面向对象、分布式、安全性、平台独立与可移植性、多线程、动态性等多项优点，可在Unix，Windows，Android等各大操作系统间无缝兼容，是目前市场上最流行的跨平台编程语言之一。

Java平台由Java虚拟机（Java Virtual Machine，JVM）和Java应用编程接口（Application Programming Interface，API）构成。安装一个Java平台之后，Java应用程序就可以运行。Java自1995年发展至今，其应用十分广泛，近年来Java一直稳居世界编程语言排行榜中前三名。

1995年由Sun公司正式发布了Java和HotJava浏览器，标志着Java语言诞生。为了满足开发更复杂程序的需要，Sun公司不断更新Java版本。1996年年初，Sun发布了Java的第1个版本，该版本包括两部分：运行环境（即JRE）和开发环境（即JDK）。运行环境包括核心API、集成API、用户界面API、发布技术、Java虚拟机（JVM）等5个部分，开发环境包括编译Java程序的编译器（即javac命令）。

1997年，Sun公司发布了Java 1.1，增加了JIT（即时编译）编译器。JIT会将经常用到的指令保存在内存中，当下调用时就不需要重新编译，通过这种方式让JDK在效率上有了较大提升。

2004年，Java 5正式发布，该版本是自1.1版以来第一个对Java语言做出重大改进的版本，添加了泛型类型。另外，受到C#的启发，还增加了几个很有用的语言特性：for each循环、自动装箱和注解。

2014年,Java 8发布,Java 8包含了一种“函数式”编程方式,可以很容易地表述并发执行的计算。从2018年开始,每6个月就会发布一个Java版本,以支持更快地引入新特性。所有编程语言都必须与时俱进,Java在这方面显示出了非凡的能力。

按应用范围,Java可分为3个体系,分别为Java ME,Java SE和Java EE,见表3-1。

表3-1 Java三大体系

体 系	用 途
Java ME (Java微型版)	主要用于手机和嵌入式系统开发,如手机PDA的编程。Java ME为在移动设备和嵌入式设备(比如手机、PDA、电视机顶盒和打印机)上运行的应用程序提供一个健壮且灵活的环境
Java SE (Java标准版)	主要用于桌面应用软件的编程,它允许开发和部署在桌面、服务器、嵌入式环境和实时环境中使用的Java应用程序。Java SE包含了支持Java Web服务开发的类,并为Java EE提供了基础
Java EE (Java企业版)	主要用于分布式的网络程序的开发,Java EE是在Java SE基础上构建的,它提供Web服务、组件模型、管理和通信API,可以用来实现企业级的面向服务体系结构和Web 2.0应用程序

3.1.2 JDK安装与使用

1. JDK安装

JDK是Java开发工具包(Java Development Kit)的简称,是整个Java的核心,由Java运行环境(Java Runtime Environment,JRE)、一系列Java开发工具和Java基础类库(rt.jar)组成。

在开始编写Java程序之前需要安装JDK。JDK的最新版本可以从Oracle公司主页(https://www.oracle.com/java/technologies/downloads/)下载,Oracle公司提供了适用于不同操作系统的JDK版本。选择适用于当前操作系统的版本下载,本书目前使用及推荐使用的版本为JDK 1.8,具体原因如下:

首先,Java 8开创性的语言特性还在被编程社区继续吸收。虽然Java 9之后引入了模块化系统,可是对程序员来说,这是一个破坏性的更新,很多第三方库没有进行模块化设计。

其次,在Java版本中,只有Java 8、Java 11和Java 17是长期支持版本(LTS),Oracle会支持3年。而其他非LTS的版本Oracle仅支持6个月,新的版本一出Oracle就会放弃对老版本的技术支持,这也是很多人倾向于使用LTS的原因。

JDK下载完后双击可执行文件进行安装。开始安装时选择安装路径和安装组件(一般使用默认安装,若使用JDK 1.8版本,则默认路径为C:\Program Files\Java\jdk1.8)。点击下一步,等待安装过程结束即可。

2. JDK相关命令

java、javac、jar、javadoc等命令在Java开发中最常使用,这些命令都存在于bin文件夹下的可执行文件中。

设置PATH变量之后,这些命令可以在命令行中的任意工作路径下直接使用,在命令行中输入命令(不加任何参数)可以查看命令的使用说明。

(1)java 命令。java 命令用于执行 class 文件中的 main()方法,使用格式为:

```
java [-options] class [args...]
```

或

```
java [-options] -jar jarfile [args...]
```

1)-options:可选参数,是 java 命令的附加属性,可以用于定义 java 命令的执行方式。常用的参数如下:

-?:查看帮助信息,也可以直接输入"java"不带任何参数进行查看。

-version:查看 JDK 版本信息。

-cp:类路径搜索(如果需要执行的目标类文件不在当前工作路径,则需要指定类所在的位置)。

2)class:当前工作路径(或者由- cp 指定的路径)下的需要被执行的".class"文件。该参数必须为具有 main()方法的类的类名,其后不需要加任何后缀名。如果目标类中不存在 main()方法,则会抛出执行异常:Exception in thread "main" java.lang.NoSuchMethodError: main。

3)args:可选参数,表示 main()方法的传入参数,可以是任意字符串。多个参数值之间用空格分隔。例如,当 main()方法被声明如下时:

```
public static void main(String args[])
```

参数值被传递进 main()方法中的 args[]中。

java 命令也可以用于执行.jar 文件,前提是该.jar 文件中指定了 main()方法所在的类,参数的含义与执行".class"文件相同。需要注意的是,jarfile 参数中需包含".jar"文件的后缀名。

java 命令的使用举例:

执行当前工作路径下的 Test.class:

```
java Test
```

执行 C:\src 下的 Test.class:

```
java - cp Test
```

传入参数:

```
java Test value1 value2
```

执行 Test.jar:

```
java - jar Test.jar
```

(2)javac 命令。javac 命令用于编译".java"文件,根据"CLASSPATH"变量指定的值搜索目标文件中引用的其他".class"文件。直接在命令行输入"javac"可以查看该命令的使用说明。用法如下:

```
javac [-option] source
```

(1)-option:可选参数,指定命令的执行方式。如果不选,则按照默认方式编译当前工作路径下的目标文件。常用的参数有:

-help:查看帮助信息,与直接输入"javac"命令效果相同。

-classpath:如果目标文件中引用的某些类不在 CLASSPATH 变量的值所指定的路径中,则需要通过此参数指定其所在的路径,表示使用指定的 CLASSPATH 路径编译当前工作路径中的目标文件。

-version:查看版本信息。

-d：指定被编译的文件存放的位置。该参数在编译使用了“package”打包的“.java”文件时经常使用。

-g：生成调试信息。

（2）source：目标文件的完整文件名，需要大小写匹配并且加上后缀名。如果目标文件不在当前工作路径下，则需要对文件路径进行指定。

java 命令的使用举例：

编译当前路径下的 Test.java：

```
javac Test.java
```

编译 C:\src 下的 Test.java：

```
javac C:\Test.java
```

将所有编译的文件放入 C:\src 文件夹下：

```
javac - d C:\src *.java
```

（3）javadoc 命令。javadoc 命令将“.java”文件中的注释信息编译成标准的帮助文档。该命令有许多可选参数，在此不作详述，以下举例说明使用方法。

将当前路径下的所有“.java”文件，一起生成帮助文档存入 C:\doc 目录下的命令格式如下：

```
javadoc - d C:\doc *.java
```

使用这种方法，参与编译的所有类均会出现在一个索引目录中。

3. 环境变量

使用命令行窗口执行命令时，会首先在当前工作路径（指当前用户操作所在的文件夹路径）中搜索目标文件。但是，很多情况下并不需要输入可执行程序的绝对路径也可以直接执行，例如当在命令行输入“explorer”时会打开资源管理器。这是因为，如果系统没有在当前路径下搜索到目标文件，则会参照系统环境变量搜索相关路径。例如，在系统环境变量“PATH”中添加 test.bat 的绝对路径后，在任意目录下均可对位于 E:\workplace 下的 test.bat 文件进行访问，如图 3-1 所示。

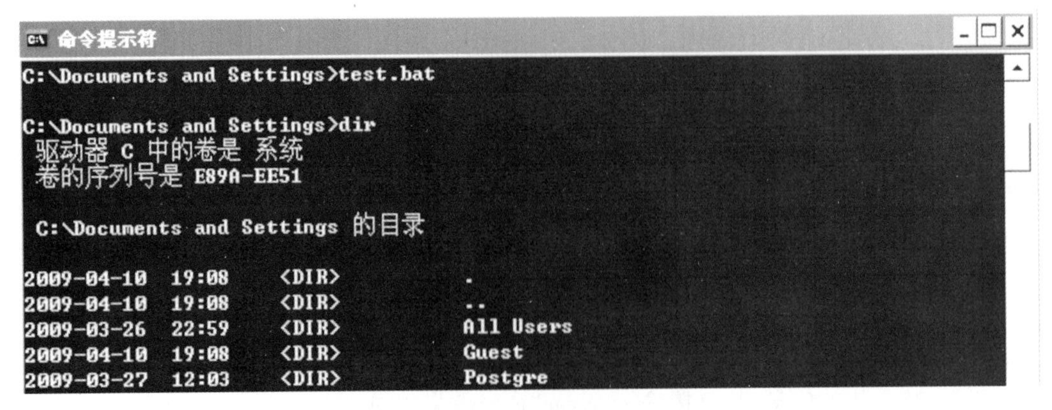

图 3-1 设置环境变量之后直接访问目标文件

在使用 JDK 之前，首先要设置环境变量。因为当编译、执行程序文件时，系统必须能够找到目标文件所在的位置。例如，当在一个类中作如下声明时：

```
import java.util.Assert;
```

```
public class Test {
    ……
}
```

希望编译器可以载入java.util.Assert类。但是实际上,该类是一个已经编译好的".class"文件,编译器在编译过程中会设法找到该文件并供程序使用。与命令行操作一样,编译器会首先在当前目录搜索目标文件,如果当前工作路径中不存在目标文件,则编译器会根据环境变量中相关设置进行搜索。

(1)PATH变量。PATH变量用于指定Windows操作系统搜索非系统文件时使用的路径。当从命令行输入"java""javac"等命令时,操作系统会首先在当前工作路径中搜索名为"java""javac"的文件。如果搜索失败,则会转而搜索PATH环境变量中指定的路径。因此,为了能够使用Java工具包,首要步骤是设置PATH环境变量,使其指向Java工具包所在的路径。通常,PATH变量会有多个值,每个值之间用";"分隔。在目标文件搜索过程中,变量的每个值会按照出现次序被逐一访问。例如,当PATH的value为"C:\Program Files\;D:\Program Files"时,C盘下的Program Files将会先于D盘被访问。

在正常情况下,"java""javac"等可执行文件位于JDK安装目录的bin文件夹下。例如,JDK的安装路径为C:\Program Files\java\JDK时,PATH路径中应当添加路径C:\Program Files\java\JDK\bin。

(2)CLASSPATH变量。PATH变量被操作系统用于搜索可执行文件,然而被javac编译的".class"文件通常被打包至".jar"文件中。Java编译器可以通过CLASSPATH变量中指定的".jar"包搜索".class"文件,因此,为了正常使用JDK提供的类库和其他工具包,需要进一步设置CLASSPATH变量,以便编译器能搜索到java程序中出现的相关类。下面举例说明CLASSPATH的作用。

```
import java.util.Random;
public class Test {
    Test2 t2;
}
```

在以上代码中类Test用到了Random,Test2两个类。Java编译器在编译Test.java源程序时,会从CLASSPATH中指定的路径搜索这两个类,如果没找到目标类文件,则提示编译错误。CLASSPATH变量的搜索顺序与PATH相同。

通常,在Java开发中使用最多的是一个"tools.jar"包,该包就是Java类库,其中包含了Java的大部分实用类。tools.jar包位于安装文件夹的lib文件夹下。除了tools.jar之外,还需要将当前工作路径设置进CLASSPATH中,以使编译器可以直接搜索到当前工作路径中的类文件。当前工作路径使用"."表示。例如,JDK的安装路径为C:\Program Files\java\JDK时,CLASSPATH变量的值应为".;C:\Program Files\java\JDK\lib\tools.jar;"。

4. 环境变量的设置

环境变量的设置有命令行设置和直接设置两种方法。

(1)命令行设置。命令行设置格式为

```
set varName=value
```

例如,当需要设置当前命令行的PATH变量时,就可以输入以下命令:

```
set PATH=C:\Program Files\java\JDK\bin; %PATH%
```

上述命令表示在当前 PATH 变量的开头添加一个新的值。用同样的方法可以设置 CLASSPATH 变量，如图 3-2 所示。

图 3-2　用命令行方式设置环境变量

用命令行方式设置的环境变量只对当前命令行有效，当命令行退出时设置即失效。直接设置时，如果有命令行窗口在运行，则新的环境变量对其不起作用。重启命令行就使用新的环境变量了。

(1)直接设置。打开“我的电脑”的“属性”，选择“高级”菜单，点击“环境变量”按钮，进入如图 3-3 所示的界面。

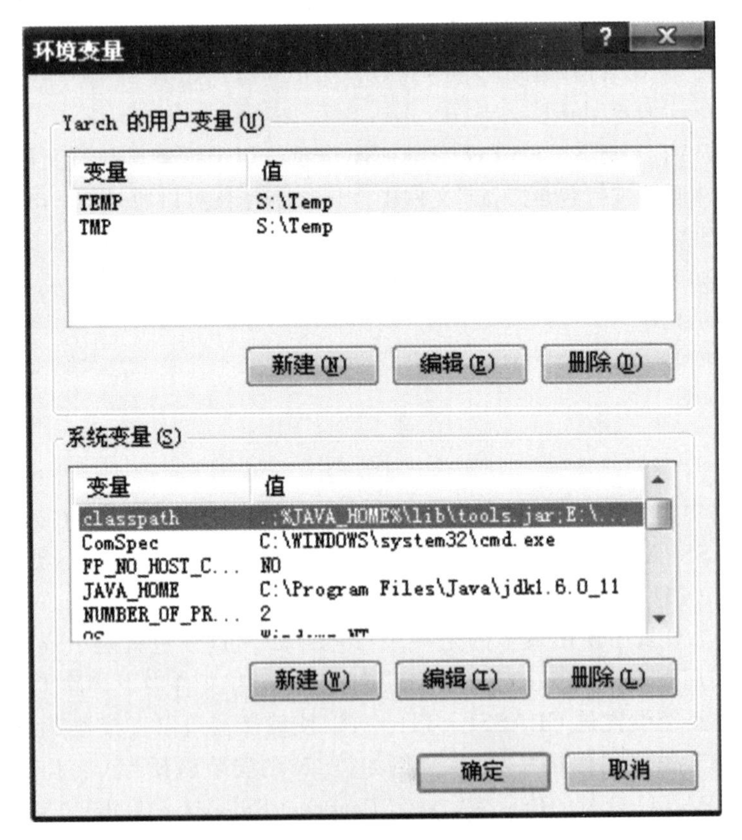

图 3-3　环境变量的设置

在图 3-3 所示的界面中，“系统变量”必须具有管理员权限才能进行操作。普通权限直接在用户变量中执行添加、修改和删除。用户变量被访问的优先权高于系统变量，且不会发生冲突，即当用户变量和系统变量中均存在一个 PATH 变量时，用户变量中的 PATH 会被优先使用。

在用户变量中新建“PATH”和“CLASSPATH”两个变量，点击“确定”结束设置。

3.1.3　第一个 Java 程序

Java 程序是先编译再运行的，当运行一个 Java 程序时，Java 的编译器首先运行源代码(.java 文件)，检查程序中的错误，确认无误后产生字节码(.class 文件)，编译后产生的字节码与平台无关。Java 编译器产生字节码后，Java 虚拟机(JVM)读取并执行字节码，得到 Java 程序的运行结果。

接下来用一个简单的例子说明上述的 Java 工作过程。首先编写一个 Java 程序，命名为 HelloWorld.java。程序代码见示例 3-1。

示例 3-1　HelloWorld 程序

```
public class HelloWorld {
        public static void main(String[] args) {
            System.out.println("Hello World!");
        }
}
```

以 Windows 系统为例，通过 CMD 命令进入命令提示符窗口，使用指令 cd 进入 HelloWorld.java 所在的目录，并使用指令 javac HelloWorld.java 启动 Java 编译器对该程序进行编译，编译后会在同一目录下生成字节码文件 HelloWorld.class。接着使用指令 java HelloWorld 启动 Java 虚拟机来运行 HelloWorld.class 文件，得到程序的运行结果，如图 3-4 所示。

```
D:\>cd JavaExamples

D:\JavaExamples>javac HelloWorld.java

D:\JavaExamples>java HelloWorld
Hello World!
```

图 3-4　使用 Java 命令编译、运行 Java 程序

3.2　Java 类与对象

从 Java 程序设计的角度看，类是 Java 面向对象程序设计中最基本的程序单元。撰写 Java 程序时，首先创建类，然后通过类创建不同的对象。当程序运行时，对象有对应的内存空间存储其具体的属性值，通过对象激活相应的方法(即该方法访问内存、实施运算)实现一定的功能。

3.2.1　类的定义

类是 Java 中的一种重要的复合数据类型或称为对象类型(引用类型)，是组成 Java 程序的基本要素。在 Java 中，一个类通过 class 关键字进行定义，它包括两个部分：类声明和类体。

1. 类声明：创建一个新的对象类型(引用类型)

关键字 class 后跟对象类型的名字，对象类型名后跟一对用于类体定义的花括号，关键字 class 前可以有访问权限 public，也可以没有，具体含义见 3.3.2 节。

例如，创建一个公开的（即public访问权限）对象类型（引用类型）——类Point2D（类Point2D上方的注释为Javadoc注释，详见3.6节）。

```
/**
 * 二维点类
 */
public class Point2D {
    //类体
}
```

2. 类体

当定义一个类的时候，可以在类体内定义两种类型的成员：属性（或称域/状态/数据）和方法（或称操作/函数/行为）。

（1）数据类型。Java属性的数据类型分为两大类：基本数据类型和引用类型，即Java类属性的数据类型要么是基本数据类型，要么是通过class关键字定义的引用类型。其中，Java的基本数据类型有byte（1字节）、short（2字节）、int（4字节）、long（8字节）、float（4字节）、double（8字节）、char（1字节）和boolean（1bit）。

Java基本数据类型缺省值见表3－2。

表3－2　Java基本数据类型缺省值表

基本数据类型	缺省值
byte	0
short	0
int	0
long	0L
float	0.0f
double	0.0d
char	‘\u0000’
boolean	false

（2）类型转换。Java基本数据类型转换分为隐式类型转换和强制类型转换两大类。boolean类型与其他基本类型之间不能进行类型的转换。

隐式类型转换指的是由编译器自动完成类型转换，不需要在程序中额外编写代码。Java允许从存储范围小的类型转换到存储范围大的类型，比如，short（2字节）→int（4字节），float（4字节）→double（8字节）。

强制类型转换指强制编译器进行类型转换的操作，必须在程序中编写代码来实现，并且转换可能导致精度的损失。

Java引用类型转换只能在具有继承关系的两个类型之间进行，即一个类型是另一个类型的子类，否则会由于类型不匹配而抛出ClassCastException异常。

Java引用类型的转换主要分为两种：向上转型和向下转型。向上转型指将子类对象直接赋给父类引用，不用强制转换；向下转型指将父类对象赋给子类引用时，需要强制转换。可使用instanceof运算符让强制转换更安全，在转换之前先判断前面的引用是否为后面的类的实例。

向下转型举例如下。在该例中如果要把Tiger类型转换成Lion类型，或是把Lion类型转换为Tiger类型，都是不符合转换规则的。在运行时，因类型不匹配，会抛出一个运行异常ClassCastException，表示类转换时出现的异常。因此，在进行父类向子类的转换时，一个好的习惯是：在转换之前，先通过instanceof运算符来判断父类变量是否是该子类的一个实例。

```
Animal tiger = new Tiger();  //用 new 调用 Tiger 类的构造函数创建一个 Tiger 类的对象，赋值给
tiger 变量
Animal lion = new Lion();  //用 new 调用 Lion 类的构造函数创建一个 Lion 类的对象，赋值给 Lion 变量
Tiger t = null;
if(tiger instanceof Tiger)
    t = (Tiger)tiger;
```

(3)属性的定义。属性定义的格式包括属性的访问权限、属性的数据类型和属性的名字，Java属性的访问权限及其具体含义见3.3.3节。

例如，类Point2D和类Triangle的属性定义见示例3-2和示例3-3。类Point2D的两个访问权限为“private”的属性x和y是基本数据类型(即float类型)。类Triangle的三个访问权限为“private”的属性pointOne，pointTwo和pointThree是引用类型(即Point2D类型)，其中，“private”表示相应的属性是私有的访问权限，仅该类内的成员可以访问。

示例3-2　类Point2D的属性定义

```
/**
 *二维点类
 */
public class Point2D {
        private float x;   //点的 x 坐标
        private float y;   //点的 y 坐标
}
```

示例3-3　类Triangle的属性定义

```
/**
 *三角形类
 */
public class Triangle {
      private Point2D  pointOne;    //构成三角形的第一个点
      private Point2D  pointTwo;    //构成三角形的第二个点
      private Point2D  pointThree;  //构成三角形的第三个点
}
```

(4)方法的定义。方法定义的格式包括方法的访问权限、方法的名字(methodName)、方法的参数列表(argument list)、返回类型(returnType)和方法体(methodBody)，如下所示：

```
访问权限 返回类型 方法名(参数列表){
    方法体
}
```

参数列表可以为空,参数列表的格式如下:

```
参数类型1 参数名1,参数类型2 参数名2,……,参数类型n 参数名n
```

参数类型和方法的返回类型有引用类型和基本数据类型。例如,类 Point2D 定义了 public 访问权限的 setX()方法、setY()方法、getX()方法和 getY()方法,其中 setX()方法用来修改属性 x 的值,setY()方法用来修改属性 y 的值,getX()方法和 getY()方法分别用来访问属性 x 的值和属性 y 的值。类 Triangle 定义了 pulbic 访问权限的 setTriangle()方法和 printPoint()方法,其中,setTriangle()方法设置构成三角形的 3 个点,printPoint()方法打印构成三角形的 3 个点的信息,见示例 3-4 和示例 3-5。

Java 类中方法体的编写涉及的循环、分支、赋值等语句,以及函数内局部变量的声明,作用域的含义等与 C 语言类似。

示例 3-4　类 Point2D 方法的定义

```
/**
 *二维点类
 */
public class Point2D {
        private    float x;    //点的 x 坐标
        private    float y;    //点的 y 坐标
          /**
           *为点的 x 坐标重新赋值
           *@param x 为属性 x 重新赋值
           */
        public    void setX(float x) {
            this.x = x;
        }
          /**
           *为点的 y 坐标重新赋值
           *@param y 为属性 y 重新赋值
           */
        public void setY(float y) {
          this.y = y;
        }
          /**
           *返回点的 x 坐标
           */
        public float getX() {
            return x;
        }
```

```
        /**
         *返回点的 y 坐标
         */
       public float getY() {
           return y;
       }
}
```

示例 3-5　类 Triangle 方法的定义

```
/**
 *三角形类
 */
public class Triangle {
        private Point2D   pointOne;    //构成三角形的第一个点
        private Point2D   pointTwo;    //构成三角形的第二个点
        private Point2D   pointThree;  //构成三角形的第三个点
        /**
          *为构成三角形三个点重新赋值
          *@paramaPointOne 为构成三角形的第一个点重新赋值
          *@paramaPointTwo 为构成三角形的第二个点重新赋值
          *@paramaPointThree 为构成三角形的第三个点重新赋值
          */
        publicvoid setTriangle(Point2D aPointOne, Point2D aPointTwo, Point2D aPointThree) {
          pointOne = aPointOne;
          pointTwo = aPointTwo;
          pointThree = aPointThree;
          }
        /**
          *打印构成三角形的三个点的 x 和 y 坐标的值
          */
          public void printPoint() {
          System.out.println("(" + pointOne.getX() + "," + pointOne.getY() + ")" + "\n(" +
pointTwo.getX() + "," + pointTwo.getY() + ")" + "\n(" + pointThree.getX() + "," + pointThree.
getY() + ")");
          }
}
```

(5)构造方法的定义。Java 类都有构造方法，构造方法对类的属性进行初始化。如果类中没有定义构造方法，Java 编译器会提供一个缺省构造方法(无参的构造方法)。

缺省构造方法用默认值来初始化对象的成员变量，基本数据类型变量的缺省值见表3-2。

构造方法的访问权限一般为 public，构造方法名与类名相同，且没有返回值(void)，其他与类中定义的普通方法相同。

例如，示例 3-4 和示例 3-5 所示的类 Point2D 和类 Triangle，如果没有为其定义构造函数，则Java编译器为它们提供的缺省构造方法分别如下：

```
public Point2D(){}
public Triangle(){}
```

如果想创建一个对属性进行初始化的构造函数，就需要编写一个带有参数列表的构造函数，将初始化的值作为实参传递给相应的属性。

例如，示例3-6和示例3-7给出了类Point2D和类Triangle的有参构造函数，用来初始化类Point2D的私有属性x和y，以及类Triangle的私有属性pointOne，pointTwo和pointThree。

示例3-6　类Point2D构造方法的定义

```
/**
 *二维点类
 */
public class Point2D {
        private float x;    //点的x坐标
        private float y;    //点的y坐标
        /**
         *初始化属性x和y的构造函数
         * @param initialX 初始化属性x
         * @param initialY 初始化属性y
         */
        public Point2D(float initialX, float initialY) {
                x = initialX;
                y = initialY;
        }
}
```

示例3-7　类Triangle构造方法的定义

```
public class Triangle {
        private Point2D  pointOne;    //构成三角形的第一个点
        private Point2D  pointTwo;    //构成三角形的第二个点
        private Point2D  pointThree;  //构成三角形的第三个点
        /**
         *初始化构成三角形三个点
         * @paraminitialPointOne 为构成三角形的第一个点初始化
         * @paraminitialPointTwo 为构成三角形的第二个点初始化
         * @paraminitialPointThree 为构成三角形的第三个点初始化
         */
      publicTriangle(Point2D initialPointOne, Point2D initialPointTwo, Point2D initialPointThree) {
          pointOne = initialPointOne;
          pointTwo = initialPointTwo;
          pointThree = initialPointThree;
      }
}
```

3.2.2　对象的相关操作

1. 对象变量的声明

有了一种新定义的类型——类之后，可以声明这种类型的对象变量(简称对象)。例如：下述代码是声明类Point2D和类Triangle类型的对象变量pointOne和triangle。

```
Point2D     pointOne;
Triangle    triangle;
```

对于Java语言而言，上述仅是对象变量pointOne和triangle的声明，对象变量pointOne和triangle并没有进行初始化，还不能被使用。对象变量声明时，系统将为对象变量分配一个32位(4字节)或64位(8字节)的地址空间，该地址空间为null(空)。

2. 对象的创建

声明对象变量(例如：pointOne和triangle)后，必须通过new关键字调用类(例如：Point2D和Triangle)的构造函数创建“对象”，用创建的“对象”对该对象变量(例如：pointOne和triangle)进行初始化，然后才能使用该对象变量，激活属性或方法实现相应的功能。例如，通过new关键字调用类Point2D和Triangle的构造函数创建对象，其代码的语法格式如下：

(1)Point2D pointOne = new Point2D(100.0f, 200.0f)；

(2)Triangle triangle = new Traingle(new Point2D(100.0f, 200.0f), new Point2D(100.0f, 200.0f), new Point2D(100.0f, 200.0f))。

每次使用new关键字，都会创建相应类的一个新对象，一个类的不同对象分别占据不同的内存空间。new关键字有以下作用：

(1)调用构造方法。

(2)为对象分配内存空间。

(3)返回一个对象内存空间的首地址。

假设代码“new Point2D(100.0f, 200.0f)”为对象分配的内存空间的首地址为0xFF00，pointOne的值将会由声明时的“null”变为“0xFF00”。因此，pointOne的值“指向”对象new Point2D(100.0f, 200.0f)分配的内存空间，如图3-5所示。

在Java语言中，对象变量(pointOne、triangle)被称为引用，它的值是对象所在的内存空间的首地址，它“指向”对象。

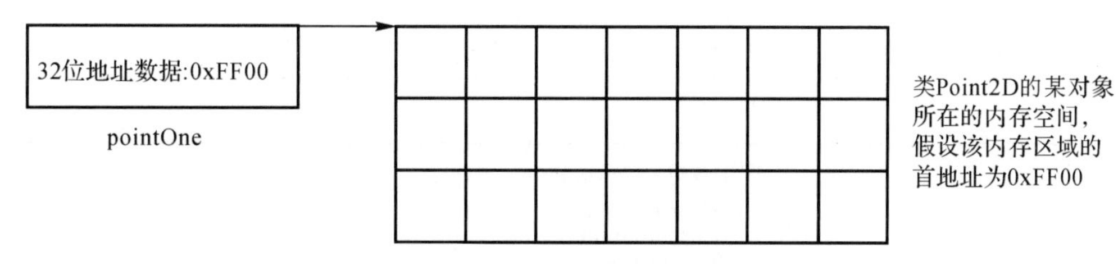

图3-5　引用概念的示意图

3. 对象的使用

对象被创建后，由于它的属性都被分配了相应的内存空间并被赋值，因此，现在对象可以“干活了”。那么如何使用对象“干活”呢？

可以通过对象变量加上运算符“.”实现对对象属性的访问以及对方法的调用，以达到让对象“干活”的目的。对象属性的访问格式如下：

```
reference.variable
```

其中，reference可以是一个已生成的对象，也可以是生成对象的表达式，或已初始化的对象变量。例如，对于上述已经初始化的变量pointOne，该变量指向的对象的属性x为100.0f，如果想把该属性的值修改为10.0f，那么可以编写如下的代码：

```
pointOne.x = 10.0f;
```

现在pointOne所指向的对象的属性x修改为10.0f(从现在开始，为了简化描述，将pointOne所指向的对象也称pointOne对象，在大多数场合下，程序员也都认同这种说法)。

对象属性也可以通过生成对象的表达式进行访问，例如，下述代码在创建一个新对象(属性x值为100.0f，属性y值为200.0f)的同时，访问其x属性，并将x属性的值赋予变量tx。

```
float tx = new Point2D(100.0f, 200.0f).x;
```

对象方法的调用格式与属性的调用格式相同，对象方法的调用格式如下：

```
reference.methodName([paramlist])
```

其中，reference的含义同上。例如，下述代码示例，是以上述同样的方式调用方法，其中，pointOne对象调用了方法setX()，为属性x重新赋值为300.0f，新创建的对象(属性x值为400.0f，属性y值为500.0f)调用了方法getX()，以返回新对象的x属性值：

(1)pointOne.setX(300.0f);

(2)float tx =new Point2D(400.0f,500.0f).getX()。

用户可以通过对对象属性的访问和对方法的调用，实现用户想要的功能。属性和方法可以通过设定访问权限来限制其他外部对象对它的访问，详见3.4节。

假设在一个应用场景下，需要创建很多三角形对象，对象变量的名字为t1，t2和t3等，用户要求打印构成这些三角形对象的3个点的坐标信息。为了理解如何编程实现用户的这一要求，下面通过图3-6进行说明。

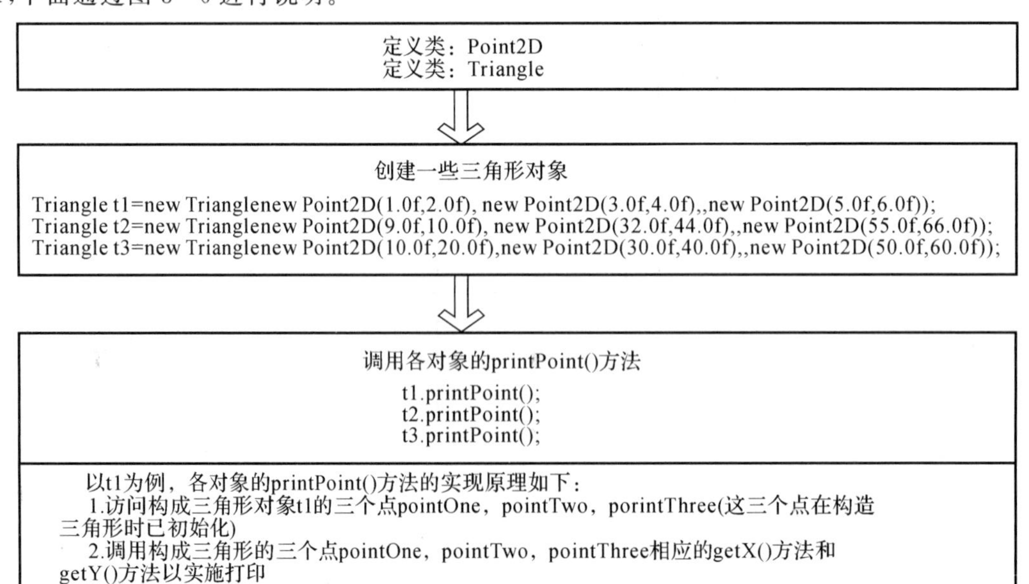

图3-6　Triangle类应用场景演示

在图3-6中，用户首先需要定义示例3-2至示例3-7所示的两个类Point2D(二维点类)和Triangle(三角形类)；在此基础上，创建很多如t1，t2，t3等三角形对象。示例3-5中的方法printPoint()可以实现打印构成三角形三个点坐标的功能。为实现该功能，需要访问构成三角形三个点的属性值(x、y)，这就要通过类Triangle的属性变量pointOne、pointTwo、pointThree和点运算符调用相应的getX()方法和getY()方法来实现。

4．对象的清除

当一个对象的引用不存在时，该对象成为一个无用对象。Java的垃圾收集器自动扫描对象的动态内存区，把没有引用的对象作为垃圾收集起来并释放。

3.2.3　方法的形式参数和实际参数的传递方式

Java实参与形参的传递方式为值传递，与形式参数的数据类型是基本数据类型还是引用类型无关。

函数的形式参数是基本数据类型时，理解值传递非常简单，对于上述示例3-6中Point2D的定义，如果通过“Point2D pointOne＝new Point2D(100.0f,200.0f)”创建了对象pointOne，那么在变量x存储100.0f的情况下，通过“pointOne.setX(newX)”调用方法setX()，实际参数newX与形式参数x值传递的过程就是：实际参数newX将它的值拷贝到形式参数x，不论在方法setX()中如何修改x的值，都不会影响实际参数newX的值。

函数的形式参数是引用类型时，理解值传递略复杂，仍然是对于上述示例3-6中Point2D的定义，通过“Point2D pointOne＝new Point2D(100.0f,200.0f)”创建了对象pointOne。假如在应用中定义了下述changeOne()和changeTwo()两个方法，并将p1作为形式参数：

```
public static void changeOne(Point2D p1) {
    p1= new Point2D(7777.0f,8888.0f);
}
public static void changeTwo(Point2D p1) {
    p1.setX(400.0f);
}
```

方法changeOne()对Point2D类型的形式参数p1的值进行修改，把它指向的对象修改为一个新的对象“new Point2D(7777.0f,8888.0f)”，这会不会影响实际参数和实际参数指向的对象？方法changeTwo()没有修改Point2D类型的形式参数p1的值，但对p1指向的对象进行了修改，通过调用方法“p1.setX(400.0f)”，对其所指对象的属性x进行修改，新的值为400.0f，这会不会影响实际参数和实际参数指向的对象？

由于是值传递，对于上述两个方法，如果传递实际参数pointOne分别调用changeOne()和changeTwo()两个函数，实际参数pointOne首先把其存储的地址“A001”拷贝到形式参数p1，如图3-7所示。但“new Point2D(7777.0f,8888.0f)”使得p1指向一个新的内存空间，因此，pointOne和p1是不同的内存空间。所以，方法changeOne()的调用不会影响实际参数和实际参数指向的对象，因为方法体仅修改了形式参数的值，并未修改其指向的对象；而方法changeTwo()的调用不会影响实际参数，但会影响实际参数指向的对象，因为方法体修改了形式参数所指向对象的属性值。

对于Java语言的值传递，无论形式参数是基本数据类型的变量还是引用类型的变量，函数内部所有改变形式参数值的行为均与实参无关。但是，若形式参数是对象变量，函数内部所有改变形参所指对象属性的行为就是改变实参所指对象属性的行为（详见上述案例分析）。

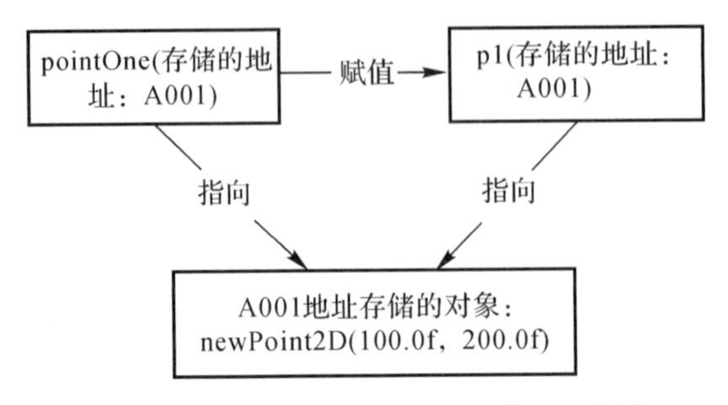

图3-7　参数为引用类型的值传递示意图

3.2.4　方法重载

方法重载是指在同一个类中，可以定义多个方法名相同，但参数类型或参数个数不同的方法。

程序员也可以定义多个同名但参数类型或参数个数不同的构造方法。例如，在示例3-8中（程序中有详细注释），类Tree有3个重载的构造函数，它们的参数个数不同。另外，当程序员为某个类编写多个重载的构造函数时，想要在某个构造函数里调用另一个构造函数，用this([参数列表])。例如，含有两个参数的构造函数Tree(int i, String s)在其函数体中用了this(i)语句，该语句表示调用了一个参数的构造函数Tree(int i)。

示例3-8　方法的重载

```
importjava.util.*;
/**
 *建模树的类
 */
class Tree{
    int height;//属性树的高度
    /**
     *无参构造函数，将属性高度初始化为0
     */
    Tree() {
      System.out.println("Planting a seedling");
      height = 0;
    }
    /**
       *构造函数，对属高度 height 初始化
      *@param i 对属高度 height 初始化
       */

    Tree(int i) {
```

```
            System.out.println("Creating new Tree that is " + i + " feet tall");
            height = i;
        }
        /**
         * 构造函数,对属高度 height 初始化
         * @param i 对属高度 height 初始化
         * @param s 打印的字符串信息
         */
        Tree(int i, String s) {
            this(i);
            System.out.println(s);
        }
        /**
         * 打印树高度的信息
         */
        void info() {
            System.out.println("Tree is " + height+ " feet tall");
        }
        /**
         * 打印树高度的信息
         * @param s 打印的字符串信息
         */
        void info(String s) {
            System.out.println(s + ": Tree is "+ height + " feet tall");
        }
}
/**
 * 方法重载演示类
 */
public class Overloading {
    /**
     * 演示方法重载
     */
    public static void main(String[] args) {
        for(int i = 0; i < 5; i++) {
            Tree t = new Tree(i);
            t.info();
            t.info("overloaded method");
            System.out.println();
        }
        new Tree();
    }
}
```

示例 3－9　方法重载中常犯的错误

```
/**
 *打印树高度的信息
 */
    void info() {
      System.out.println("Tree is " + height+ " feet tall");
    }
    /**
      *打印树高度的信息
      * @param s 打印的字符串信息
      */
    void info(String s) {
      System.out.println(s + ": Tree is "+ height + " feet tall");
    }
    /**
      *错误的重载格式
      */
    void info(String str) {
      System.out.println(str + ": Tree is " + height + " feet tall");
    }
    /**
      *错误的重载格式
      */
    String info(String s) {
      return s + ": Tree is " + height + " feet tall";
    }
}
```

示例 3－9 给出了方法重载中常犯的语法错误，程序注释中给出了具体的错误重载格式的标记。当编译器编译该示例时，编译器将给出 info 方法重定义错误。这是因为仅参数类型、参数顺序和参数的个数决定方法重载，如果两个方法的参数特征相同，返回类型不同，则属于重复定义。在编译源程序时，编译器会根据方法调用时的参数决定关联哪一个重载的方法体。对于方法名和参数特征都相同的方法，编译器无法决定关联哪一个重载的方法体，将这种情况视为方法的重定义，并报错。

示例 3－10　示例 3－9 的运行结果

```
Overloading.java:49:错误: 已在类 Tree 中定义了方法 info(String)
        void info(String str) {
             ^
Overloading.java:55:错误: 已在类 Tree 中定义了方法 info(String)
        String info(String s) {
               ^
2 个错误
错误：编译失败
```

3.2.5　static 关键字的含义和 main( )方法

在上述类定义中，属性和方法定义的前面还可以使用 static 关键字进行修饰。本节解释 static 关键字的具体含义和用法。

1. 类变量和实例变量

类中属性的格式除了包括属性的数据类型和属性名字外，在名字前还可以加 static 关键字进行修饰，表示该属性是“类属性”，通常称为“类变量”(或称“静态变量”，或称“静态属性”)。如果类内的属性没有加 static 关键字修饰，则通常将该属性称为“实例变量”(或称“对象变量”)。例如，在示例 3-11 中，变量 x 和 y 是实例变量，变量 numberOfInstances 是类变量。

示例 3-11　实例变量和类变量

```
publicclass Point2D {
    privatefloat  x;//二维点的 x 坐标
    privatefloat  y;//二维点的 y 坐标
    private static int numberOfInstances = 0;//二维点计数的类变量
}
```

对于从类创建的每个对象，其内存中都存在着一份有关实例变量成员的拷贝。每个对象的实例变量都单独分配内存，通过该对象加上“.”运算符来访问这些实例变量。不同对象的实例变量所分配的内存位置是不同的，其存储的值大部分情况下也是不同的。

对于图 3-8 所示的对象 pointOne 和 pointTwo，它们分配的内存空间是不同的，对象变量 pointOne 的实例变量 x，y 的取值分别为 10.0f，100.0f，对象变量 pointTwo 的实例变量 x 和 y 的取值分别为 20.0f 和 200.0f，因此，谈到实例变量，应当指明是具体哪个对象的实例变量，否则没有意义。在图 3-8 中，要访问对象 pointOne 的实例变量 x 和 y，就应写为 pointOne.x 和 pointOne.y。

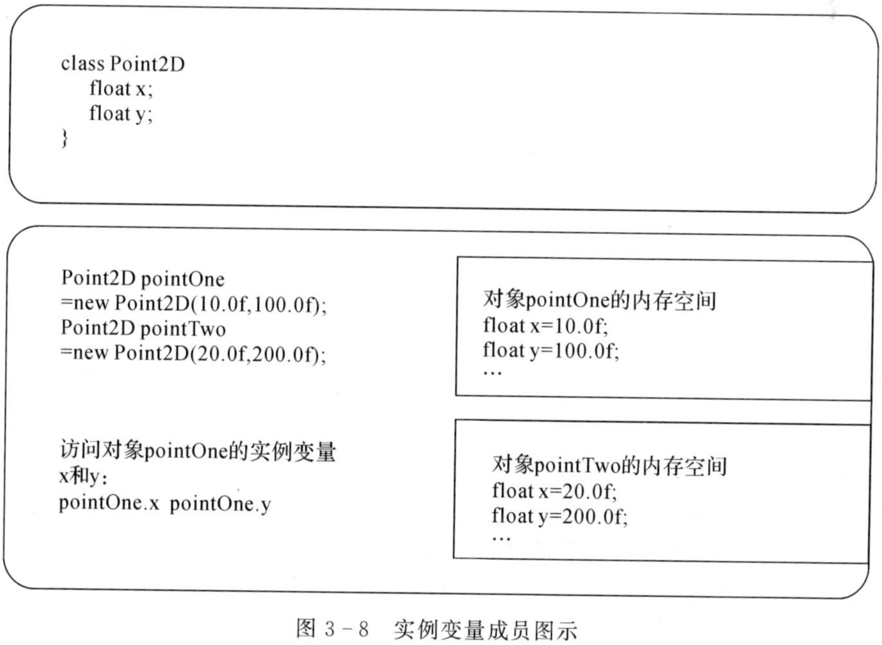

```
class Point2D
    float x;
    float y;
}
```

```
Point2D pointOne
=new Point2D(10.0f,100.0f);
Point2D pointTwo
=new Point2D(20.0f,200.0f);

访问对象pointOne的实例变量
x和y:
pointOne.x  pointOne.y
```

```
对象pointOne的内存空间
float x=10.0f;
float y=100.0f;
…
```

```
对象pointTwo的内存空间
float x=20.0f;
float y=200.0f;
…
```

图 3-8　实例变量成员图示

为类变量分配的内存是该类所有对象共享的内存空间。所有对象共享同一个类变量，如果某一个对象对类变量进行改变，这一行为将会影响到其他对象对该类变量的访问。

类变量可通过类名加上“.”运算符进行访问，无须先声明一个对象再通过对象调用访问。如图 3－9 所示，为类变量 numberOfInstances 所分配的内存空间被所有的对象共享，以该类变量为例，访问类变量的格式为：Point2D. numberOfInstances，即通过类名和“.”运算符直接访问。类变量也可通过对象名加上“.”运算符进行访问。

```
class Point2D
    float x;
    float y;
    static int numberOfInstances=0;//类变量的内存空间
    …
}
```

```
Point2D pointOne
=new Point2D(10.0f,100.0f);

Point2D pointTwo
=new Point2D(20.0f,200.0f);

访问类变量numberOfInstances：
Point2D.numberOfInstances
```

```
对象pointOne的内存空间
float x=10.0f;
float y=100.0f;
…
```

```
对象pointTwo的内存空间
float x=20.0f;
float y=200.0f;
…
```

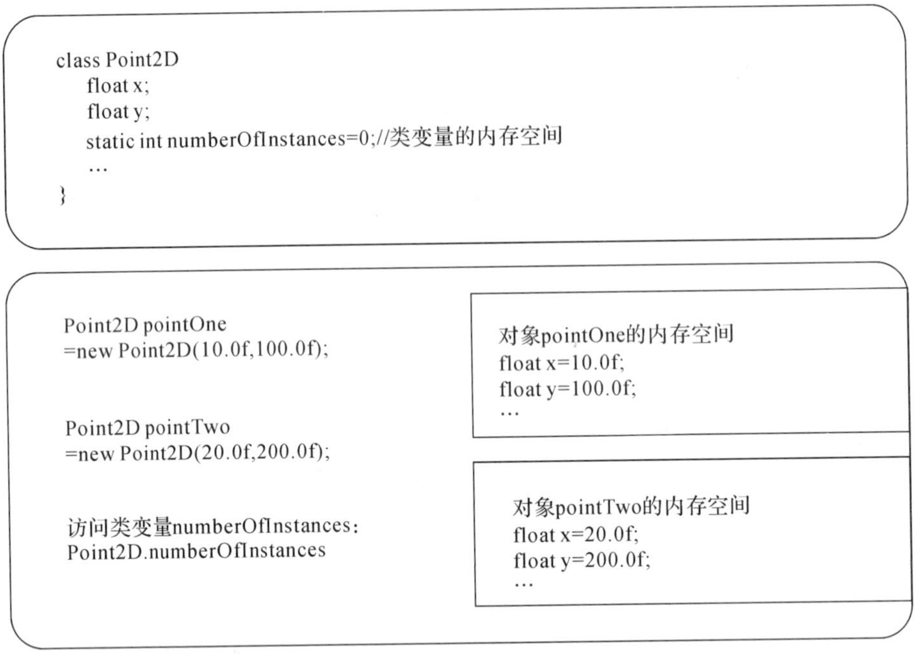

图 3－9　类变量成员图示

有时候需要创建类变量，而不是对象变量。例如，统计 Point2D 对象的数量，即要求记录到目前为止共创建了多少个 Point2D 对象，详见示例 3－12 中的构造函数用类变量 numberOfInstances 统计创建的 Point2D 对象的个数。

在该示例中，构造函数除了初始化相关属性外，还增加了语句“numberOfInstances＋＋”，使得该构造函数可以实现如下 3 个方面的功能：

(1)用参数 initialX 初始化正在创建的对象的属性 x。

(2)用参数 initialY 初始化正在创建的对象的属性 y。

(3)numberOfInstances＋＋表示对所有对象的共享内存变量值增加 1，即只要该构造函数被调用，就计数一次，用来统计该构造函数的调用次数(即创建了多少类对象)。

2. 实例方法和类方法

在一个类中，没有使用 static 关键字进行修饰的方法称为类的实例方法(或称对象方法)，实例方法可以对当前对象的实例变量进行操作，也可以对类变量进行操作，实例方法由对象通过“.”运算符调用。一个类所有的对象调用的实例方法在内存中只有一份拷贝。例如，示例 3－12，setX()是实例方法，它在内存只有一个方法体(注：程序运行时会将该方法翻译为机器可以运行的与之等价的目标代码方法体)：

```
public void  setX(intx)  {
    this.x = x;
}
```

对于下述方法的调用，从程序员角度看，存在一些问题：

```
Point2D pointOne = new Point2D(10.0f, 100.0f);
pointOne.setX(30.0f);
Point2D pointTwo = new Point2D(20.0f, 200.0f);
pointTwo.setX(50.0f);
```

语句“pointOne. setX(30. 0f)”是将对象 pointOne 的属性 x 赋值为 30. 0f，而“pointTwo. setX(50. 0f)”是将对象 pointTwo 的属性 x 赋值为 50. 0f，但是它们调用的方法体都是上述同一个 setX()。对象 pointOne 为它传递的实际参数值是 30. 0f，对象 pointTwo 为它传递的实际参数值是 50. 0f，都执行了同样的代码“this. x=x”，这里方法体中的 x 并没有指明是谁的 x，如何区分为哪个对象的 x 赋值？

pointOne. setX(30. 0f)和 pointTwo. setX(50. 0f)都是执行的上述同一个方法体，由于方法体中并没有与具体对象关联，它执行时，如何知道 pointOne. setX(30. 0f)修改的是 pointOne 对象的实例变量 x，pointTwo. set(50. 0f)修改的是 pointTwo 对象的实例变量 x？

每个实例方法内部，都有一个默认的“this”引用变量，它指向调用这个方法的对象，即编译器在每个实例方法的参数中扩充一个引用类型的 this 参数，该参数会与调用该方法的对象进行关联。例如，上述 setX()方法被编译器翻译为：

```
public void  setX(Point2D this , int  x)  {
    this.x = x;
}
```

进而，对于程序员通过对象调用实例方法也进行翻译，例如：

(1)pointOne. setX(30. 0f) 翻译为 setX(pointOne,30. 0f)(注：将 this 赋值为 pointOne)。

(2)pointTwo. setX(50. 0f) 翻译为 setX(pointTwo,50. 0f)(注：将 this 赋值为 pointTwo)。

“this”是面向对象中实例方法隐含的参数，它允许程序员在编写实例方法体时使用。每当调用一个实例方法时，this 变量便被设置成引用该实例方法的对象，调用的实例方法代码接着会与 this 所代表的实例建立关联。

使用 static 关键字声明的方法称为类方法(或称静态方法)，类方法不能访问实例变量，只能访问类变量。类方法可以由类名直接调用，也可由对象进行调用。类方法中没有默认的“this”引用变量。另外，类的实例方法可以调用该类的实例方法和静态方法，但是，类的静态方法则只能调用该类的静态方法。

在示例 3-13 中：类 Point2D 的实例方法有 getX()，getY()，setX()，setY()；类 Point2D 的静态方法有 getNumberOfInstances()和 main()，getNumberOfInstances()返回静态变量 numberOfInstances 的值，main()是 Java 程序执行的入口。

3. main()方法

Java 程序的执行入口 main()方法是公开的静态方法，其返回类型为 void，形参为 String 类型的数组，其声明格式如下：

```
public static void main( String[] strs){
}
```

Java 中的类都可以有静态 main()方法，在 main()方法中可以编写对该类进行测试的代码。由于 main()方法是静态方法，它仅可以直接访问类变量，或直接调用类方法，如果要访问它所在类的实例变量或调用它所在类的实例方法，需首先创建该类的对象，然后通过对象访问相应的实例变量或调用相应的实例方法。

例如，示例 3 - 13 展示了在类 Point2D 中编写的一个 main()方法，该方法的第一行直接调用实例方法 setX()存在语法错误，第二行直接调用静态方法 getNumberOfInstances()是正确的。

示例 3 - 12　实例方法和类方法(一)

```
/**
*二维点类
*/
public class Point2D {
float  x;//二维点的 x 坐标
float  y;//二维点的 y 坐标
static int numberOfInstances = 0;//二维点计数的静态变量
/**
*初始化属性的构造函数
*  @param initialX 初始化属性 x
*  @param initialY 初始化属性 y
*/

public Point2D(float  initialX, float  initialY)  {
      x = initialX;
      y = initialY;
   numberOfInstances++;
}

public static int  getNumberOfInstances()  {
   return numberOfInstances;
   }
/**
*为点的 x 坐标重新赋值
*@param x 为属性 x 重新赋值
*/
public void setX(float x) {
          this.x = x;
}
/**
*为点的 y 坐标重新赋值
*@param x 为属性 y 重新赋值
```

```
 */
public void setY(float y) {
        this.y = y;
}
/**
 * 返回点的 x 坐标
 */
public float getX() {
        return x;
}
/**
 * 返回点的 y 坐标
 */
public float getY() {
        return y;
    }
}
```

示例 3-13　实例方法和类方法(二)

```
    public static void main(String[] args) {
    setX(100.0f);//不可以,类的静态方法 main()仅能调用该类的静态方法
    getNumberOfInstances();//可以调用该类的静态方法
    Point2D pointOne = new Point2D(10.0f, 100.0f);//可以
    System.out.println("x: " + pointOne.getX());//可以通过对象调用该类的实例方法
    System.out.println("y: " + pointOne.getY());//可以
    pointOne.setX(200.0f); //可以
    System.out.println("x: " + pointOne.getX());//可以
    System.out.println("Instances after PointOne is created: " +getNumberOfInstances());//可以
    Point2D pointTwo = new Point2D(20.0f, 200.0f); //可以
    System.out.println("x: " + pointTwo.getX());//可以
    System.out.println("y: " + pointTwo.getY());//可以
    System.out.println("Instances after PointTwo is created: " +getNumberOfInstances());//可以
    }
}
```

在示例 3-13 中,由于在 static 类型的方法中调用了非 static 类型的方法,所以编译过程出现了错误,其编译结果如下:

```
Point2D.java:49:错误: 无法从静态上下文中引用非静态方法 setX(float)
        setX(100.0f);// 不可以,类的静态方法 main()只能调用该类的静态方法
        ^

1 个错误
错误: 编译失败
```

如果将示例3-13中的代码“setX(100.0f);”屏蔽,编译运行该示例代码就可以得到如下运行结果:

```
x: 10.0
y: 100.0
x: 200.0
Instances after PointOne is created: 1
x: 20.0
y: 200.0
Instances after PointTwo is created: 2
```

从上述程序的运行结果可以看出:每个对象的实例变量都分配内存,不同对象的实例变量取值是不同的。为类变量分配的内存是类的所有对象共享的内存空间,所有实例对象共享同一个类变量。

3.2.6 final关键字

final关键字可以修饰类、类的成员变量和成员方法,但具有不同的作用。

1. final修饰成员变量

final修饰成员变量,则该成员变量称为常量,其值在被初始化后不能被改变。final修饰成员变量时,要求在声明变量的同时给出变量的初始值,或在所有构造函数中初始化该变量,而修饰局部变量时不作要求。

例如,示例3-14和示例3-15用final修饰类中的成员变量x,示例3-14是在变量定义时进行初始化,示例3-15是在构造函数中进行初始化,这都是正确的语法形式。而示例3-16和示例3-17是不正确的语法形式,编译错误详见示例3-18和示例3-19的编译结果。

示例3-14　final关键字修饰成员变量正确示例1(声明时进行初始化)

```
class FinalExample01{
    final float x = 3.0f;//定义常量x
    float y;
    public FinalExample01() {
    }
}
```

示例3-15　final关键字修饰成员变量正确示例2(构造函数时进行初始化)

```
class FinalExample02{
    final float x; //定义常量x
    float y;
    public FinalExample02() {
        x = 3.0f;//为常量x赋初值
    }
}
```

示例3-16　final关键字修饰成员变量错误示例(一)

```
class FinalExample03{
    final float x; //定义常量 x
    float y;
    public FinalExample03() {

    }
}
```

示例 3 - 17　final 关键字修饰成员变量错误示例(二)

```
class FinalExample04{
    final float x=3.0f;// 定义常量 x,并在定义处初始化
    float y;
    public FinalExample04() {

    }
    public void changeFinalVariable(){
      x=0.0f;//修改常量 x,不允许
    }
}
```

示例 3 - 18　示例 3 - 16 的编译结果

```
FinalExample03.java:10:错误: 可能尚未初始化变量 x
        }
        ^
1 个错误
错误: 编译失败
```

示例 3 - 19　示例 3 - 17 的编译结果

```
FinalExample04.java:13:错误: 无法为最终变量 x 分配值
                x=0.0f; //修改常量 x,不允许
                ^
1 个错误
错误: 编译失败
```

2. final 修饰成员方法

final 修饰方法,则表明该方法可以被子类继承,但不能被子类覆写(方法的覆写见 4.2 节)。例如:

```
final returnType methodName(paramList){}
```

3. final 修饰类

final 修饰类,则表明该类不能被其他类继承。例如:

```
final class finalClassName{}
```

3.2.7 Java的编译单元

在Java中，将编写的类存储在一个以.java命名的文件中，例如，将示例3-4存储在文件Point2D.java中。一个.java命名的源文件称之为一个编译单元(可以用javac命令进行编译。如果该源文件中有main()方法，还可以用java命令运行该源文件中的类，详见3.1.2节相关命令的内容)。

每个编译单元中可以包含若干个类的定义，每个类都可以提供main()方法，提供main()的类支持单独运行(详见3.1.2节相关命令的内容)，但仅允许其中一个类的访问权限是public。当然，每个编译单元中也可以没有由public修饰的类。如果源文件中存在访问权限为public的类，则编译单元的的名字必须与文件中public访问权限的类名相同，后缀为.java，否则会出现编译错误。例如，示例3-4中定义的类Point2D访问权限为public，所以，相应编译单元的文件必须命名为“Point2D.java”。

3.3 Java访问权限限制

3.2节讲述了Java封装性的一个方面，另一方面体现为对Java类和其成员的访问权限限制。Java的访问权限限制包含对包、类及类中成员的访问权限3个部分。

3.3.1 Java包

为了组织、管理类及解决类命名冲突的问题，Java引入包(package)的概念。在包中允许存放一个或多个相关类。Java应用程序接口(Application Programming Interface，API)是Java提供给应用程序的类库，类库中所有类按其功能分别组织在不同的包中。例如，所有与输入和输出相关的类[Java字节码文件(.class)]都放在java.io包中，与实现网络功能相关的类都放在java.net包中。

包采用文件系统目录的层次结构进行定义，它通过“.”指明包的层次，例如，某包名形式为“文件夹1.文件夹2.文件夹3”，其对应文件系统的目录结构为…\文件夹1\文件夹2\文件夹3。类位于包中，即是指类位于相应的文件夹中，例如，类InputStream位于包java.io中，即指类InputStream在文件夹…\java\io中。

1. 引入和使用包中的类

程序员可以使用Java API中提供的类快速搭建应用程序，类的使用(如用类声明变量、通过类创建相应的类对象)有两种方式：

(1)在应用程序中使用类的全名，即包名+类名。

例如，声明和创建Date类型的变量和对象，可以在应用程序中使用类的全名java.util.Date，例如示例3-20。其中，Date是类的名字，java.util是类Date所属的包名。通过这种方式唯一地标示一个类。所以，包提供了一种命名机制和可见性限制机制。

示例3-20 全名引用类示例

```
java.util.Date date = new java.util.Date();
```

(2)通过应用关键字import导入相应的类/包，在应用程序中可以仅使用类名。

例如，示例 3－21 通过 import 关键字导入 Calendar 类，示例 3－22 通过 import 关键字导入整个包 java.util。

示例 3－21　导入类示例

```
import java.util.Calendar;
//通过使用关键字 import 导入相应的类 Calendar，可以在程序中按下面语句的方式使用类 Calendar
Calendar calendar = Calendar.getInstance();
```

示例 3－22　导入包示例

```
import java.util.*;
//通过使用关键字 import 导入相应的包 java.util，可以在程序中按下面语句的方式使用类 Calendar
Calendar calendar = Calendar.getInstance();
```

示例 3－22 相比示例 3－21 的优点是，在同一个源文件中，可以使用同一个包 java.util 中的所有类。例如，示例 3－23，在同一源文件中，又使用了 java.util 包中的类 Dictionary。

示例 3－23　引用包中多个类示例

```
import java.util.*;
    //通过使用关键字 import 导入相应的包 java.util，可以在程序中按下面语句的方式使用类 Calendar
和 Dictionary
    Calendar calendar = Calendar.getInstance();
    Dictionary dictionary = new Dictionary();
```

无论是 Java 类库提供的类还是程序员自定义包中的类，都必须用 import 语句导入相应的类或包，以通知编译器在编译时找到相应的类文件，但以下两种情况例外：

1)位于同一个包内的类可以相互引用，不必使用 import 语句或类的全名。

2)在源程序中用到了 Java 类库中 java.lang 包中的类，可以直接引用类名，不必使用 import 语句导入 java.lang 包或用类的全名。

2. 自定义包

定义一个类后，可以在很多应用程序里使用该类。程序员可以根据类功能的不同，将若干类组织在同一包中管理，以便包中的类被使用。

通过关键字 package 可以定义一个包。package 语句必须是源文件中的第一条语句(即在 package 语句之前，除了空白和注释外不能有其他任何语句)。例如，将类 Point2D 存放在包 shape 中，代码见示例 3－24。

示例 3－24　自定义包

```
package shape;
public class Point2D {
    //类体
}
```

例如，在类 Triangle 中使用 shape 包中的类 Point2D，可以通过下面两种方式，一般使用第二种方式比较方便。

方式一：用类的全名。

```
class Triangle {
```

```
    shape.Point2D  pointOne;//构成三角形的第一个点
    shape.Point2D  pointTwo; //构成三角形的第二个点
    shape.Point2D  pointThree; //构成三角形的第三个点
}
```

方式二：导入包。

```
import shape.*;
class Triangle {
    Point2D  pointOne;//构成三角形的第一个点
    Point2D  pointTwo; //构成三角形的第二个点
    Point2D  pointThree;//构成三角形的第三个点
}
```

3.3.2 Java 类的访问权限

Java 类是通过包的概念进行组织的，包是类的一种松散集合。处于同一个包中的类可以不需要任何说明而方便地相互访问和引用。

Java 类的访问限定权限有两种选择，即 public 和缺省。

（1）如果 class 关键字前没有任何修饰符，例如示例 3－14，说明它具有缺省的访问控制特性。这种缺省的访问控制权规定该类只能被同一个包中的其他类访问和引用，而不可以被其他包中的类使用，这种访问特性又称为包访问性。

（2）如果 class 关键字前有修饰符 public，即公开的，表明它可以被任意其他类所访问和引用，这里的访问和引用是指这个类作为整体是可见和可使用的。程序的其他部分可以创建这个类的对象、访问这个类内部可见的成员变量和调用类内部可见的方法。另外，在 Java 中，public 类必须定义在与类同名的.java 文件中。

对于不同包中的类，一般说来，它们相互之间是不可见的，当然也不能相互引用。但是，当一个类 A 被声明为 public 时，它就可以被其他包中的类 B 访问，前提是类 B 使用 import 语句导入另一包中的类 A。

例如，对于下面的示例 3－25，类 Animal 位于包 example3_25_3_27 中，其访问权限为缺省的。示例 3－26 中的类 Zoo 位于包 example3_25_3_27 中，其访问权限是 public。那么，和它们在同一包中的类 TestOne（见示例 3－27）可以使用类 Animal 和类 Zoo，而位于包 example3_28 中的类 TestTwo（见示例 3－28）仅可以访问类 Zoo。请看文件 TestOne.java 和 TestTwo.java 的编译结果。

示例 3－25　Animal.java

```
//声明包 example3_25_3_27
package example3_25_3_27;
class Animal {
    public Animal() {
    System.out.println("animal inexample3_25_3_27");
    }
}
```

示例 3 - 26　Zoo. java

```
//声明包 example3_25_3_27
package example3_25_3_27;
public class Zoo {
    Zoo(){
        Animal animal = new Animal();
        System.out.println("zoo in example3_25_3_27");
    }
}
```

示例 3 - 27　TestOne. java

```
//声明包 example3_25_3_27
package example3_25_3_27;
    public class TestOne {
    public static void main(String[] args) {
    Animal animal = new Animal();
    Zoo z = new Zoo();
  }
}
```

示例 3 - 28　TestTwo. java

```
//声明包 example3_28
package example3_28;
//导入包 example3_25_3_27
import example3_25_3_27. * ;
public class TestTwo {
    public static void main(String[] args) {
    Animal animal = new Animal();
    Zoo z = new Zoo();
  }
}
```

编译 TestOne. java 的结果：

```
animal inexample3_25_3_28
animal inexample3_25_3_28
zoo inexample3_25_3_28
```

编译 TestTwo. java 的结果：

Description	Resource	Path	Location	Type
Errors (2 items)				
The constructor Zoo() is not visible	TestTwo.java	/chapter3/src/e...	line 7	Java Problem
Unhandled exception type IOException	IntegerRea...	/chapter3/src/e...	line 27	Java Problem

图 3 - 10　TestTwo. java 结果

3.3.3 Java类成员的访问权限

通过对类成员附加一定的访问权限，可以实现类中成员的信息隐藏。

1. 私有访问控制符 private

private修饰符用来声明类的私有成员（属性或方法），它提供了最高的保护级别。用private修饰的属性和方法只能被该类自身的操作所访问和修改，而不能被其他类（包括该类的子类）获取和引用。例如，示例3－29所示的类Point2D中，其属性x和y声明为私有的。

示例3－29 私有访问控制符

```
public class Point2D {
        private float x;          //点的x坐标
        private float y;          //点的y坐标
}
```

当其他类希望获取或修改私有成员属性时，需要借助于类的方法实现。例如，在类Point2D中定义方法getX()获得属性x的值、定义方法setX()修改x的值，从而把x保护起来。类外部仅知道类内保存点的x坐标，是不可能通过类Point2D的对象变量和点运算符访问x坐标的。

2. 缺省访问控制符

类内的属性和方法如果没有访问控制符限定，说明它们具有包访问属性，可以被同一个包中的其他类所访问和调用。例如，对于示例3－30和示例3－31，类Animal和类Zoo都位于包example3_30_3_32中，其访问权限都为public。类TestOne（见示例3－32）和类TestTwo（见示例3－33）都可以声明类Animal和类Zoo的对象变量。但是，位于包example3_33中的类TestTwo不可以访问类Zoo中的缺省访问控制符的成员，请看文件TestOne. java和TestTwo. java的编译结果。

示例3－30 Animal. java

```
//声明包 example3_30_3_32
packageexample3_30_3_32;
public classAnimal {
      publicAnimal(){
      System. out. println("animal in example3_30_3_32");
      }
}
```

示例3－31 Zoo. java

```
//声明包 example3_30_3_32
package example3_30_3_32;
public classZoo{
      Zoo() {
         Animal animal = new Animal();
         System. out. println("zoo in example3_30_3_32");
      }
}
```

示例 3-32　TestOne.java

```
//声明包 example3_30_3_32
package example3_30_3_32;
    public class TestOne {
    public static void main(String[] args) {
    Animal animal = new Animal();
    Zoo z = new Zoo();
    }
}
```

示例 3-33　TestTwo.java

```
//声明包 example3_33
package example3_33;
//导入包 example3_30_3_32
import example3_30_3_32.*;
    public class TestTwo {
    public static void main(String[] args) {
    Animal animal = new Animal());
    Zoo l = new Zoo();
    }
}
```

编译 TestOne.java 的结果：

```
animal inexample3_30_3_32
animal in example3_30_3_32
zoo in example3_30_3_32
```

编译 TestTwo.java 的结果：

```
Exception in thread "main" java.lang.Error: Unresolved compilation problem:
    The constructor Zoo() is not visible   //构造函数 Zoo()不可见
    atexample3_33.TestTwo.main(TestTwo.java:7)
```

3. 保护访问控制符 protected

用 protected 修饰的类内成员变量可以被 3 种类所访问和调用：该类自身、同一个包中的其他类、其他包中的子类。使用 protected 修饰符的主要目的是，允许其他包中的子类对父类的特定属性进行访问。

4. 公共的访问控制符 public

如果类作为整体是可见和可使用的(参见 3.3.2 节类的访问权限)，类内成员变量前有修饰符 public(即公开的)，则表明相应的成员变量可以被任意其他类所访问和调用。

综上所述，类、属性和方法的访问控制可以归纳为表 3-3 和表 3-4。

表 3-3　Java 中类成员访问权限的作用范围

修饰符	同一个类	同一个包	不同包的子类	不同包非子类
private	可以			

续表

修饰符	同一个类	同一个包	不同包的子类	不同包非子类
default	可以	可以		
protected	可以	可以	可以	
public	可以	可以	可以	可以

表 3-4　类、属性和方法的访问控制权限

属性与方法的访问权限	类的访问权限	
	public	缺省
public	所有类	与当前类在同一个包中的所有类(也包括当前类)
protected	与当前类在同一个包中的所有类(也包括当前类);当前类的所有子类	与当前类在同一个包中的所有类(也包括当前类)
缺省	与当前类在同一个包中的所有类(也包括当前类)	与当前类在同一个包中的所有类(也包括当前类)
private	当前类	当前类

3.4　Java API 应用举例

在运用 Java 程序设计语言构建大型应用系统的过程中,程序员往往需要通过使用已有 Java 类,快速搭建应用程序,完成所需要的功能。本节总结了使用 Java API 或其他程序员编写的类的基本步骤,并举例说明。本节的内容对于学会用 Java 语言编程而言至关重要,也是程序员学会用 Java 语言编写程序必备的基本技能。

使用 Java API 或其他程序员编写的类的基本步骤如下:

(1)查看帮助文档了解类的功能(决定是否使用该类)。

(2)声明该类的对象变量(注意该类的访问权限限制及所在的包)。

(3)用 new 关键字调用该类的构造函数,创建该类对象,可以将类对象赋予第(2)步声明的对象变量。

(4)查看帮助文档了解该类提供的方法及相应的功能(注意该类的方法和成员的访问权限限制),选择适当的方法完成功能。

(5)用第(3)步产生的对象或初始化后的对象变量和"."运算符调用相应的方法完成功能。

下面通过类 String 和类 StringTokenizer 举例说明使用 Java API 或其他程序员编写的类的基本步骤。

3.4.1　类 String

1. java. lang. String 的基本用法

在 C 语言中,字符串使用一个字符数组表示。在 Java 中没有"字符串"这一基本数据类型,但是有一个封装了字符数组操作的 java. lang. String 类。该类是 Java 中处理字符串最基

本的类。字符串是一个字符序列。在初始化字符串时,以下两种常用方法是等价的:

```
String s = "String is a list of characters";
String s = new String("String is a list of characters");
```

在 C 语言中,使用字符'\0'作为字符串的结束标志。在实际运用过程中,因为结束标志带来的变化,要时刻注意字符数组的长度;而在 Java 中,字符串从索引 0 开始,在索引 $N-1$ 处结束,其中 N 为字符串中的字符个数。例如,字符串"Hello"的长度为 5,最后一个字符的索引值为 4。同时,String 类封装了多种对字符串的操作方法,其中常用的方法见表 3-5。

表 3-5　String 类的常用方法

方法定义	功　能
char charAt(int index)	返回指定索引处的 char 值
String concat(String str)	将指定字符串连接到此字符串的结尾
boolean contains(CharSequence s)	当且仅当此字符串包含指定的 char 值序列 s 时,返回 true
boolean equals(Object anObject)	将此字符串与指定的对象比较
int indexOf(String str)	返回指定子字符串在此字符串中第一次出现处的索引
int length()	返回此字符串的长度
String substring(int beginIndex, int endIndex) 或 Stringsubstring(int beginIndex)	返回一个新字符串,它是此字符串的一个子字符串
String toLowerCase()	使用默认语言环境的规则将此 String 中的所有字符都转换为小写
String toUpperCase()	使用默认语言环境的规则将此 String 中的所有字符都转换为大写
String trim()	返回一个字符串,其值为该字符串,删除所有前导和尾随空格
static String valueOf(Format f)	返回传入参数的字符串表示形式。传入参数可以是 int、float 等基本数据类型,也可以是一个对象

2. 字符串的连接

String 类提供了一个 concat()方法,将给定字符串添加到当前字符串末尾。

```
String s = new String("Hello");
s = s.concat("World");
```

也可以使用"+"运算符实现上述功能,直接将给定字符串添加至原字符串末尾,该语句与上面的语句等价:

```
String s = new String("Hello");
s = s +"World";
```

一个字符串不仅可以与另一个字符串相加,还可以与其他基本数据类型相加,结果是添加了新内容的字符串。在一个加运算中，如果参与运算的对象有一个字符串，则相加后的结果就会是一个字符串。例如：

```
System.out.println("Hello" + 999 + 1 + "World");
System.out,println(999 + 1 +"Hello" + "World");
```

第一条输出语句将输出"Hello9991World"，而第二条输出语句将输出"1000HelloWorld"。这是因为在第一条语句中，"999"与"1"运算之前已经是一个字符串的一部分，而在第二条语句中，"999 + 1"仍然按照正常的数学加法运算，得到的结果与字符串相加时才被自动转化为字符串。字符串加法操作不仅可以用于数字，还可以直接用于一般的类。例如，以下语句在Java中可以正确运行：

```
List<String> l = new ArrayList<String>();
l.add("World");
System.out.println("Hello"+l);//输出 Hello[World]
```

所有继承基类Object的类内部都有一个toString()方法，它返回该对象的字符串表示形式。当该类进行字符串运算时，Java虚拟机将自动调用对象的toString()方法，并且将返回结果参与字符串运算。另外，当对该类进行输出等操作时，toString()方法也会被自动调用。

3. 子字符串的操作

Java还提供了对字符串子串进行操作的方法。与增加字符操作一样，从字符串中提取出目标子串也是常用的字符串处理功能之一。

示例3-34实现了从一个源字符串中分解出每一个单词，并且使用一个向量进行存储的过程，即从源字符串中将每个独立的单词提取出来(单词间用空格分隔)，并且保存在一个字符串向量中。该示例程序检索字符串中的每个字符，如果该字符是空格，使用一个临时变量记录该空格的位置，并且将位于上一次记录的位置(初始化为0)到该位置处之间的子串提取出来，去掉空格进行保存；循环直到字符串解析结束。

示例3-34　字符串处理实例

```
//用于储存结果的向量
List<String> destination = new ArrayList<>();
String word;
//两个用于记录单词索引的变量
//其中，startIndex记录单词的起始位置，endIndex记录单词的结束位置
int startIndex = 0;
int endIndex = 0;
//从源字符串中提取出单词，条件是endIndex合法
//endIndex的获取方式是，在源字符串中以上一个单词的末尾为起点
//搜索下一个空格的位置。如果没有搜索到，则返回-1，此时循环结束
while (endIndex >= 0) {
    //记录得到的子串
    word = source.substring(startIndex, endIndex);
    //删除空格
      destination.add(word);
    }
```

```
    //进行下一次搜索，更新两个索引变量
    startIndex = endIndex;
    endIndex = source.indexOf(" ", startIndex + 1);
    }
    //对最后一个单词进行处理
    word = source.substring(startIndex);
    word = word.trim();
    destination.add(word);
    //输出结果
    for (int i = 0; i < destination.size(); ++i) {
      System.out.println(destination.get(i));
    }
```

4. 字符串比较

在比较两个基本数据类型时，可以直接使用"==""<"">""<=""">=""!="来进行运算。但是，String 作为一个类，有别于基本数据类型。实际上，所有的对象均可以使用"=="运算符判定相等性，但是对于对象而言，这种判定只是简单地比较两个对象所引用的内存地址是否相同。因此通常情况下，比较的结果都是 false。

比如，下面的语句永远输出 false：

```
List<String> v1 = new List<String>();
List<String> v2 = new List<String>();
System.out.println(v1 == v2);
```

我们所希望的两个字符串相等，不是指这两个对象所在的内存地址相等，而是其中的每个索引处的字符都相同。所以，"=="符号并不能满足对于字符串相等性判定的需求。String 类提供了 equals()方法实现字符串内容比较的功能。例如，对于下述代码，第一条输出语句输出 false，第二条输出语句输出 true。

```
String s1 = new String("Hello");
String s2 ="Hello";
System.out.println(s1 == s2);
System.out.println(s1.equals(s2));
```

演示 String 类的 equals()方法的一个简单应用见示例 3－35，请填写代码，以熟练运用 String 类的 equals()方法比较两个字符串的内容是否相等。

示例 3－35　equals()方法举例

```
public class Person{
    private String  name;
    private String  address;
    public Person (String initialName, String initialAddress) {
        name = initialName;
        address = initialAddress;
    }
    public String getName() {
        return name;
```

```
    }
    public String getAddress() {
        return address;
    }
    publicboolean equals(Object o) {
        //填写代码,如果两个人的名字一致,认为两个人是同一个人,该方法返回 true,否则该方法返
回 false
    }
}
```

比较两个字符串的内容是否相等,可以使用 String 类的 equals 方法,代码如下:

```
    @Override
    public boolean equals(Object o) {
        //填写代码,如果两个人的名字一致,认为两个人是同一个人,该方法返回 true,否则该方法返
回 false
        if(o == null) {
            return false;
        }else if(o instanceof Person) {
            Person person = (Person)o;
            return (this. name). equals(person. name);
        }
        return false;
}
```

5. 数据类型转换

(1)数值数据到字符串的转换。将数值数据转换为字符串,除了通过"+"运算符,还可以通过类 String 的静态方法 valueOf(),例如:

```
String  strValues;
strValues = String. valueOf(5. 87);  // strValues 的值是 "5. 87"
strValues = String. valueOf(true);   // strValues 的值是"true"
strValues = String. valueOf(18);     // strValues 的值是"18"
```

另外,通过基本数据类型的包装类提供的静态方法 toString(),也可以实现数值数据到字符串的转换。每一种基本数据类型都有其包装类,如 Integer 类封装了整型数据的各种操作。在 JDK 1.5 及其以上版本中,基本数据类型的封装是由 Java 虚拟机自动完成的。例如,下面的语句可以正确被编译并且运行:

```
int i = new Integer(4);
Integer j = i;
```

其中,Integer 是对 int 型数据的封装类。与此类似,Long,Float,Double,Byte 等分别是 long,float,double,byte 等基本类型的封装类。例如,通过 toString()方法将数值数据转换为字符串的代码示例如下:

```
String strValues;
strValues =Interger. toString(18);
```

其他基本数据类型数据到字符串的转换与此同理，分别通过调用相应包装类的 toString()方法。

(2)字符串到数值数据的转换。假设有一个电子计算器，需要在两个文本输入框中输入数字，并且将数字相加得到的结果在另一个文本框中显示。在文本框中输入的数据只能以字符串的形式被识别，怎样将两个字符串转化为可以进行各种运算的基本数据类型并且计算出结果呢？

从基本数据类型转化为字符串的操作很容易实现，因此上述问题中的核心就是将字符串转化为基本数据类型。这可以使用基本数据类型包装类的 valueOf()方法实现。在基本数据类型的包装类中，提供了与 String 类似的 valueOf()方法。可以将一个字符串作为传入参数进行数据类型转换，如：

```
inti = Integer.valueOf("-999");
```

但是，在转换过程中需要检查传入的字符串是否可以被转换为一个基本类型数据，其他字符串到基本数据类型数据的转换与此同理，分别通过相应包装类的 valueOf()方法。另外，也可以通过包装类提供的静态方法 parseX()实现字符串到基本数据类型数据的转换。例如：

```
int i = Integer.parseInt("10");//parseX 中的 X 为 Int
double d = Double.parseDouble("2.3");//parseX 中的 X 为 Double
```

6. 字符串分割

假如现在有一个字符串文件 test.txt 的绝对路径为 path ＝ “D:/ObjectOrientedTextbook/chapter3/example3_32/test.txt”。通过这个绝对路径值，想要获取该文件的各级文件夹目录名如 D:，ObjectOrientedTextbook，chapter3 和 example3_32。

不难发现，其实这就是一个字符串分割的问题。若能够按绝对路径中的字符‘/’将路径 path 的各字符串分隔开，就可以按序得到该文件各级文件夹名。String 类有一个 split()方法恰好能够完成字符串分割的任务。

split()方法的语法如下：

```
public String[] split(String regex, int limit)
```

说明：

(1)该方法返回一个字符串数组，数组内的每一个元素是按序保存分割后的各字符串。

(2)该方法输入的参数是一个正则表达式，字符串分割的依据就是该正则表达式，split()方法通过匹配给定的正则表达式 regex 来对字符串进行分割。

(3)参数 limit 为一个整数，限定了字符串分割的单词数。此参数可不设置(不对 split 操作限定分割的份数)，依旧能够按照正则表达式将所有符合条件的字符串分割出来。

示例 3-36　字符串分割

```
public class StringSplit {
    /**
     *不限定字符串分割的份数
     */
    public static void split1(String path) {
        for (String s1: path.split("/")) {
            System.out.println(s1);
        }
```

```
    }

    /* *
     * 限定字符串分割的份数为 3
     * /
    public static void split2(String path) {
        for (String s2: path.split("/",3)) {
            System.out.println(s2);
        }
    }

    /* *
     * 限定字符串分割的份数为 5
     * /
    public static void split3(String path) {
        for (String s3: path.split("/",5)) {
            System.out.println(s3);
        }
}
    public static void main(String args[]) {
        String path ="D:/ObjectOrientedTextbook/chapter3/example3_32/test.txt";
        System.out.println("------不限定字符串分割的份数------");
        StringSplit.split1(path);
        System.out.println("------限定字符串分割的份数为 3------");
        StringSplit.split2(path);
        System.out.println("------限定字符串分割的份数为 5------");
        StringSplit.split3(path);
    }
}
```

代码运行的结果如下：

```
----不限定字符串分割的份数----
D:
ObjectOrientedTextbook
chapter3
example3_32
test.txt
----限定字符串分割的份数为 3----
D:
ObjectOrientedTextbook
chapter3/example3_32/test.txt
----限定字符串分割的份数为 5----
```

```
D:
ObjectOrientedTextbook
chapter3
example3_32
test.txt
```

3.4.2　类 StringTokenizer

在字符串的使用中，对满足条件的子串进行截取是最常用的字符串操作之一。可以使用示例 3 - 34 中用到的方法对目标字符串进行裁剪。实际上，Java 提供了一个更方便的类完成字符串解析的功能，即 java.util.StringTokenizer。

StringTokenizer 类可以根据默认的或用户定义的分隔符将字符串划分成满足条件的若干子串（或称为词汇单元）。该类的默认分隔符有空格符、制表符、换行符、回车符。用户也可以自定义任意字符作为分隔符。该类的构造方法和常用方法见表 3 - 6。

表 3 - 6　StringTokenizer 类的构造方法和常用方法

类型	方法定义	功　能
构造方法	StringTokenizer(String str)	为字符串 str 构造一个 StringTokenizer 对象，使用默认分隔符
	StringTokenizer(String str, String delim)	为字符串 str 构造一个 StringTokenizer 对象，使用自定义分隔符 delim
	StringTokenizer (String str, String delim, boolean returnDelims)	为字符串 str 构造一个 StringTokenizer 对象，使用自定义分隔符 delim，如果 returnDelims 值为 true，则分隔符 delim 本身也将作为分隔结果的一部分
常用方法	int countTokens()	返回 nextToken()方法被调用的次数
	boolean hasMoreElements()	返回与 hasMoreTokens()方法相同的值
	boolean hasMoreTokens()	测试此 StringTokenizer 对象的字符串中是否还有更多的可用词汇单元
常用方法	Object nextElement()	除了其声明返回值是 Object 而不是 String 之外，它返回与 nextToken 方法相同的值
	String nextToken()	返回此 StringTokenizer 对象的下一个词汇单元
	String nextToken(String delim)	以指定的分隔符返回此 StringTokenizer 对象的下一个词汇单元

有一产品类 Product，见示例 3 - 37。现要求在示例 3 - 38 所示的类 ProductValue 中，编写一个如下格式的静态方法：

```
public static Product createProduct(String str,String deli){ }
```

该静态方法可以将包含产品信息的字符串 str，以 deli 作为分隔符划分为相应的产品属性信息，并创建一个 Product 对象返回。

方法 createProduct()可以通过 StringTokenizer 类予以实现，将 str 作为其解析的对象，deli 作为分隔符。由于 StringTokenizer 类的方法 nextToken()每次返回的是一个字符串类型的词汇单元，所以，需要将解析出来的各词汇单元分别进行转型，然后再将其作为参数构造产品对象。方法 createProduct()的实现见示例 3－39。

示例 3－37　Product. java

```
public class Product {
    private String name;
    private int quantity;
    private double price;
    public Product(String initialName,int initialQuantity, doubleinitialPrice){
    name = initialName;
    quantity = initialQuantity;
    price = initialPrice;
        }
        public String getName(){
    return name;
        }
        public int getQuantity() {
    return quantity;
        }
        public double getPrice() {
    return price;
        }
 }
```

示例 3－38　ProductValue. java

```
import java. util. * ;
public class ProductValue{
    public static ProductcreateProduct(String str, String deli){
    //填写代码完成相应的功能
    }
    public static void  main(String[]  args) {
        String data = "Mini Discs 74 Minute (10—Pack)_5_9.00";
        Product product = createProduct(data,"_");

        System. out. println("Name: " + product. getName());
        System. out. println("Quantity: " + product. getQuantity());
        System. out. println("Price: " + product. getPrice());
        System. out. println("Total: "+ product. getQuantity() * product. getPrice());
    }
}
```

示例3-39　方法createProduct()的实现

```
public static Product createProduct(String str,String deli){
StringTokenizer tokenizer = new StringTokenizer(str, deli);
if (tokenizer.countTokens() == 3) {
    String name = tokenizer.nextToken();
  int quantity =
    Integer.parseInt(tokenizer.nextToken());
  double price =
  Double.parseDouble(tokenizer.nextToken());
    return new Product(name,quantity,price);
  } else {
    return null;
  }
}
```

3.5　Java异常处理机制

程序的错误通常包括语法错误、逻辑错误和异常。语法错误是指程序的书写不符合语言的语法规则，这类错误可由编译程序发现并报告；逻辑错误是指程序设计不当造成程序虽然运行没有报错，但是没有按预期实现功能，这类错误通过测试可以发现；异常是指程序执行过程中可能发生的错误，可以通过捕获异常对可能发生的错误情况提前进行预判和处理。语法错误和逻辑错误往往是人为理解造成的错误，是无法捕获处理的，下面主要讲述Java中有关异常的捕获处理机制。

Java把异常看作对象，定义了一个基类java.lang.Throwable作为所有异常的超类。Throwable基类有两大子类：Error和Exception，其中异常Exception分为运行时异常(RuntimeException)和非运行时异常，其类图关系结构如图3-11所示。

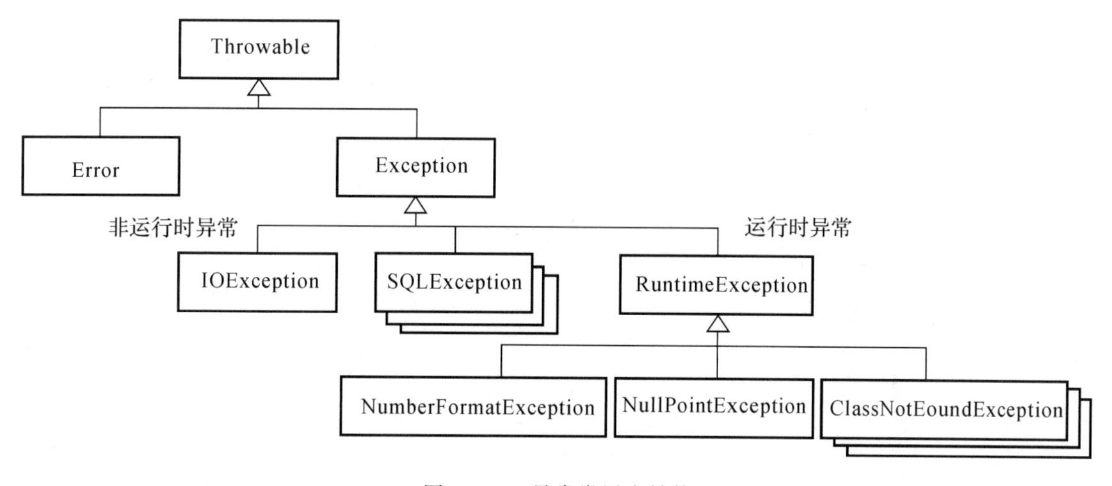

图3-11　异常类层次结构

运行时异常也称为不作检查的异常(Unchecked Exceptions),是编译器不要求强制处理的异常,即使没有写捕获异常语句也不会导致编译报错,但是不能保证运行时不发生错误。常见的运行时异常有数字格式化异常(NumberFormatException)、空指针异常(NullPointException)等。相应的,非运行时异常也称为被检查的异常(Checked Exceptions),编译器强制必须进行捕获处理,若不写捕获异常语句会导致编译出错。Java为程序员提供了异常处理机制,能够把程序的正常处理逻辑和异常处理逻辑分开表示,使得程序的异常处理结构更清晰,对于程序运行可能发生的每一个异常,都有一个相应的代码块去处理它。Java异常处理的基本框架由关键字throw、try-catch和throws构成。下面分别对其含义进行阐述。

3.5.1 Java异常处理机制的引入

对于C语言编写的程序,通常用if-else语句判断程序可能发生的每个异常,进行异常处理。例如,从控制台读取并返回整数的伪代码见示例3-40。

示例3-40 返回整数方法的伪代码(一)

```
int readInteger() {
  Read a string from the standard input//从标准输入设备读一个字符串
  Convert the string to an integer value//将读取的字符串转换为一个整型值
  Return the integer value//返回整型值
}
```

上述程序在执行过程中,从标准输入设备读取一个字符串时可能发生异常,而且,将读取的字符串转换为一个整型值的过程中也可能发生异常。为了实现在相关程序段对读取的数据添加合法性判定机制,截获用户的非法输入并且给出提示信息,以使用户可以从异常中恢复,提高程序的健壮性,传统的做法见示例3-41的伪代码。

示例3-41 返回整数方法的伪代码(二)

```
int readInteger() {
  while (true) {
    read a string from the standard input; //从标准输入设备读一个字符串
      if (read from the standard input failed) {//合法性检验
          handle standard input error;
      } else {
          convert the string to an integer value; //将读取的字符串转换为一个整型值
          if (the string does not contain an integer) {
//合法性检验
              handle invalid number format error;
          } else {
          return the integer value; //返回整型值
          }
      }
  }
}
```

示例3-41所示的程序段是程序员写C语言程序时最为常见的异常处理模式之一。可以看到，增加了合法性检验的程序长度增加了近一倍！而且真正执行初始化操作的业务逻辑代码（示例 3－41 中黑体字标示的部分）与合法性验证代码杂乱地穿插在一起，极大地降低了程序的可读性和可维护性，也在很大程度上降低了代码的执行效率。程序员为了提高程序的可读性，通常会将与方法体业务逻辑无关的代码转移至其他的程序块中实现，这样可以在一定程度上优化代码的结构，但是实际上，这样做远远没有解决由于合法性验证所带来的问题。传统的这种错误处理的方式对于大型、稳定以及可维护性的程序发展是一个重大束缚。

针对从控制台读取并返回整数的程序，Java 处理异常的方式见示例 3－42。Java 的异常处理机制把程序的正常处理逻辑（黑体字标示的部分）和异常处理逻辑（斜体字标示的部分）分开表示，使得程序的异常处理结构比较清晰，可以避免传统异常处理的缺陷。

示例 3－42　Java 异常处理机制伪代码示例

```
int readInteger() {
    while (true) {
        try {
            read a string from the standard input;
            convert the string to an integer value;
            return the integer value;
        } catch (read from the standard input failed) {
            handle standard input error;
        } catch (the string does not contain an integer) {
            handle invalid number format error;
        }
    }
}
```

3.5.2　throw 关键字

Java 中所有的操作都是基于对象的（除了基本数据类型），异常处理也不例外，异常信息由异常对象描述。当操作在执行过程中遇到异常情况时，将异常信息封装为异常对象，然后抛出，抛出的异常对象将传递给 Java 运行时系统（JVM）。抛出异常的方法非常简单，直接使用 throw 关键字加一个异常对象就可以实现，见示例3－43，黑体字描述的是抛出带有描述信息（即“Number not positive”）的自定义异常类 OutOfRangeException 的对象，表示发生了负数异常。throw 关键字出现在类的方法体中，用于抛出异常。

示例 3－43　throw 关键字的运用

```
private positiveInteger(int initialValue){
    if (initialValue < 0) {
        throw new OutOfRangeException("Number is not positive");
    } else {
            value = initialValue;
        }
    }
}
```

抛出异常的目的是为了说明在操作的某处出现了异常，需要程序员对该异常进行判断、捕获和处理。

3.5.3 try-catch 关键字

一个异常可能出现在任何操作中，并且可能由任何未知原因导致。因此，程序员在设计程序的过程中对可能发生的异常进行捕获和处理十分重要。一个健壮的程序要求用户在执行程序的过程中，遇到异常发生时可以从异常状态中恢复。Java 所提供的异常处理机制为异常情形的恢复提供了一种解决方案。

1. try-catch 语法

Java 异常处理机制的基本思想是，将业务逻辑代码与错误恢复代码通过异常捕获分隔成不同的代码块。为了达到这个目的，Java 使用 try-catch 代码块区分业务逻辑代码和异常处理代码。如果一个操作可能抛出异常，并且该操作选择处理异常，那么该操作必须包含相应的 try-catch 块。其语法见示例 3 - 44。

示例 3 - 44　try-catch 语法

```
    try {
          //正常的业务逻辑代码
    } catch (Type1 exception1) {
        //处理 Type1 类型的异常
    } catch (Type2 exception2) {
        //处理 Type2 类型的异常
    }
}
```

一个 try 代码块是由关键字 try 后跟一对大括号中的代码块构成的，大括号中的代码块是可能抛出异常的业务逻辑代码，表示程序会尝试执行代码块的每一条语句，在执行过程中可能有某条语句抛出异常。try 代码块之后可以紧跟一个或多个 catch 代码块，catch 代码块用于捕获 try 代码块中可能抛出的异常。对于 catch 代码块，紧跟在 catch 关键字后的一对小括号中定义的是被捕获的异常类型。在结束小括号之后的大括号中包含了用于从异常中恢复的代码(即处理异常的代码)。

2. 含有 try-catch 操作的程序执行流程

程序执行进入 try 代码块中，会对其中的语句逐条执行，如果 try 代码块中的代码在执行时没有异常发生，所有的 catch 代码块会被跳过，并继续执行最后一个 catch 代码块之后的程序代码。如果执行 try 代码块时 JVM 抛出一个异常，try 代码块的执行在抛出异常的那行代码中止执行，随后 JVM 自上而下检查 catch 关键字后声明的异常类型和抛出的异常类型匹配的 catch 子句，这分为下述两种情况：

(1)如果 JVM 找到匹配的 catch 子句，程序立即进入该 catch 代码块中去执行，其他的 catch 代码块将被忽略。在多个 catch 子句匹配的情况下，仅执行第一个匹配的 catch 代码块。匹配的 catch 子句执行完毕后，将继续执行最后一个 catch 代码块之后的程序语句。

(2)如果 JVM 在抛出异常的操作体内没有找到匹配的 catch 子句，那么说明该操作有可能抛出某类异常，但是未捕捉相应的异常对象。在这种情况下，操作将异常对象抛出给调用它的方法，依此类推，直到被捕捉。如果被调用的方法都没有捕捉该异常对象，异常可能一路往外传递直达 main()而未被捕捉，则程序将终止运行，相应的 Java 程序也将退出，最后会在命令行窗口报告抛出的异常信息。

由于捕捉异常的顺序和不同 catch 语句的顺序有关，当捕获到一个异常时，剩下的 catch 语句就不再进行匹配，因此在安排 catch 语句的顺序时，首先应该捕获子类异常，然后再逐渐一般化，进一步捕获基类型的异常。尽量避免用“懒惰”的方法去捕获 Exception 基类异常类型，因为捕获的异常类型越有针对性，用于恢复和处理异常的代码就越有针对性。

示例 3-45 是一个实现从控制台读取一个整数的类，对于类内的方法 readInteger，虽然没有直接出现 throw 关键字抛出相应的异常，但是，方法调用“Integer. parseInt()”会抛出 NumberFormatException 类型的异常，方法调用“stdIn. readLine()”会抛出 IOException 类型的异常，所以，方法在执行时可能抛出上述两类异常。方法 readInteger 针对可能抛出的这两个异常选择进行处理，所以该方法在实现中将完成正常业务逻辑操作放在 try 块内，并提供相应的 catch 代码块。

示例 3-45　读取整数的方法

```
import java.io.*;
/**
 * 该类提供了从控制台读取一个整数的方法
 */
public class IntegerReader {
    private static BufferedReader stdIn = new BufferedReader(new InputStreamReader(System.in));
    private static PrintWriter stdErr = new PrintWriter(System.err, true);
    private static PrintWriter stdOut = new PrintWriter(System.out, true);
    /**
     * 测试方法 readInteger
     * @param args  not used.
     */
    public static void main (String[] args) {
        stdOut.println("The value is: " + readInteger());
    }
    /**
     * 从控制台读取一个整数
     * @return int value.
     */
    public static int readInteger() {
        do {
            try {
                stdErr.print("Enter an integer >  ");
                stdErr.flush();
                return Integer.parseInt(stdIn.readLine());
            } catch (NumberFormatException nfe) {
                stdErr.println("Invalid number format");
```

```
            } catch (IOException   ioe)   {
                ioe.printStackTrace();
                System.exit(1);
            }
            stdOut.println("running after catch");
            stdOut.println("------------------");
        }  while (true);
    }
}
```

若执行示例3-45所描述的程序，输入e和2，程序的运行结果见示例3-46。由此可以看出含有try-catch操作程序的执行流程。

示例3-46　示例3-45程序的执行结果

```
Enter an integer >   e
Invalid number format
running after catch
--------------
Enter an integer >   2
The value is: 2
```

3.5.4　异常类和throws关键字

1. 异常类

所有异常类的基类是Throwable，它有两个子类：Exception和Error。Error是可能在程序运行过程中发生的严重(不可修复的)错误，如动态连接失败、虚拟机错误等。它不属于Java程序员考虑的问题范畴，更不可能被程序捕获，当一个Error发生时唯一能做的就是等待虚拟机崩溃。程序员可以预测并且处理的所有异常均继承至Exception类，所以程序员需要关心的是异常类Exception的直接或间接子类。

Throwable类的常用可执行操作见表3-7。

表3-7　Throwable类的常用方法

方法定义	功　能
String getMessage()	返回此throwable的详细消息字符串
void printStackTrace()	将此throwable及其追踪输出至标准错误流
String toString()	返回此throwable的简短描述

Exception类直接继承至Throwable类，因此也可使用上述方法。通常在捕获到异常后，会调用上述方法打印异常的相关信息。示例3-47演示了上述方法的功能和使用，其运行结果见示例3-48，方法printStackTrace()的输出结果表示：在源程序中，第11行的main()方法调用了方法g()，第6行的g()方法调用了方法f()，第2行的f()方法抛出了java.lang.Exception类型的异常，“This is my test Exception”是异常信息的描述。

示例 3－47　异常类方法的调用

```
public class ExceptionMethods {
    public static void f() throws Exception {
        throw new Exception("This is my test Exception");
    }
    public static void g() throws Exception {
        f();
        System.out.println("the code after f() call");
    }
    public static void main(String[] arg) {
        try {
          g();
          System.out.println("the code after g() call");} catch(Exception e) {
          System.out.println("caught exception here    ");
          System.out.println("e.getMessage():    "+e.getMessage());
          System.out.println("e.toString:    "+e.toString());
          System.out.println("e.printStackTrace:    ");
          e.printStackTrace();
        }
    }
}
```

示例 3－48　示例 3－47 程序的运行结果

```
caught exception here
e.getMessage():    This is my test Exception
e.toString:    java.lang.Exception: This is my test Exception
e.printStackTrace:
java.lang.Exception: This is my test Exception
  at example3_ 47_4_49.ExceptionMethods.f(ExceptionMethods.java:5)
  at example3_ 47_4_49.ExceptionMethods.g(ExceptionMethods.java:8)
  at example3_ 47_4_49.ExceptionMethods.main(ExceptionMethods.java:13)
```

继承 Exception 的异常类分为两种：检测异常（Checked Exception）和非检测异常（Unchecked Exception）。非检测异常是指所有以 RuntimeException 为基类的异常类，如果一个异常类是 Exception 类的子类，而不是 RuntimeException 类的子类，则该异常是检测异常。

2. throws 关键字

检测异常需要被程序员关注、捕获并且处理，Java 编译器会检查 Java 程序是否捕获或者声明抛弃检测异常；如果在一个方法体中可能抛出一个检测异常，并且在该方法体内部没有针对该异常的处理代码段（即没有 try-catch 块，或有 try-catch 块，但 catch 未捕获该类异常），则在该方法的声明部分必须通过关键字 throws 对将要抛出的异常进行声明。例如，对于示例 3－45 稍作修改，即去掉相应的 try-catch 块，形成示例 3－49。

示例 3 - 49 读取整数的方法

```
import java.io.*;
/**
 * 该类提供了从控制台读取一个整数的方法
 */
public class IntegerReader {
    /**
     * 从控制台读取一个整数
     * @return the int value.
     */
    public static int readInteger() {
        do {
            stdErr.print("Enter an integer > ");
            stdErr.flush();
            return Integer.parseInt(stdIn.readLine());
        } while (true);
    }
}
```

编译示例 3 - 49 中的程序,其结果见示例 3 - 50。readInteger()方法可能抛出 IOException 和 NumberFormatException 异常。由于 IOException 是检测异常,readInteger()方法需要对其捕获或声明抛出,编译器发现 readInteger()方法没有"这样做",所以编译时会报告语法错误。而 NumberFormatException 是非检测异常,readInteger()方法可以对其不捕获也不声明。

示例 3 - 50 示例 3 - 49 的编译结果

```
Exception in thread "main" java.lang.Error: Unresolved compilation problem:
    Unhandled exception type IOException

    at example3_47_4_49.IntegerReader.readInteger(IntegerReader.java:26)
    at example3_47_4_49.IntegerReader.main(IntegerReader.java:16)
```

如果对示例 3 - 49 中的 readInteger()方法的声明进行修改,通过 throws 关键字将 IOException 异常抛出,则编译不会报错。readInteger()方法的声明格式如下:

```
public static int readInteger() throws IOException {
    //方法体
}
```

若在声明阶段抛出 IOException 和 NumberFormatException 异常,则将示例 3 - 49 修改,见示例 3 - 51。

示例 3 - 51 读取整数的方法

```
import java.io.*;
/**
 * 该类提供了从控制台读取一个整数的方法
 */
```

```
public class IntegerReader  {
/**
    * 从控制台读取一个整数
    * @return the int value.
    * @throws IOException
    * @throws NumberFormatException
    */
   public static int  readInteger() throws NumberFormatException, IOException  {
       do  {
           stdErr.print("Enter an integer >  ");
           stdErr.flush();
           return Integer.parseInt(stdIn.readLine());
       }while (true);
   }
}
```

上述程序在编译阶段没有报错，程序执行时输入“e”后，其编译运行结果见示例 3-52。

示例 3-52　示例 3-51 的编译运行结果

```
Exception in thread "main" java.lang.NumberFormatException: For input string: "e"
    at java.base/java.lang.NumberFormatException.forInputString(NumberFormatException.java:65)
    at java.base/java.lang.Integer.parseInt(Integer.java:580)
    at java.base/java.lang.Integer.parseInt(Integer.java:615)
    at example3_51.IntegerReader.readInteger(IntegerReader.java:30)
    at example3_51.IntegerReader.main(IntegerReader.java:18)
```

一个方法体可能会抛出多个检测异常，因此也可能需要通过 throws 关键字对多个检测异常进行声明，在这种情况下，throws 关键字后多个抛出的检测异常之间用逗号隔开即可。

从现在开始，在编写类方法体时，应该注意方法体内的程序语句是否抛出异常。如果方法的业务逻辑代码可能抛出异常，则要考虑它们抛出什么类型的异常，根据用户需求，进一步考虑应该如何处理相应的异常，即应该捕获什么类型的异常，应该抛出什么类型的异常。

尽管程序员对于方法中可能发生的非检测异常（继承 RuntimeException 的异常）可以不作任何处理（捕获或通过 throws 声明抛出），但是很多时候程序员选择对非检测异常进行处理，以增强代码的健壮性。例如，对于数据格式异常 NumberFormatException，程序员经常会选择捕获该类异常以提示用户输入有效数据。一般情况下，非检测异常所代表的是编程上的错误，即在软件发布以前的构建时期应该防止的编程缺陷。非检测异常可能是程序员无法捕捉的异常[例如函数收到客户端传来的一个空引用（Null Reference）]，或是作为程序员应该在自己的程序代码中检查的异常[例如数组越界异常（ArrayIndexOutOfBoundException）]。将某些异常归类为非检测异常，非常有助于程序员查错，例如空指针引用异常 NullPointerException。

3.5.5　自定义异常

除了 Java 类库中提供的异常类型外，用户为了精确地描述发生的异常信息，也可以自己定义异常类型。用户自定义的异常类型可以继承 Exception，表示定义的异常类型为检测异常，也可以继承 RuntimeException，表示定义的异常类型为非检测异常。示例 3－53 中的类 Employee 记录了公司员工的姓名、年龄两个基本属性。在示例 3－53 的构造函数中，可能会抛出 LackOfStringUnion 对象，如果用户输入的字符串按下画线分隔后的单词个数少于或大于 5 个，则抛出自定义检测异常 LackOfStringUnionException，该异常的定义见示例 3－54。为了能够通过邮寄或者银行转账的方式给员工发放薪水，Employee 类还保存了员工的邮政地址和银行账号两个属性，同时还提供一个薪水开始计算的日期的属性，方便公司计算该员工的薪水。因此，Employee 类具有 name，age，startTime，mailAddress，bankAccount 5 个属性。其中 age 为整型，startTime 用于记录日期的类 Date 的实例，其余属性的类型均为字符串类型。通过类 Employee 的构造函数传入一个字符串对该类的所有属性进行初始化。在此约定传入字符串满足如下格式：

姓名＿年龄＿年-月-日＿邮政地址＿银行账号

按照 5 个属性出现的次序传入 5 个词汇单元，分别对应该类的 5 个属性；词汇单元之间使用下画线连接；与 age 对应的字符串是 1 个合法的整数；与 startTime 对应的字符串中有 3 个合法整数，分别对应年、月、日，中间用连字符连接；所有的词汇单元内不能出现下画线。合法的字符串数据如：

David_25_2007－7－21_NewYork：Ware Street No. 18_BI243306092

示例 3－53　自定义异常类应用案例 Employee. java

```
import java.util.*;
import java.io.*;
import example3_53.LackOfStringUnionException;
/**
 * 建模雇员信息的类
 */
public class Employee {
    private String name;
    private int age;
    private Date startTime;
    private String mailAddress;
    private String bankAccount;

    private static PrintWriter stdOut = new PrintWriter(System.out, true);

    private static BufferedReader stdIn = new BufferedReader(new InputStreamReader(System.in));

    public Employee(String initData) throws IllegalArgumentException,
            LackOfStringUnionException, NumberFormatException {
        // 以下画线为分隔符分割传入的字符串
        StringTokenizer st = new StringTokenizer(initData, "_");
        String validator;
        // 首先，判断可用的字符单元数
        if (st.countTokens() != 5) {
```

```
            // 手工抛出检测异常
            throw new LackOfStringUnionException();
        }
        for (int i = 0; st.hasMoreElements(); ++i) {
            // 对每个属性分别赋值
            switch (i) {
            case 0:
                name = st.nextToken();
                break;
            case 1:
                age = Integer.valueOf(st.nextToken());
                break;
                // java.sql.Date 类允许将格式为 yyyy-mm-dd 的字符串直接转
                //化为 java.util.Date 对象
            case 2:
                startTime = java.sql.Date.valueOf(st.nextToken());
                break;
            case 3:
                mailAddress = st.nextToken();
                break;
            case 4:
                bankAccount = st.nextToken();
                break;
            default:
                break;
            }
        }
}

    public String toString() {
        // 读取每个属性的内容并按照一定格式输出
        return (name + "/" + age + "/" + startTime + mailAddress + "/" + bankAccount);
    }

public static void main(String[] args) throws IOException {
    // main()方法实际上实现了将数据读入,并且将所有的下画线替换为"/"
    Employee employee = null;

    while (employee == null) {
        try {
            stdOut.println("请输入雇员的基本信息,正确的数据格式为:姓名_年龄_年-月-日_邮政地址_
银行账号");
```

```
        // 构造方法中声明了 3 种可能的异常
        employee = new Employee(stdIn.readLine());
        // 如果构造成功,则执行输出操作
        System.out.println(employee);
        // 输出结果为:David/25/2007-07-21NewYork:Ware Street
        // No.18/BI243306092
      } catch (LackOfStringUnionException losue) {
          System.out.print("参数个数不是 5 个,");
          System.out.println("正确数据格式为:String_int_int-int-int_String_String,请重新
输入。");
          } catch (NumberFormatException nfe) {
          nfe.printStackTrace();
          System.out.println("给定年龄不是有效的,请检查输入。");

        } catch (IllegalArgumentException iae) {
          iae.printStackTrace();
          System.out.println("给定日期不是标准日期格式(yyyy-mm-dd),请检查输入。");
        }
      }
    }
}
```

示例 3-54　自定义异常类

```
public class LackOfStringUnionException extends Exception {
    public LackOfStringUnionException() {
      super();
    }
    public LackOfStringUnionException(String message) {
        super(message);
    }
}
```

对于 java.lang.Integer 的 valueOf()方法会抛出的非检测异常 NumberFormatException 和 java.sql.Date 的 valueOf()方法会抛出的非检测异常 IllegalArgumentException,选择在 main()方法中捕获这两类异常,以让用户知道自己的输入发生错误导致程序功能不能完成,并希望其继续输入有效数据,使程序不至于中止运行。而相应属性初始化的构造函数 Employee()则选择将异常 LackOfStringUnionException 抛出,以提示调用该方法的用户,并将处理该异常的权利交给用户。另外,从控制台读取雇员信息时可能会抛出 IOException,main()方法也选择将其抛出。

编译并执行示例 3-53 中的程序,如果从控制台给定的输入字符串为"David_Jones_2007-7-21_NewYork:Ware Street No.18_BI243306092"。很明显,第一个下画线之后的"Jones"不是一个合法的整数。在控制台将得到示例 3-55 所示的运行结果。

示例 3－55　示例 3－53 的运行结果

```
请输入雇员的基本信息，正确的数据格式为：姓名_年龄_年-月-日_邮政地址_银行账号
David_Jones_2007－7－21_NewYork:Ware Street No. 18_BI243306092
java.lang.NumberFormatException: For input string: "Jones"
给定年龄不是有效的，请检查输入。
请输入雇员的基本信息，正确的数据格式为：姓名_年龄_年-月-日_邮政地址_银行账号
    at java.base/java.lang.NumberFormatException.forInputString(NumberFormatException.java:65)
    at java.base/java.lang.Integer.parseInt(Integer.java:580)
    at java.base/java.lang.Integer.valueOf(Integer.java:766)
    at example3_54.Employee.<init>(Employee.java:42)
    at example3_54.Employee.main(Employee.java:76)
```

示例 3－55 所示的控制台上信息是一个异常的主体，其中包括异常类型、异常描述以及异常产生位置。这些信息被称为异常的栈跟踪信息（stackTrace），通常被作为检查程序异常发生原因的最有效资料。

3.6　Javadoc 编写规范

为了实现程序代码的可读性、已研发软件的可重复使用和可维护性，文档是一个完整的程序或者软件必不可缺的一部分。程序员提供自己所编写代码的说明文档，以便其他程序员更方便地使用这些代码。程序员编写 Java 程序时常常使用 JDK 的 API 文档，即根据 JDK 所提供类库的说明文档进行使用。

在有良好文档的支撑下，软件的维护工作将会被提高效率。一个软件交付使用时，就从开发阶段进入维护阶段。软件维护需要极大的工作量，如果没有合格的文档说明，维护人员必须深入所有源代码去发现和修改问题，这将使维护工作付出很大代价。

通常情况下，一个程序员在编写代码的同时也要编写自身代码的说明文档。然而在说明文档的编写上，文档本身的维护也是一个很复杂的问题，它要求：

（1）同一个工作团队中的所有说明文档应当具有统一的书写规范。

（2）文档必须与源代码保持同步。

（3）说明文档本身应当具备良好的可读性。

一个 C 语言程序员在编写代码时需要编写大量注释和关于代码的说明文档，并且不停地做源代码与文档之间的同步工作。但 Java 程序设计要求程序员只需要在源代码中按照规范编写具备一定格式（即满足 Javadoc 注释编写规范）的注释，Javadoc 会自动解析 Java 源文件中的声明和文档注释，并生成 HTML 页面，描述公有类、保护类、内部类、接口、构造函数、方法和属性等。

3.6.1　Javadoc 编写规范

Javadoc 命令是通过解析源文件中的注释生成说明文档的，这就要求程序员在编写注释的时候遵循 Javadoc 注释编写规范，这样才能确保注释被正确解析。

可被 Javadoc 命令解析的注释具有以下格式：

(1)单行程序注释格式:

```
/** body text */
```

(2)多行程序注释格式:

```
/**
    * body text
    * body text
    */
```

Javadoc 将会解析符合规范的注释中的 body text,以获取源文件注释信息。在 body text 描述的注释体中,以"@"符号开始的注释语句将被视为 Javadoc 标签,各种形式的 Javadoc 标签不仅可以详细地注释源代码,更重要的是作为 Javadoc 命令解析源文件的依据(例如 Javadoc 命令中的"-version"选项需要源文件中的"@version"标签)。如果一行注释中不包含任何标签,则会被作为普通文本输出,文本中允许使用 HTML 标签控制输出内容。

3.6.2 Javadoc 标签编写规范

Javadoc 规定,可被解析的标签必须按照以下格式书写:

```
/**
* @标签名 [标签参数] [注释体]
*/
```

标签的名字通常描述了注释体中的内容,指定了 Javadoc 命令解析此条注释的方式。标签参数为可选内容,为标签提供额外信息。注释体为可选内容,注释的主体部分或对标签的说明。

虽然所有标签均具有相同格式,但是不同的标签有不同的作用范围。通常在源文件中存在两个标签作用范围:①作用于类;②作用于方法和属性。作用于类的标签通常用于声明版本、作者、日期等信息,需要写在一个类的开头;作用于方法的标签则用于描述某个方法的详细信息,如参数、返回值等,如图 3-12 所示。

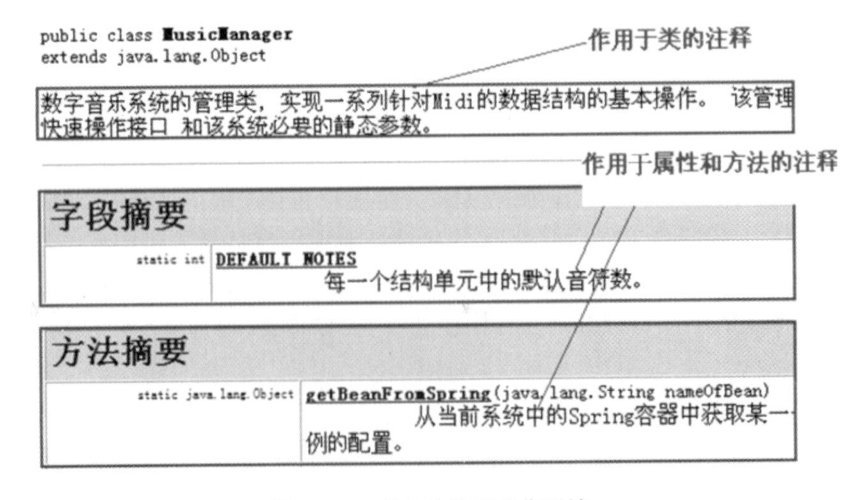

图 3-12 标签和注释的作用域

Java 程序注释常用标签名如下:

(1)@author:作用于类,声明作者信息。不需要标签参数,注释体中除了标注作者姓名之外,还允许添加作者邮箱等其他适合加入的信息。允许一个类中存在多个"author"标签,列出所有作者,见(2)中的示例。虽然没有强制要求,但是通常该标签是必须的。

(2)@version:作用于类,描述该源文件的版本,用于版本控制。在严格的软件开发流程中版本控制非常重要,对源代码的任何一次修改都要更新其版本号。该标签的使用示例如下:

```
import java.util.random.*;
/**
 * 这是一个注释实例。这句话将出现在生成的 Javadoc 中类的说明部分。
 * @author Author1 author1@ssd3.com
 * @author Author2
 * @version 1.0.13
 */
public class Test {
    //class body
}
```

(3)@param:作用于构造函数和方法,用于描述方法的传入参数。标签参数必须与该标签所描述的方法中的参数名完全一致,注释体对传入参数的作用进行说明(不需要说明传入参数的类型以及其他信息)。注释体允许延续多行。通常情况下,每一个参数都应该有一个说明。

(4)@return:作用于方法,描述方法的返回值信息。不需要标签参数,注释体对方法的返回值进行说明(不需要说明返回值的类型以及其他信息),注释体可以延续多行。

(5)@exception(或@throws):作用于构造函数和方法,描述方法可能抛出的异常。标签参数为完整的异常类名称,注释体用于详细说明在何种情况下通过何种方式调用该方法会抛出标签参数中给定的异常,可以延续多行。

(3)(4)(5)讲述的标签应用示例如下:

```
import java.io.IOException;
/**
* 这是一个注释实例。这句话将出现在生成的 Javadoc 中类的说明部分。
* @author Author1 author1@ssd3.com
* @author Author2
* @version 1.0.13
*/
public class Test {
    /**
     * 这句话将出现在生成的 Javadoc 中字段摘要部分。
     */
    private int number;
    /**
     * 这句话将出现在生成的 Javadoc 中方法摘要部分。
     * 该方法为 number 设置一个新的值。
```

```
    * @param newNumber 新的数值。
    * @return 原来的数值。
    * @throws IOException 如果传入的新的数值为负数,则抛出 IOException。
    */
    public int setNumber(int newNumber) throws IOException {
        if (newNumber < 0) {
            throw new IOException();
    } else {
            int result = number;
            number = newNumber;
            return result;
            }
    }
}
```

(6)@see:作用于类、属性或方法。标签参数为一个特定的字符串,没有注释体。该标签用于标注一个参考对象,该对象可能是另一个类、属性、方法,在生成的Javadoc中,标签参数将产生一个HTML超链接,指向其他文档或者当前文档中的其他位置。该标签的使用举例如下:

```
/**
 * 创建一个到给定类的链接
 * @see org.ssd3.Test
 * 创建到当前类给定域的链接
 * @see number
 * 创建到给定类的给定方法的链接
 * @see org.ssd3.Test#test
 */
```

3.7 UML类图的实现

对于雇员信息管理系统类图的实现,到目前为止,根据所学的Java语言编程知识,可以实现图2-18所示类图中的类Employee、类SaleItem和类DayRecord,其源码分别见示例3-56、示例3-57和示例3-58。除了类图中显示的上述3个类的方法外,示例分别为它们添加了常用的方法toString(),返回代表对象属性值信息的字符串。另外,为了代码可以跨平台,这里换行符没有使用"\n"或"\r\n",而是通过"System.getProperty("line.separator")"获取本地操作系统支持的换行符。

对于公共交通信息查询系统部分类的实现(包括图2-20中类BusLine,Station和StationPosition)和接口自动机系统部分类的实现(包括图2-21中类State,StepAction和Ap),读者可以模仿雇员信息管理系统的实现,掌握了本章的内容,类似的编程实现很容易完成。

示例3-56 Employee.java

```
import java.sql.Date;
/*
 *雇员类,所有雇员的基类
 */
public  class Employee {

    private String id;//雇员的唯一身份标识
    private String name;//雇员的名字
    private Date birthday;//雇员的出生日期
    private String mobileTel;//雇员的联系方式
    private static final String NEW_LINE=System.getProperty("line.separator");//系统的换行符
      /**
       * 初始化雇员基本信息的构造函数
       * @param initId 雇员的唯一身份标识
       * @param initName 雇员的名字
       * @param initBirthday 雇员的出生日期
       * @param initMobileTel 雇员的联系方式
       */
    public Employee(String initId, String initName, Date initBirthday, String initMobileTel) {
        id = initId;
        name = initName;
        birthday = initBirthday;
        mobileTel = initMobileTel ;
    }

     /**
      * 获得雇员的唯一身份标识
      */
    public String getId() {
        return id;
    }

    /**
     * 获得雇员的姓名
     */
    public String getName() {
        return name;
    }

    /**
     * 获得雇员的出生日期
     */
    public Date getBirthday() {
```

```
        return birthday;
    }

    /**
     * 获得雇员的联系方式
     */
    public String getMobileTel() {
        return mobileTel;
    }

    /**
     * 返回雇员的字符串表示形式
     */
    public String toString() {
        return "id: " + id + NEW_LINE +
        "name: " + name + NEW_LINE +
        "birthday: " + birthday + NEW_LINE +
        "mobile telephone: " + mobileTel + NEW_LINE;
    }
}
```

示例 3－57　SaleItem.java

```
import java.sql.Date;
/*
 * 佣金雇员的销售记录项,用于记录某一次销售情况。
 */
public class SaleItem {
    private String productName;//所销售的产品名称
    private double price;//产品价格
    private int quantity;//销售数量
    private Date saleDay;//销售日期

    /**
     * 初始化销售记录的构造函数
     * @param initProductName 所销售的产品名称
     * @param initPrice 产品价格
     * @param initQuantity 销售数量
     * @param initSaleDay 销售日期
     */
    public SaleItem(
        String initProductName,
        double initPrice,
```

```
        int initQuantity,
        Date initSaleDay) {
    productName = initProductName;
    price = initPrice;
    quantity = initQuantity;
    saleDay = initSaleDay;
}

/**
 * 获得所销售的产品名称
 */
public String getProductName() {
    return productName;
}

/**
 * 返回所销售的产品的单价
 */
public double getPrice() {
    return price;
}

/**
 * 返回该次出售的产品数量
 */
public int getQuantity() {
    return quantity;
}

/**
 * 返回此次销售发生的日期
 */
public Date getSaleDay() {
    return saleDay;
}

/**
 * 返回此销售项的字符串表示形式
 */
public String toString() {
    return quantity + " " +
        productName + " sold in " +
```

```
            saleDay + "at the price of $ " +
            price + " each.";
    }
}
```

示例3-58 DayRecord.java

```
import java.sql.Date;
/*
*每日的工作记录,保存工作日期、工作时间等基本工作信息
*/
public class DayRecord {
    private Date workDay;//工作日期
    private int hourCount;//工作时间
    private static final String NEW_LINE = System.getProperty("line.separator");//系统的换行符

    /**
     * 初始化基本属性的构造函数
     * @param workDay 特定的工作日期
     * @param hourCount 在特定日期中雇员工作的时间
     */
    public DayRecord(Date workDay, int hourCount) {
        this.workDay = workDay;
        this.hourCount = hourCount;
    }

    /**
     * 查看当前工作记录所在的日期
     */
    public Date getWorkDay() {
        return workDay;
    }

    /**
     * 查看当日的工作时间
     */
    public int getHourCount() {
        return hourCount;
    }

    /**
     * 返回此工作记录的字符串表示形式
     */
```

```
    public String toString() {
        return "worked " + hourCount + "hours in " + workDay + NEW_LINE;
    }
}
```

3.8　Java 程序开发工具

3.8.1　Eclipse 集成开发环境

Eclipse 是一个开源的、基于 Java 的可扩展开发平台，通过插件组件构建开发环境，最初由 IBM 公司开发并于 2001 年贡献给开源社区。Eclipse 自身附带了一个标准的插件集，包括 Java 开发工具(Java Development Tools，JDT)。Eclipse 最新版本可以到 http://www.eclipse.org/下载，无须安装，点击可执行文件直接开始运行，但需要安装 Java 运行时环境 JRE 或 JDK。

1. 工程创建

运行 Eclipse，选择工作区(Workbench)之后，进入工作区开始使用该开发环境开发 Java 程序。Eclipse 中的程序开发以工程为单位，所有类均在某一特定工程(对应一个文件目录)中，因此首先应当创建一个工程。创建工程一共有 3 个步骤。

(1)新建工程。

方法一：文件(File)→新建(New)→工程(Project)，如图 3－13 所示。

方法二：直接点击文件(File)菜单下的 New 按钮进行创建。

方法三：在“Project Explorer”视窗中点击右键，选择新建(New)→工程(Project)开始创建。

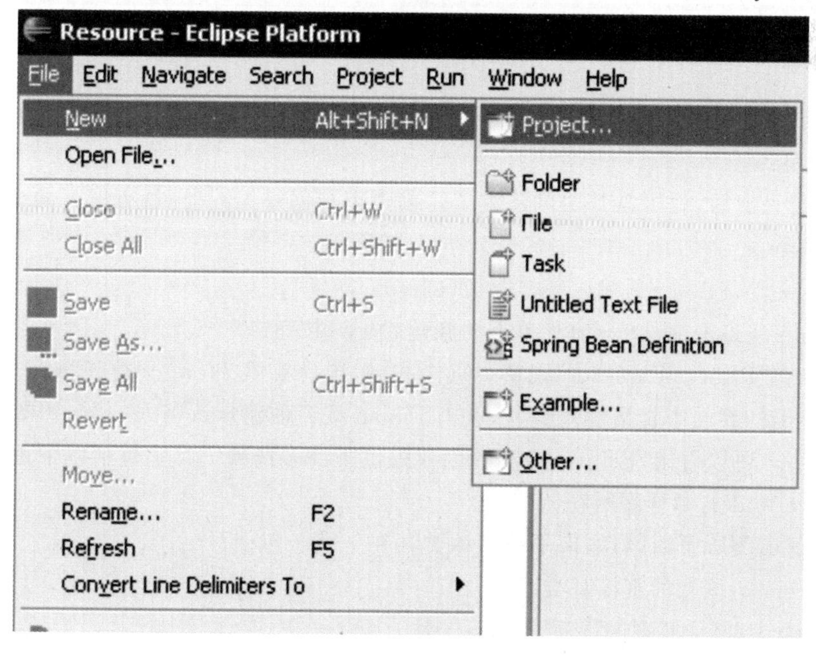

图 3－13　新建工程

(2)选择工程类型。由于只编写单机版桌面 Java 程序，因此在第(1)步操作后弹出的图 3-14 所示的对话框中选择 Java Project。

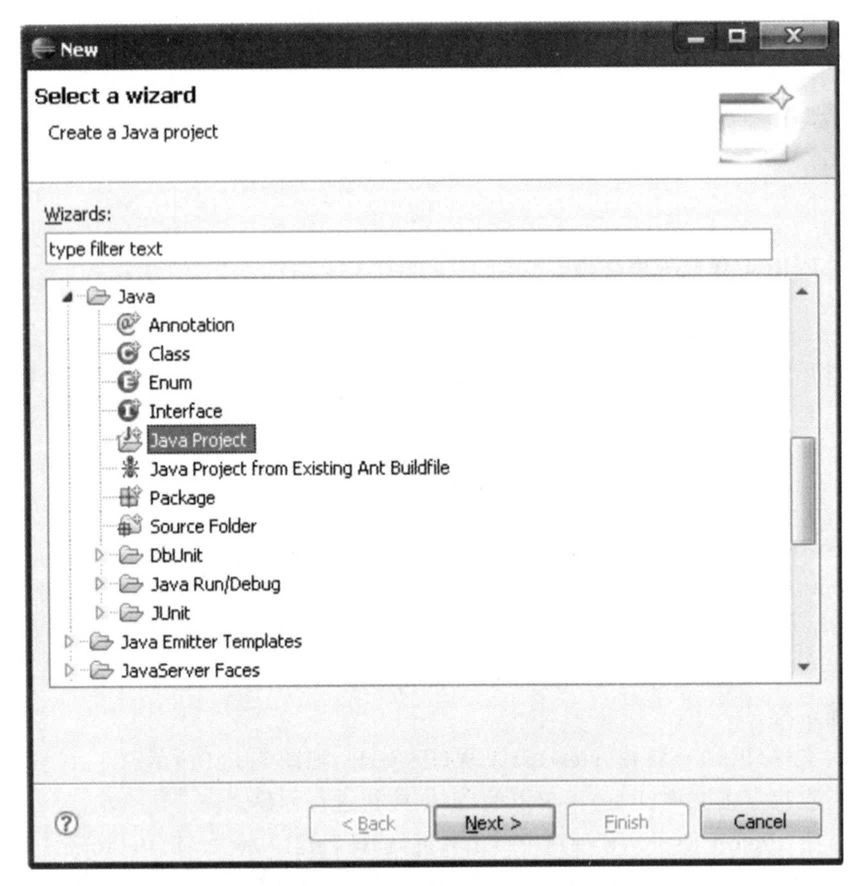

图 3-14　选择 Java Project 创建工程

(3)完成。输入工程名，直接点击界面最下方的 Finish 按钮，一个空工程创建完成。

2. 创建类

工程创建完成后，就可以开始创建类了。创建类与创建工程类似，有以下两个步骤。

(1)新建类。

方法一：文件(File)→新建(New)→类(Class)。

方法二：直接点击文件(File)菜单下的新建(New)按钮。

方法三：在“Project Explorer”视窗中点击右键，选择新建(New)→类(Class)开始创建。

(2)在弹出的界面中直接输入类名，点击 Finish 按钮创建默认格式的类，如图3-15 所示。

从图 3-15 可以看出，Eclipse 为类的创建提供了许多选项。其中包括以下选项：

1)Source folder：源程序所在的位置。

2)Package：类所属的包，如果不填则该类存在于默认包中。

3)Superclass：该类的直接基类。

4)Interfaces：该类实现的接口。

5)是否提供 main()方法等。

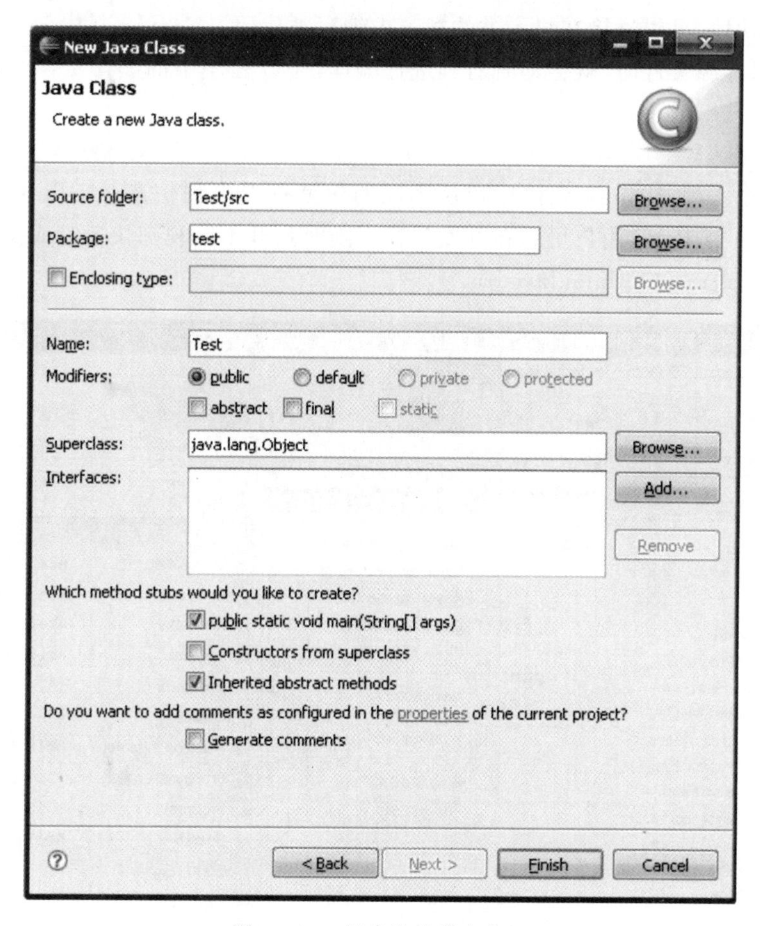

图 3 - 15　创建类的弹出窗口

类创建成功之后，在"Project Explorer"视图中显示如图 3 - 16 所示。

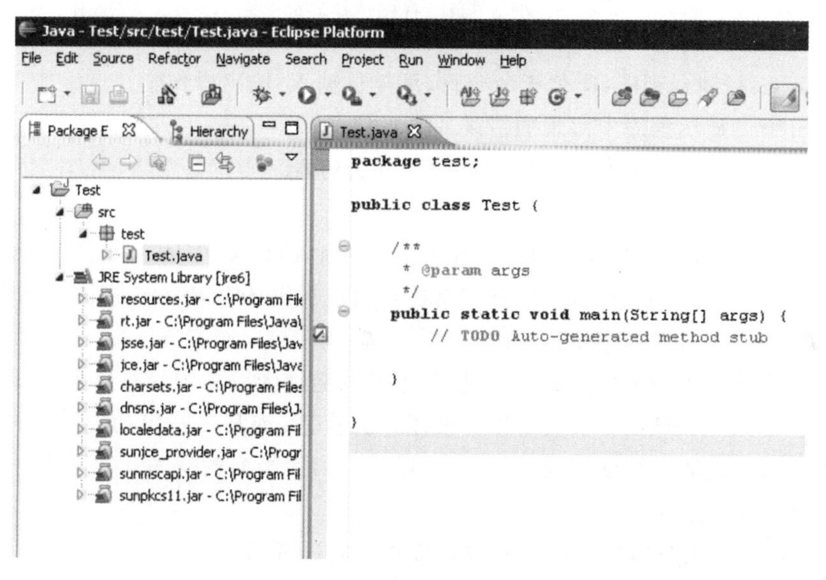

图 3 - 16　类创建成功的视图

类创建成功后,可以直接在显示类的视窗中编写类代码。Eclipse 不像命令行操作有专门的编译程序,保存源文件时,就会即时对其进行编译,所以程序中的编译错误会即时在视图中显示。

3. 基本视图

对于同一个工程,Eclipse 允许用户从不同的角度查看工程信息。Eclipse 提供了许多可选视图,如图 3-17 所示,用户可以在开发过程中随时打开不同视图快速完成操作。常用视图有 Console,Problems,Outline,Javadoc 等。

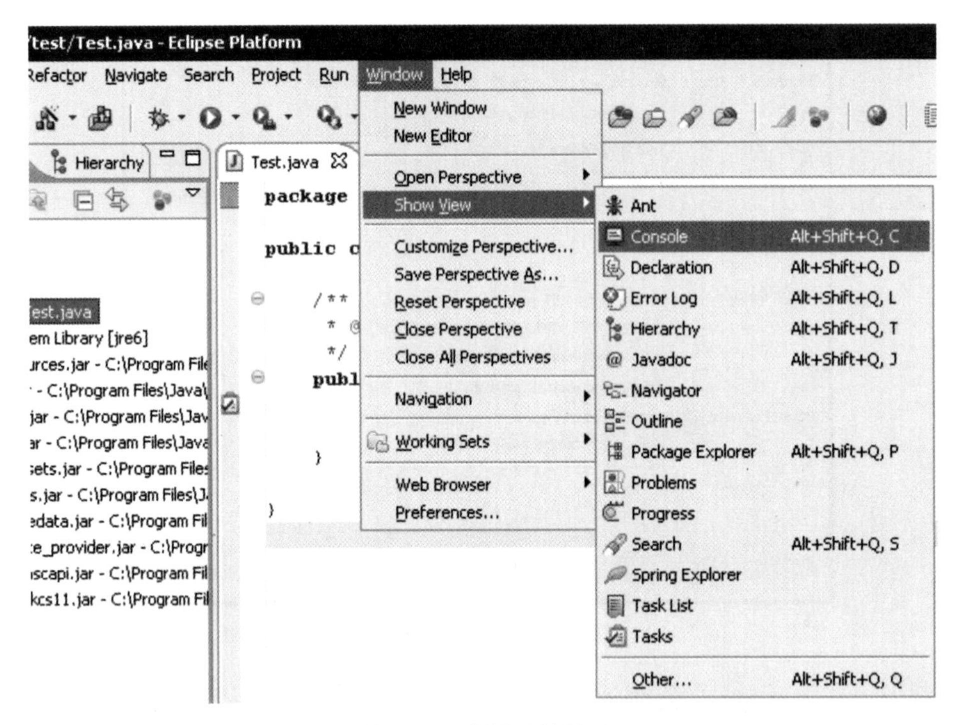

图 3-17　视图选择界面

(1)Console:控制台视图,类似于命令行,可执行输入/输出操作。

(2)Problems:显示程序中出现的错误或警告信息。

(3)Outline:显示当前文件的结构,如属性、方法列表。

(4)Javadoc:显示根据当前文件生成的文档。

新的视图选择后,会在当前窗口中特定位置显示。Eclipse 中的视图是完全模块化的,视图可被拖曳、合并、放大/缩小,方便用户定制适合自己的开发环境。在视图选择菜单中,选择最下端的 Other 选项可以添加新的视图。

透视图是不同于视图的另一种表现机制,不同的透视图以不同的布局方式显示工程,并且可以提供专注于不同领域的工具集合以方便用户操作,实现某一特定功能。透视图在执行某些操作(例如 Debug)时会自动切换,用户也可以手工切换当前透视图。常用的透视图有 Java,Debug,Java Browsing 等。

(1)Java:最基本的透视图,默认的,也是最常用的透视图。

(2)Debug:调试界面,可提供各种调试工具和源程序代码。

(3)Java Browsing:以 Java 代码为中心的另一种编辑方式,可以方便地查看类、包之间的结构和关系。

透视图可使用界面右上角部分的按钮进行切换,如图 3-18 所示。

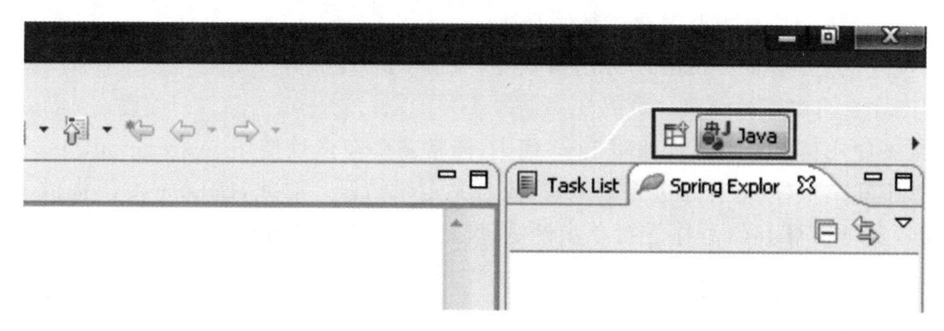

图 3-18　透视图切换按钮

4. Java 应用程序的执行

Eclipse 中没有针对 Java 程序的专门编译过程,在编辑过程中即时编译。编译通过的源文件如果包含 main 方法,就可以直接运行。执行 Java 应用程序有以下方法:

方法一:点击菜单栏上的运行(Run)→运行方式(Run As)→Java 应用程序(Java Application)。

方法二:Ctrl + F11(Run),选择 OK 直接运行。

方法三:在源程序视图中点击右键,选择运行方式(Run As)为 Java 应用程序(Java Application)。

用户可以通过上述 3 种方式直接运行程序,对运行不进行配置,所需的一些配置信息采用 Eclipse 默认的。用户也可以打开 Run Configurations,在弹出的对话框(见图 3-19)中选择运行配置,步骤如下。

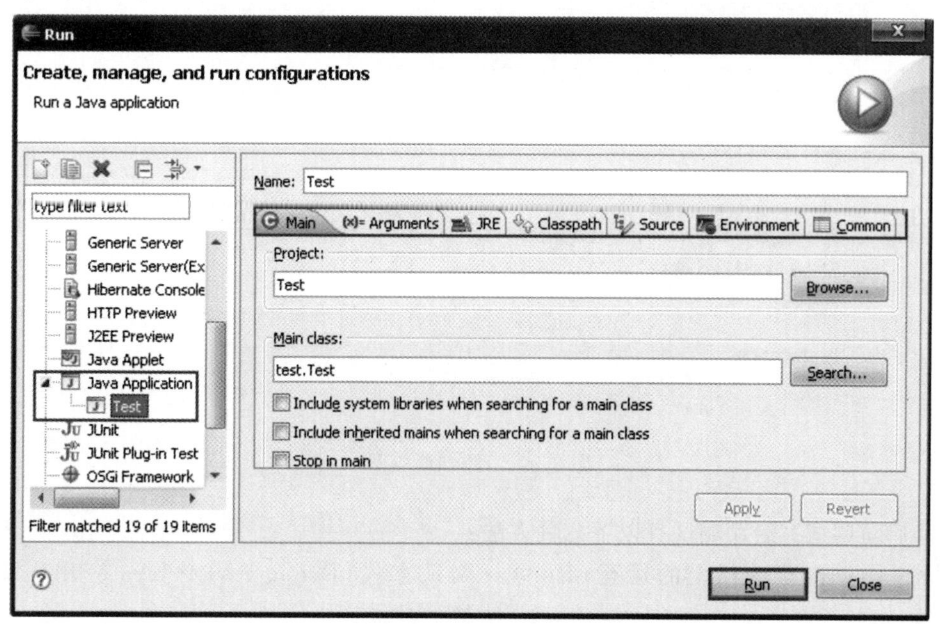

图 3-19　运行配置图

(1)点击菜单栏上的运行(Run)或者直接在源程序视图中点击右键选择Run As→选择Run Configurations。

(2)选择要配置的运行方式,由于运行的是Java Application,因此在左面的Java Application列表中选择当前需要运行的程序。

(3)配置信息,如输入main()方法参数等,点击Run完成并开始运行。

5. Java应用程序的调试

如果不使用集成开发环境编写Java代码,通常需要在多处使用System.out.println语句打印一些中间结果,以对程序进行调试,检查各种逻辑错误。对此,Eclipse专门提供了调试机制,使程序员可以对Java程序进行单步调试、设置断点、查看变量值等操作。

程序调试一般遵循以下步骤:

(1)打开调试透视窗。

(2)设置断点。在需要设置断点的行的前段双击鼠标左键,或者在需要设置断点的行点击右键选择Toggle BreakPoint添加断点,如图3-20所示。

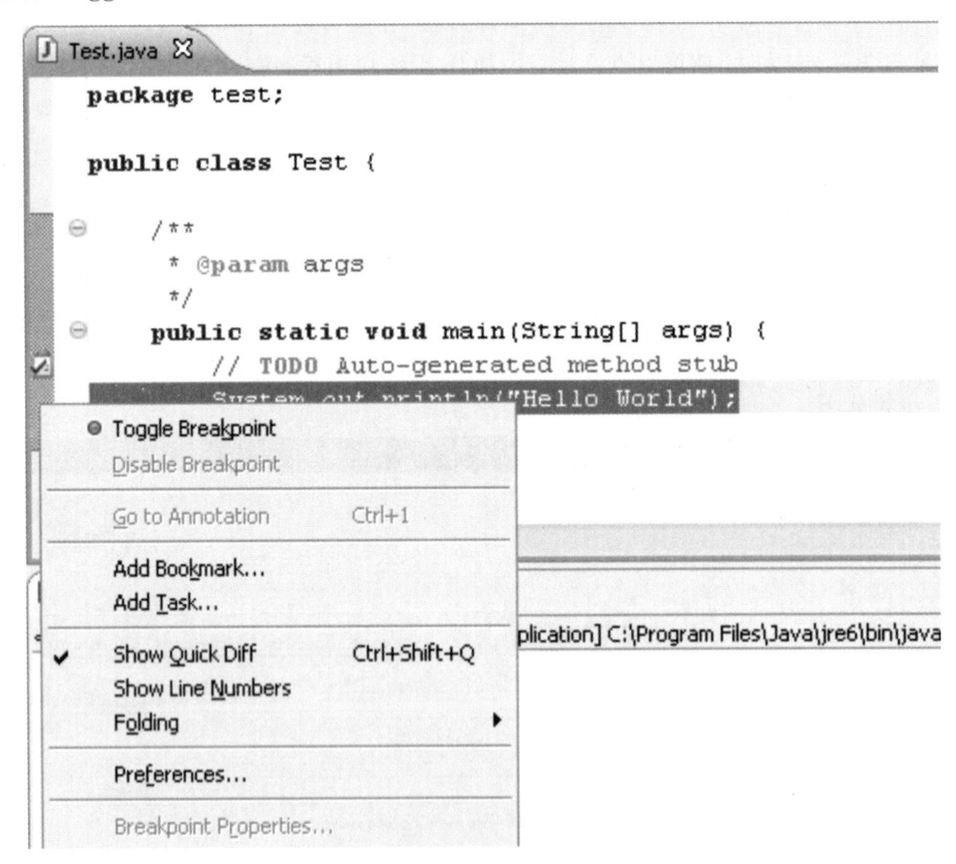

图3-20　添加断点图示

(3)启动调试。启动调试有以下几种方法:

方法一:点击菜单栏上的运行(Run)→调试方式(Debug As)→Java应用程序(Java Application)。

方法二:F11(Run→Debug),选择调试方式为Java应用程序(Java Application)。

方法三：在源程序面板上点击右键，选择调试方式(Debug As)为 Java 应用程序(Java Application)。

方法四：与运行一样，直接点击菜单栏下快捷工具栏中的 Debug 将会使用默认的调试方式；选择打开调试配置窗口(Debug Configurations)，可以对调试过程进行配置。

(4)观察断点处各变量的值，通过选择菜单项 Window→Show View→Variables，就可以弹出 Variables 视图，通过该视图可以观察各变量的值，如图 3-21 所示。

图 3-21　变量值的观察视图

(5)逐语句、逐过程调试。

启动调试后，程序执行到第一个断点处，然后，可以在 Debug 视图中，点击 Step Into 进行逐语句调试(快捷键为 F5)，或点击 Step Over 逐函数(过程)调试(快捷键为 F6)，如图 3-22 所示。

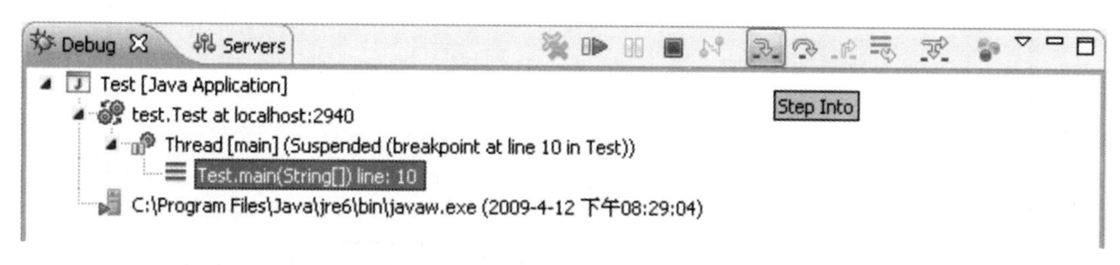

图 3-22　选择调试方式

6. 生成 Javadoc 文档

Javadoc 是 Java Document 的缩写，指标准的 Java 帮助文档。在命令行模式下，使用 javadoc 命令可以为当前文件创建帮助文档。帮助文档是由 Java 中的具有一定格式的注释生成的。Eclipse 也封装了 Javadoc 的生成过程，生成帮助文档的步骤如下：

(1)选择导出。在工程上点击右键,从弹出菜单中选择导出(Export)。

(2)选择导出数据类型。在对话框中选择Java→Javadoc,为当前工程导出帮助文档,点击Next进行导出配置,配置窗口如图3-23所示。

(3)完成导出。如果是第一次执行Javadoc导出操作,则需要对Javadoc程序进行配置,即指定Javadoc程序的路径。该程序位于JDK安装路径中的bin文件夹下。配置完成后点击Finish按钮,开始导出。

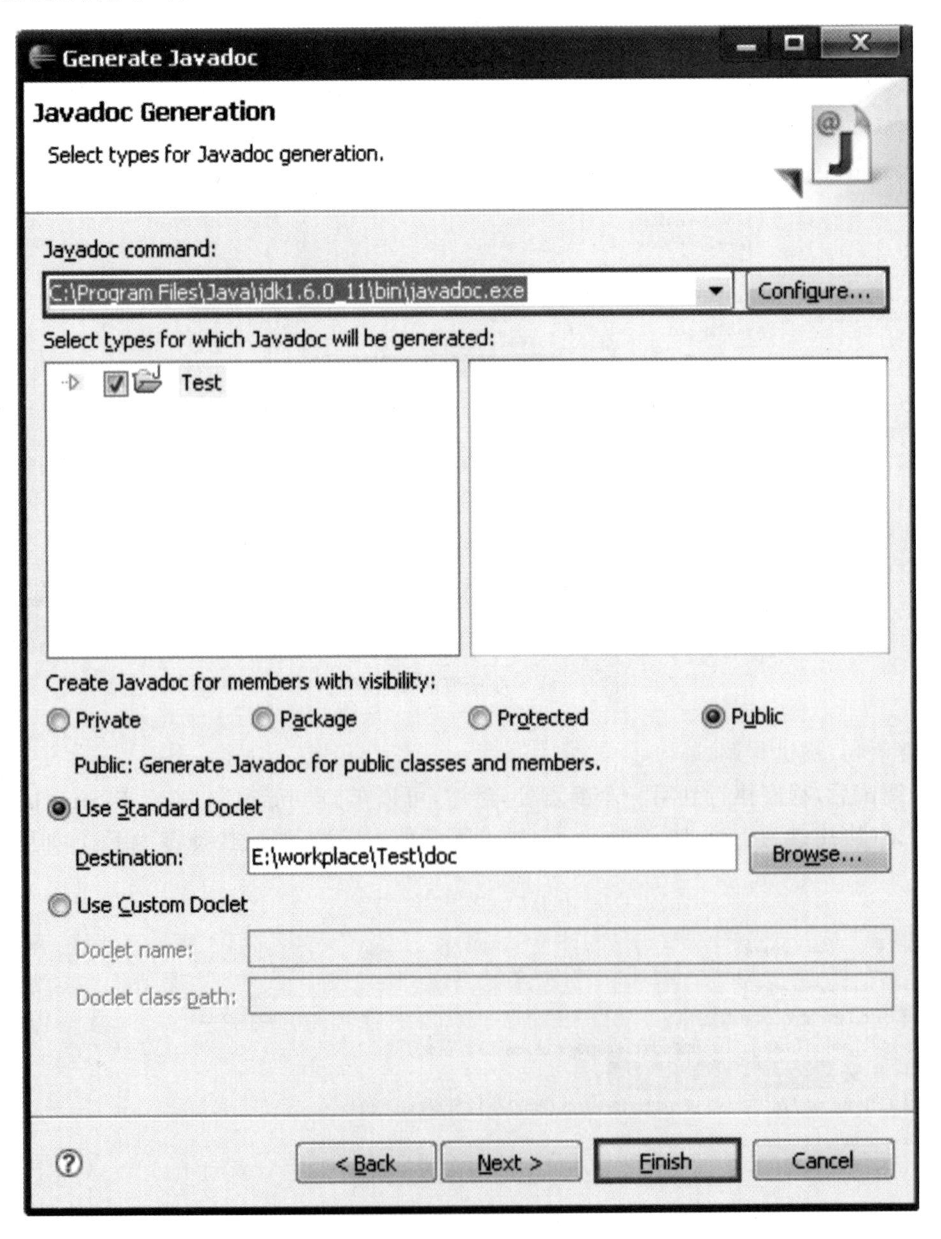

图3-23 导出选项图

7. 导入“.java”文件

有时需要将“.java”文件导入当前工程,将要导入的“.java”文件复制进剪切板,在工程结构中某一特定的文件夹上点击鼠标右键，选择粘贴(Paste)即可，如图3－24 所示。

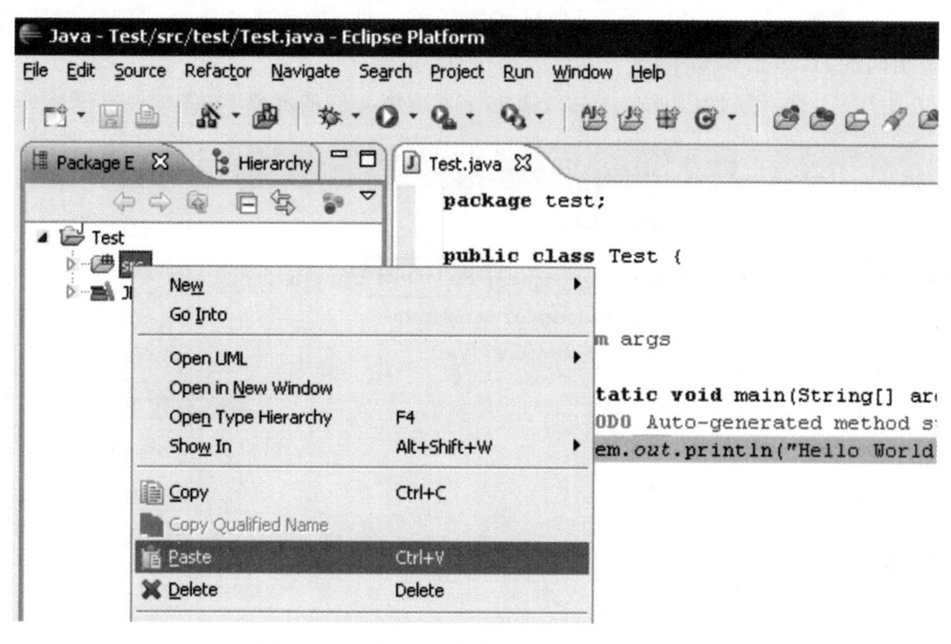

图 3－24　向 src 文件夹中导入“.java”文件

8. 导入压缩文件

在编辑工程源文件的过程中，可能需要导入类文件(非 JDK 提供的 Java API 中的类)。如图 3－25 所示，在编辑源文件 ShoppingCartApplication.java 的过程中，出现了该图右下方的错误信息：ShoppingCart cannot be resolved to a type。这表示编译器无法找到类文件 ShoppingCart.class。此时可以通过以下两种方式解决该问题。

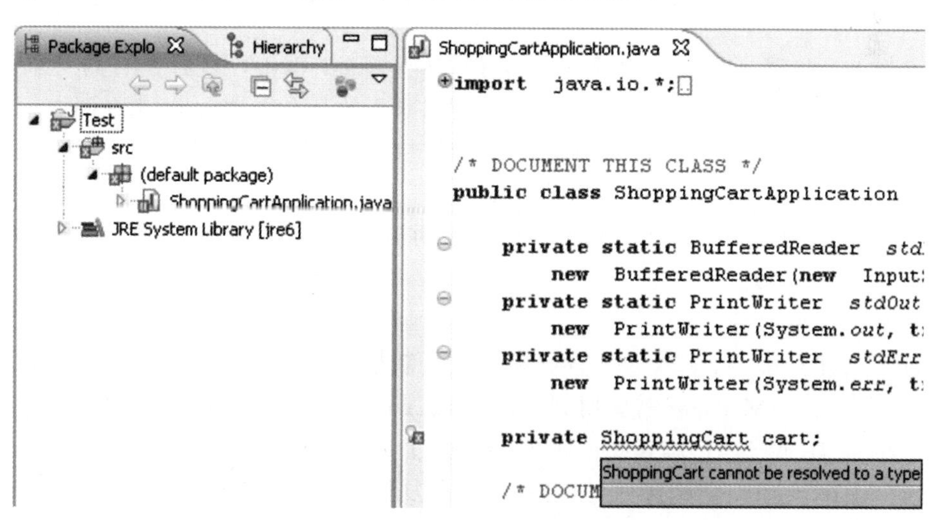

图 3－25　编译错误示例

(1)将相应的类文件放入“.zip”或“.jar”两种的格式的压缩文件中，通过导入压缩文件，上述错误可以消除。

(2)通过类文件夹直接导入需要的类文件,也可直接消除上述错误。

Eclipse允许导入“.zip”和“.jar”两种格式的压缩文件,并且这两种格式的压缩文件的导入方法是相同的,具体步骤如下:

(1)右击工程,选择属性(Properties),弹出导入压缩文件的界面,如图3-26所示。

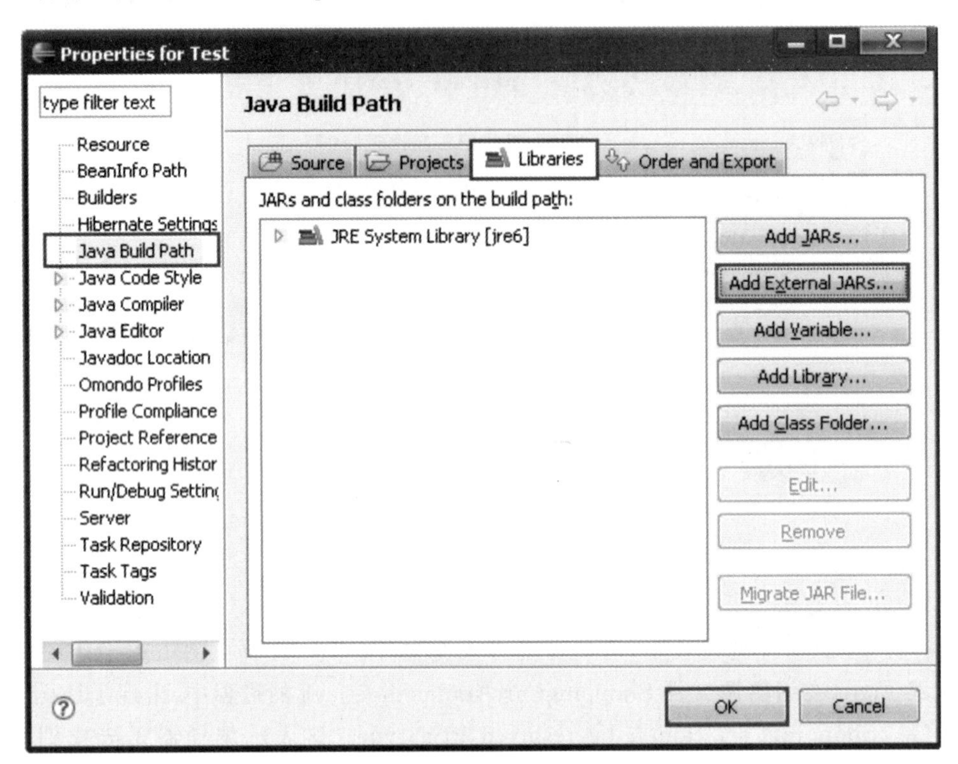

图3-26 导入外部“.jar”文件示例

(2)在图3-26所示界面左边列表中选择“Java Build Path”,然后在右侧菜单中选择“Libraries”。如果.zip,.jar文件已经放到了工程目录下的某个文件夹中,则在图3-26所示的界面中选择“Add JARs...”按钮,否则点击其下方的“Add External JARs...”按钮。

(3)选择目标文件(“.zip”或“.jar”)进行添加。

导入的压缩文件将作为当前工程的类库使用,并在Package Explorer中工程视图里显示(Referenced Libraries)。

9. 导入“.class”文件

“.class”文件若像“.java”文件一样直接通过复制粘贴导入,Eclipse将无法识别。例如,源程序ShoppingChatManager需要用到ShoppingChat和Product两个外部类(已编译的“.class”文件),在新建工程中允许直接通过复制粘贴导入没有编写完毕的“ShoppingChatManager.java”文件,但是不能直接复制粘贴所需的“ShoppingChat.class”和“Product.class”。

常见的导入外部“.class”文件的方法有两种。第一种方法是将所有的类文件打包至“.zip”或者“.jar”文件中,然后使用压缩文件的导入方法导入;第二种方法是导入类文件夹,步骤如下:

(1)将需要被导入的外部“.class”文件放入一个单独的文件夹中。

(2)右击工程,选择属性(Properties),弹出如图 3－27 所示的配置界面。

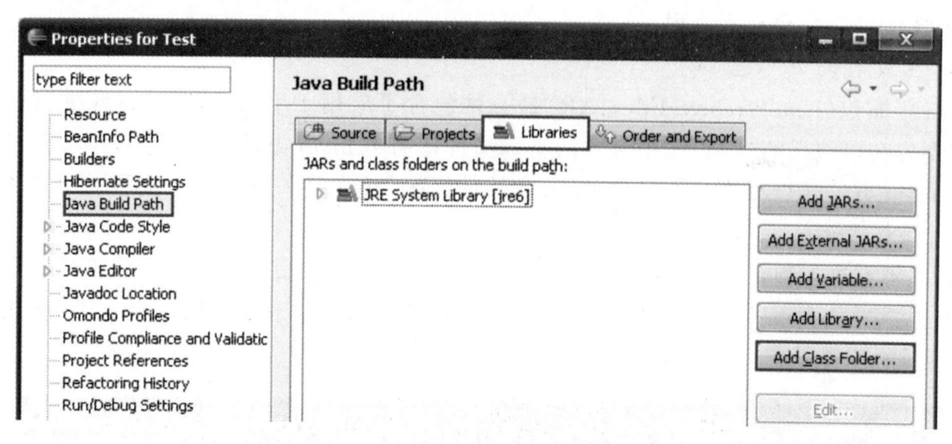

图 3－27　外部 class 文件夹添加界面

(3)在图 3－27 所示界面的左边列表中选择"Java Build Path",在中间菜单中选择"Libraries",然后点击右侧的 Add Class Folder,弹出如图 3－28 所示的界面。

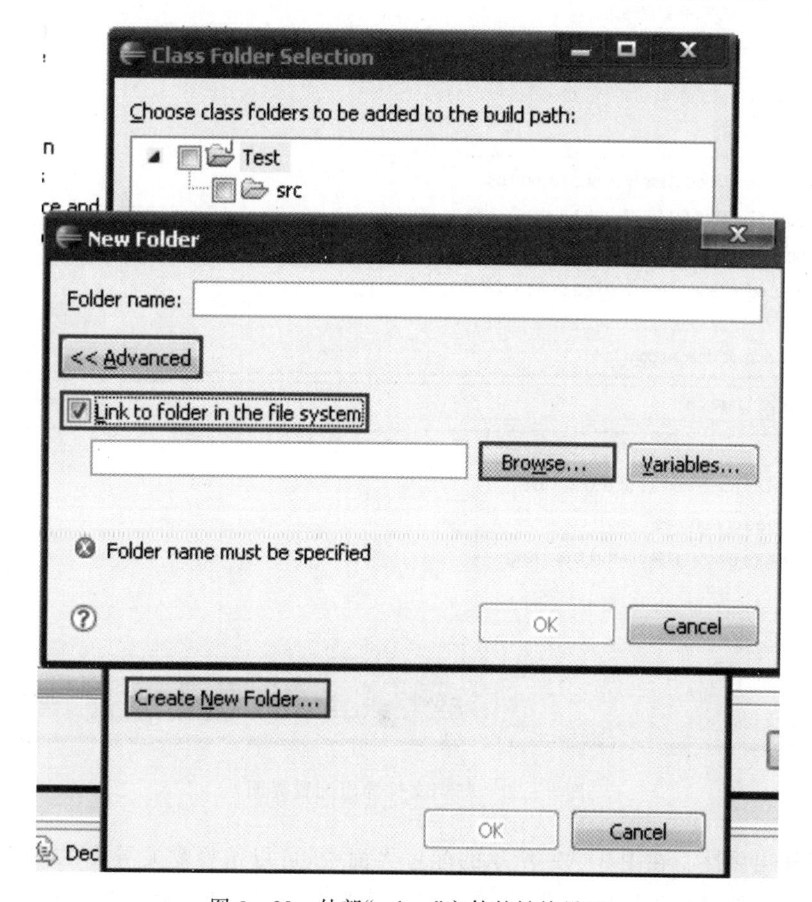

图 3－28　外部". class"文件的链接界面

(4)在图 3－28 所示的界面中,点击"Advanced",选中"Link to folder in the file system"。

(5)通过点击图3-28中的“Browse...”按钮，选择需要被导入的“.class”文件所在的目录，点击“Finish”，完成导入过程。

10. 生成Java压缩包

Java压缩包(Java Archive File,JAR)是一种包含了应用于Java程序的特殊文件归档的文件类型。在可执行的“.jar”包中包含的特殊文件指明了main方法所在的类，Java虚拟机通过搜索main方法执行程序。不包含main方法的“.jar”包就是一个类库。按照以下步骤可以导出一个“.jar”包。

(1)右键点击工程，选择“导出(Export)”。

(2)选择导出类型。在列表中选择Java→JAR File，导出“.jar”归档类型文件，弹出如图3-29所示的配置界面。

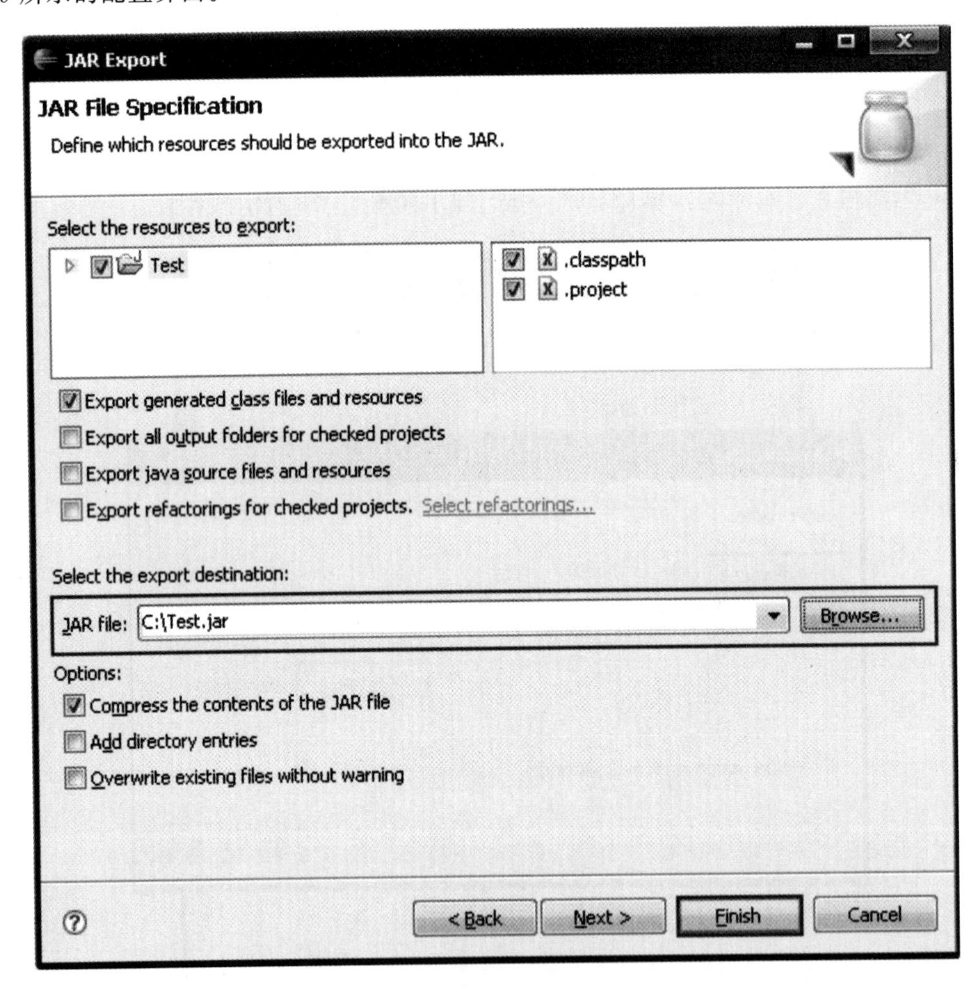

图3-29 归档文件导出配置界面

(3)配置导出属性。在图3-29所示的配置界面中，可以选择需要导出的内容、导出路径等。配置完成后，如果点击“Finish”，直接导出一个归档文件；如果点击“Next”，可以在Java Packaging Options中选择是否在导出过程中对编译错误和警告进行提示(根据需要选择)；继续点击“Next”，可在Jar Manifest Specification中选择Generate the manifest，在下面的Main class 中指出程序的入口位置，即 main 方法的所在类（如果有的话）。完成导出，如果设置了 main 方法所在类，则在任何支持 Java 的平台下该“. jar”文件都可以被直接双击运行。

3.8.2　基于 Maven 的 Java 项目管理

Maven 项目对象模型（POM）是一个项目管理工具软件，它应用了面向对象思想，将项目开发和管理的过程抽象为一个项目对象模型（Project Object Module），以实现对项目的构建和依赖管理。Maven 通过中央信息描述来管理项目、报告和文档等。用户可在 Apache 公司的官网 https://maven.apache.org/download.cgi 下载。

1. Maven 安装及配置

（1）下载 Maven 安装包，解压 Maven 放到一个非中文无空格的路径下，如图 3 - 30 所示。

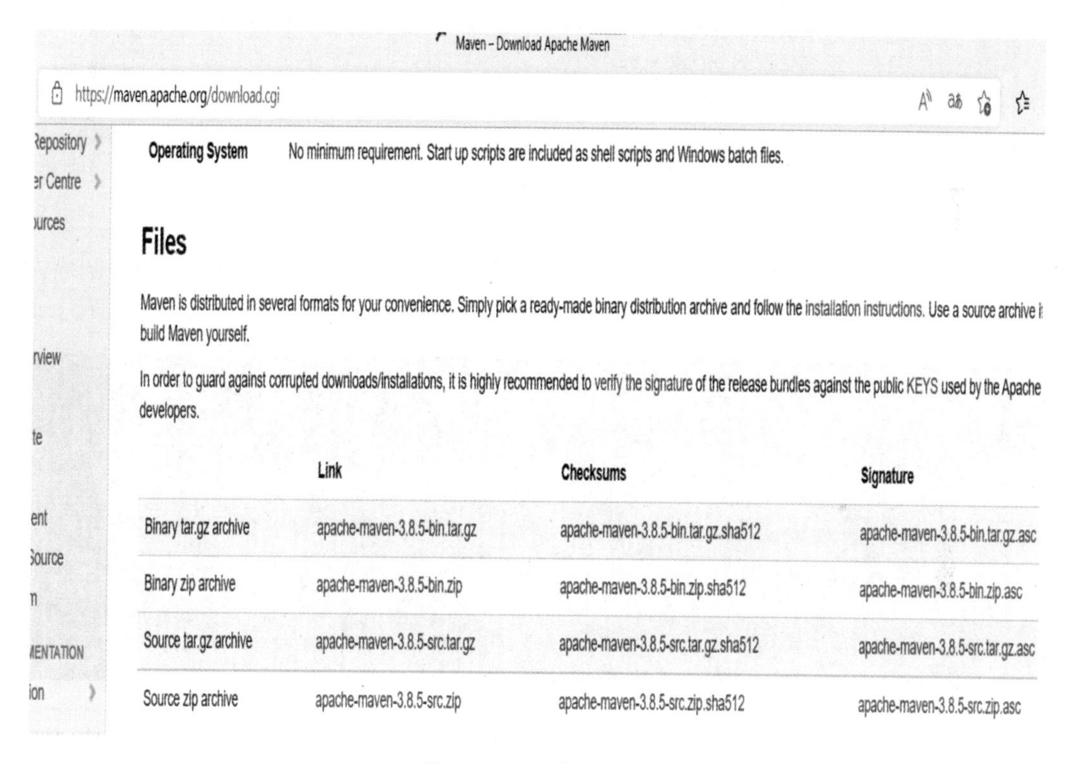

图 3 - 30　下载 Maven

（2）选择电脑→高级系统设置→环境变量，新建系统变量，如图 3 - 31 所示。

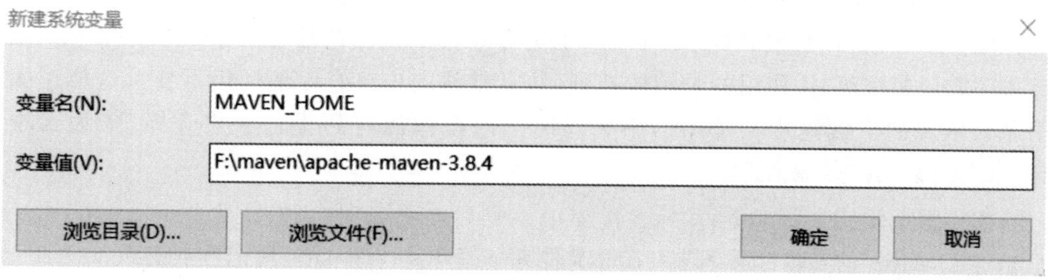

新建系统变量

变量名(N):　MAVEN_HOME

变量值(V):　F:\maven\apache-maven-3.8.4

浏览目录(D)...　浏览文件(F)...　确定　取消

图 3 - 31　新建系统变量

(3)在 Path 中新建,添加%MAVEN_HOME%\bin,如图 3-32 所示。

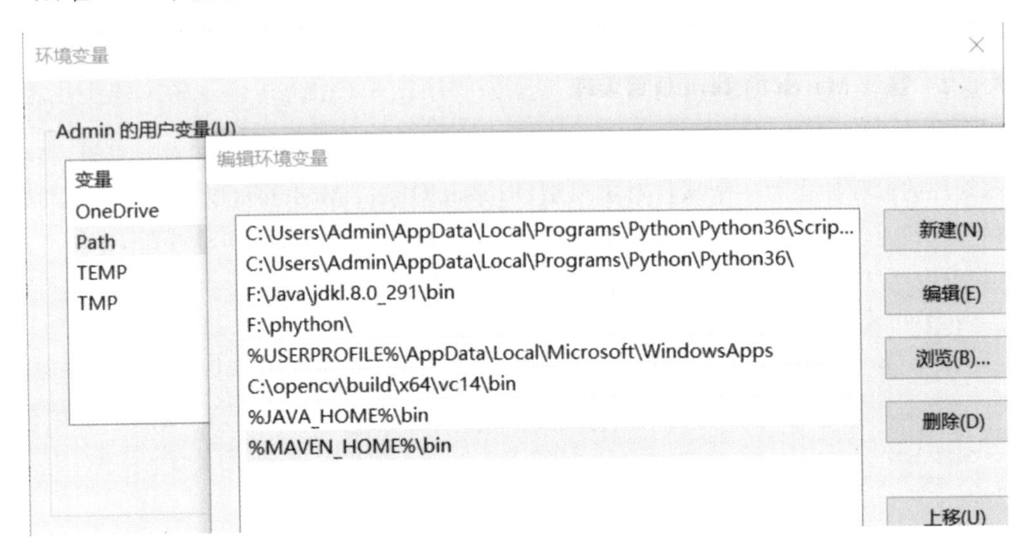

图 3-32 编辑 Path

(4)启动 CMD 命令工具,输入:mvn -v,出现图 3-33 所示界面,则表示成功安装 Maven。

```
C:\windows\system32\CMD.exe
Microsoft Windows [版本 10.0.16299.15]
(c) 2017 Microsoft Corporation。保留所有权利。

C:\Users\Admin>mvn -v
Apache Maven 3.8.4 (9b656c72d54e5bacbed989b64718c159fe39b537)
Maven home: F:\maven\apache-maven-3.8.4
Java version: 17.0.1, vendor: Oracle Corporation, runtime: F:\jre
Default locale: zh_CN, platform encoding: GBK
OS name: "windows 10", version: "10.0", arch: "amd64", family: "windows"

C:\Users\Admin>_
```

图 3-33 安装完毕

2. Maven 仓库地址配置

(1)修改 Maven 的下载镜像地址(Maven 远程仓库地址配置)。当用户搭建大型项目开发框架时,若使用默认地址从中央仓库下载依赖资源,由于中央仓库所在服务器在国外,因此下载 jar 包速度极慢。用户安装好 Maven 后,最好手动添加镜像地址——保证 Maven 在从远程仓库中获取依赖资源时,使用的是镜像地址(注意默认的中央仓库地址仍不变),这样可大大提升依赖资源的下载速度。常用的中央仓库国内镜像源有阿里云中央仓库、华为云中央仓库。

添加镜像地址的步骤如下:

1)进入 Maven 的安装目录→进入 conf 文件夹→打开 setting.xml(用记事本或者 notepad++打开)。

2)在标签<mirrors></mirrors>中添加阿里云中央镜像仓库,如图 3-34 所示。

```
<!-- mirrors
 | This is a list of mirrors to be used in downloading artifacts from remote repositories.
 |
 | It works like this: a POM may declare a repository to use in resolving certain artifacts.
 | However, this repository may have problems with heavy traffic at times, so people have mirrored
 | it to several places.
 |
 | That repository definition will have a unique id, so we can create a mirror reference for that
 | repository, to be used as an alternate download site. The mirror site will be the preferred
 | server for that repository.
 |-->
<mirrors>
  <!-- mirror
   | Specifies a repository mirror site to use instead of a given repository. The repository that
   | this mirror serves has an ID that matches the mirrorOf element of this mirror. IDs are used
   | for inheritance and direct lookup purposes, and must be unique across the set of mirrors.
   |
  <mirror>
    <id>mirrorId</id>
    <mirrorOf>repositoryId</mirrorOf>
    <name>Human Readable Name for this Mirror.</name>
    <url>http://my.repository.com/repo/path</url>
  </mirror>
   -->
  <mirror>
    <id>maven-default-http-blocker</id>
    <mirrorOf>external:http:*</mirrorOf>
    <name>Pseudo repository to mirror external repositories initially using HTTP.</name>
    <url>http://0.0.0.0/</url>
    <blocked>true</blocked>
  </mirror>

  <mirror>
    <id>nexus-aliyun</id>
    <mirrorOf>*</mirrorOf>
    <name>Nexus aliyun</name>
    <url>http://maven.aliyun.com/nexus/content/groups/public</url>
  </mirror>

</mirrors>
```

图 3-34　添加阿里云中央镜像仓库

(2)修改默认的 Maven 仓库位置(Maven 本地仓库地址配置)。在开发 Maven 项目过程中会下载非常多的 jar 包,而 Maven 默认的下载位置在系统盘 C 盘,如果不及时修改,C 盘存了大量的依赖资源,易导致 C 盘被损毁。因此,在安装 Maven 后,用户最好对默认的 Maven 本地仓库位置进行修改。修改 Maven 本地仓库默认地址的步骤如下:

1)在其他盘符创建文件夹,命名为.m2,在.m2 文件夹下再创建 repository 文件夹(文件夹名字可随意更改,但为了遵守规范,以默认的文件夹名创建)。

注:命名.m2 文件夹时可能会出现图 3-35 所示"必须键入文件名"的错误提示。将文件夹命名为".m2."即可。

图 3-35　错误提示

2)打开 Maven 的安装目录→进入 conf 文件夹→setting. xml(用记事本或者 notepad++打开),在标签＜settings＞＜settings/＞中添加用户自定义的本地仓库路径,如图 3 - 36 所示。

```
<settings xmlns="http://maven.apache.org/SETTINGS/1.2.0"
          xmlns:xsi="http://www.w3.org/2001/XMLSchema-instance"
          xsi:schemaLocation="http://maven.apache.org/SETTINGS/1.2.0 https://
  <!-- localRepository
   | The path to the local repository maven will use to store artifacts.
   |
   | Default: ${user.home}/.m2/repository
  <localRepository>F:\maven\.m2\repository</localRepository>
  -->
```

图 3 - 36　添加本地仓库路径

3. 在 Eclipse 上配置 Maven 工具

(1)Maven 的配置。

1)选择 Window→PreferencesMaven→Installations→Add,如图 3 - 37 所示,Directory→选择 Maven 的解压目录→Finish,添加成功后会显示所添加的 Maven 版本,勾选该版本。

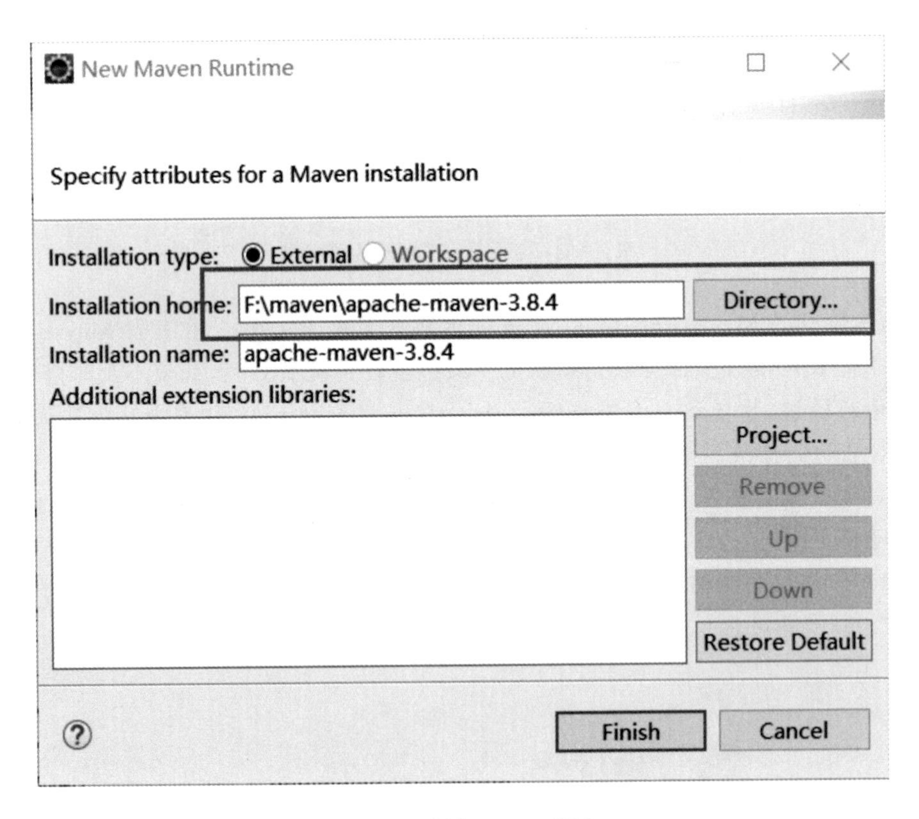

图 3 - 37　添加 Maven 版本

2)选择 Maven→User Settings→Browse(选择 Maven 安装目录下 conf 文件下的 setting. xml 文件)→Apply,如图 3 - 38 所示。

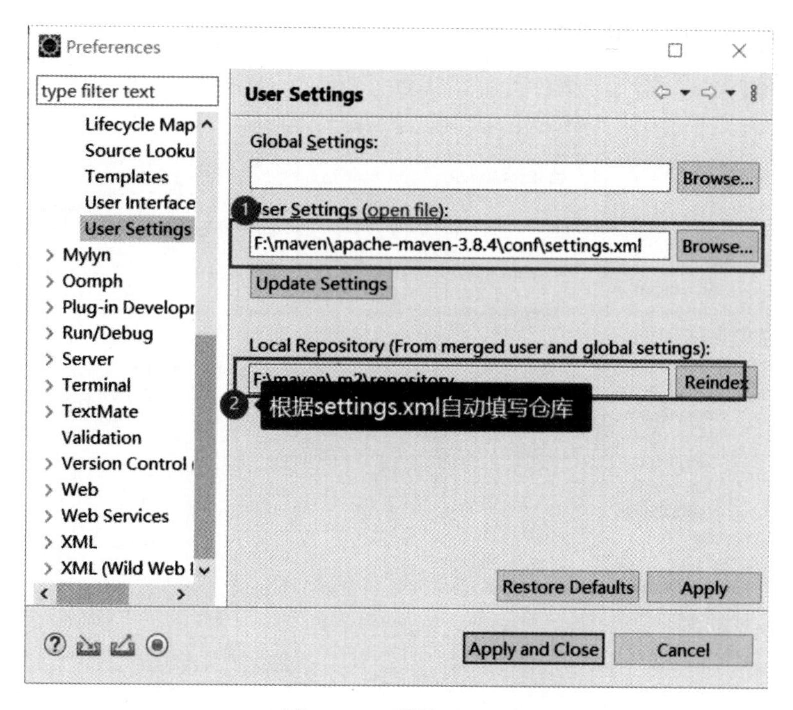

图 3 - 38　配置 Maven

可能会遇到 eclipse 配置 Maven Settings. xml 文件报错(Could not read settings. xml)的问题,如图 3 - 39 所示,仓库未改变,则可通过以下方法修改:

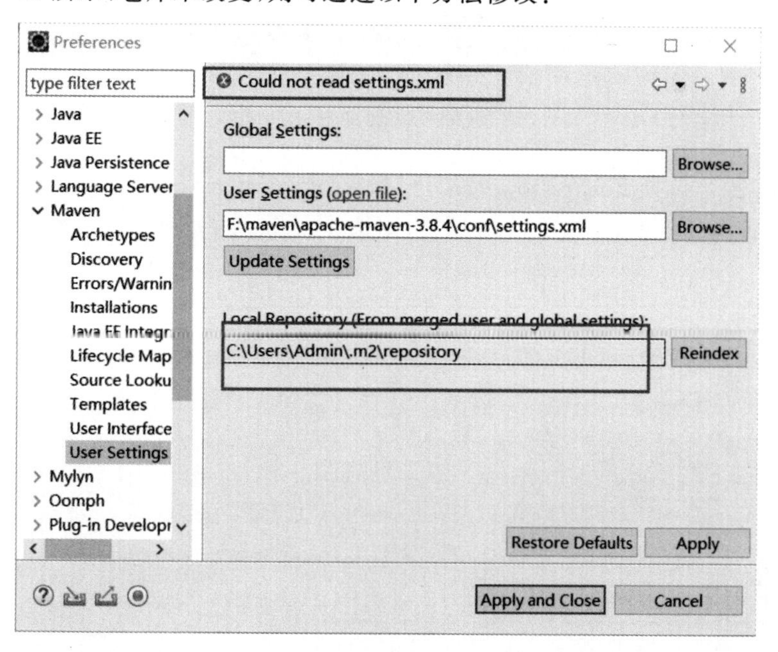

图 3 - 39　settings. xml 报错

a. 更新 settings. xml 文件后,重新加载 settings. xml 文件;

b. 报 setting. xml 文件 167 行有错误,如图 3 - 40 所示,所以按下 update Settings 后,报

Could not read settings. xml 错误。

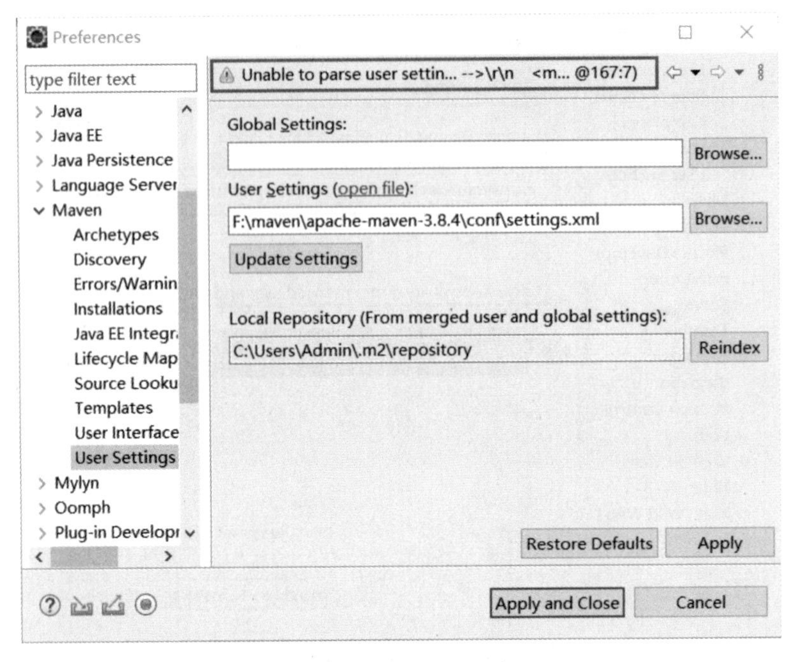

图 3-40　文件报错

c. 打开 setting. xml 文件，将其修改为正确即可，如图 3-41 所示。

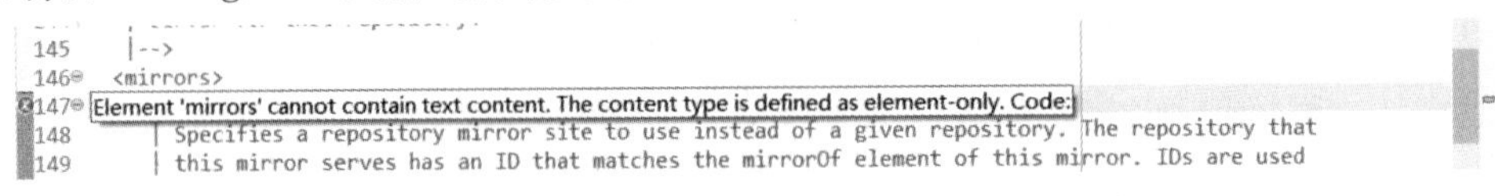

图 3-41　修改 setting. xml

(2)创建工程。选择 File→Project...→Maven Project→Next→Next，如图 3-42 所示，先选择一个快速开始框架，如果是 web 项目，则选择 webapp，如图 3-43 所示，项目命名后点击 Finish。

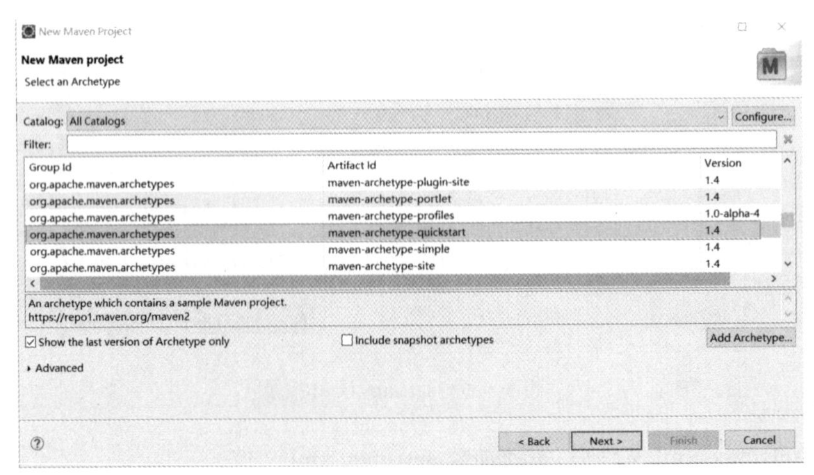

图 3-42　创建 Maven 项目

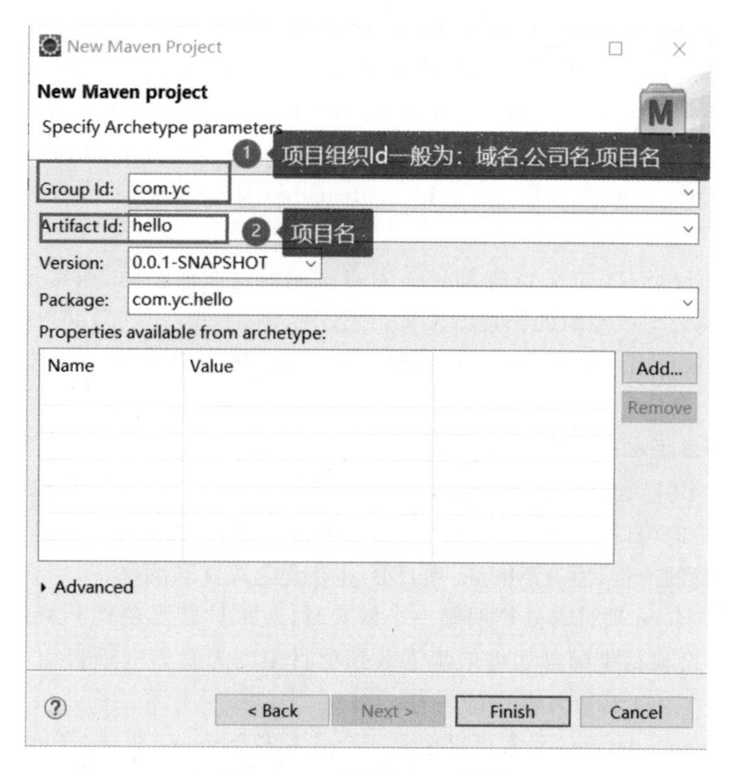

图3-43　新建Maven项目

图3-44所示便是刚创建的Maven项目，在里面的pom.xml中便可以添加jar包依赖。

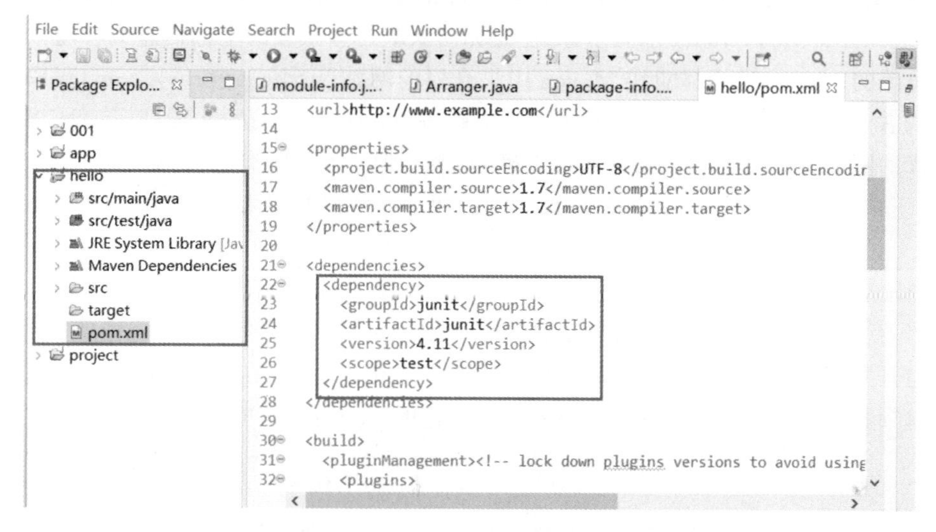

图3-44　创建结果

4. POM文件介绍

POM(Project Object Model，项目对象模型)是Maven的重要组件，它一般以xml文件的形式存放于项目工程的根目录下，名称为pom.xml。开发者在POM中定义项目的基本信息，其主要的配置有项目依赖、插件、执行目标等，用于声明项目依赖、描述项目如何构建等内容。

(1)POM 坐标标识。当运行一个 Maven 命令时,Maven 会先查找当前项目的 POM 文件,读取配置信息,然后执行任务。在创建 pom. xml 文件之前,首先需要确定 Maven 项目的工程组(groupId)、工程标识(artifactId)和版本(version),在仓库中这些属性将是我们项目的唯一标识。如图 3 - 44 所示,所有的 Maven 项目都有一个 POM 文件,所有的 POM 文件都必须有 project 元素和 3 个必填字段:groupId、artifactId 以及 version,三者唯一定义一个 Maven 项目的坐标。

1)groupId:项目组 ID,定义当前 Maven 项目隶属的组织或公司,通常是唯一的。它的取值一般是项目所属公司或组织的网址或 URL 的反写,例如 cn. edu. nwpu. ruanjian。

2)artifactId:项目 ID,通常是项目的名称。groupId 和 artifactId 一起定义了项目在仓库中的位置。

3)version:项目版本。

(2)使用 POM 引入外部依赖。Maven 最大的作用之一是管理项目的依赖,如果一个 Maven 构件所产生的构件(例如 Jar 文件)被其他项目引用,那么该构件就是其他项目的依赖。Maven 坐标是依赖的前提,所有 Maven 项目必须明确定义自己的坐标,它们才可能成为其他项目的依赖。当 Maven 项目需要声明某一个依赖时,通常只需要在其 POM 中配置该依赖的坐标信息,Maven 会根据坐标自动将依赖下载到项目中。为我们的项目引入 Junit 单元测试依赖,其配置如图 3 - 44 右边方框中的内容。

在 POM 中,dependencies 元素可以包含一个或者多个 dependency 子元素,用以声明一个或者多个项目依赖。其中每个依赖声明都必须包含且大部分只包含 groupId、artifactId 和 version 三个元素,除此之外还可以设置 scope、optional 以及 exclusion 等元素。

(3)查找依赖坐标。想为 Maven 项目引入外部依赖,我们需要在 POM 中配置外部依赖的 groupId,artifactId,version 三元坐标,但是如何获取这些依赖的坐标信息呢？通常情况下,大部分依赖的 Maven 坐标都能在 Maven 中央仓库的网站(mvnrepository. com)获取。例如,如果我们需要引入阿里巴巴的 fastjson 工具依赖进行 JSON 相关的功能开发,我们只需要在中央仓库的网站首页搜索 fastjson 即可。确定搜索到的合适版本,点击版本,进入依赖详情页,在该页的最下方就是该版本依赖的 Maven 坐标,可以将其复制到项目的 pom. xml 中使用。

5. Maven 案例

在学习了 Maven 的原理后,现在来看一个具体的 Maven 案例,以便更好地使用 Maven 来管理项目。如图 3 - 45 所示的 Maven 项目,项目代码在 macaw-core-serializer 文件夹里,其他文件夹是项目用到的 Maven 依赖,需要添加在本地的 Maven 库中。

名称	修改日期	类
macaw-core-serializer	2022/2/16 10:12	文
macaw-core-standard	2022/1/5 20:12	文
macaw-core-type	2022/2/17 19:24	文
macaw-core-util	2022/1/5 20:12	文
macaw-util	2022/2/17 19:23	文

图 3 - 45　Maven 案例

(1)首先需要搭建好 Maven 项目的环境,并且在 eclipse 上配置成功,可根据前面章节完成搭建项目、配置操作。

(2)导入项目。在环境配置好后,将图 3-46 中 Maven 项目导入 eclipse,点击 File→Open projects from File System...,选择项目所在目录,点击 Finish 即可。全部导入后可在 Package Explorer 视图中看到图 3-46 所示的项目结构,Maven 的依赖通过 eclipse 库的方式引入,所有 Maven 依赖都在 maven dependencies 中。

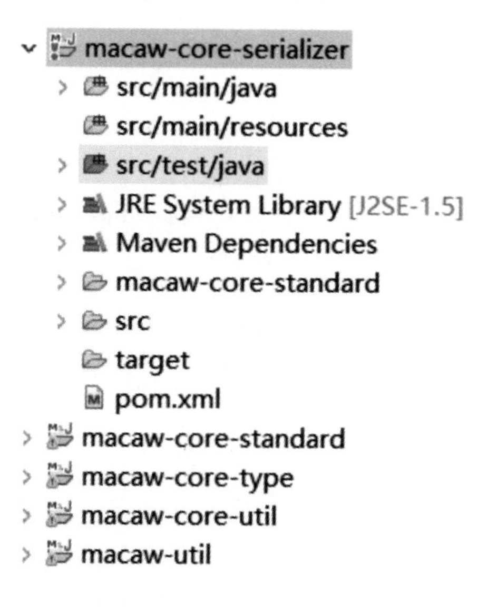

图 3-46　Maven 项目目录

(3)运行 mvn 命令。可以在命令行中输入 mvn clean,mvn compile,mvn test,mvn install 之类的命令来执行 Maven 构建,也可以在 eclipse 中右击 Maven 项目,选择 Run As,就可以看见 Maven 命令,如图 3-47 所示,点击 Maven 命令就能执行相应的 Maven 构建。

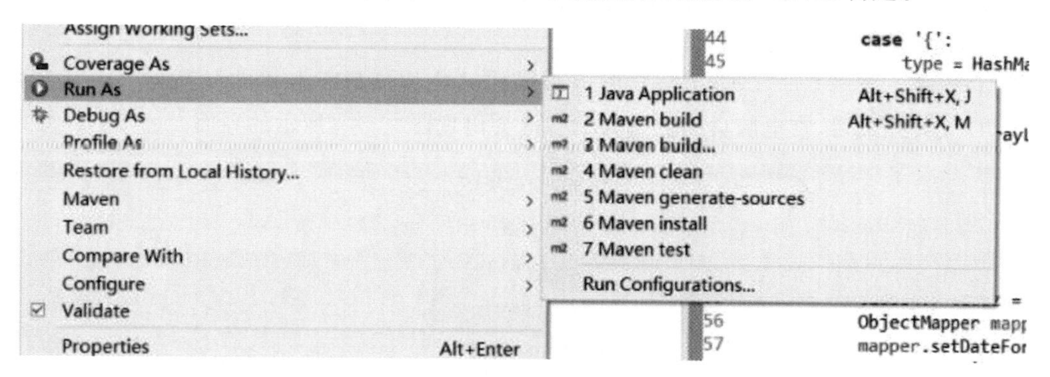

图 3-47　Maven 命令

若 Maven 命令默认选项中没有满足需求的 mvn 命令,可以自定义一个 Maven 命令:首先点击 Run As→Maven build,会弹出图 3-48 所示界面,在 Goals 输入框内输入要执行的 Maven 命令,如 clean test,并在 Name 输入框内设置想要执行该命令的项目名称,最后单击 Run。下次选择 Maven Build 执行 Maven 命令时,会自动执行上次的 Maven 命令。

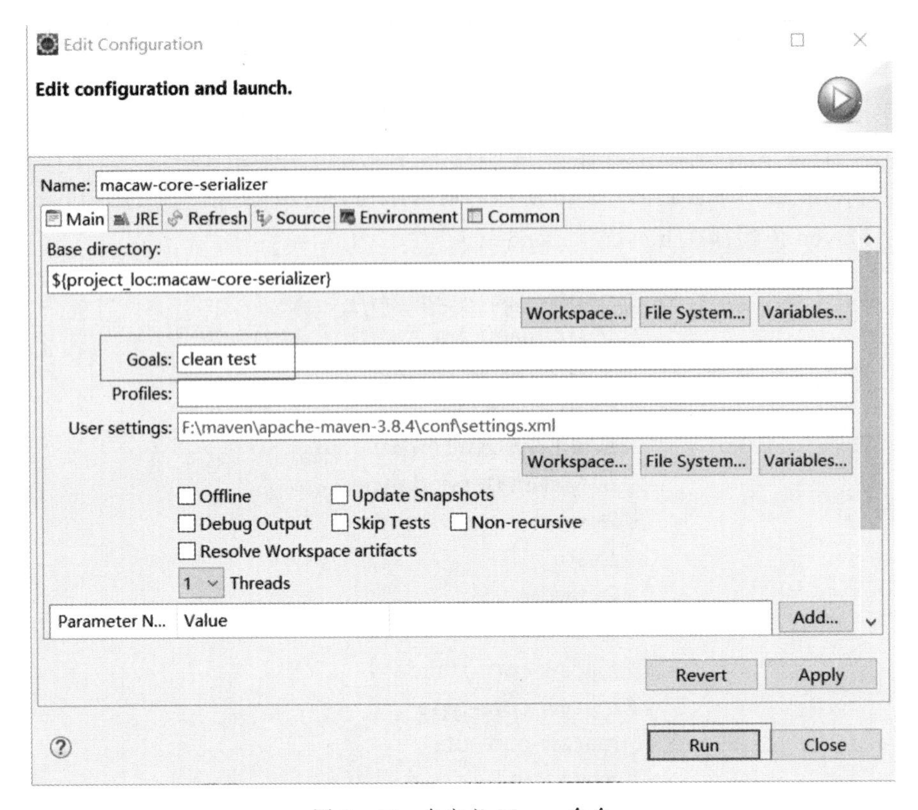

图 3-48　自定义 Maven 命令

3.8.3　多任务协作开发版本控制工具 Git

Git 是一个开源的分布式版本控制系统，能自动且详细记录每次用户对文件所作的修改，同时 Git 还支持多人协作编辑。它就像一个“项目文件管家”，帮助用户管理项目文件，避免文件丢失，方便用户查看任何时期的文件改动。

1. Git 的安装和配置

(1)安装。登录 Git 官网，下载匹配电脑操作系统的最新版本并进行安装。在 Windows 环境下，安装完成后，在电脑桌面点击鼠标右键会出现图 3-49 所示的界面。

图 3-49　Git 相关的右键菜单

在 Linux 环境下，可以使用 yum -y install git 命令快速完成 Git 的安装。yum 是一个包管理器，能够从指定的服务器自动下载 RPM 包并进行安装，-y 指的是安装过程提示选择全部为“yes”。

为了验证是否安装成功，可以运行 git --version 命令。如果安装成功，则会显示当前安装的 Git 版本；否则报错。

```
git version 2.29.2.windows.2      //代表安装的版本为 2.29.2.windows.2
```

(2)环境配置。Git 安装完成后，需要配置用户名和邮箱地址，因为 Git 会使用这些信息来识别谁对文件进行了修改。点击 Git Bash Here，使用以下命令进行环境配置：

```
git config --global user.name "username"      //配置用户名
git config --global user.email "username@email.com"      //配置邮箱
```

若用户想要检查配置，可以使用 git config --list 命令列出当前所有的配置信息。

2. Git 常用操作命令

Git 常用命令：

```
git clone <url>   //克隆远程仓库
git init      //本地仓库初始化
git status   //查看文件状态
git add . //将文件添加到暂存区
git commit -m "本次提交的说明字段" //提交暂存区到本地仓库并备注说明
git rm <文件名> //删除文件
git log      //查看提交历史
git reset   //版本回退
git pull   //将远程仓库中的项目拉到本地文件夹
git push   //将本地仓库中的项目推送到远程仓库
```

3. Git 工作流程

Git 的工作流程如图 3-50 所示。

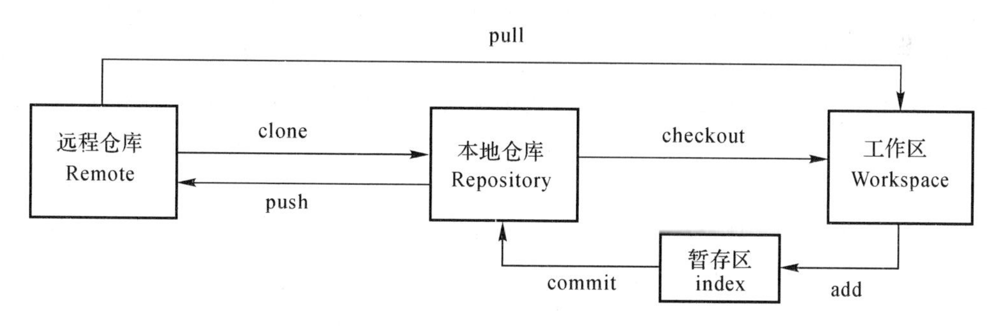

图 3-50　Git 工作流程

1)工作区(Workspace)：对项目进行修改操作的地方。

2)暂存区(index)：用于临时存放改动的项目，又称提交更新区，在提交进入本地仓库之前，所有的更新都能放在暂存区。

3)本地仓库(Repository)：安全存放数据的位置，存储着开发人员提交的所有版本的数据。

4)远程仓库(Remote)：托管代码的服务器，用于远程数据交换。

Git 的工作流程如下：

(1)从远程仓库中克隆(clone)项目资源到本地仓库。

(2)从本地仓库中检出(checkout)代码到工作区,进行修改。

(3)开发人员在工作区中对项目进行修改操作。

(4)修改完成后,先将项目添加(add)到暂存区。

(5)提交(commit)暂存区中修改的项目到本地仓库,本地仓库中保存着项目的各个历史版本。

(6)将本地仓库中项目推送(push)到远程仓库,实现与其他开发人员共享资源。

(7)其他开发人员拉取(pull)远程仓库的代码,将最新修改的代码同步到本地工作区。

4. Git 分支

将项目主体看作一个树的主干,开发人员对项目的改动就像在树的主干上产生一个“分支”,这种分支之间互不影响,能从主干上抽离,也能随时合并到主干上,不影响主干发展。在项目开发过程中,可能有多人同时为同一个软件开发功能或修复缺陷,可能存在多个 Release 版本,并且需要对各个版本进行维护。Git 分支可以支持同时进行多个功能的开发和版本管理。

如图 3－51 所示,在最初提交项目时,Git 会创建一个名为 master 的分支,如果项目需要改动,可以创建分支 dev,在 dev 中进行改动,改动完成后再将 dev 添加到 master 分支里。如果不切换分支,改动之后的提交都会添加到 master 里。

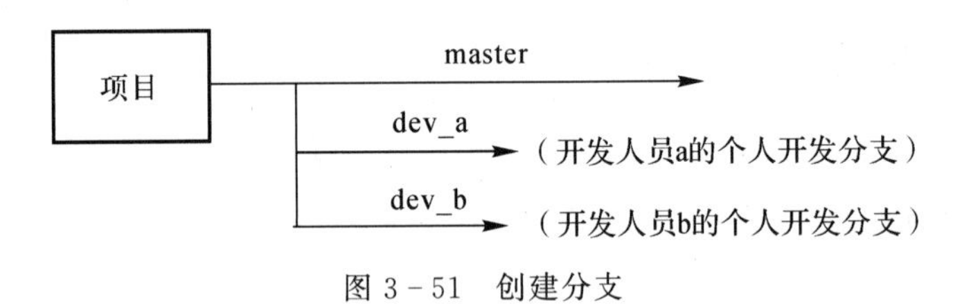

图 3－51　创建分支

可使用分支进行团队协作开发,以软件开发过程为例:开发人员 a 准备开发新功能,同时开发人员 b 需要修复软件中的错误。对于开发人员 a,如果一边编写代码一边提交,由于代码还没写完,不完整的代码库会导致其他开发人员无法正常工作,如果等代码全部写完再提交,可能会存在丢失每天进度的风险。对于开发人员 b,不希望受到开发人员 a 的影响。这时,采用 Git 分支,分别创建属于各自的分支,在 dev_a 分支上进行添加新功能操作,可以随时提交,在 dev_b 分支上进行错误修改操作,直到各自开发完毕后,再将该分支上的修改提交合并到原来的分支上,如图 3－52 所示,这样软件开发过程中既保证安全性,各开发人员之间又不影响,共同完成协作。

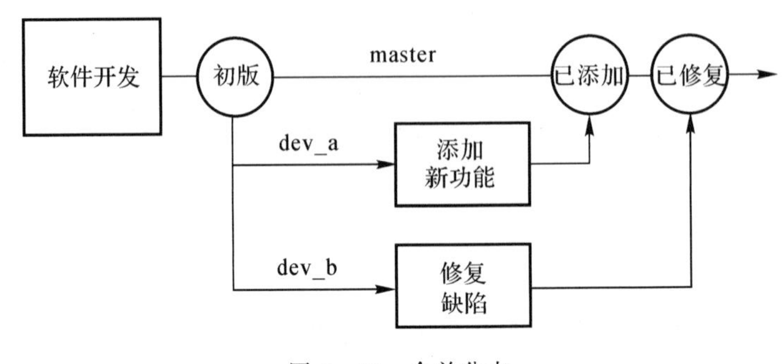

图 3－52　合并分支

Git中分支有很多,包括测试分支、修改缺陷分支、开发新功能分支等。常用的分支操作如下：

```
git branch (branchname)   //创建分支
git checkout (branchname) //切换分支
git merge(branchname) //合并分支
git branch-d (branchname) //删除分支
```

5．版本回退

有时候在提交若干次更新后,想回退到某个历史版本,即可使用Git的版本回退功能查看提交历史,并回退到某一历史版本。

(1)查看提交历史。

1)查看默认格式的提交历史。

```
git log
```

该命令会按照时间先后顺序列出所有的提交记录,最近的更新排在最上面。每个提交的内容包括SHA-1校验和、作者的名字和电子邮件地址、提交时间以及提交说明。

2)查看简略格式的提交历史。

```
git log -- pretty=oneline
```

当提交记录数量非常多的时候,可以使用该命令快速浏览大量的提交记录。其展示的每一条提交记录占用一行,内容包括SHA-1校验和以及提交说明。也可以使用format定制记录的显示格式,这里不再赘述。

(2)回退到某个历史版本。

```
gitreset — hard [ID]
gitreset — mixed [ID]
gitreset — soft [ID]
```

以上3个命令均为Git的回退命令,其中[ID]指的是每次提交的ID,可以通过查看提交历史获得。3个命令的区别在于hard、mixed和software参数,即回退的范围不同。

1)hard:范围为工作区到暂存区再到分支,都会变到提交的日志ID对应状态。该状态应用后无法回到原来的状态,因此需要谨慎操作。

2)mixed:范围为暂存区丢失最近的一次add,工作区文件不会丢失。因此该操作不会影响工作区的内容,仅影响工作文件的状态。

3)soft:使用该参数后,不会修改任何内容,只会将分支的指针指向目的节点,工作区状态也同步变化。

6．版本控制的实现

在使用Git时,开发者随时可以保存一个快照,这个快照被称为提交(commit),一旦把文件改乱了或者误删了,还可以从最近的一个提交恢复,然后继续工作,而不是把工作成果全部丢失。Git把提交的ID经过SHA-1算法加密成十六进制数字,用来表示版本号,回退时以此区分不同的版本。

使用Git的每次提交,Git都会自动把它们串成一条时间线,这个时间线就是一个分支,如果没有新建分支,那么只有一条时间线,即只有一个主分支,即master分支。有一个HEAD

指针指向当前分支(只有一个分支的情况下会指向主分支,而主分支指向最新提交)。每个版本都有自己的版本信息,如版本号、版本名等。下面详细介绍Git进行版本控制的操作过程。

(1)仓库获取。Git的版本控制都是通过仓库完成——开发者对项目的所有改动都可以先提交到本地仓库,再将本地改动推送到指定的中央仓库,这样其他开发人员就可以从中央仓库获取最新代码,来完成协同开发。因此,仓库的获取是关键,这里介绍两种仓库获取方式。

1)克隆远程Git仓库(见图3-53):当Git仓库存在时,只需要从远程Git仓库中克隆完整的远程仓库镜像到本地仓库,即可获取该仓库中所有项目。

```
git clone <url>  // <url>为远程仓库地址
```

```
    @DESKTOP-AR4OIAR          /f/Git/Project (master)
$ git clone https://gitee.com/SnailClimb/JavaGuide.git
Cloning into 'JavaGuide'...
remote: Enumerating objects: 21723, done.
remote: Counting objects: 100% (3216/3216), done.
remote: Compressing objects: 100% (3167/3167), done.
remote: Total 21723 (delta 1758), reused 410 (delta 30), pack-reused 18507
Receiving objects: 100% (21723/21723), 147.60 MiB | 2.17 MiB/s, done.
Resolving deltas: 100% (13752/13752), done.
```

图3-53　克隆远程仓库

当执行git clone命令时,默认配置下远程Git仓库中每一个文件的每一个版本都将被拉取下来。

2)创建本地Git仓库(见图3-54):将尚未进行版本控制的本地目录转换为Git仓库。

a.本地新建一个目录作为本地仓库根目录。

b.在根目录下进行初始化,使其具有作为Git仓库的能力。

```
git init
```

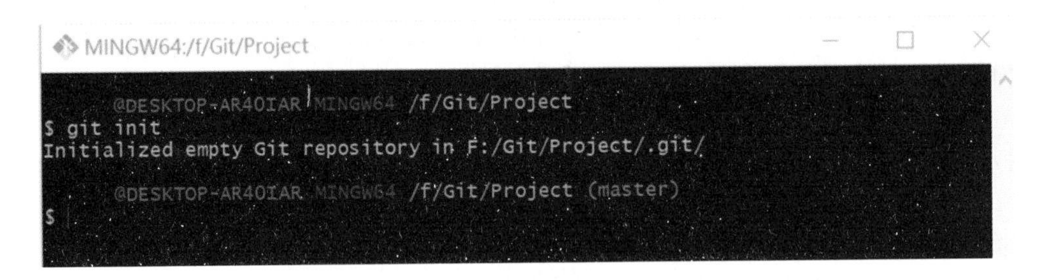

图3-54　创建本地Git仓库

该命令将创建一个名为.git的子目录(见图3-55),该目录含有初始化的Git仓库中所有的文件。但是,初始化的操作完成后,项目里的文件还没有被跟踪。

图3-55　本地仓库示例

c. 关联本地仓库与远程仓库：下述第 1 个命令将本地仓库与远程仓库关联起来，第 2 个命令并将本地代码推送到远程仓库中的 master 分支。

```
git remote add origin [url]  // origin 为默认的远程版本库名称
    git push origin master
```

(2)文件操作。

1)查看文件状态(见图 3-56)。在控制台输入 git status 命令查看文件状况，此时显示文件夹中存在一个文件没有被提交。

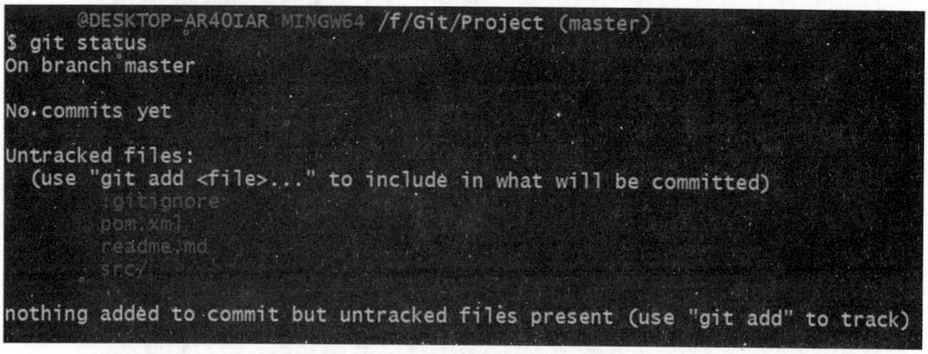

```
     @DESKTOP-AR40IAR MINGW64 /f/Git/Project (master)
$ git status
On branch master

No commits yet

Untracked files:
  (use "git add <file>..." to include in what will be committed)
        .gitignore
        pom.xml
        readme.md
        src/

nothing added to commit but untracked files present (use "git add" to track)
```

图 3-56　查看文件状态

2)追踪文件(见图 3-57)。在控制台输入 git add . 命令，让 Git 管理该文件夹，此时文件从工作区转移到暂存区。再次执行 git status 命令，可以看到所有文件都变绿了。

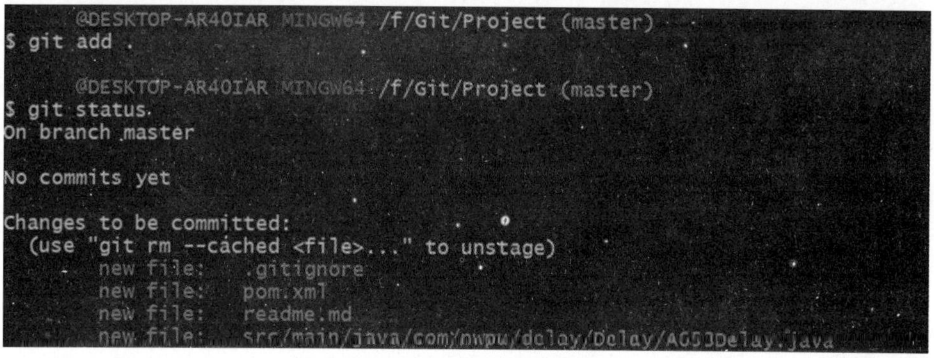

```
     @DESKTOP-AR40IAR MINGW64 /f/Git/Project (master)
$ git add .

     @DESKTOP-AR40IAR MINGW64 /f/Git/Project (master)
$ git status
On branch master

No commits yet

Changes to be committed:
  (use "git rm --cached <file>..." to unstage)
        new file:   .gitignore
        new file:   pom.xml
        new file:   readme.md
        new file:   src/main/java/com/nwpu/delay/Delay/AGSJDelay.java
```

图 3-57　追踪文件

3)提交文件(见图 3-58)。在控制台输入 git commit-m"本次提交的说明字段"命令，此时文件将从暂存区提交到本地仓库。再次执行 git status(见图 3-59)，绿色的文件夹消失，这意味着这个文件夹里面所有的文件都已经被 Git 管理并生成一个版本了。

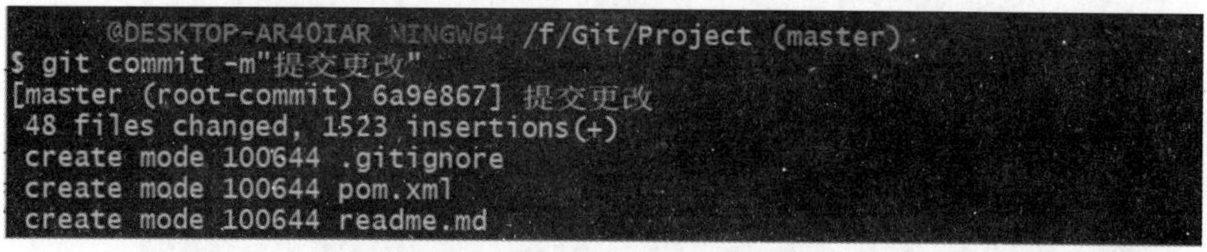

```
     @DESKTOP-AR40IAR MINGW64 /f/Git/Project (master)
$ git commit -m"提交更改"
[master (root-commit) 6a9e867] 提交更改
 48 files changed, 1523 insertions(+)
 create mode 100644 .gitignore
 create mode 100644 pom.xml
 create mode 100644 readme.md
```

图 3-58　提交文件

```
@DESKTOP-AR40IAR MINGW64 /f/Git/Project (master)
$ git status
On branch master
nothing to commit, working tree clean
```

图 3-59　查看文件状态

4)修改文件(见图 3-60)。当对文件夹中的 readme. md 文件进行修改之后,再次执行 git status 时,Git 检测出了此文件夹是否被修改了。

```
@DESKTOP-AR40IAR MINGW64 /f/Git/Project (master)
$ git status
On branch master
Changes not staged for commit:
  (use "git add <file>..." to update what will be committed)
  (use "git restore <file>..." to discard changes in working directory)
        modified:   readme.md

no changes added to commit (use "git add" and/or "git commit -a")
```

图 3-60　查看文件状态

执行 2)、3)步骤,将最新的修改文件提交到本地仓库,如图 3-61 所示。

```
@DESKTOP-AR40IAR MINGW64 /f/Git/Project (master)
$ git add readme.md

@DESKTOP-AR40IAR MINGW64 /f/Git/Project (master)
$ git commit -m"修改read.md"
[master 9748b77] 修改read.md
 1 file changed, 1 insertion(+), 2 deletions(-)
```

图 3-61　提交修改后的文件

5)推送文件(见图 3-62)。在控制台输入 git push 命令,将本地仓库中的项目文件推送到远程仓库,可与其他开发人员共享项目版本资源。

```
@DESKTOP-AR40IAR MINGW64 /f/Git/Gitee/delay (master)
$ git push origin master
Enumerating objects: 6, done.
Counting objects: 100% (6/6), done.
```

图 3-62　推送文件

(3)版本查找。

1)查看历史版本记录(见图 3-63)。在控制台输入 git log 命令,将显示该项目开发过程中所有版本的提交记录。

```
@DESKTOP-AR40IAR MINGW64 /f/Git/Project (master)
$ git log
commit 9748b771458ee4f42b06962890c77ed52518b5e4 (HEAD -> master)
Author: maodoudou <10474316+maodoudou123@user.noreply.gitee.com>
Date:   Thu Apr 28 18:08:26 2022 +0800

    修改read.md

commit 6a9e86708f97570930503d393725a6c1b2878ba1
Author: maodoudou <10474316+maodoudou123@user.noreply.gitee.com>
Date:   Thu Apr 28 17:57:55 2022 +0800

    提交更改
```

图 3-63　查看历史版本记录

2)版本回退(见图 3－64)。在控制台输入 git reset 命令,可以回退到开发过程的任何一个项目版本。

图 3－64　版本回退

经过以上三个步骤,实现版本控制。请读者自己动手操作,体会利用 Git 完成项目协作和版本控制的便捷。

7. Gitee

Gitee 是通过 Git 进行版本控制的软件源代码托管服务平台。项目开发过程中,代码保存在开发者自己的电脑中,当开发者想修改代码却没带自己电脑时,就会造成不便。如果把项目托管在 Gitee 上,开发者就可以在任何电脑上用命令访问和下载该项目,并进行修改,再将最新版本推送回 Gitee,供团队其他人共享资源,通过 Gitee 使用 Git 一同完成协作开发。Gitee 实现多人协作的步骤如下:

第一步:创建远程仓库。

打开 GitHub,在页面的右上角,使用"＋"下拉菜单选择新建仓库,如图 3－65 所示。

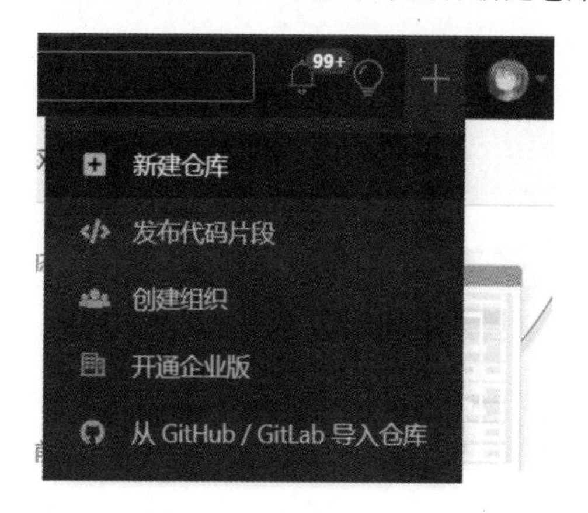

图 3－65　创建远程仓库

可直接创建空仓库,或导入来自其他源代码托管平台的代码仓库。如要导入来自其他平台的代码仓库,请使用"点击导入"按钮进入到导入仓库界面,并输入其他 Git 仓库的 URL 地址,如图 3－66 所示。

导入仓库

从 URL 导入　导入 GitHub 仓库　导入 GitLab 仓库

Git 仓库 URL *

eg: https://github.com/randx/six.git(URL must be clonable)

图 3－66　导入 Git 仓库

在归属下拉菜单中，选择要在其上创建仓库的所属账户或组织，如图 3－67 所示。

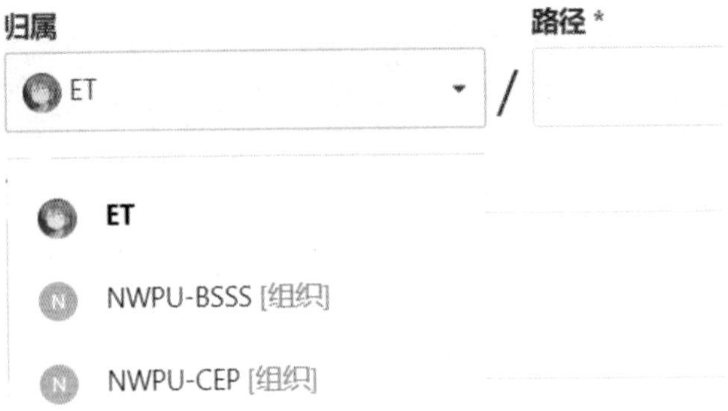

归属　　路径 *

ET　/

ET

NWPU-BSSS [组织]

NWPU-CEP [组织]

图 3－67　项目归属选择

输入仓库的名称、描述，选择仓库可见性，点击“创建”按钮完成仓库的创建，如图 3－68、图 3－69 和图 3－70 所示。

仓库名称 * ✓

nwpu-oop

归属　　路径 * ✓

ET　/　nwpu-oop

仓库地址：https://gitee.com/extraterrestrial/nwpu-oop

仓库介绍　　18/200

西北工业大学软件学院，面向对象课程。

图 3－68　输入仓库名称及描述

开源（所有人可见）?

私有（仅仓库成员可见）

企业内部开源（仅企业成员可见）?

图 3－69　选择可见性

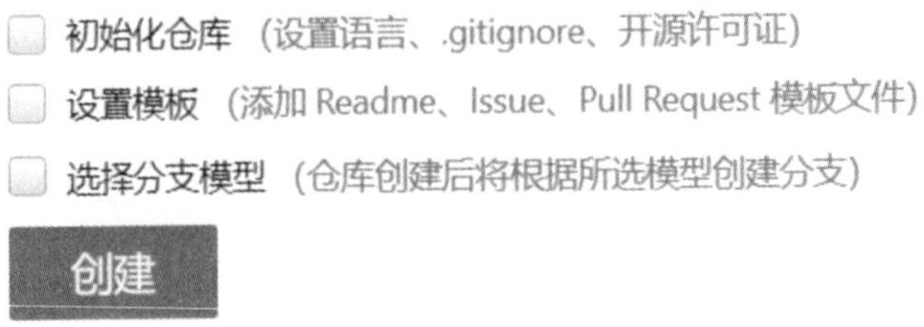

初始化仓库（设置语言、.gitignore、开源许可证）

设置模板（添加 Readme、Issue、Pull Request 模板文件）

选择分支模型（仓库创建后将根据所选模型创建分支）

创建

图 3－70　创建仓库

第二步：多人协作开发。

为实现多人协作开发，需要对参与项目的每个开发人员赋予 push 权限，这样其他开发人员才能对项目进行修改。在实际开发中建议对于 master 分支设置相应的权限，由项目负责人或者主要开发人员对项目各分支进行测试及合并，防止成员误 push 至 master 分支导致项目运行错误。下面针对不同的开发模式介绍具体开发过程。

(1)复刻和拉取模型。此模型常用于开源项目，它可减少新贡献者的磨合，让人们独立工作而无须前期协调。在复刻和拉取模型中，任何人都可以复刻现有仓库并推送对其个人复刻的更改，不需要对来源仓库的权限即可推送用户拥有的复刻。项目维护员可将更改拉入来源仓库。将提议更改的拉取请求从用户拥有的复刻打开到来源(上游)仓库的分支时，可让对上游仓库具有推送权限的任何人更改拉取请求。

1)选择开源项目，点击复刻(Fork)，然后选择需要克隆到的归属账户或组织，如图 3-71 所示。

图 3-71　复刻操作

2)为复刻配置远程仓库。

a. 在本地打开 Git Bash。

b. 指定将与复刻同步的新远程上游仓库。

git remote add upstream https://gitee. com/ORIGINAL _ OWNER/ORIGINAL _ REPOSITORY. git

3)同步复刻。当对复刻的仓库进行修改，想要推送到上游仓库时，就需要将复刻同步。常用 Web UI 的方式来进行同步复刻。

a. 在 Gitee 上，导航到想要与上游版本库同步的复刻仓库主页。

b. 点击“拉取代码”按钮拉取代码，如图 3-72 所示。

图 3-72　提取上游

c. 确认是否同步，如图 3-73 所示。对于 Gitee 平台，同步后的 fork 仓库的相关分支将强制性与原仓库保持一致。所以请将个人已有的修改保存到备份分支，主分支同步上游之后，在 fork 仓库中创建合并。

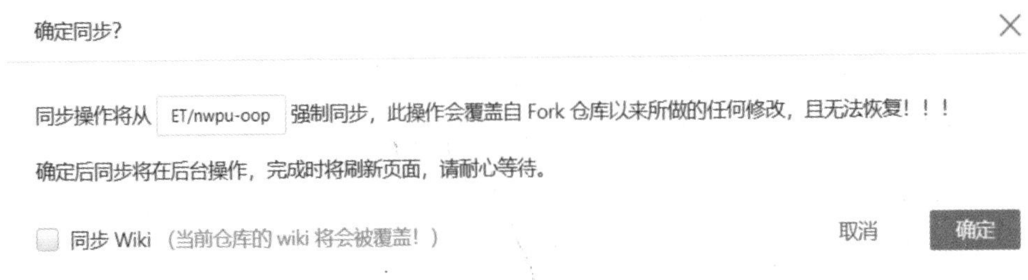

图 3-73　同步上游

4)将上游仓库合并到复刻。如果对上游仓库没有推送(写入)权限，便可将提交从该仓库拉入自己的复刻。

a. 打开 Git Bash 并将工作目录切换到本地仓库。

b. 切换到要合并的分支。

```
git checkout DEFAULT_BRANCH_NAME
```

c. 从上游仓库拉取所需的分支。如果有冲突，请参照“第三步：合并冲突”。

```
git pull https://gitee.com/ORIGINAL_OWNER/ORIGINAL_REPOSITORY.git BRANCH_NAME
```

5)提交合并，检查更改，将合并推送到 Gitee 仓库。

```
git add .
git commit-m "ESCRIPTION"
git push origin DEFAULT_BRANCH_NAME
```

6)将更改让上游仓库接收，点击“新 Pull Request”新建 Pull Request，如图 3-74 所示，上游仓库将会接收到这个拉取请求并根据改动进行合并，如图 3-75 所示。

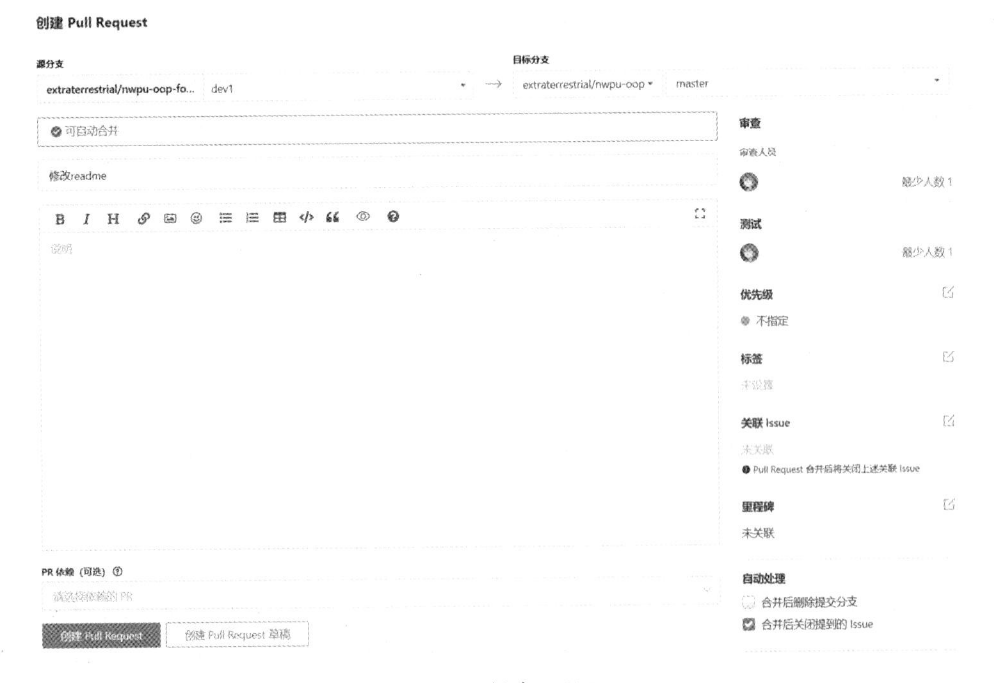

图 3-74　新建 Pull Request

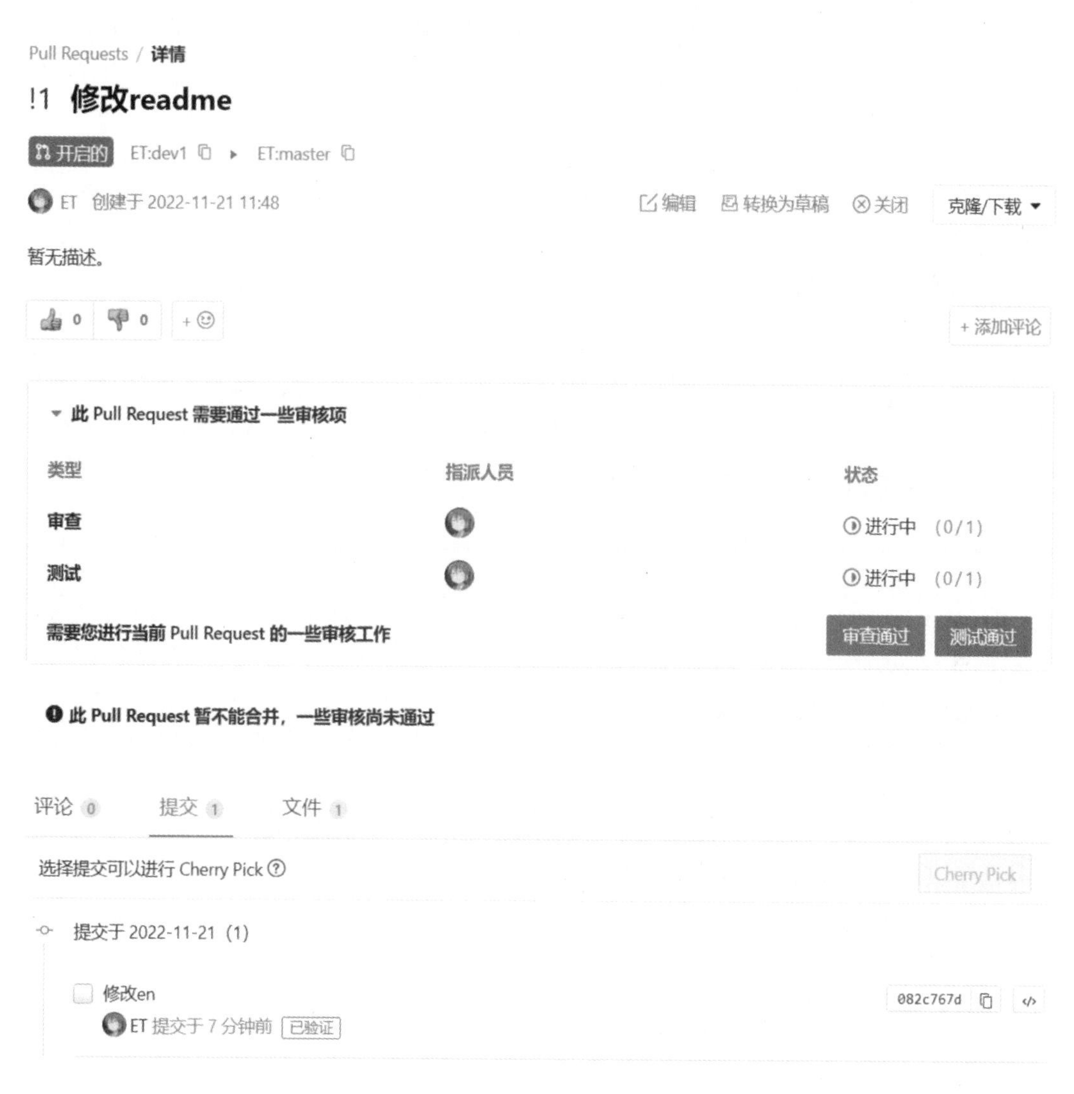

图 3 - 75　合并改动

(2)共享仓库模型。此模型多用于协作处理私有项目的小型团队和组织。在共享仓库模型中，协作者被授予单一共享仓库的推送权限，需要更改时可创建主题分支。拉取请求适用于此模型，因为在更改合并到主要开发分支之前，它们会发起代码审查和关于更改的一般讨论。此类协作方式按照一般操作和分支切换操作即可完成。

第三步：冲突合并。

要解决由更改导致的合并冲突，必须从新提交的不同分支中选择要合并的更改。例如，如果两人都在同一 Git 仓库不同分支的同一行中编辑 README. md 文件，则在尝试合并这些分支时会发生合并冲突错误。必须使用新提交解决这一合并冲突，然后才能合并这些分支。

(1)打开 Git Bash 并进入项目目录。

(2)查看生成受合并冲突影响的文件列表。比如，文件 README. md 存在合并冲突。

```
git status
```

(3)将冲突文件用文本编辑器打开。要在文件中查看合并冲突的开头,请在文件中搜索冲突标记＜＜＜＜＜＜＜。当在文本编辑器中打开文件时,会在行＜＜＜＜＜＜＜ HEAD 后看到头部或基础分支。接下来,将看到＝＝＝＝＝＝＝,它将更改与其他分支中的更改分开,后跟＞＞＞＞＞＞＞ BRANCH－NAME。

(4)决定是否想只保持分支的更改、只保持其他分支的更改,还是进行全新的更改(可能包含两个分支的更改)。删除冲突标记＜＜＜＜＜＜＜,＝＝＝＝＝＝＝,＞＞＞＞＞＞＞并在最终合并中进行所需的更改。

(5)添加或暂存更改,提交更改并注释。

```
git add.
git commit-m "esolved merge conflict by incorporating both suggestions."
```

3.8.4 基于 JUnit 的单元测试

JUnit 是一个 Java 程序的单元测试框架,多数 Java 开发环境都集成了 JUnit 作为单元测试的工具。这里的单元可以是一个方法、类、包、子系统,单元测试确保代码中的被测试单元可以完成用户期望的功能。

1. JUnit 的特点

(1)提供了注释以及用例测试方法。

(2)提供了断言,用于测试预期结果。

(3)可以将测试组织成套件,包含测试用例。

(4)可以显示测试进度,测试成功进度条为绿色,失败则进度条为红色。

(5)可以自动化测试并及时提供反馈。

(6)每个单元测试用例相对独立,由 JUnit 启动、自动调用,不需要添加额外的调用语句。

(7)添加、删除、屏蔽测试方法,不影响其他的测试方法。

(8)开源框架都对 JUnit 有相应的支持。

2. JUnit 注释

(1)@Test:该注释表示用 public 修饰的 void 返回类型的方法作为一个测试用例。

(2)@Before:该注释表示方法必须在类中的每个测试之前执行。

(3)@BeforeClass:该注释表示,在执行所有@Test 方法前执行@BeforeClass 静态方法(@BeforeClass 静态方法初始化的对象只能存放在静态字段中,静态字段的状态会影响所有@Test)。

(4)@After:该注释表示方法在执行每项测试后执行,例如执行每一个测试后重置某些变量,删除临时变量等。

(5)@AfterClass:在执行所有@Test 方法后执行@AfterClass 静态方法。

(6)@Ignore:该注释表示,当想暂时禁用特定的测试时可以使用忽略注释,每个被注释为@Ignore 的方法将不被执行。

示例 3-59 JUnit 注释示例

```
/**
 * JUnit 注释示例
 */
@Test
```

```
public void testMethod(){
System.out.println("用@Test标示测试方法!");
}

@AfterClass
public static void testAfterClassMethod(){
System.out.println("用@AfterClass标示的方法在测试用例类执行完之后!");
}
```

3. JUnit断言

JUnit断言类为org.junit.Assert,其扩展了java.lang.Object类并为它们提供编写测试,以便检测故障。即通过断言方法来判断实际结果与预期结果是否相同,如果相同,则测试成功,反之,则测试失败。

(1)void assertEquals([String message], expected value, actual value):比较实际值与预期值是否一致,值的类型可以为int,short,long,byte,char或者java.lang.Object,其中第一个参数是一个可选的字符串消息。

(2)void assertTrue([String message], boolean condition):断言一个条件为真。

(3)void assertFalse([String message],boolean condition):断言一个条件为假。

(4)void assertNotNull([String message], java.lang.Object object):断言一个对象不为空。

(5)void assertNull([String message], java.lang.Object object):断言一个对象为空。

(6)void assertSame([String message], java.lang.Object expected, java.lang.Object actual):判断预期与结果是否为相同的引用。

(7)void assertNotSame([String message], java.lang.Object unexpected, java.lang.Object actual):断言两个对象变量不是引用同一个对象。

(8)void assertArrayEquals([String message], expectedArray, resultArray):断言预期数组和结果数组是否一致,数组的类型可以为int,long,short,char,byte或者java.lang.Object。

4. 编写测试代码时的注意事项

(1)一个TestCase包含一组测试方法。

(2)每个测试方法必须完全独立。

(3)不能为测试代码再编写测试。

(4)使用Assert断言测试结果。

(5)测试需要覆盖各种输入条件,特别是边界条件。

5. JUnit执行逻辑

(1)执行@BeforeClass的静态方法,初始化静态资源。

(2)对于每一个测试方法,JUnit创建一个测试实例。

(3)执行@Before方法。

(4)执行@Test方法。

(5)执行@After方法。

(6)所有测试执行完毕之后,执行@AfterClass静态方法。

6. 初始化测试资源(JUnit Fixture)

(1)@Before:初始化测试对象,测试对象以实例变量存放。

(2)@After:销毁@Before创建的测试对象。

(3)@BeforeClass:初始化耗时资源,如,创建数据库,以静态变量存放。

(4)@AfterClass:清理@BeforeClass创建的资源,如,删除数据库。

7. JUnit异常测试

异常测试是对可能抛出的异常进行测试,即测试错误的输入是否导致特定的异常。

在JUnit中,使用expected测试异常:在@Test注解中使用expect=Exception.class。如:

@Test(expect=NumberFormatException.class);

在测试代码中,如果抛出了指定类型的异常,则测试通过;如果没有抛出异常或者抛出异常的类型不匹配,则测试失败。在异常测试中,需要对可能发生的每种类型的异常都进行测试。

8. JUnit执行测试

测试用例是使用JUnitCore类来执行的,从命令行运行测试,可以运行java org.junit.runner.JUnitCore。对于仅运行一次的测试,可以使用静态方法runClasses(class[])。

9. JUnit套件测试

测试套件包含若干单元测试用例并且一起执行。在JUnit中,@RunWith和@Suite注释用来运行套件测试。

示例3-60 套件测试

```
/**
 *待测试类
 */

import java.util.Arrays;

public class GotoWork {

    public String[] prepareSkills() {
        String[] skill = { "Java", "MySQL", "JSP" };
        System.out.println("My skills include: " + Arrays.toString(skill));
        return skill;
    }

    public String[] addSkills() {
        String[] skill = { "Java", "MySQL", "JSP", "JUnit" };
        System.out.println("Look, my skills include: " + Arrays.toString(skill));
        return skill;
    }
}
```

示例3-61 测试类1

```
import static org.junit.Assert.assertArrayEquals;
import org.junit.Test;
public class PrepareSkillsTest {
```

```
    GotoWork gotoWork = new GotoWork();
    String[] skill = { "Java", "MySQL", "JSP" };
    @Test
    public void testPrepareSkills() {
        System.out.println("Inside testPrepareSkills()");
        assertArrayEquals(skill, gotoWork.prepareSkills());
    }
}
```

示例3-62　测试类2

```
import static org.junit.Assert.assertArrayEquals;
import org.junit.Test;
public class AddSkillsTest {
    GotoWork gotoWork = new GotoWork();
    String[] skill = { "Java", "MySQL", "JSP", "JUnit" };

    @Test
    public void testAddSkills() {
        System.out.println("Inside testAddPencils()");
        assertArrayEquals(skill, gotoWork.addSkills());

    }
}
```

示例3-63　套件测试

```
import org.junit.runner.RunWith;
import org.junit.runners.Suite;

@RunWith(Suite.class)
@Suite.SuiteClasses({ PrepareSkillsTest.class, AddSkillsTest.class })
public class SuitTest {

}
```

使用@Suite.SuiteClasses注解，可以定义测试类，这些测试类将被执行，并且执行的顺序是在@Suite.SuiteClasses注解中定义的顺序。

10. JUnit参数化测试

JUnit 4引入了参数化测试：将测试数据组织起来，开发人员使用不同的测试数据反复运行相同的测试方法。创建参数化测试的步骤如下：

(1)用@RunWith(Parameterized.class)来注释测试类。

(2)创建一个由@Parameters注释的公共的静态方法，它返回一个对象的集合(数组)来作为测试数据集合，返回类型为Collection<Object[]>。

(3)创建一个构造方法接受测试数据，构造方法参数和测试参数对应，参数由静态方法 data()返回。

(4)为每一行测试数据创建一个实例变量。

(5)用实例变量作为测试数据的来源来创建测试用例。

示例 3-64　计算器类

```
public class Calculate {
    public int sum(int var1, int var2) {
        System.out.println("此方法的参数值分别为：" + var1 + " + " + var2);
        return var1 + var2;
    }
}
```

示例 3-65　参数化测试类

```
import static org.junit.Assert.assertEquals;
import java.util.Arrays;
import java.util.Collection;
import org.junit.Test;
import org.junit.runner.RunWith;
import org.junit.runners.Parameterized;
import org.junit.runners.Parameterized.Parameters;

@RunWith(Parameterized.class)
public class CalculateTest {
    private int expected;
    private int first;
    private int second;

    public CalculateTest(int expectedResult, int firstNumber, int secondNumber) {
        this.expected = expectedResult;
        this.first = firstNumber;
        this.second = secondNumber;
    }

    @Parameters
    public static Collection<Integer[]> data() {
        return Arrays.asList(new Integer[][] { { 3, 1, 2 }, { 5, 2, 3 }, { 7, 3, 4 }, { 9, 4, 5 }, });
    }

    @Test
    public void testSum() {
        Calculate add = new Calculate();
```

```
        System.out.println("Addition with parameters: " + first + " and " + second);
        assertEquals(expected, add.sum(first, second));
    }
}
```

11. JUnit 超时测试

在 JUnit 单元测试中，可以为 JUnit 的单个测试设置超时监测，例如：若时间上限设置为 1 s，注解应为@Test(timeout=1000)（timeout 单位为 ms）。

12. Eclipse 环境下用 JUnit 4 进行单元测试

(1)新建一个工程项目，编写一个能实现加减乘除、二次方、开二次方功能的计算器类 Calculator，代码如下：

示例 3-66　计算器类

```
public class Calculator {
    private static intresult; // 静态变量，用于存储运行结果
    public void add(int n) {
      result = result + n;
    }


    public void substract(int n) {
      result = result - n;
    }
    public void multiply(int n) {
      result=result * n;
    }
    public void divide(int n) {
      result = result / n;
    }
    public void square(int n) {
      result = n * n;
    }
    public void squareRoot(int n) {
        for (; ;) ;
        //Bug:死循环
    }
    public void clear() {
        //将结果清零
      result = 0;
    }
    public int getResult(){
      returnresult;
```

```
    }
}
```

(2)右键单击项目,点击"Properties",弹出 Properties 窗口,选择"Java Build Path",然后选择"Libraries"标签,之后点击"Add Library...",如图 3-76 所示。

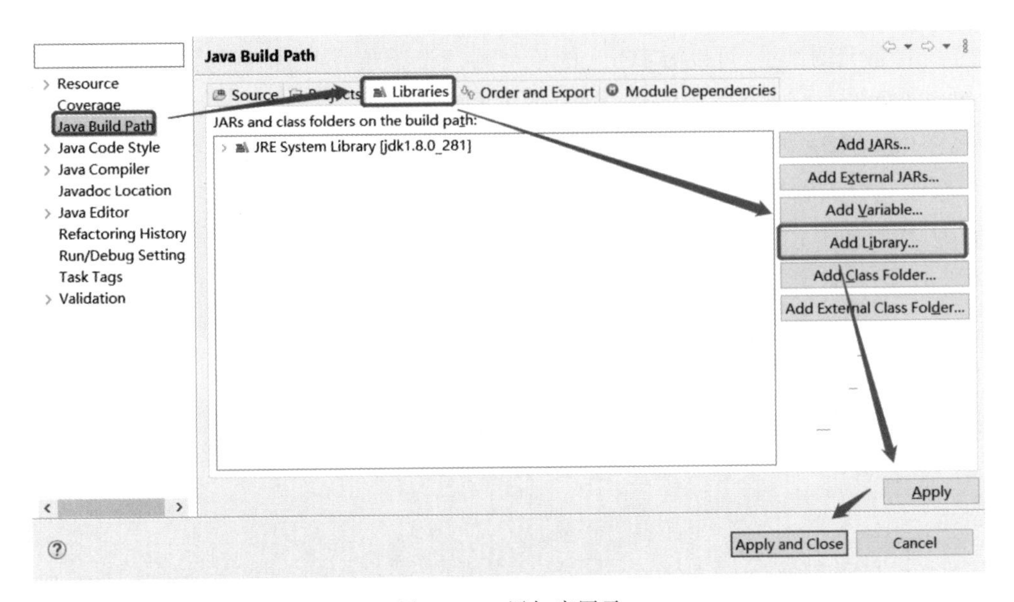

图 3-76　添加库图示

在弹出窗口中选择 JUnit 4 并确定,如图 3-77 所示,JUnit 4 包就被导入该项目。

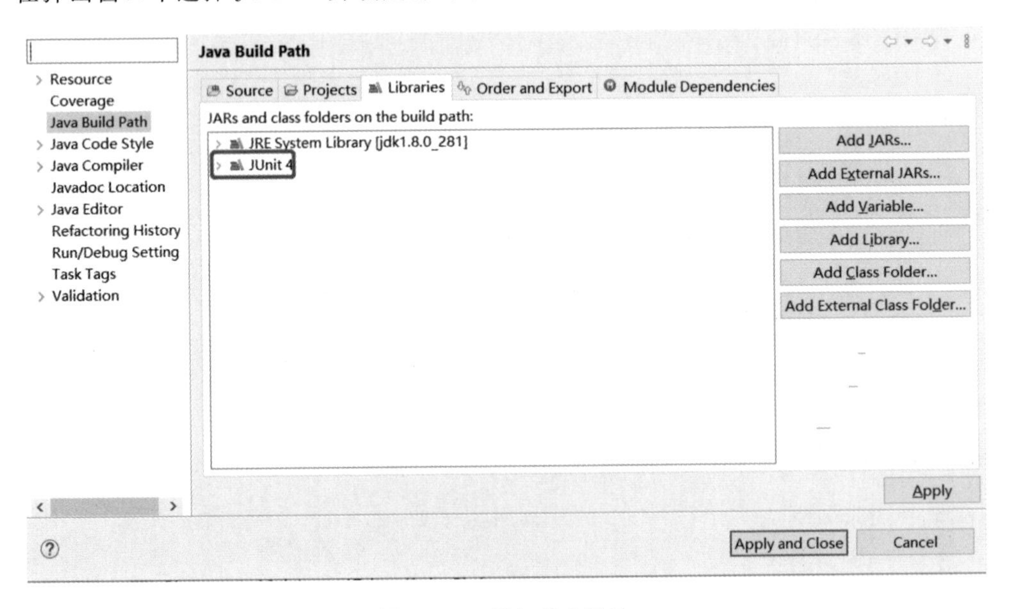

图 3-77　添加成功图示

(3)生成测试框架:在 Eclipse 的 Package Explorer 中右键点击该类,弹出菜单,选择"New -> JUnit Test Case",在弹出窗口中根据需要进行选择,如图 3-78 所示。

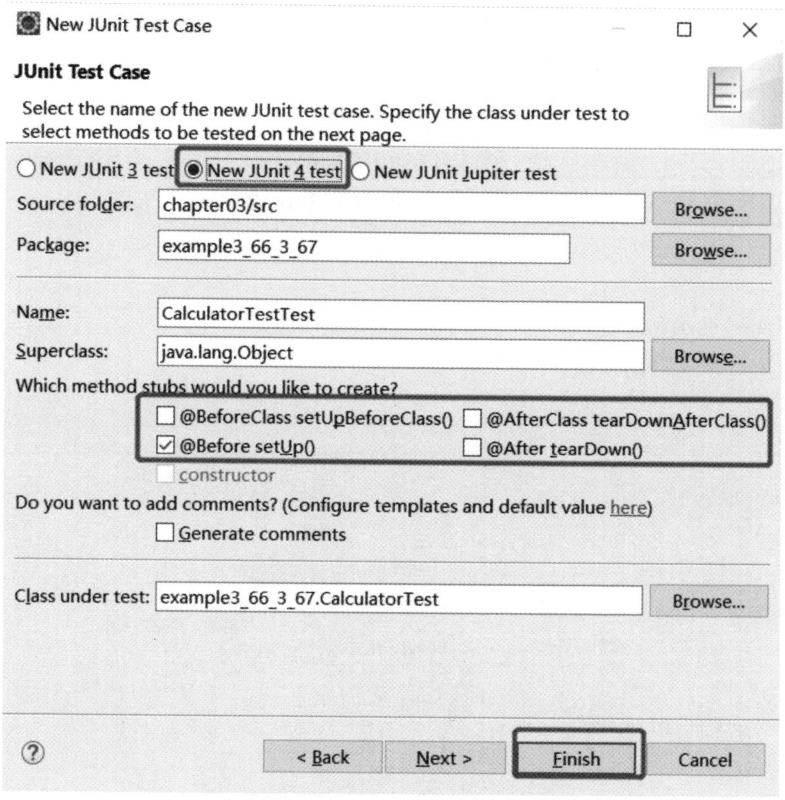

New JUnit Test Case

JUnit Test Case

Select the name of the new JUnit test case. Specify the class under test to select methods to be tested on the next page.

○ New JUnit 3 test　◉ New JUnit 4 test　○ New JUnit Jupiter test

Source folder: chapter03/src　Browse...

Package: example3_66_3_67　Browse...

Name: CalculatorTestTest

Superclass: java.lang.Object　Browse...

Which method stubs would you like to create?

☐ @BeforeClass setUpBeforeClass()　☐ @AfterClass tearDownAfterClass()

☑ @Before setUp()　☐ @After tearDown()

☐ constructor

Do you want to add comments? (Configure templates and default value here)

☐ Generate comments

Class under test: example3_66_3_67.CalculatorTest　Browse...

?　< Back　Next >　Finish　Cancel

图 3-78　生成测试框架

单击"Finish",在弹出的窗口中选择要测试的方法,如图 3-79 所示。

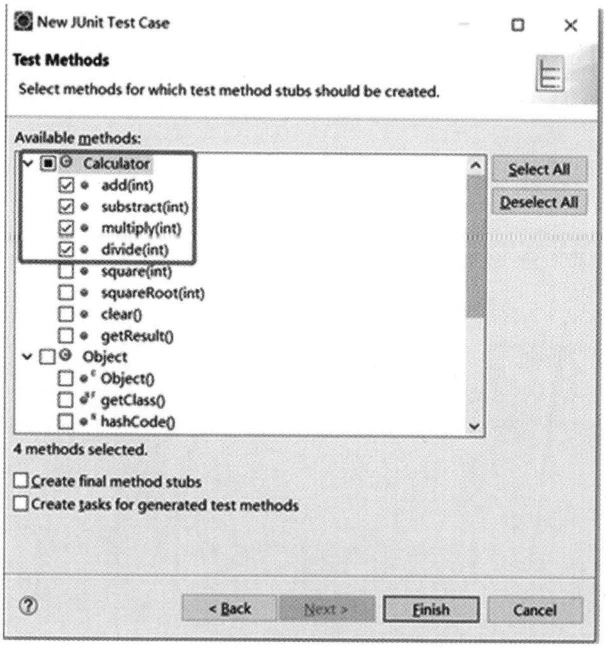

New JUnit Test Case

Test Methods

Select methods for which test method stubs should be created.

Available methods:

- ■ Calculator
  - ☑ add(int)
  - ☑ substract(int)
  - ☑ multiply(int)
  - ☑ divide(int)
  - ☐ square(int)
  - ☐ squareRoot(int)
  - ☐ clear()
  - ☐ getResult()
- ☐ Object
  - ☐ Object()
  - ☐ getClass()
  - ☐ hashCode()

Select All　Deselect All

4 methods selected.

☐ Create final method stubs

☐ Create tasks for generated test methods

?　< Back　Next >　Finish　Cancel

图 3-79　选择测试方法

单击“Finish”按钮，系统会自动生成一个类 CalculatorTest，里面包含空的测试用例，如图 3－80 所示，对这些测试用例进行修改即可使用。

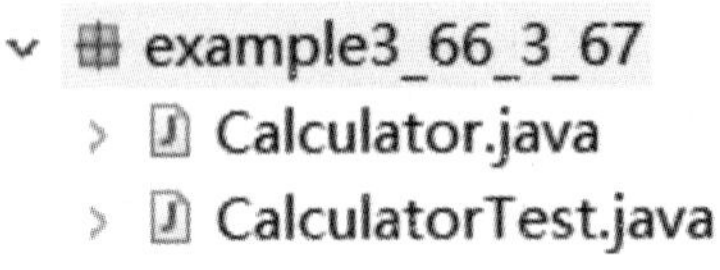

example3_66_3_67
Calculator.java
CalculatorTest.java

图 3－80　测试用例

修改后的代码见示例 3－67。

示例 3－67　测试用例修改

```
import static org.junit.Assert.*;

import org.junit.Before;
import org.junit.Test;

public class CalculatorTest {
    private static Calculator calculator = new Calculator();
    @Before
    public void setUp() throws Exception {
        calculator.clear();
    }

    @Test
    public void testAdd() {
        calculator.add(3);
        calculator.add(4);
        assertEquals(7,calculator.getResult());
    }

    @Test
    public void testSubstract() {
        calculator.add(8);
        calculator.substract(3);
        assertEquals(5,calculator.getResult());
    }

    @Test
    public void testMultiply() {
        calculator.add(3);
        calculator.multiply(3);
        assertEquals(9,calculator.getResult());
    }
```

```
    @Test
    public void testDivide() {
        calculator.add(8);
        calculator.divide(2);
        assertEquals(4,calculator.getResult());
    }
}
```

右键单击 CalculatorTest 类，点击“Run As→JUnit Test”即可运行测试代码，4 个方法测试都通过，如图 3-81 所示。

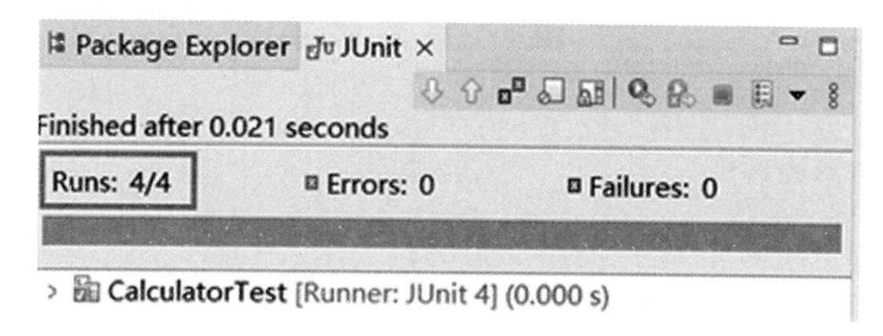

图 3-81　运行测试代码结果图

第4章　继承关系的Java编程实现

4.1　继承关系的实现

4.1.1　Java继承的语法

1. 继承的语法

在Java语言中，通常称被继承的类称为基类或超类(Superclass)，继承后得到的类称为派生类或子类(Subclass)。继承的语法结构如下：

```
类访问限定符 子类名 extends 基类名
```

其中，子类名和基类名除不能同名以外，可以是任意合法的类名。关键字extends代表子类继承于基类，在Java中不允许类的多继承，即extends关键字后面仅能跟一个基类。

子类继承基类除构造方法外的所有属性和方法，见示例4-1和示例4-2，子类Employee继承了基类Person的属性name和address及方法getName()和getAddress()。对于子类Employee，它有3个属性name，address，salary和3个方法getName()，getAddress()，getSalary()。

示例4-1　继承的应用：基类Person

```
/**
 * 该类建模一个人
 */
public class Person {
    /* 人的名字 */
    private String name;

    /* 人的住址 */
    private String address;

    /**
     * 构造函数
     *
     * @param initialName 初始化人的名字
```

```
    * @param initialAddress 初始化人的住址
    */
   public Person (String initialName, String initialAddress) {

       name = initialName;
       address = initialAddress;
   }

   /**
    *返回人的名字
    * @return 人的名字
    */
   public String getName() {

       return name;
   }

   /**
    *返回人的住址
    * @return 人的住址
    */
   public String getAddress() {

       return address;
   }
}
```

示例4-2　继承的应用:子类Employee

```
/**
* 建模雇员的类
*/
public class Employee extends Person  {

   /*雇员薪水 */
   private double salary;

   /**
      *构造函数
      *
      * @param initialName 初始化雇员的名字
      * @param initialAddress 初始化雇员的地址
      * @param initialSalary 初始化雇员的薪水
      */
```

```
    public Employee (String initialName, String initialAddress,
        double initialSalary) {

        super(initialName, initialAddress);
        salary = initialSalary;
    }

    /**
     * 返回雇员的薪水
     * @return 雇员薪水
     */
    public double getSalary() {

        return salary;
    }

    /**
     * 更新雇员的薪水
     * @param Salary 更新的薪水
     */
    public void setSalary(double Salary) {

        this.salary = Salary;
    }
}
```

基类中公有的成员，在被继承的子类中仍然是公有的，而且可以在子类中随意使用。基类中的私有成员，在子类中也是私有的，子类的对象不能存取基类中的私有成员。一个类中的私有成员，不允许外部类对其做任何操作。如果既需要保护基类的成员(相当于私有的)，又需要让其子类也能存取基类的成员，那么基类成员的可见性可以设为保护的(即访问权限为 protected)。拥有保护可见性的成员，只能被具有继承关系的类进行操作。

因此，子类虽然继承基类，但是子类不能直接访问基类中访问权限为 private 的成员变量和方法，只能通过从基类继承的 public 或 protected 访问权限的方法修改或访问该私有属性。例如，在示例 4-2 的 Employee 类中增加方法 toString()，如示例 4-4 所示，toString()方法直接访问了从基类 Person 继承的私有属性 name 和 address，编译时就会报错，编译结果如示例 4-5 所示。

示例 4-3　示例 4-1 Person 类中增加方法 toString()

```
/**
 * 返回代表人的属性信息的字符串
 * @return 代表人的属性信息的字符串
 */
public String toString() {
```

```
    return "name: "+ name + "_address:  " + address;
}
```

示例 4-4　示例 4-2 Employee 类中增加方法 toString()

```
/**
 *返回代表雇员的属性信息的字符串
 * @return 代表雇员的属性信息的字符串
 */

public String toString() {
    return "name:  "+ name + "_address:  " + address+ "_salary:  " + salary;
}
```

示例 4-5　示例 4-4 增加了 toString()方法的编译结果

```
Employee.Java:36: name has private access in Person
return "name:  "+ name + "_address:  " + address+ "_salary:  " +salary;
Employee.Java:36: address has private access in Person
            return "name:  "+ name + "_address:  " + address+ "_salary:  " +salary;

2 errors
```

为了避免上述编译中出现的错误，可以将示例 4-4 中 Employee 类中增加的方法 toString()修改为示例 4-6。

示例 4-6　Employee 类中增加的方法 toString()(正确方式)

```
/**
 *返回代表雇员的属性信息的字符串
 * @return 代表雇员的属性信息的字符串
 */
public String toString() {
    return "name:  "+ getName() + "_address:  " + getAddress()+ "_salary:  " + salary;
}
```

2. 继承与 super 关键字

子类不能继承基类的构造函数，但子类可以使用 super 关键字调用基类的构造函数，即对于基类包含参数的构造函数，子类可以在构造方法中使用 super 关键字来调用它，但这个调用语句必须是子类构造方法的第一个可执行语句。调用基类的构造函数的格式为 super([paramlist])，例如示例 4-1 类 Employee 的语句 super(initialName, initialAddress)就是调用基类的有参构造函数 Person(String initialName, String initialAddress)来初始化成员变量。

程序员也可以使用 super 关键字调用基类的其他方法(非构造方法)，以便重用基类中方法的功能，使编写的代码更简洁。调用基类一般方法(非构造方法)的格式为 super.method([paramlist])，如示例 4-3 在类 Person 中增加 toString()方法的基础上，可以使用 super 关键字，将示例 4-6 用示例 4-7 代替，显然示例 4-7 的代码实现更简捷。

示例4-7 使用super关键字实例

```
/**
* 返回代表雇员的属性信息的字符串
* @return 代表雇员的属性信息的字符串
*/
public String toString() {
    return super.toString() + "_salary: " + salary;
}
```

3. 继承与构造函数

子类不能继承基类的构造函数,但当程序员试图创建一个子类对象时,首先要执行基类的构造函数。在Java中,每个子类构造函数的第一条语句如果没有使用关键字super来调用基类的构造函数,Java编译器就会隐含调用基类无参构造函数super(),如果基类没有无参的构造函数,在编译的时候就会报错。例如:将示例4-2所示的类Employee的有参构造函数的语句super(initialName, initialAddress)去掉,然后编译示例4-1中的Person.java和示例4-2中的Employee.java源文件,编译器就会报错,如示例4-8所示,这是因为在子类Employee中隐含调用了super(),但是基类Person中并没有定义无参构造函数。

示例4-8 隐式调用基类无参构造函数导致编译错误

```
Employee.Java:22: cannot find symbol
symbol   : constructor Person()
location: class Person
                              double initialSalary) {
                                                   ^

1 error
```

Java子类构造函数的调用要遵循以下规则:

(1)子类使用不带任何参数的构造函数创建对象时,将先调用基类的缺省的构造函数,然后调用子类构造函数。

(2)如果基类中没有定义任何构造函数,子类创建带多个参数的对象时,系统都缺省调用基类的缺省构造函数。

(3)对于基类包含参数的构造函数,子类可以在构造函数中使用super关键字调用它,但这个调用语句必须是子类构造函数的第一个可执行语句。

4.1.2 向上转型与向下转型

1. 向上转型(Upcasting)

向上转型是指子类的对象变量或对象赋值给基类的引用,即子类的对象可以当作基类的对象使用。对于示例4-1中定义的类Person和示例4-2中定义的类Employee,将子类Employee类型的对象赋值于基类Person类型的引用是合法的(即在语法上是允许的),例如示例4-9。

示例4-9 子类的对象作为基类的对象使用

```
Employee  employee = new Employee("Joe", "100 Ave", 3.0d);
Person  person =  employee;
```

虽然基类引用 person 可以指向子类 Employee 类型的对象，但是，通过 person 不能调用子类 Employee 的方法，例如示例 4－10。person 虽然指向了 Employee 类型的对象，但是，通过 person 不能调用子类 Employee 的方法 getSalary()，这是因为编译器会作静态语法检查，认为 Person 类没有定义方法 getSalary()，所以通过 Person 类型的引用调用方法 getSalary() 认为是语法错误。

示例 4－10　基类对象的引用不能调用子类所特有的方法

```
Employee  employee = new Employee("Joe", "100 Ave", 3.0d);
Person  person =  employee;
String name = person.getName(); //合法
String address = person.getAddress();   //合法
double salary = person.getSalary(); //非法，即编译器报错
```

2. 向下转型(Downcasting)

向下转型是指把基类引用显式地强制类型转化为子类型的对象，例如示例 4－11。向上转型是合法的，但强制向下转型并非是合法的。这里将向下转型分下述两种情况进行讨论：

(1)如果基类引用指向的是一个子类的对象，可以使用向下转型，把基类的引用显式地转型为一个子类的对象，例如示例 4－11 中的最后一条语句。

(2)如果基类引用指向的是一个自身类型的对象，则不可以使用向下转型，例如示例 4－12。

示例 4－11　合法的向下转型

```
Employee  employee = new Employee("Joe", "100 Ave", 3.0d);
Person  person =  employee;
String name = person.getName(); //合法
String address = person.getAddress();   //合法
double salary = ((Employee)person).getSalary(); //合法
```

示例 4－12　非法的向下转型

```
Person person = new Person ("Joe ", "10 Main Ave");
double salary = ((Employee) person).getSalary();//该句将抛出 ClassCastException 类型的异常
```

为了避免示例 4－12 所示的应用抛出异常 ClassCastException，向下强制类型转换通常与操作符 instanceof (instanceof 操作符的语法格式见示例 4－13)结合使用，例如示例 4－14。

示例 4－13　instanceof 操作符的语法格式

```
object instanceof ClassX
① 如果 object 是 ClassX 的对象引用，返回为 true;
② 如果 object 是 ClassX 的子类对象引用，返回为 true;
③ 如果 object 是 null，该表达式返回 false。
```

示例 4－14　向下强制类型转换与 instanceof 操作符结合使用

```
Person person =new Employee ("Joe Smith", "100 Main Ave",1.0d);
if (person instanceof Employee) {
        doublesalary = ((Employee) person).getSalary();
}
```

4.1.3 方法的重写

方法的重写(Overriding):在子类中定义一个与基类方法名、返回类型和参数类型均相同,但方法体实现不同的方法称为方法的重写或方法的覆写。

子类在继承基类的基础上,可以进行扩展,即添加自己新的操作,子类也可以重写基类中的操作,使得其操作的行为有别于基类。正是通过这两种方式,体现了子类虽然继承了基类的数据和操作,但是它是有别于基类的一种新的对象类型。

例如,对于示例 4-15 和示例 4-16 中定义的类 Person 和 Employee,子类 Employee 在继承基类 Person 的基础上,添加了自己新的操作 getSalary(),重写了基类的操作 toString()。

示例 4-15 扩展与重写:基类 Person

```
/**
 *该类建模一个人
 */
public class Person  {
    /*人的名字 */
    private String  name;

    /*人的住址 */
    private String  address;

    /**
     *构造函数
     *
     * @param initialName 初始化人的名字
     * @param initialAddress 初始化人的住址
     */
    public Person (String initialName, String initialAddress) {

        name = initialName;
        address = initialAddress;
    }

    /**
     *返回人的名字
     * @return 人的名字
     */
    public String getName() {

        return name;
    }
```

```
    /**
     *返回人的住址
     * @return 人的住址
     */
    public String getAddress() {

        return address;
    }
    /**
     *返回代表人的属性信息的字符串
     * @return 代表人的属性信息的字符串
     */
    public String toString() {
        return "name: "+ name + "_address:  " + address;
    }
}
```

示例 4-16　扩展与重写:子类 Employee

```
/**
 * 建模雇员的类
 */
public class Employee extends Person  {

    /*雇员薪水 */
    private double salary;

    /**
     *构造函数
     *
     * @param initialName 初始化雇员的名字
     * @param initialAddress 初始化雇员的地址
     * @param initialSalary 初始化雇员的薪水
     */
    public Employee (String initialName, String initialAddress,
        double initialSalary) {

        super(initialName, initialAddress);
salary = initialSalary;
    }

    /**
     *返回雇员的薪水
```

```
    * @return 雇员薪水
    */
    public double getSalary() {

        return salary;
    }

    /**
     * 更新雇员的薪水
     * @param Salary 更新的薪水
     */
    public void setSalary(double Salary) {

        this.salary = Salary;
    }
    /**
     * 返回代表雇员的属性信息的字符串
     * @return 代表雇员的属性信息的字符串
     */
    @Override
    public String toString() {
        return super.toString()+ "_salary: " + salary;
    }
}
```

方法重写时应遵循下述原则：子类中重写的方法不能比基类中被重写的方法有更严格的访问权限(可以相同)。例如，基类 Person 中的 toString()方法的访问权限为 protected 类型，那么在子类中重写该方法时，该方法的访问权限必须为 protected 或 public，而不能为 private。如果需要复用基类中被重写的方法，则需要使用 super 指针调用基类中的方法，例如示例 4-4。

在 Java 中，程序员定义的或类库中提供的类都直接或间接地继承 java.lang.Object，它是所有类的基类。Object 提供的所有方法都被程序员编写的类所继承，在实际应用中，Object 提供的 equals()方法和 toString()方法易被重写。

1. equals *方法*

Object 中的 equals()方法的定义格式如下：

```
public boolean equals(Object obj){
    //方法体
}
```

在 Object 的定义中，该方法比较两个对象(调用该方法的对象和参数中传递的对象)的引用是否相同，即比较两个对象是否是同一个对象。如果是同一个对象，返回 true，否则返回 false。

使用示例 4-1 中的 Person 类，在示例 4-2 的基础上增加 main()方法形成示例 4-17，以验证 Object 中的提供的 equals()方法与关系运算符“==”提供的功能一致。运行示例4-17，可以看到示例 4-18 所示的结果。由于 Employee 和 Person 类都未提供重写的 equals()方法，那么在 Employee 中的 main()方法中，调用的 Employee 类的 equals()方法是从 Object 中继承的，该方法实现的功能是比较两个 Employee 对象是否是同一个对象，程序的执行结果验证了这一点。

示例 4-17　Object 中 equals()方法功能的验证

```
/**
 * 建模一般雇员的类 Employee
 */
public class Employee extends Person  {

    /* 雇员的薪水 */
    private double salary;

    /**
     * 构造一个雇员对象
     *
     * @param initialName  初始化雇员的名字
     * @param initialAddress 初始化雇员的地址
     * @param initialSalary 初始化雇员的薪水
     */
    public Employee (String initialName, String initialAddress,
        double initialSalary) {

        super(initialName, initialAddress);
        salary = initialSalary;
    }

    /**
     * 返回雇员的薪水
     * @return 雇员薪水
     */
    public double getSalary() {
        return salary;
    }

    /**
     * 更新雇员的薪水
     * @param Salary 更新的薪水
     */
```

```
    public void setSalary(double Salary) {

        this.salary = Salary;
    }

    public static void main(String[] arg){

        Employee employee1 = new Employee("xiao","nwpu",200.0d);
        Employee employee2 = new Employee("xiao","nwpu",200.0d);
        Employee employee3 = employee1;
        //同一个 Employee 对象的比较
        if (employee1.equals(employee3)) {
            System.out.println("true");
        } else {
            System.out.println("false");
        }
        //内容相同的不同 Employee 对象的比较
        if (employee1.equals(employee2)) {
            System.out.println("true");
        } else {
            System.out.println("false");
        }
        //同一个 Employee 对象的比较
        if (employee1 == employee3) {
            System.out.println("true");
        } else {
            System.out.println("false");
        }
        //内容相同的不同 Employee 对象的比较
        if (employee1 == employee2) {
            System.out.println("true");
        } else {
        System.out.println("false");
        }
    }
}
```

示例 4-18　示例 4-17 的运行结果

```
true
false
true
false
```

在大部分情况下，比较两个对象是否是同一个对象一般不实用。例如，比较两个字符串是否相同，一般比较字符串的内容是否一致。因此，Java 类库中提供的字符串类 String 将从 Object 继承的 equals()方法进行了重写，其 equals()方法比较的是字符串的内容是否相等。类库中提供的很多类都对 Object 中提供的 equals()方法进行了重写，例如，包装类 Boolean，Integer，Float，等等。

如果两个 Employee 对象是否相同取决于它们的属性内容是否一致，那么应该在 Employee 类中提供重写的 equals()方法，如示例 4－19 的黑体部分所示，在该示例的 main()方法中有 4 处比较两个 Employee 对象是否相同。由于程序中前 3 处比较的两个 Employee 对象的内容都是相同的，所以，结果分别为 true。最后一处比较，由于是 Employee 对象和 Person 对象的比较，equals()方法传过来的参数不是一个 Employee 对象，所以，结果为 false。示例4－19 的执行结果见示例 4－20。

示例 4－19　equals()方法的演示

```
/**
 *建模一般雇员的类 Employee
 */
public class Employee extends Person  {
        /*雇员的薪水 */
        private double salary;
        /**
         *比较两个雇员对象是否相等，重写 Object 中的 equals()方法
         * @param o 比较对象
        * @return   true 或 false
         */
        @Override
    public boolean equals(Object o) {

          if (o instanceof Employee) {
          Employee e = (Employee)o;
          return this.getName().equals(e.getName())
                && this.getAddress().equals(e.getAddress())
                && this.getSalary() == e.getSalary() ;
          } else {
                return false;
          }
}

    public static void main(String[] arg){

        Employee employee1 = new Employee("xiao","nwpu",200.0d);
        Employee employee2 = new Employee("xiao","nwpu",200.0d);
        Employee employee3 = employee1;
```

```
        //1:同一个 Employee 对象的比较
        if (employee1.equals(employee3)) {
            System.out.println("true");
        } else {
            System.out.println("false");
        }
        //2:内容相同的不同 Employee 对象的比较
        if (employee1.equals(employee2)) {
            System.out.println("true");
        } else {
            System.out.println("false");
        }
        Person person = employee2;
//3:内容相同的不同 Employee 对象的比较,person 指向的是一个 Employee 对象
        if (employee1.equals(person)) {
            System.out.println("true");
        } else {
            System.out.println("false");
        }
        person = new Person("xiao","nwpu");
//4:employee 对象和 Person 对象的比较,person 指向的是一个 Person 对象
        if (employee1.equals(person)) {
            System.out.println("true");
        } else {
            System.out.println("false");
        }
    }
}
```

示例 4-20　示例 4-19 的编译和运行结果

```
true
true
true
false
```

2. toString()方法

Object 中的 toString()方法的定义格式如下：

```
public String toString(){
    return getClass().getName() + "@" + Integer.toHexString(hashCode());
}
```

在 Object 的定义中，toString()方法返回格式为“ClassName@number ”的字符串，即返回“类名@对象哈希码的十六进制表示”。例如，对于示例 4－21 所示的 Point2D 并未提供 toString()方法，程序中调用的 toString()方法是 Point2D 从 Object 中继承的，执行该示例的结果见示例 4－22。

示例 4－21　Point2D. java

```
public class Point2D {

    private float x;
    private float y;

    public Point2D(float initialX, float initialY) {

        x = initialX;
        y = initialY;
    }

    public float getX() {

        return x;
    }

    public float getY() {

        return y;
    }

    public static void main(String[] args) {

        Point2D pointOne = new Point2D(100.0f,200.0f);
        System.out.println(pointOne.toString());
    }
}
```

示例 4－22　示例 4－21 的运行结果

```
example4_21.Point2D@36baf30c
```

示例 4－21 的程序中黑体部分的语句与下述语句等价：

```
System.out.println(pointOne);
```

一般而言，对于 System. out. println(object)，object 可以是任意类型的对象，该对象的 toString()方法会自动被激活，它相当于语句 System. out. println(object. toString())。在实际应用中，一般会重写 toString()方法，使它实现将一个对象有关属性信息转换成一定格式、实用的字符串信息的功能。例如，在 Point2D 中，可以提供重写的 toString()方法实现返回 x

和y坐标值的功能，其格式如下：

```
public String toString() {
    return "x = "+ x + ", y = " + y;
}
```

另外，例如示例4-15和示例4-16，以及第2.3节中雇员信息管理系统部分类的实现也重写的toString()方法。

4.2 UML类图的实现

对于雇员信息管理系统的实现，根据本章所学知识，可以实现图2-18中的类GeneralEmployee（注意：该类图中GeneralEmployee的父类Employee和上文示例中的Employee类是不同的），见示例4-23。

对于公共交通信息查询系统部分类的实现（图2-20中的类TransportLine），读者可以模仿雇员信息管理系统的实现，如果掌握本章所讲内容，类似的编程实现很容易。

示例4-23 GeneralEmployee.java

```
import java.sql.Date;
/*
 *普通雇员类,该类雇员每月拿固定的工资
 */
public class GeneralEmployee extends Employee {

    protected double fixMonthSalary; //普通雇员的固定月薪

    /**
     * 初始化雇员基本信息的构造函数
     * @param initId 雇员的唯一身份标示
     * @param initName 雇员的名字
     * @param initBirthday 雇员的出生日期
     * @param initMobileTel 雇员的联系方式
     * @param initMonthlySalary 普通雇员的月薪
     */
    public GeneralEmployee(String initId, String initName, Date initBirthday,
            String initMobileTel, double initMonthlySalary) {

        super(initId, initName, initBirthday, initMobileTel);
        fixMonthSalary = initMonthlySalary;
    }

    /**
     * 获得雇员的固定月薪
     */
```

```
    public double getFixMonthSalary() {

        return fixMonthSalary;
    }

    /**
     * 获得雇员的每月的薪水
     */
    public double getMonthSalary(Date day) {

        return fixMonthSalary;
    }
}
```

第5章　多态性的 Java 编程实现

多态性是面向对象的特点之一，它是继承机制的特点。通常，多态性包括变量的多态性和方法的多态性两个方面：

(1)变量的多态性，是指子类的对象都可以赋给基类类型的变量，这样，基类类型的变量可以指向自身类型的对象，也可以指向其任意子类类型的对象，称基类类型的变量是多态的变量。

(2)方法的多态性，是指在通过基类类型的变量调用方法(该方法是被子类重写的方法)时，要根据基类类型的变量指向的具体类型，绑定具体类型对象的方法体去执行。

下述将以 Java 程序为例，从变量的多态性和方法的多态性两个方面理解面向对象的多态性。

5.1　变量的多态性

向上类型转型允许子类类型的对象当作基类类型的对象使用。例如示例 4-9，Person 类型的变量 person 可以指向 Person 类型的对象，也可以指向 Employee 类型的对象，即下面两种情况都是合法的：

```
Person person = new Person("xiao", "nwpu");
Person person = new Employee("xiao", "nwpu", 200.0d);
```

可以看出 Person 类型的变量不但可以指向自身类型的对象 new Person("xiao", "nwpu")，还可以指向其子类型的对象 new Employee("xiao", "nwpu", 200.0d)。所以，基类 Person 类型的变量可以指向不同类型的对象，是多态的，或者说 Person 类型的变量是多态的变量。

为了更深刻地理解变量的多态性，这里再举一个较复杂的例子。如示例 5-1 所示，类 Shape 表示可以被绘制、擦除的一类几何形状。类 Circle、类 Square 和类 Triangle 分别继承类 Shape，它们分别代表可以被绘制、擦除的特定几何形状：圆形、正方形和三角形。由于在 main()方法中，定义了 Shape 数组类型的变量 s，所以，变量 s[i]不但可以指向自身类型的对象 new Shape()，还可以指向其子类型的对象 new Circle()，new Square()和 new Triangle()，即基类 Shape 类型的变量 s[i]是多态的变量。

示例 5-1　多态变量的演示

```
/**
 * 建模形状的类
 */
```

```
class Shape {
        /**
         * 绘制
         */
      void draw() { }
        /**
         * 擦除
         */
      void erase() { }
}
/**
  * 建模圆的类
  */
class Circle extends Shape {
        /**
         * 重写基类中绘制方法
         */
      void draw() {
          System.out.println("Circle.draw()");
      }
      /**
       * 重写基类中擦除方法
       */
      void erase() {
          System.out.println("Circle.erase()");
      }
}
/**
  * 建模矩形的类
  */
class Square extends Shape {
      /**
       * 重写基类中绘制方法
       */
      void draw() {
          System.out.println("Square.draw()");
      }
      /**
       * 重写基类中擦除方法
       */
      void erase() {
```

```
        System.out.println("Square.erase()");
    }
}
/**
 *建模三角形的类
 */
class Triangle extends Shape {
    /**
     *重写基类中绘制方法
     */
    void draw() {
        System.out.println("Triangle.draw()");
    }
    /**
     *重写基类中擦除方法
     */
    void erase() {
        System.out.println("Triangle.erase()");
    }
}
public class Shapes {
    /**
     *随机创建Shape对象
     */
    public static Shape randShape() {
        switch((int)(Math.random() * 3)) {
          default:
          case 0: return new Circle();
          case 1: return new Square();
          case 2: return new Triangle();
        }
    }
    public static void main(String[] args) {
        //声明Shape类型的数组对象并初始化
        Shape[] s = new Shape[9];
        // 初始化数组元素
        for(int i = 0; i < s.length; i++){
            s[i] = randShape();
        }
    }
}
```

由示例 5－1 中 main()方法的代码可以看出，多态的变量(Shape[] s)使得程序员“忘记”了不同子类(Circle，Square，Triangle)之间的差异，它们都当作基类型(Shape)的对象来使用，所以程序员可以撰写出示例 5－1 黑体部分的代码。

5.2　方法的多态性

对于示例 4－15 和示例 4－16，由于 Employee 类重写了从 Person 类继承的 toString()方法，那么，对于示例 5－2 和示例 5－3，person. toString 执行的是 Person 类的 toString()方法体还是 Employee 类的 toString()方法体？这就体现了方法的多态性。

示例 5－2　多态方法的演示 1

```
Employee   employee = new Employee("Joe", "100 Ave", 3.0d);
Person   person =   employee;
System.out.println(person . toString());
```

示例 5－3　多态方法的演示 2

```
Person person = new Person("xiao", "nwpu");
System.out.println(person.toString());
```

对于语句 person. toString()，java 虚拟机会根据变量 person 指向的具体数据类型确定调用哪个方法体。对于示例 5－2，上述 person 指向的具体数据类型为 Employee，person. toString()执行的是 Employee 类的 toString()方法体。对于示例 5－3，person. toString()执行的是 Person 类的 toString()方法体。根据多态变量 person 指向的具体数据类型，同样的方法调用 person. toString 而执行不同的方法体，这就是方法的多态性。

在示例 5－1 的 main()方法中，增加调用 draw()方法的 for 循环语句，形成示例 5－4。

示例 5－4　多态方法的演示 3

```
/**
 * 建模形状的类
 */
class Shape {
    /**
     * 绘制
     */
    void draw() { }
    /**
     * 擦除
     */
    void erase() { }
}
/**
 * 建模圆的类
 */
class Circle extends Shape {
```

```
    /**
     * 重写基类中绘制方法
     */
    void draw() {
        System.out.println("Circle.draw()");
    }
    /**
     * 重写基类中擦除方法
     */
    void erase() {
        System.out.println("Circle.erase()");
    }
}
/**
 * 建模矩形的类
 */
class Square extends Shape {
    /**
     * 重写基类中绘制方法
     */
    void draw() {
        System.out.println("Square.draw()");
    }
    /**
     * 重写基类中擦除方法
     */
    void erase() {
        System.out.println("Square.erase()");
    }
}
/**
 * 建模三角形的类
 */
class Triangle extends Shape {
    /**
     * 重写基类中绘制方法
     */
    void draw() {
        System.out.println("Triangle.draw()");
    }
    /**
     * 重写基类中擦除方法
```

```
        */
        void erase() {
            System.out.println("Triangle.erase()");
        }
    }
    public class Shapes {
        /**
         * 随机创建 Shape 对象
         */
        public static Shape randShape() {
            switch((int)(Math.random() * 3)) {
              default:
              case 0: return new Circle();
              case 1: return new Square();
              case 2: return new Triangle();
            }
        }
        public static void main(String[] args) {
            //声明 Shape 类型的数组对象并初始化
            Shape[] s = new Shape[9];
            //初始化数组元素
            for(int i = 0; i < s.length; i++){
                s[i] = randShape();
            }
            //多态方法调用的演示
            for(int i = 0; i < s.length; i++){
                s[i].draw();
            }
        }
    }
```

对于示例 5-4，程序员无须考虑变量 s[i]具体指向什么数据类型的对象，程序运行时根据变量 s[i]指向的具体对象类型，将方法 s[i].draw 的调用和相应类型中的方法体进行绑定。如果 s[i]指向 Square 类型的对象，方法 s[i].draw 的调用就会去执行类 Square 中的方法体，其余同理，示例 5-4 的执行结果见示例 5-5。

示例 5-5　示例 5-4 的运行结果

```
Square.draw()
Triangle.draw()
Circle.draw()
Triangle.draw()
Circle.draw()
Square.draw()
Circle.draw()
```

```
Square. draw()
Square. draw()
//注意：由于 Math. random()函数的存在，结果不唯一
```

可以看出，多态的变量使程序员“忘记”了不同子类的差异，程序代码的大部分都仅操作基类的对象，但是多态的方法可以表达不同子类操作的差异性。

5.3 继承关系和关联关系

面向对象系统中功能复用的两种最常用技术是继承和类与类之间的关联关系，当设计人员熟悉了UML类图的语法，并在面向对象设计方面有一定的实践工作经验后，就会发现，有时类与类之间的关系可以建模为关联关系，也可以建模为继承关系，这时该怎么选择呢？本节从一个实际应用项目出发引导读者一起对该问题进行讨论。

1. *顾客信息系统*

现有一个顾客信息系统，本节采用英语描述，对重要单词进行汉语注释，并用黑体标示出该需求中的名词和名词短语，以便于分析设计类图。

The **customer information system** maintains information about two different kinds of **customers**:

Individual customers(个体顾客): For these customers, the system stores an ID and the information about a **person** (**name**, **home telephone number**, and **email**).

Institutional customers(机构顾客): For these customers, the system stores an ID and provides the capability(能力) of defining one or more **contact people** (联系人) for the institution(机构). The system stores the following information for each contact person: **name**, **home telephone number**, **email**, **work telephone number** (工作电话), and the **job position**(工作地址) of the contact in the institution.

Assume that each customer has a unique ID and that IDs cannot be modified. Assume each contact for an institution has a unique name.

The system provides the following functions:

- Add a customer into the system.
- Look up a customer given an ID.
- Remove a customer from the system given an ID.
- Add a new contact for an institutional customer.
- Look up a contact given the ID of the institution and the name of the contact.
- Remove a contact given the ID of the institution and the name of the contact.

读者可以根据第2章3个项目案例的建模方法对该顾客信息系统的案例进行设计，在顾客信息系统中，很显然，顾客可以作为基类，个体顾客和机构顾客是它的两个子类，而对于individualCustomer和Person的关系，有的设计者建模为1对1的关联关系，也有的设计者建模为继承关系。这时，哪个方案更好？

2. *关联关系和继承关系*

类与类之间建模为继承，在编程语言中子类使用关键字extends可轻易复用父类的功能，

而且系统可以扩展新的子类，代价较小。例如，对于顾客而言，除了 individual customer 和 institutional customer，还可以再增加其他类型的顾客，例如商业顾客等。但是，子类依赖于父类特定功能的实现细节，若父类发生变化，即使子类的代码没有改变，子类的一些功能可能无法正常实现。这时因为继承打破了基类封装，基类向子类暴露了实现细节。而类与类之间建模为关联时，由于通过接口访问对象，因此并不破坏封装性，而且类操作是基于被包含类的公开操作接口而写的，所以实现上存在较少的依赖关系，使每个类专注于一个任务。所以，笔者建议，除非用到向上转型、多态的优势（即继承的优势），否则优先使用关联关系建模，而不是继承。在顾客信息系统中，图 5－1 所示的类图是很好的设计方案，因为 Customer 作为基类，系统要维护该基类的集合并提供相关操作，用户会用到向上转型和多态，这里的继承关系非常合适。对于 individualCustomer 和 Person 的关系，根据上述的指导思想，将 individualCustomer 和 Person 建模为关联关系是一个很好的解决办法。

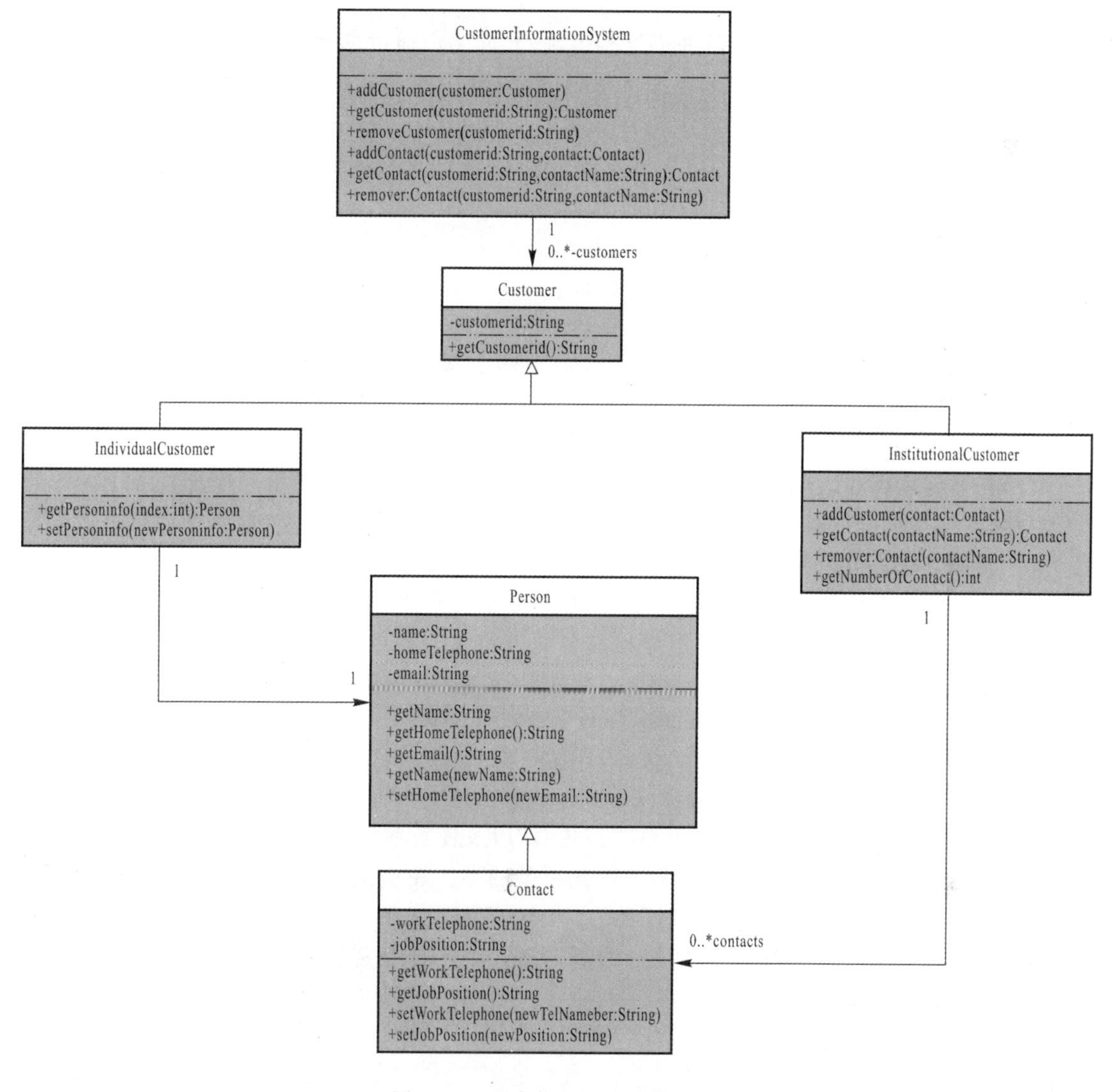

图 5－1　顾客信息系统设计类图

第 6 章　泛型和关联关系的 Java 编程实现

6.1　泛　　型

自 JDK 1.5 版本以后，Java 引进了泛型机制，允许用户通过参数化类型（即保留一些类型不被指定）创建泛型类、泛型接口和泛型方法，以代码复用的形式提高软件开发的效率。各种程序设计语言及其编译器对泛型的支持方式有所不同：C++通过模板实现泛型机制，Java 通过类型擦除机制实现泛型机制，本章举例说明 Java 泛型机制及其原理。

6.1.1　泛型类

一般情况下，声明和使用泛型类的方法如下：

(1)先书写一个类，如示例 6-1 中的类 Pair。

(2)将此类中准备改变的类型名（如类 Pair 中两个属性的数据类型由相同的 String 类型改变为其他的数据类型，如 float 或 Point2D）改用一个自己指定的虚拟类型名（如示例 6-2 将类 Pair 中的两个属性的数据类型分别修改为参数类型 A 和 B）。

(3)在类名后面加入<类型参数>，如在示例 6-2 中的类 Pair 的后面增加<A,B>。泛型类中的泛型参数可以有多个，它们之间用逗号分隔。对于这些泛型参数，该泛型类中除了静态方法，其他方法都可以将它们作为参数类型或返回类型。

(4)通过泛型类声明对象和创建对象时，必须分别为类型参数代入实际的类型名，除了代入实际的类型外，泛型类声明和创建对象与普通类定义对象的形式相同。例如，对于泛型类 Pair，将实际的类型 int 和 double 分别代入 A 和 B，具体格式如下：

```
Pair<int, double>  obj= new Pair<int, double>(10,0.8d);
```

参数化类型允许用户在编写一个类时，保留一些类型不被指定，这样就可以实现一组在多种数据类型下使用的函数。例如，示例 6-1 是一个描述“字符串对”的类，如果让该类不仅可以描述字符串对，还可以描述“二维点对”“整数对”以及任意数据类型的“元素对”，则可将示例 6-1 所示的类改写为如示例 6-2 所示参数化类型的类。在示例 6-2 的 main 方法中，分别通过泛型 Pair<A,B>创建了“字符串对”和“二维点对”。

Java 类库中有很多类都是泛型类，例如，Java 所有的集合或容器类都是泛型类，包括 ArrayList<E>，Map<A，B>，等等。

示例 6-1　Pair.java

```
class Pair {
    private String element1;
```

```
    private String element2;
    public Pair(String element1,String element2){
        this.element1 = element1;
        this.element2 = element2;
    }
    public String getElement1(){
        return element1;
    }
    public String getElement2(){
        return element2;
    }
    public static void main(String[] args) {
Pair pairOne   = new Pair("1","2");
System.out.println(pairOne.getElement1()+" "+ pairOne.getElement2());
    }
}
```

示例 6－2　泛型类 Pair<A,B>的实现

```
class Pair<A,B> {
    private A element1;
    private B element2;
    public Pair(A element1, B element2){
        this.element1 = element1;
        this.element2 = element2;
    }
    public A getElement1(){
        return element1;
    }
    public B getElement2(){
        return element2;
    }
}
    public static void main(String[] args) {
        Pair<String,String> pairOne   =
            new Pair<String,String>("1","2");
        System.out.println(pairOne.getElement1()+" "
            + pairOne.getElement2());
        Pair<Point2D,Point2D> pairTwo   =
          new Pair<Point2D,Point2D>(new Point2D(100.0f,200.f),new Point2D(300.0f,400.0f));
        System.out.println(pairTwo.getElement1()+" "
            + pairTwo.getElement2());
    }
}
//注:Point2D 类见示例 4－21
```

6.1.2 泛型接口

泛型接口与泛型类的定义和使用基本相同，但也存在一些区别。示例6-3中的GenericInterface为一个泛型接口。子类在继承泛型接口的时候需要在接口处声明泛型的类型，如示例6-3的ClassA继承了泛型接口GenericInterface并指明父类接口的泛型类型为Integer。子类在继承泛型接口时仍然可以使用泛型，示例6-3的ClassB继承了泛型接口GenericInterface并仍然使用了泛型。

示例6-3 泛型接口GenericInterface <T>的实现和继承

```
interface GenericInterface <T> {
    T getValue(T t);
}

classClassA implements GenericInterface <Integer> {
    publicInteger getValue(Integer i) {
        return i;
    }
}

classClassB <T>implements GenericInterface <T> {
    public T getValue(T t) {
        return t;
    }
}
```

6.1.3 泛型方法

Java还支持使用泛型方法。其函数类型和形参类型不具体指定，用一个参数类型来代表，凡是函数体相同的函数都可以用这个泛型方法来代替，不必定义多个函数，只需在泛型方法中定义一次即可。

泛型方法声明格式与普通方法相比，要在其声明中增加一个“<类型参数列表>”，例如，public <E> void method(E e) {…}。参数列表可以包含多个类型参数，每个类型参数之间用逗号分隔，这些类型参数可以作为方法的参数类型或返回类型运用。

示例6-4定义了一个泛型方法f，并且在main方法中进行了3次调用，每次调用所传实参的数据类型都不同。从该例可以看出，调用泛型方法与调用普通方法一样，不必指明参数类型，直接给出实参值即可，泛型方法可以看作被无限次重载过。

示例6-5定义了一个用于求解最小值的泛型方法min，该方法接收的两个参数泛型类型为K，而且该类型必须继承Comparable。因此在调用该泛型方法时，为了实现计算最小值的功能，实参无论什么类型，都必须满足一个条件：该数据类型必须继承Comparable，这限定了类型的上限为Comparable。

示例6-4 泛型方法示例(一)

```
public class GenericMethods {
```

```
    public <T> void f(T t){
        System.out.println(t.toString());
    }
    public static void main(String[] args){
        GenericMethods gm = new GenericMethods();
        gm.f("Hello");
        gm.f(new Product("coffee",27,34.0d));
        gm.f(new Point2D(23.0f,45.0f));
    }
}

//注:Product 类见示例 3-37
//注:Point2D 类见示例 4-21
```

示例 6-5　泛型方法示例(二)

```
public class Comparison {
    public static <K extends Comparable> K min(K k1, K k2) {

      if (k1.compareTo(k2) > 0) {
        return k2;
      } else {
        return k1;
      }
}

    public static void main(String[] args){
      int m =10, n=100;
      int i = min(n,m);
      float j =12.6f, k=21.9f;
      float f = min(j,k);
      System.out.println("the min value of m and n is "+ i + "\nthe"
      +" min value of j and k is   " + f);
    }
}
```

6.1.4　讨论

如果使用泛型方法可以取代将整个类泛型化,就应该仅使用泛型方法,这样更灵活。对于 static 方法,由于无法访问泛型类的类型参数,如果需要泛型能力,必须使其成为泛型方法。

泛型参数 T 是类型形参,类似于占位符的作用,会在程序运行时替换成具体的类型。而泛型通配符"?"是类型实参,是 Java 定义的特殊类型,当具体类型不确定或不需要使用类型的具体功能时,可以使用泛型通配符? 表示未知类型。

Java 的泛型只在编译阶段有效,Java 的编译器在编译 Java 源程序时,会采取去泛型化的措施,将泛型中出现的类型参数用指定的"bound"代替。例如:对于示例 6-4,用户没有指定泛型的“bound”，则在编译时会用Object代替泛型T；对于示例6-5，用户指定了泛型K的“bound”为Comparable，则在编译时会用Comparable代替泛型K。示例6-6给出了Java泛型的擦除机制示例，在该例子中，编写了一个包含泛型方法的类GenericMethod，并给出了编译时的擦除机制将上述包含泛型的类GenericMethod翻译之后的代码，可以看出，擦除机制将参数类型T用Object代替。

示例6-6 Java泛型的擦除机制示例

```
//泛型方法示例
public class GenericMethod{
    public static <T> T aMethod(T anObject){
        return anObject;
    }
    public static void main(String[] args){
        String greeting = "Hi";
        String reply = aMethod(greeting);
    }
}
//编译时的擦除机制将上述包含泛型的代码翻译为以下代码
public class GenericMethod{
    public static Object aMethod(Object anObject){
        return anObject;
    }
    public static void main(String[] args){
        String greeting = "Hi";
        String reply = (String)aMethod(greeting);
    }
}
```

6.2 关联关系的Java编程实现

在UML类图中，类之间的关联关系要体现关联的数量、关联的引用和关联的方向性，以便用面向对象的语言编程实现。在2.1节中已经学习过，如果类A与类B是单向1对1的关联关系，并设关联的引用为b，则b将作为类A的私有属性，其数据类型是类B，对于这种关联关系的实现，如果类A与类B是单向1对多的关联关系，并设关联的引用为bs，则bs将作为类A的私有属性，其数据类型是集合类型，集合中元素的数据类型为B，对于这种关联关系的实现，是本章的重点。

一般而言，就像1对多关联关系的实现，有时类需要管理和维护很多对象作为其属性。例如，在雇员信息管理系统中，销售清单需要管理和维护很多销售项，假设可以维护最多100个销售项，而在销售清单中，声明100个销售项类型的变量来存储和维护相应的销售项是不现实的，所以每种程序设计语言都提供了存储和管理一组对象的机制。例如，C语言提供了数组，Java语言提供了数组和集合(Collection)。

6.2.1　数组

Java 数组的长度不允许动态改变，其下标索引从 0 开始。数组元素可以是基本数据类型，也可以是引用类型。

1. 数组的声明

无论数组存储的元素是何种数据类型(即基本数据类型或引用类型)，这些元素都必须是同一种数据类型。声明一个存储整数类型的数组变量 ages，其声明格式为：

```
int[] ages;
```

该声明表示 ages 是 int[]类型的对象变量，它是一个一维数组，数组元素类型是 int 类型。Java 编程语言不允许声明时指定一个数组的大小。例如，int[] ages 的声明中，方括号中不允许指定具体数值。若用 Java 语言声明一个存储对象的数组，其声明格式为：

```
String[] names;
```

该声明表示 names 是 String[]类型的对象变量，它是一个一维数组，数组元素类型是 String 类型。在 Java 中，所有的对象变量存储的都是引用，由于数组变量都是对象变量，所以数组变量存储的是引用，它的初始值为 null。

2. 数组变量的初始化

数组变量作为一种对象变量，必须用 new 关键字进行初始化，初始化时指定创建数组的大小。格式如下：

```
int[] ages = new int[5];
String[] names = new String[6];
```

当数组对象创建时，Java 保证该数组元素的内容一定会被初始化为“零”值。例如，上述 ages 数组元素的内容为 0，names 数组元素的内容为 null。

数组在声明时也可以对其数组变量和数组元素内容同时进行初始化，数组元素初始化的内容要用逗号分隔并用一对花括号括在一起。例如，以下格式的语法都是允许的：

```
int[] ages = {21, 19, 35, 27, 55};
String[] names = {"Bob", "Achebe", null};
String[] names = new String[] {"Bob", "Achebe", null };
Point2D[] points = new Point2D[]{new Point2D(1.0f,1.0f),new Point2D(2.0f,3.0f)};
```

3. 数组的使用

所有的数组对象都包含一个 public 访问权限的实例变量 length，表示数组的长度，可以通过 length 对数组进行操作，例如：

```
int[] ages = new  int[5];
for(int index = 0; index < ages.length; index++){
        int x = ages[index]
}
```

在数组的使用中，受 C 语言数组的影响，往往认为数组长度不同的数组变量之间不能相互赋值。而在 Java 中，由于数组变量是对象变量，只要两个数组变量的数据类型相同，无论其初始化的数组对象的长度是否一致，都可以相互赋值。例如，示例 6－7 中对数组的使用是正确的，数组使用的语法格式是正确的。

示例6-7 数组应用举例

```
public class ArraySize {
    public static void main(String[] args) {
        //对象数组a,数组变量声明时对数组变量和数组内容同时初始化
        Point2D[] a = new Point2D[] {
          new Point2D(100.0f,800.0f), new Point2D(300.0f,400.0f)
        };
        //对象数组变量b,c的初始化,数组元素内容为null
        Point2D[] b = new Point2D[5];
        Point2D[] c = new Point2D[4];
        //为对象数组c的元素赋值
        for(int i = 0; i < c.length; i++){
          c[i] = new Point2D((float)i,(float)i);
        }
        // 基本数据类型数组e的声明,e是空引用
        int[] e;
        //基本数据类型数组f的声明和初始化,数组元素内容为0
        int[] f = new int[5];
        //基本数据类型数组e及其元素内容的初始化,数组元素内容分别为1和2
        e = new int[] {1, 2};
        //为基本数据类型数组f的元素内容初始化
        for(int i = 0; i < f.length; i++){
          f[i] = i * i;
        }
    //基本数据类型数组g及其元素内容的初始化,数组元素内容分别为11、47和93
      int[] g = { 11, 47, 93 };
      //由于b和c的数据类型一致,所以可以相互赋值
      b = c;
      //由于f和g的数据类型一致,所以可以相互赋值
      f = g;
    }
}
```

如果程序需要存储和操作一群同类型的对象,并且知道操作对象的最大数量,这时存储对象的第一选择应该是数组,另外如果需要存储和操作的是基本数据类型的集合,则选择数组作为存储的容器,操作效率较高。

6.2.2 容器和迭代器

在编写程序时,如果不知道程序究竟需要存储和维护多少对象,对象的数量是动态变化的,这时数组作为对象存储的容器就不能满足要求。为了解决这个问题,Java提供了一套容器类库(来自java.util包)。Java容器库中的容器可以分为两类:一类容器的基类是

Collection<E>，该类容器每个位置存储一个元素；另一类容器的基类是 Map<K，V>，该类容器每个位置存储两个元素，像个小型数据库，K 代表 key，V 代表 value，可以通过 key 在 Map<K， V>中找到对应的 value。在本书中，仅关注 Collection<E>类型的容器，主要是其子类 ArrayList<E>的使用，其他容器的使用方法与此类似。

1. 容器 java. util. ArrayList<E>

自 JDK 1.5 版本以后，Java API 提供的所有容器类均为泛型类。

(1)容器类的变量的声明和初始化。

```
List<E> a = new ArrayList<E>();
```

上述语句表示容器变量 a 中只能存放 E 类型的对象，假如试图将 E 类型对象以外的对象存入到 a 中，编译器将会报告这是一个错误。另外，容器 a 存储对象的个数没有限制。

(2)ArrayList 类常用的方法。ArrayList 类常用的方法见表 6 - 1。

表 6 - 1　ArrayList 类常用的方法

方法名称	功　能
ArrayList()	构建一个空的容器列表
int　size()	返回容器中容纳的元素数
boolean　add(Object o)	将指定的元素 o 添加到列表末尾
E　get(int index)	返回容器列表中指定位置 index 的元素
boolean　remove(Object o)	从容器列表中删除指定元素实例 o

(3)ArrayList<E>的遍历方法之一。通过类 ArrayList 提供的 size()和 get()方法可以实现对容器 ArrayList<E>的遍历，在遍历过程中，可以对容器进行访问对象和修改对象等操作，见示例 6 - 8。

示例 6 - 8　ArrayList<E>容器遍历方法之一

```
import java.util.*;
public class ArrayListExample {

    public static void main(String args[]){

        ArrayList<String> a = new ArrayList<String>();

        a.add(new String("xiao1"));
        a.add(new String("xiao2"));
        a.add(new String("xiao3"));

        /*遍历容器*/
        for(int j = 0; j < a.size(); j++){
            String str = a.get(j);
```

```
                System.out.println(str);
            }
        }
}
```

2. 迭代器 Iterator<E>的使用

继承 java.util.Collection 的容器子类都提供了一个方法 iterator()，它可以返回一个 Iterator<E> 对象，用来遍历并访问 Collection 容器所容纳的对象序列。例如：ArrayList<E> 提供了方法 iterator()返回自身的 Iterator<E>对象，用于遍历并访问 ArrayList<E>中的每个元素，容器提供的返回 Iterator<E>对象的方法声明如下：

```
public Iterator<E> iterator()
```

下面对 Iterator<E>提供的方法逐一说明。

(1)E next()：返回所访问容器中的下一个元素，第一次调用 next()方法时，它返回容器中的第一个元素。

(2)boolean hasNext()：判断容器中是否还有元素可以通过 next()方法进行访问并返回。

(3)void remove()：在调用 remove()之前必须先调用一次 next()方法，因为 next()就像在移动一个指针，remove()删除的就是指针刚刚跳过去的元素。即使连续删除两个相邻的元素，也必须在每次删除之前调用 next()。

例如，运用迭代器遍历 ArrayList<E>容器的方法见示例 6-9。

示例 6-9　ArrayList<E>容器遍历方法之二

```
/*遍历并访问容器中的元素*/
Iterator<String> e = a.iterator();
    while(e.hasNext()){
      String str = e.next();
        System.out.println(str);
}
```

Iterator<E> 对象可以把访问逻辑从不同类型的容器类中抽象出来，避免向客户端暴露容器的内部结构，它可以作为遍历容器类的标准访问方法。例如，ArrayList<String>，HashSet<String>，LinkedList<String>三种存储字符串的不同类型的容器，都可以使用 print 函数通过迭代器对其容器进行遍历访问，见示例 6-10。

示例 6-10　Iterator<E> 对象的使用

```
import java.util.*;
class PrintData {
    static void print(Iterator<String> e) {
      while(e.hasNext())
        System.out.println(e.next());
    }
}

public class Iterators {
```

```
    public static void main(String[] args) {
        ArrayList<String> arrayList = new ArrayList<String>();
        for(int i = 0; i < 5; i++) {
                //String.valueOf 方法将其他数据类型转成 String 类型
            arrayList.add(String.valueOf(i));
        }
        // HashSet 基于 HashMap 来实现的,是一个不允许有重复元素的集合
        HashSet<String> hashSet = new HashSet<String>();
        for(int i = 0; i < 5; i++) {
            hashSet.add(new String(String.valueOf(i)));
        }

        // LinkedList 是一种线性表,但是并不会按线性的顺序存储数据,类似于链表
        LinkedList<String>linkedList = new LinkedList<String>();
        for(int i = 0; i < 5; i++) {
            linkedList.add(new String(String.valueOf(i)));
        }
        System.out.println("-----------ArrayList------");
        PrintData.print(arrayList.iterator());
        System.out.println("------------HashSet---------");
        PrintData.print(hashSet.iterator());
        System.out.println("------------LinkedList----------");
        PrintData.print(linkedList.iterator());
    }
}
```

迭代器遍历容器期间，不允许通过容器变量和点运算符调用容器类的方法 add() 和 remove() 等修改容器元素的方法，否则程序会抛出一个运行时同步修改异常 java.util.ConcurrentModificationException，示例 6－11 所示黑体标记的代码是非法的。

示例 6－11　容器同步修改异常示例

```
import java.util.*;
public class Test {
    public static void main(String[] args){

        ArrayList<String>  arrayList = new ArrayList<String>();
        arrayList.add("ArrayList");
        arrayList.add(" and ");
        arrayList.add("Iterators");

        String result = "";
        Iterator<String>  iterator = arrayList.iterator();
        while (iterator.hasNext()) {
```

```
            result =  iterator.next();
            iterator.remove();
            arrayList.add("cat");//不允许,会抛出异常
                    //java.util.ConcurrentModificationException
        }
            System.out.println(result);
    }
}
```

3. for-each 循环的使用

for-each 循环提供了一种遍历和访问 Collection 容器的更简捷的方法，其语法见示例 6 - 12。for 循环括号中冒号右边的 c 表示 for 循环要遍历和访问的 Collection 类型的变量；冒号左边的 Point2D 表示所遍历容器的元素类型，在遍历容器的过程中，将容器中的元素逐个取出赋予变量 point。

示例 6 - 12　for-each 循环的语法

```
Collection<Point2D> c = new ArrayList<>();
for (Point2D point:c) {
    float x = point.getX();//对于容器 c 中存储的每一个元素 point,作如下处理……
}
```

示例 6 - 8 和示例 6 - 9 对容器 ArrayList 的遍历，可以修改为用 for-each 循环进行遍历，见示例 6 - 13。

示例 6 - 13　ArrayList 容器遍历方法之三

```
        /*遍历容器*/
        for (String str:a) {
            System.out.println(str);
        }
    }
}
```

for-each 循环的应用场合分为 3 种情况：

(1)对数组的元素进行遍历和访问。

(2)对 Collection(包括其所有的子类)类型的容器进行遍历和访问。

(3)对满足下面两个条件的一般类进行遍历和访问：

1)该类维护了一个容器类型的私有属性，即第 2.2 节描述的集合类；

2)该类实现了接口 java.lang.Iterable<T>，关于 Java 接口，详见 7.2 节中的描述。

例如，图 6 - 1 所示的类图，类 Client 是个集合类，如果 Client 实现了接口 java.lang.Iterable<T>，对 Client 类中存储的若干 BankAccount 对象就可以使用 for-each 循环对其进行遍历和访问。为了对第(3)种情况进行演示，本节编写了类 Client，BankAccount 和 TestClient，相关的界面编程实现见西北工业大学出版社网上资源。其中，类 Client 实现了接

口 java.lang.Iterable<T>，即为接口中的抽象方法 iterator()提供了方法体，类 TestClient 中的代码块是通过 for-each 循环对 Client 对象的访问。

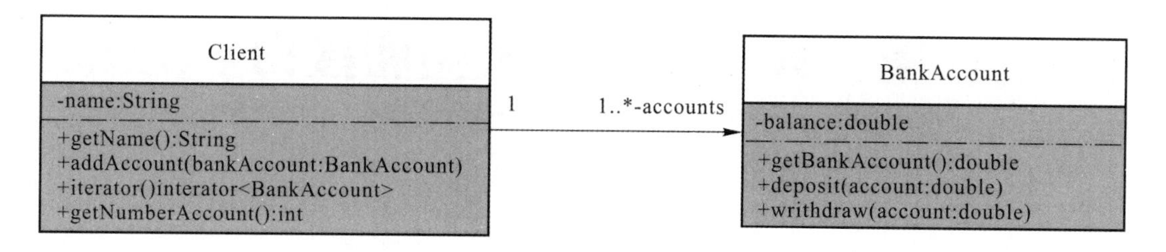

图 6-1　集合模型

6.3　UML 类图的实现

对于雇员信息管理系统的实现，根据本章所学知识可以实现图 2-18 所示类图中的类 HourEmployee、类 NonCommissionedEmployee、类 CommissionedEmployee、类 NCEMonthRecord、类 CEMonthRecord、类 SaleRecord、类 SaleList，以及类 WeekRecord，相关的界面编程实现见西北工业大学出版社网上资源。

对于公共交通信息查询系统部分类的实现(包括图 2-20 所示的类 LineList 和 StationSequence)和接口自动机系统部分类的实现(包括图 2-21 所示的类 StateSet、ActionSet 和 DeltaP)，读者可以模仿雇员信息管理系统的实现，如果掌握本章所讲内容，类似的编程实现很容易。

第 7 章　Java 抽象类和接口

7.1　抽　象　类

抽象类是将多个事物的共性抽取出来,进行描述。抽象类是一个概念,并不能指定具体存在的事物。如动物就是一个抽象类,因为世界上没有一个具体的事物叫动物,但世界上却有很多动物,比如老虎、狮子等。动物是抽象的事物,而老虎、狮子却是具体的事物。为了描述一个抽象的事物,Java 提供了抽象类的概念,用于描述抽象的事物,而一般非抽象类用于描述具体的事物。在本节的学习中,将学习抽象类的基本知识,并通过实例讲解抽象类的使用方法。

7.1.1　抽象方法

一个方法通过使用 abstract 关键字定义为抽象方法,抽象方法仅有方法声明,而没有方法体的定义。抽象方法仅包含方法的名称、参数列表、返回类型,但不含方法主体。例如定义一个抽象方法 sleep,格式如下:

```
public abstract void sleep(int  hours);
//抽象方法定义时,只需要声明,不需要实现方法体
```

7.1.2　抽象类的定义及使用方法

抽象方法必须被定义在抽象类中,即拥有抽象方法的类必须是抽象类。一个抽象类可以通过在 class 关键字前添加 abstract 关键字进行定义。抽象类定义的格式如下:

```
public abstract class ClassName {
    //类体
}
```

在 UML 类图中,抽象类和抽象方法的表示有两种方式,一种方式是用斜体书写抽象类名和抽象方法,例如图 7-1 所示的抽象类 Container,另一种方式是通过{abstract}属性对抽象类和抽象方法进行标记,例如图 7-2 所示的抽象类 Container。

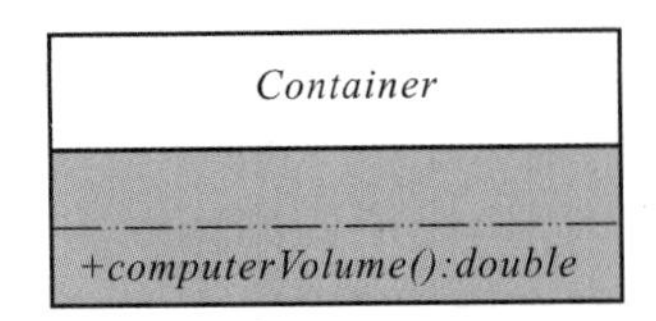

图 7-1　抽象类的表示Ⅰ

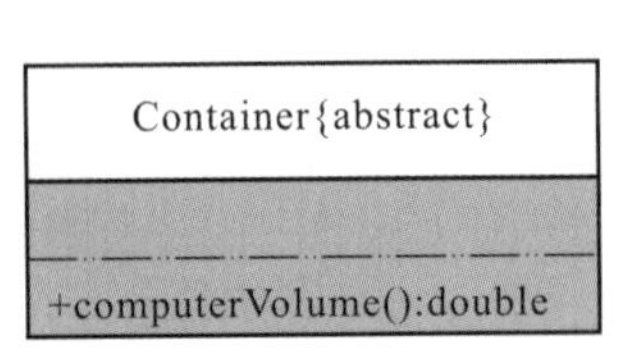

图 7-2　抽象类的表示Ⅱ

在抽象类中可以定义抽象方法，也可以不定义抽象方法，见示例 7－1。

示例 7－1　抽象类 Person 的定义

```
/**
 *建模一个抽象意义的人
 */
public abstract class Person  {
    /* 人的名字 */
    private String  name;

    /* 人的住址 */
    private String  address;

    /**
     * 构造函数
     *
     * @param initialName 初始化人的名字
     * @param initialAddress 初始化人的住址
     */
    public Person (String initialName, String initialAddress) {

        name = initialName;
        address = initialAddress;
    }

    /**
     * 返回人的名字
     * @return 人的名字
     */
    public String getName() {

        return name;
    }

    /**
     * 返回人的住址
     * @return 人的住址
     */
    public String getAddress() {

        return address;
    }
}
```

抽象类也是一种对象类型,可以通过它声明对象类型的变量,但不能通过 new 调用抽象类的构造函数创建抽象类实例。例如对抽象类 Container 的使用:

```
Container container;//可以
container = new Container();//不可以
```

抽象类是一种作为基类的类型,可以被扩展/继承,创建子类,如图 7-3 所示,继承的语法和含义与 4.1.1 节讲述的语法类似。抽象类的子类,必须重写父类中所有的抽象方法,否则编译无法通过,除非该子类也被定义为抽象类,则该子类可以包含继承的抽象方法,而不提供方法体。示例 7-2 和示例 7-3 是继承抽象类 Container 的两个子类 Wagon 和 Tank 的代码,它们分别为抽象类的抽象方法 computeVolume()提供了方法体,成为一般类。

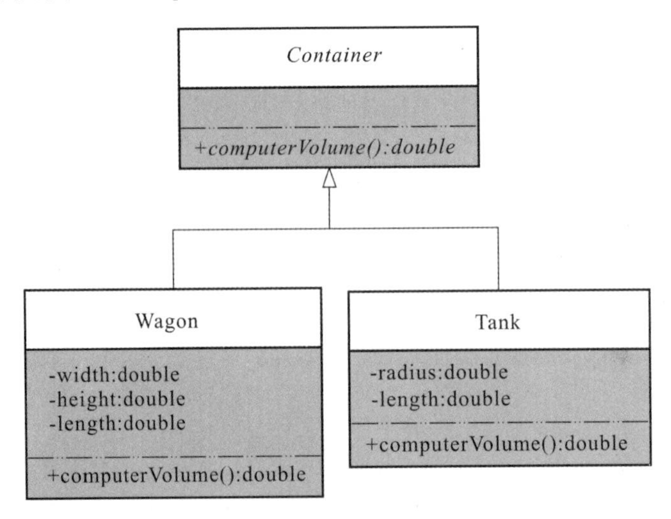

图 7-3 抽象类及其继承示例

示例 7-2 抽象类 Container 的定义

```
/**
 *建模一个抽象意义容器
 */
public abstract class Container {
    //计算容积的抽象方法
    public abstract double  computeVolume();
}
```

示例 7-3 类 Wagon 的定义

```
/**
 *建模容器 Wagon,实现抽象意义的容器 Container
 */
public class  Wagon  extends  Container  {

    /*容器 Wagon 的宽度 */
    private double  width;
```

```
    /*容器 Wagon 的高度*/
    private double  height;
    /*容器 Wagon 的长度 */
    private double  length;
    /**
        *构造函数,为容器 Wagon 的长、宽和高初始化
        *@param initialWidth 初始化容器 Wagon 的宽度
        *@paraminitialHeight 初始化容器 Wagon 的高度
        *@paraminitialLength 初始化容器 Wagon 的长度
        */
    public Wagon(double initialWidth,double initialHeight, double initialLength) {
        width = initialWidth;
        height = initialHeight;
        length = initialLength;
    }
    /**
        *返回容器 Wagon 的容积
        */
    public double  computeVolume() {
        return width * height * length;
    }
    /**
        *返回容器 Wagon 容积的字符串信息
        */
    public String toString(){
        return "Wagon.computeVolume():";
    }
}
```

示例 7-4　类 Tank 的定义

```
/**
*建模容器 Tank,实现抽象意义的容器 Container
*/
public class  Tank  extends  Container  {

    // 容器 Tank 的半径
    private double  radius;
    //容器 Tank 的长度
    private double  length;
    /**
        *构造函数,为容器 Tank 的长度和半径初始化
        *@paraminitialRadius 初始化容器 Tank 的半径
        *@paraminitialLength 初始化容器 Tank 的长度
```

```
    */
    public Tank(double initialRadius,double initialLength) {
        radius = initialRadius;
        length = initialLength;
    }
    /**
     *返回容器Tank的容积
    */
    public double  computeVolume() {
        return Math.PI * radius * radius * length;
    }
     /**
     *返回容器Tank容积的字符串信息
     */
    public String toString(){
        return "Tank.computeVolume():";
    }
}
```

所有继承抽象类的子类对象都可以赋值给抽象类的变量,例如:

```
Container container;
container = new Wagon(width, height, length);
container = new Tank((radius, length);
```

与一般类一样,基类Container类型的变量是多态的变量,抽象类中被子类继承并且重写的方法computeVolume()是多态的方法,即继承抽象类Container的子类中,所有与类Container所声明的函数特征computeVolume()相符的函数,都会通过动态绑定的机制调用,根据container指向的具体数据类型调用相应的方法体。

在示例7-2、示例7-3、示例7-4的基础上,编写程序ContainerDemo.java演示多态性,见示例7-5。main()方法中数组containers中的每个元素containers[i](0≤i≤9)都是多态的变量,方法containers[index].computeVolume()是多态的方法。该程序的运行结果参见示例7-6,根据运行结果,可以帮助读者进一步理解多态的含义。

示例7-5　ContainerDemo.Java

```
/**
*演示抽象类机制的多态性的类
*/
public class ContainerDemo {
    private static final String NEW_LINE = System.getProperty("line.separator");//换行符
    /**
     *随机生成容器类型的对象
     */
    public static Container randContainer() {
        double width = Math.random() * 100;
```

```
        double height =Math.random() * 200;
        double length =Math.random() * 300;
        double radius =Math.random() * 400;
        switch((int)(Math.random() * 3)) {
            default:
            case 0: return new Wagon(width, height, length);
            case 1: return new Tank(radius, length);
        }
    }

    public static void main(String[] args){
      String out = "";
      //声明容器类型的数组,并初始化数组类型的对象
      Container[] containers = new Container[10];
      //为容器类型的数组元素赋值
      for (int index = 0; index<containers.length; index++){
      containers[index] = ContainerDemo.randContainer();
      }
      //为容器类型的数组元素赋值,多态方法的调用
      for (int index = 0; index<containers.length; index++){
      double volume = containers[index].computeVolume();
        out = out +containers[index] + volume + NEW_LINE;
      }
      System.out.println(out);
    }
}
```

示例 7－6　示例 7－5 的运行结果

```
Tank.computeVolume():2.973216949318617E7
Wagon.computeVolume():1333462.2399851186
Wagon.computeVolume():1005.1464550502815
Wagon.computeVolume():809208.682611333
Wagon.computeVolume():1583716.0336589299
Tank.computeVolume():3332329.711723496
Wagon.computeVolume():22158.511201474666
Wagon.computeVolume():483547.1602089258
Wagon.computeVolume():2492896.6304093124
Tank.computeVolume():5883440.844568507
```

7.1.3　抽象类的特点

抽象类的特点如下:

(1)抽象类中不一定有抽象方法。

(2)含有抽象方法的类一定是抽象类。

(3)抽象类的实例没有存在意义,所以无法创建抽象类的对象。因此需确保抽象类只是一个“接口”(而无实体),但它的引用可以指向其子类的对象。

(4)抽象类中函数特征建立了一个基本形式[例如示例 7-2 中的 computeVolume()],让程序员可以陈述所有继承该抽象类(Tank 和 Wagon)的共同点,任何子类都以不同的方法体[例如示例 7-3 和示例 7-4 分别为方法 computeVolume()提供了方法体]来表现这一共同的函数特征。

7.2 接　　口

Java 中的接口在语法上同类有些相似,接口中定义了若干个抽象方法和常量,形成一个属性和方法的集合。本节将阐述 Java 接口的基本知识,在此基础上,将接口、抽象类以及一般具体类进行比较分析。

7.2.1 接口的定义

接口仅包含常量和抽象方法的定义,接口中的所有方法都默认是公共的(public)和抽象的 (abstract),常量默认是公开的静态常量(public static final)。在 UML 类图中,接口的表示方法如图 7-4 所示。在 Java 程序设计中,接口的定义使用关键字 interface。接口 Device 的实现见示例 7-7。

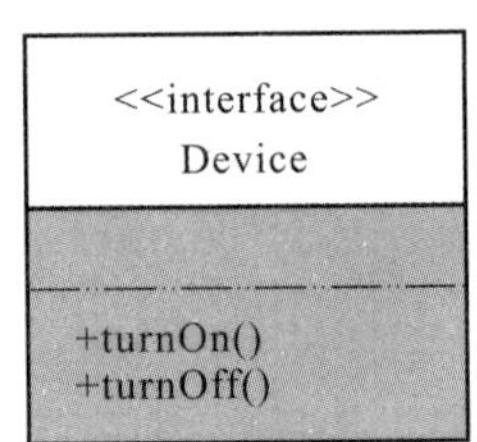

图 7-4　接口 Device 的表示

示例 7-7　接口 Device

```
/**
 *建模抽象的设备
 */
public interface  Device {

    //关闭设备
    void turnOff();
    //打开设备
    void turnOn();
}
```

可以像定义类一样,在 interface 关键字前可以声明 public 或缺省的访问权限。和 public 类一样,public 接口也必须定义在与接口同名的文件中。接口也是一种对象类型,可以声明该类型的变量,例如:

Device device;

7.2.2　接口的实现

接口被扩展/继承称为接口的实现。接口的实现不是通过关键字 extends，而是通过关键字 implements，实现接口的类负责为接口的方法提供方法体。如果实现接口的类没有为接口中的所有方法提供方法体，则该类必须定义为抽象类。所有实现接口的方法都必须被声明为 public 的。

例如，图 7－5 表示类 TV，LightBulb 和 StopWatch 实现了接口 Device，成为一般类，类 TV 和 LightBulb 的实现代码分别见示例 7－8 和示例 7－9。

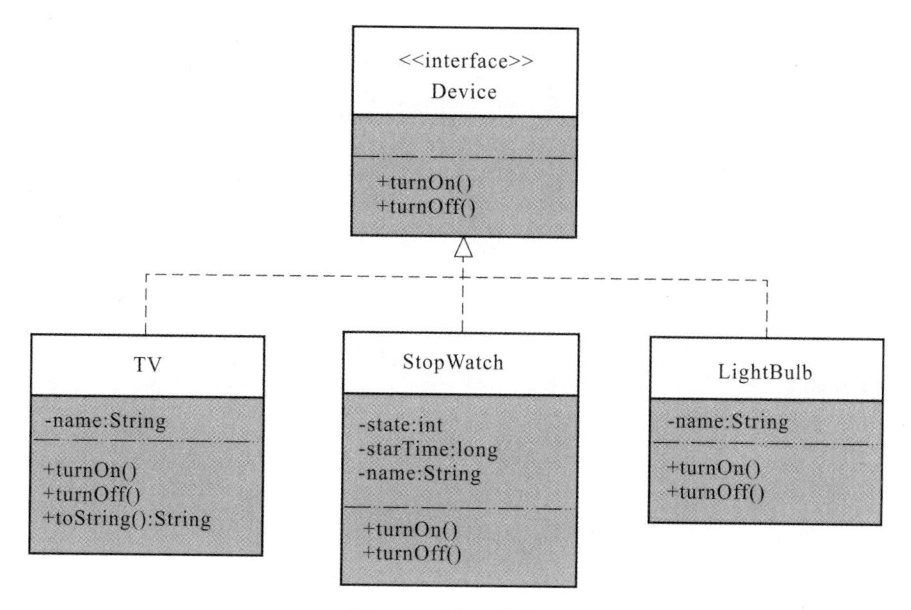

图 7－5　接口的实现

示例 7－8　实现接口 Device 的类 TV 定义

```
importjava. io. * ;
/ * *
 * 建模具体的设备电视机
 * /
public class TV implements Device {
    / * 设备名 * /
    private String   name;

    public static void main (String[] args) {
        Device device = new TV("TV");
        device. turnOn();
        device. turnOff();
        System. out. println(device);
    }
    / * 初始化设备名 * /
```

```
    public TV (String initialName) {
        name = initialName;
    }
        /**
         *实现关闭设备的功能
         */

    public void turnOff() {
        System.out.println("Turn off the device " + name);
    }
      /**
      *实现打开设备的功能
      */
    public void turnOn() {
        System.out.println("Turn on the device " + name);
    }
    /**
        *返回字符串属性
        */
    public String toString() {
        return "TV";
    }
}
```

示例 7-9 实现接口 Device 的类 LightBulb 的定义

```
importjava.io.*;
/**
*建模具体的设备电视机
*/
public class LightBulb implements Device {

    /* 设备名*/
    private String  name;
    public static void main (String[] args) {

        Device device = new LightBulb("LightBulb");
        device.turnOn();
        device.turnOff();
    }
    /*初始化设备名*/
    public LightBulb (String initialName) {
        name = initialName;
    }
```

```
    /**
     * 实现关闭设备的功能
     */
    public void turnOff() {
        System.out.println("Turn off the device " + name);
    }
    /**
     * 实现打开设备的功能
     */
    public void turnOn() {
        System.out.println("Turn on the device " + name);
    }

    /**
     * 返回字符串属性
     */
    public String toString() {
        return "LightBulb";
    }
}
```

对于所有实现接口的类，其对象都可以赋值给接口类型的变量。例如：

```
Device device = new TV("TV");
device = new LightBulb("LightBulb");
```

接口类型的变量(例如 device)和接口声明的方法[例如 turnOn()和 turnOff()]都是多态的。实现接口子类中所有与接口声明的方法特征相符的方法，都通过动态绑定的机制来调用。例如示例 7－10，通过该示例的运行结果(见示例 7－11)可以理解接口类型的变量和接口声明的方法的多态性。

示例 7－10　接口类型的变量和方法多态的演示

```
importjava.io.*;
/**
 * 接口类型的变量和方法多态的演示类
 */
public class DeviceDemo {
    /**
     * 随机生成 Device 类型的对象
     */
    public static Device randDevice() {
        switch((int)(Math.random() * 2)) {
            default:
            case 0: return new TV("TV");
            case 1: return new LightBulb("LightBulb");
        }
```

```
}

    public static void   main(String[]   args) {
        //声明设备数组类型的变量,并初始化数组类型变量
        Device[] device = new Device[4];
        //初始化设备数组的元素
        for (int index=0; index<4; index++){
            device[index] = DeviceDemo.randDevice();
        }
        //演示多态的方法调用
        for (int index=0; index<4; index++){
            device[index].turnOn();
            device[index].turnOff();
        }
    }
}
```

示例7-11　示例7-10的运行结果

```
Turn on the device TV
Turn off the device TV
Turn on the device TV
Turn off the device TV
Turn on the device LightBulb
Turn off the device LightBulb
Turn on the device TV
Turn off the device TV
```

一个类在继承另外一个类的同时,可以实现多个接口,见示例7-12。使用接口,能够实现子类型被向上转型至多个基类型,例如在示例7-12中,Hero类型的对象可以被向上转型为ActionCharacter,CanFight,CanSwim或CanFly接口类型的对象。

示例7-12　实现多个接口的示例

```
interface CanFight {
    void fight();
}
interface CanSwim {
    void swim();
}
interface CanFly {
    void fly();
}
class ActionCharacter implements CanFight{
  public void fight() {
        System.out.println("ActionCharacter.fight()");
```

```
    }
}
//类 Hero 扩展类 ActionCharacter 的同时,实现接口 CanFight,CanSwim, CanFly
class Hero extends ActionCharacter  implements CanSwim, CanFly {
    public void swim() {
        System.out.println("Hero.swim()");
    }

    public void fly() {
        System.out.println("Hero.fly()");
    }
}
public class Adventure {
    static void aSwim(CanSwim x) {
        x.swim();
    }
    static void aFly(CanFly x) {
        x.fly();
    }

    static void aFight(ActionCharacter x) {
        x.fight();
    }
    public static void main(String[] args) {
    Hero h = new Hero();
    aSwim(h); //将 Hero 对象当作接口 CanSwim 类型的变量使用
    aFly(h); //将 Hero 对象当作接口 CanFly 类型的变量使用
    aFight(h); //将 Hero 对象当作接口 ActionCharacter 类型的变量使用
    }
}
```

7.2.3　接口之间的继承

Java 不允许类的多重继承,但允许接口之间的多继承,继承的多个接口之间用逗号分隔,例如下面的代码段:

```
public interface MyInterface extends Interface1, Interface2{
        void aMethod();
}
```

示例 7－12 也可以通过接口之间的多继承实现,见示例 7－13。

示例 7－13　接口之间的多继承示例

```
interface CanFight {
    void fight();
}
```

```
interface CanSwim {
    void swim();
}
interface CanFly {
    void fly();
}
//接口的多继承
interface Animal extends CanFight,CanSwim,CanFly {
    void run();
}
class ActionCharacter {
    public void fight() {
        System.out.println("ActionCharacter.fight()");
    }
}
//类 Hero 扩展 ActionCharacter,实现接口 Animal
class Hero extends ActionCharacter  implements Animal {
    public void swim() {
        System.out.println("Hero.swim()");
    }
    public void fly() {
        System.out.println("Hero.fly()");
    }
    public void run() {
        System.out.println("Hero.run()");
    }
}
public class Adventure {
    static void aSwim(CanSwim x) {
        x.swim();
    }
    static void aFly(CanFly x) {
        x.fly();
    }
        static void aFight(ActionCharacter x) {
        x.fight();
  }
    public static void main(String[] args) {
        Hero h = new Hero();
        aSwim(h); //将 Hero 对象当作接口 CanSwim 类型的变量使用
        aFly(h); //将 Hero 对象当作接口 CanFly 类型的变量使用
        aFight(h); //将 Hero 对象当作接口 ActionCharacter 类型的变量使用
    }
}
```

7.2.4　Lambda 表达式

Lambda 表达式能够对匿名内部类的代码进行简化，能够把多行匿名内部类代码缩减为一行代码，大大提高开发效率。Lambda 表达式将匿名内部类被重写方法的形参列表提取出来，其代码格式如下：

```
//Lambda 表达式格式
(匿名内部类被重写方法的形参列表)->{
    被重写方法的方法体代码;
}
```

尽管 Lambda 表达式极大地简化了匿名内部类相关的大量代码，但它的缺点是，Lambda 表达式的使用场景极为严格，Lambda 表达式只能简化接口中只有一个抽象方法的匿名内部类形式，这也是函数式接口的定义。

因此，Lambda 表达式在实际使用中存在风险，即在接口中添加一个函数，则该接口就不再是函数式接口进而导致编译失败。为防止在 Lambda 使用中，用户错误简化含有多个抽象方法的接口的匿名内部类，Java 8 提供了一个特殊的注解@FunctionalInterface 来显式说明某接口是函数式接口。

例如，定义一个接口 Pen，有一个公共方法 write()，学生使用笔进行书写。在使用匿名内部类的情况下，接口 Pen 和 Student 类的定义见示例 7－14。

示例 7－14　接口 Pen 和 Student 类的定义

```
//接口 Pen，使用匿名内部类
interface Pen{
    void write();
}

public class Student{
    public static void main(String args[]){
        Pen p =  new Pen(){
            @Override
            public void write(){ //匿名内部类中的被重写方法，无形参
        System.out.println("学生用笔写作业");
            }
        };
        p.write();
    }
}
```

若使用 Lambda 表达式，以上 Student 类可简化，见示例 7－15。

示例 7－15　Lambda 表达式的使用示例

```
//函数式接口 Pen，使用 Lambda 表达式
@FunctionalInterface
interface Pen{
```

```
    void write();
}

public class Student{
    public static void main(String args[]){
        Pen p =()->{
System.out.println("学生用笔写作业");
};
        p.write();
    }
}
```

Lambda表达式其实就是一个匿名函数,可以把它简单理解为能被传递的一段代码。使用Lambda表达式使得Java语言开发更灵活、简便,使得整体代码更紧凑。

7.2.5 接口的静态方法和默认方法

1. 静态方法

静态方法从属于类,但接口是一种特殊的类,在Java 8中为了使接口的使用更加灵活,扩展了接口的功能——允许接口定义带方法体的静态方法,不必创建对象就能调用方法。

接口中的静态方法与类中的静态方法有相似之处,默认使用public修饰符进行修饰,在使用时必须使用接口名来调用。

接口中声明静态方法时,必须使用static修饰符定义该静态方法。

示例7-16 接口中的静态方法

```
//接口StaticMethod,有静态方法staticFun()
interface StaticMethod{
        static void staticFun(){   //默认由public修饰
            System.out.println("接口内的静态方法");
    }
}

//对静态方法的使用
public class Test{
    public static void main(String args[]){
        //用接口名调用静态方法
        StaticMethod.staticFun();
    }
}
```

接口的静态方法与默认方法之间最大的不同就是:接口的静态方法不支持实现类的重写。

2. 默认方法

默认方法扩展了接口的功能,对以下两个场景实现优化:

(1)向某接口增加新方法的场景实现优化,即在某接口增加新方法后,不强制该接口的所有实现类修改原有代码以实现新方法(在此之前规定了实现类必须实现父接口的所有抽象方法)。

(2)向某接口的所有实现类中新增某个具体的方法,不必对每个实现类进行修改逐个添加重复代码,所有实现类自动继承父接口的默认方法。

默认方法类似类中的普通实例方法,默认由 public 修饰符进行修饰,在使用时需要接口的实现类对象来调用。

接口中声明默认方法时,必须使用 default 修饰符定义该默认方法。接口的实现类可以继承或重写父接口的默认方法。

示例 7－17　接口中的默认方法

```
    //接口 DefaultMethod 中,有默认方法 notRequired()
    interface DefaultMethod {
        default String notRequired() {          //默认由 public 修饰
            return "Default implementation";
        }
    }
    //接口 DefaultMethod 的实现类 DefaultableImpl,对默认方法继承
    public class DefaultableImpl implements DefaultMethod {}

    //接口 DefaultMethod 的实现类 OverridableImpl,对默认方法重写
    public class OverridableImpl implements DefaultMethod {
    @Override
    public String notRequired() {
            return "Overridden implementation";
    }
}
    //对默认方法的使用
    public class Test{
        public static void main(String args[]){
            DefaultableImpl defaultImpl = new DefaultableImpl();
            default.notRequired();
            OverridableImpl override = new OverridableImpl();
            override.notRequired();
    }
}
```

注:解决默认方法冲突问题。

如果接口中将一个方法定义为默认方法,然后在超类或另一个接口中定义了同样的方法,这时就会产生错误。因为若一个类实现的多个接口中,存在方法签名相同的默认方法,就会产生冲突,即子类无法判断该继承或重写哪个父接口的默认方法。对于冲突问题的解决规则如下:

(1)超类优先。如果超类提供了一个具体方法,同名且有相同参数类型的默认方法会被忽略。

(2)接口冲突。如果一个超接口提供了一个默认方法,另一个接口提供了一个同名而且参数类型相同的方法,必须覆盖这个方法来解决冲突。

(3)类优先原则。如果一个类扩展了一个超类,同时实现了一个接口,并且从超类和接口

继承了相同的方法，这时使用类优先原则，接口的默认方法会被忽略。

3. 接口和抽象类的使用场景区分

在Java 8之前，一旦改动接口内的抽象方法声明，那么实现了该接口的所有子类也要随之修改，这不符合可扩展性好的、灵活的接口开发需求。因此Java 8新特性中允许接口定义含有方法体的方法，以此丰富扩充Java接口的功能。

这些含有方法体的方法就是接口中的静态方法和默认方法，它们都是非抽象的方法，且不需要子类必须重写实现。能够携带非抽象函数的接口看起来和抽象类非常相似，但其实它们大不相同。

(1)使用目的不同。抽象类是为了代码复用，接口是为了实现行为的多态。抽象类自身作为父类，将一系列类的公共属性、方法提取抽象，供给子类进行复用，抽象的代价较大。接口只需要将共同的行为抽象即可，可扩展性更高。

接口的目的就是共享，接口中封装的行为可供许多类(即使相互间不含继承等关系)进行使用。如手机和电动车，它们不属于同一个继承等级结构，但是它们在实现插座接口后，都能够使用插座进行充电。

那么当所有使用插座充电的这些类(手机、电动车、电吹风)都想要增加同一功能(使用国外标准的插座)时，如果在它们各自继承结构中的父类增加该功能，将十分烦琐且可扩展性不高。但在它们都继承的一个接口中封装该功能(如果实现方式一样，可以直接封装带方法体的静态方法或默认方法)，这样的功能扩展就相当灵活。

(2)继承方式不同。接口支持多继承、多实现，但抽象类只支持单一继承。抽象不能多继承的原因，就是避免产生二义性问题。而在Java 8之前，接口能够实现多继承、多实现，就是因为接口只有静态常量，没有实例变量；接口只有抽象方法而没有具体的方法，这样实现类即使在调用同名方法，只要重写实现就并不会产生问题。而在Java 8之后，如果一个类实现了多个具有相同签名的默认方法的接口，编译器将强制该类重写同名方法。

7.2.6 接口的特点

接口的特点主要体现在下述三方面：

(1)接口可以实现子类型被向上转型至多个基类类型。

(2)接口对象没有存在的意义，让客户端程序员无法产生接口类型的对象，并因此确保这只是一个“接口”(而无实体)。

(3)接口建立了一个基本形式(例如示例7-7接口Device)，让程序员可以陈述所有实现该接口(例如，类TV和LightBulb实现了接口Device)的共同方法特征[例如，实现接口的类都有turnOn()和turnOff()方法]，任何实现该接口的子类(例如，类TV和LightBulb)都以不同的方法体[例如，示例7-8和示例7-9分别为turnOn()方法和turnOff()方法提供了方法体]来表现接口中陈述的共同的方法特征。

7.3 接口、抽象类、一般类的比较

在面向对象的概念中，所有的对象都是通过类来描述的，但是反过来却不是这样的。并不是所有的类都是用来描述对象的，如果一个类中没有包含足够的信息来描述一个具体的对象，

这样的类就是抽象类或接口。

抽象类或接口常用来描述对问题领域进行分析时得出的抽象概念，是对一系列看上去不同，但是本质上相同的具体概念的抽象。例如：进行一个图形编辑软件的开发，就会发现问题领域存在着圆(circle)、三角形(triangle)这样一些具体概念，它们是不同的，但是它们又都属于图形形状(shape)这样一个概念，形状这个概念在问题领域是不存在的，它是一个抽象的概念。正是因为抽象的概念在问题领域没有对应的具体事物，所以用以描述抽象概念的抽象类或接口是不能够实例化的。

在面向对象领域，抽象类或接口主要用来实现类型隐藏。可以构造出一个固定的一组行为的抽象描述，但是这组行为却有任意的具体实现方式。这个抽象描述就是抽象类或接口，而这一组任意的具体实现则表现为所有可能的派生类。

抽象类与接口的主要区别如下：

(1)抽象类可以定义对象成员变量，而接口定义的均是不能被修改的静态常量(它必须是 public static final 的，不过在接口中一般不定义数据)。

(2)抽象类可以有自己的实现方法(即为方法提供方法体)，而接口定义的方法均是抽象的方法，没有方法体。

(3)抽象类可以定义构造函数，虽然不能直接调用构造函数创建抽象类对象，而接口不包含构造函数的定义。

(4)如果一个类继承一个抽象类，就不能再继承其他的具体的类或抽象类，而如果一个类实现一个接口，则还可以继承另外一个具体的类或抽象类，同时还可以实现许多其他的接口。

如果知道某个类将会成为基类，究竟应该使用接口、抽象类还是使用一般类？

如果编写的基类可以不带任何方法体定义或任何对象成员变量，则应该优先考虑用接口，因为程序员能够借以编写出"可被向上转型为多个基类型"的类；只有在必须带有方法体定义或对象成员变量时，才使用抽象类；或者基类需要创建实例时，即基类实例有存在的意义时，才使用一般具体类。

7.4　应用案例分析

在 2.3 节中通过雇员信息管理系统阐释了类图设计的基本步骤和经验，在设计的类图中，仅考虑基类是一般类，熟悉了接口和抽象类后，可以进一步考虑基类是否可以是抽象类或接口。例如，在雇员信息管理系统的静态类图设计中，基类的 Employee 和 GeneralEmployee 可以改为接口吗？不可以，原因是，它们中含有自己的实例变量和方法体定义，以便被其子类雇员所复用。基类 Employee 和 GeneralEmployee 可以改为抽象类吗？可以，因为和 Employee 和 GeneralEmployee 对象没有存在的意义，用户关心的是它们的子类对象 HourEmployee，CommissionEmployee 及 NonCommissionEmployee。因此，Employee 和 GeneralEmployee 最好建模为抽象类，以免用户误操作创建它们的对象。对于公共交通信息查询系统而言，与之同理，TransportLine 也可以最好建模为抽象类。

根据图 2-16 所示的类图设计方案，FolderItem 是表述 File 和 Folder 两个类之间共性的基类，在该设计方案中，FolderItem 是一般类，由于 FolderItem 对象没有意义，所以它也可以是抽象类，如图 7-6 所示，但不可以是接口(因为它有属性 name、date、size)，所以，图 7-6 所示的设计方案中将 FolderItem 建模为抽象类。

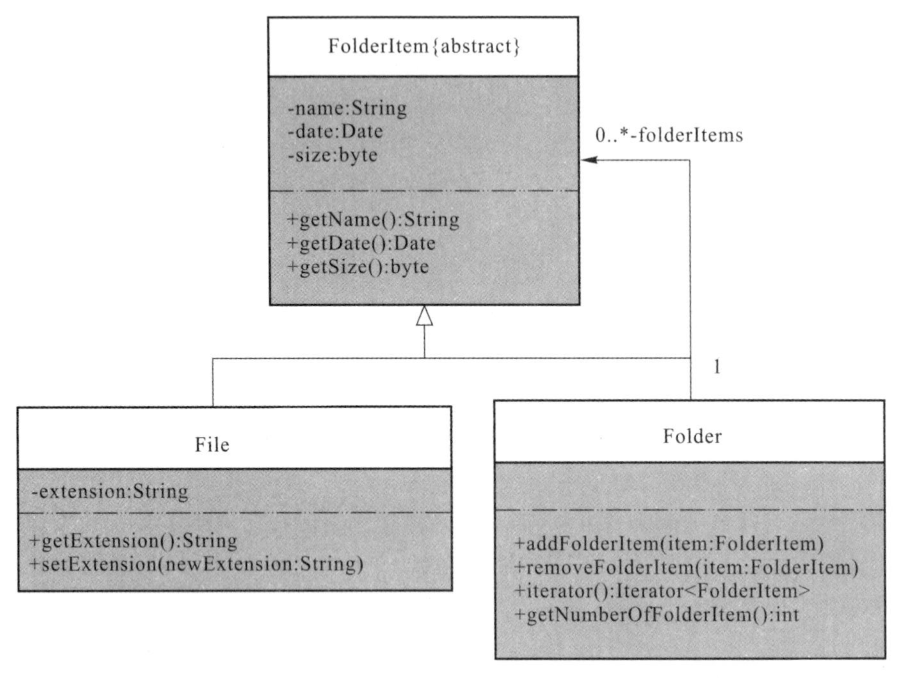

图 7-6　文件系统的设计方案Ⅲ

对于该文件系统，假设用户可以实现如下功能：

(1)显示文件系统中每个文件或文件夹的相关信息。

(2)显示指定文件夹中每个文件的相关信息。

在图 7-6 所示设计方案的基础上，增加驱动类 FileSystem，图 7-7 所示是文件系统的最终设计方案。

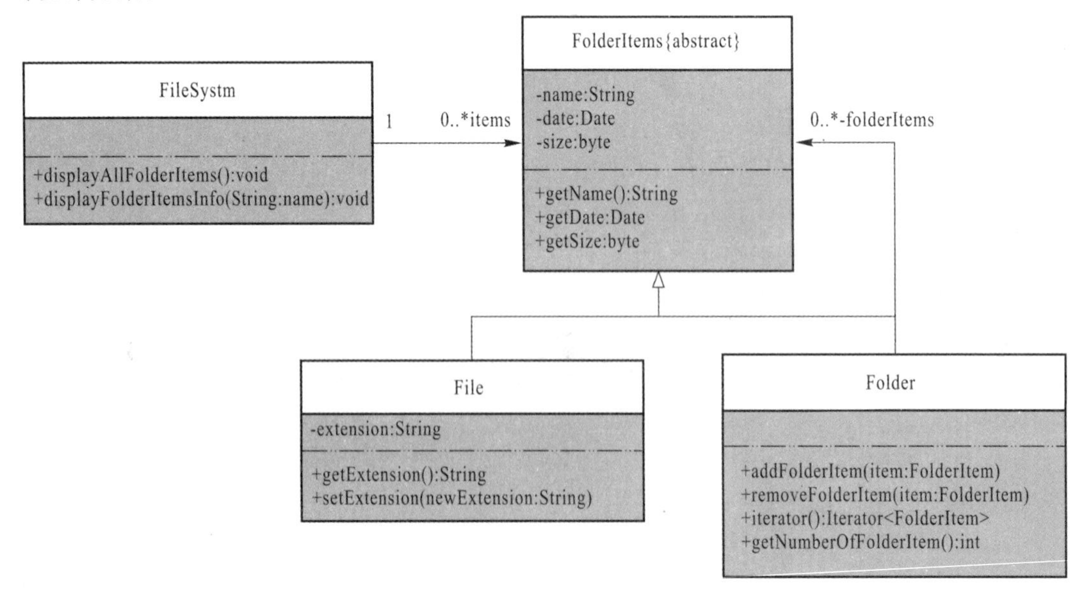

图 7-7　文件系统的最终设计方案

第三单元　Java 输入/输出(I/O)和界面编程

第8章　Java输入/输出(I/O)编程

输入/输出流是Java语言的重要组成部分，提供了Java程序与外部设备之间的数据通道。通过输入流，Java应用程序从文件等外界数据源读取数据；通过输出流，Java应用程序将计算结果等数据保存到外部设备。本章将系统介绍Java的输入/输出流编程技术。

8.1　Java I/O概述

8.1.1　数据流基本概念

现代计算机具有多种类型的外部输入/输出设备，如键盘、鼠标、显示器、打印机、扫描仪、摄像头、硬盘等。这些设备能够处理不同类型的数据，如音频数据、视频数据、字符数据等。如图8-1所示，在现代操作系统中，通过提供独立的I/O服务，使得应用程序能够独立于具体物理设备，方便程序编写。

Java语言在封装操作系统提供的I/O服务的基础上，提出数据流的抽象概念，以屏蔽不同数据类型和设备的差异，提供统一的数据读/写方式，方便软件编程。

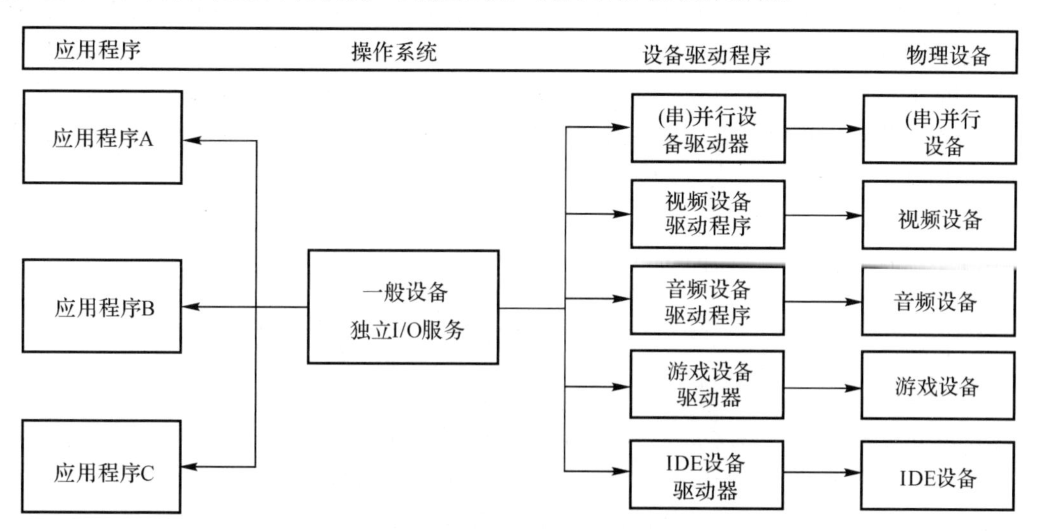

图8-1　计算机I/O体系结构

在Java程序中，数据流根据其数据流向，分为输入流和输出流。输入流表示Java程序从外部设备中读取数据序列，即如图8-2所示，逐个字节或逐个字符将数据读入到程序内存。输出流则表示Java程序将数据输出到目标外设，即如图8-3所示，将程序内存中数据逐个字节或逐个字符输出到外设。

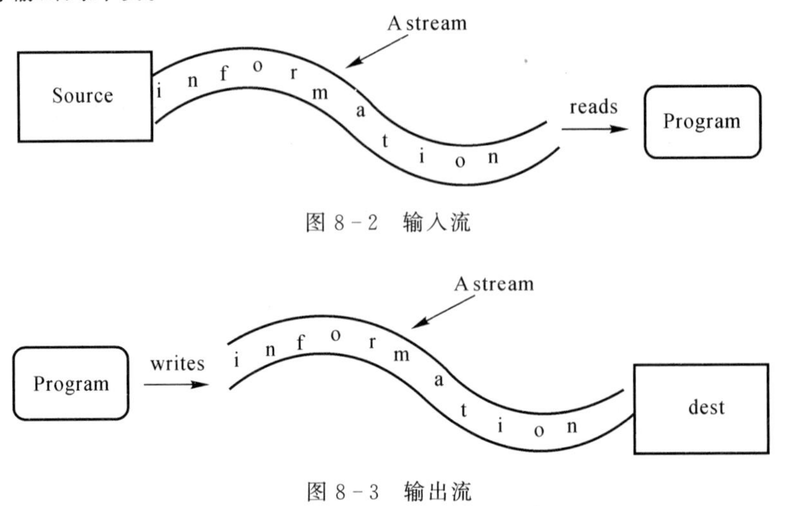

图 8－2　输入流

图 8－3　输出流

在数据流中,既可以是没有加工的原始数据,也可以是符合某种格式规则的数据,如字符流、对象流等。数据流可以处理多种类型的数据。但由于数据流是有顺序的数据序列,因此只能以先进先出方式进行数据读/写,不能随意选择数据读/写位置。

在 Java 语言中,根据数据流的数据单位不同,将其分为字节流和字符流。其中字节流是以一个字节为单位读/写,主要用于对图像、视频等多媒体数据的处理。而字符流以两个字节为单位读/写,每次读取一个字符,适合读/写字符串数据。

8.1.2　java.io 包介绍

在 Java 系统中,程序与外部设备之间、多线程之间以及网络节点之间的数据通信都统一采用数据流方式。为了支持多种类型的数据通信,在 java.io 包中,提供了多个 I/O 类来支持各种类型的 I/O 操作。其中 InputStream 和 OutputStream 是两个基本抽象字节流类,所有其他字节流类最终都由这两个类派生而来。而 Read 和 Writer 则是两个抽象字符流类,是其他字符流类的基类。java.io 包最终构成如图 8－4 所示的树状结构。

Java 针对不同类型的数据,提供了相应类型的输入/输出流,表 8－1 和表 8－2 分别介绍了主要字节流和字符流类的功能。

表 8－1　主要字节流

字节流	功能描述
FileInputStream	以字节流方式读取文件中数据
StringBufferInputStream	以字节流方式读取内存缓冲区中字符串数据
ByteArrayInputStream	以字节流方式读取内存缓冲区中字节数组数据
PipedInputStream	管道输入流,用于两个进程间通信
SequenceInputStream	允许将多个输入流合并,使其像单个输入流一样出现
ObjectInputStream	读取序列化后的基本类型数据和对象
FilterInputStream	所有输入过滤流的基类
ByteArrayOutputStream	向内存缓冲区的字节数组写入数据的输出流

续表

字节流	功能描述
FileOutputStream	向文件输出字节数据的输出流
PipedOutputStream	一个线程通过管道输出流发送数据，而另一个线程通过管道输入流读取数据，实现两个线程间的通信
ObjectOutputStream	将 Java 对象中的基本数据类型和图元写入到一个 OutputStream 对象中
FilterOutputStream	是所有过滤器输出流的父类

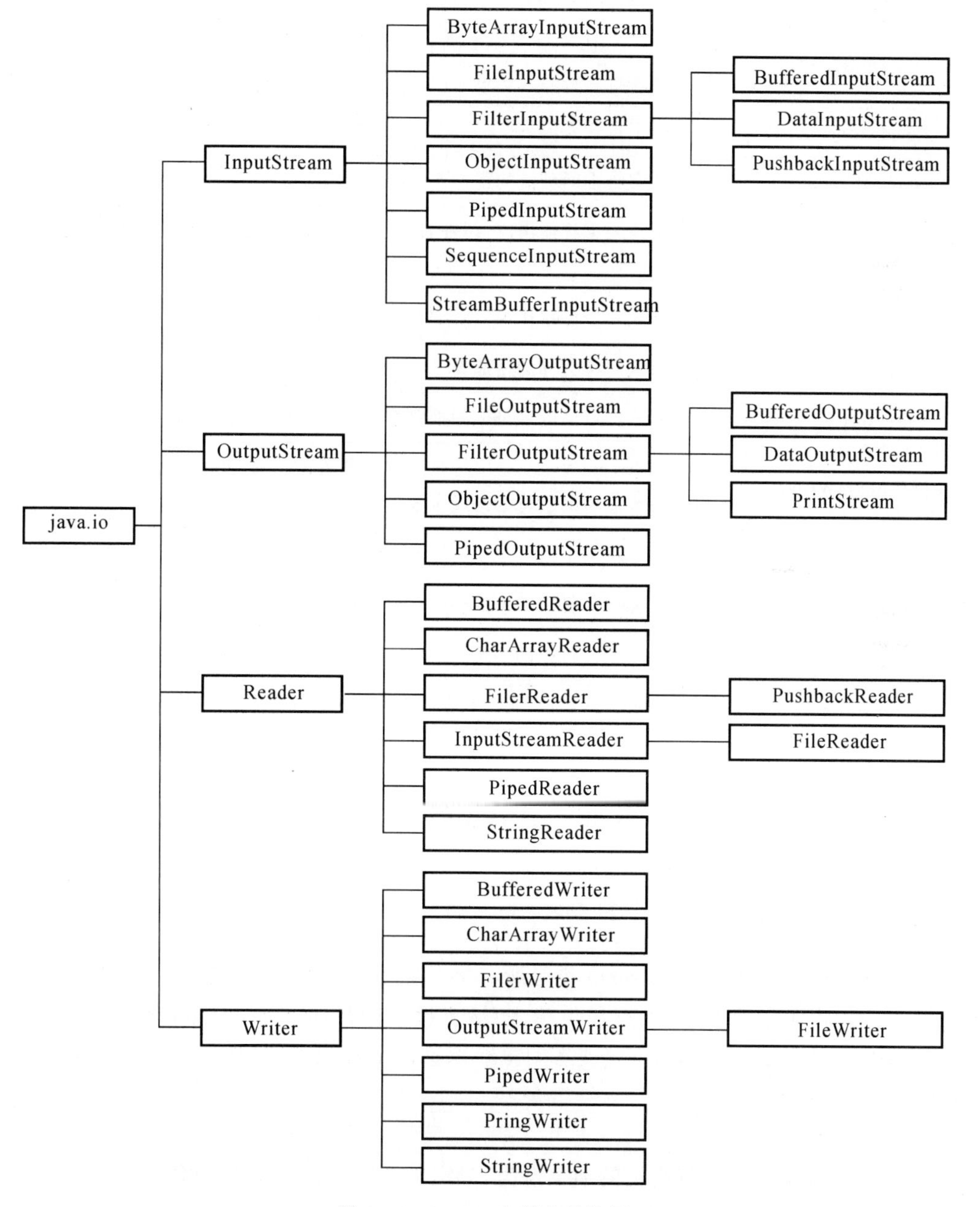

图 8－4　java.io 包层次结构图

表 8-2 主要字符流

字符流	功能描述
CharArrayReader	从字符输入流中读取文本,缓冲各个字符,从而实现字符、数组和行的高效读取
CharArrayReader	此类实现一个可用作字符输入流的字符缓冲区
FileReader	用来读取字符文件的便捷类
FilterReader	用于读取已过滤的字符流的抽象类
InputStreamReader	InputStreamReader 是字节流通向字符流的桥梁:它使用指定的字符编码格式读取字节并将其解码为字符
PipedReader	传送的字符输入流
PushbackReader	允许将字符推回到流的字符流 reader
BufferedWriter	将文本写入字符输出流,缓冲各个字符,从而提供单个字符、数组和字符串的高效写入
CharArrayWriter	此类实现一个可用作 Writer 的字符缓冲区
FileWriter	用来写入字符文件的便捷类
FilterWriter	用于写入已过滤的字符流的抽象类
OutputStreamWriter	OutputStreamWriter 是字符流通向字节流的桥梁:可使用指定的字符编码格式将要写入流中的字符编码成字节
PipedWriter	传送的字符输出流
PrintWriter	向文本输出流打印对象的格式化表示形式
StringReader	其源为一个字符串的字符流
StringWriter	一个字符流,可以用其回收在字符串缓冲区中的输出来构造字符串

8.2 Java 字节流

8.2.1 Java 抽象字节流

InputStream 类和 OutputStream 类是所有字节数据流类的基类,定义了公共的输入/输出操作。并且,由于是抽象类,没有提供输入/输出操作的具体实现,不能直接创建其实例对象。其余输入/输出字节流类都直接或者间接继承这两个抽象类,具体实现其所定义的输入/输出操作。

1. InputStream

InputStream 是输入字节流类的抽象基类,只定义了所有输入流类的公共抽象方法,由其继承子类负责提供具体实现。表 8-3 中介绍了 InputStream 的主要方法。

表 8-3　InputStream 的主要方法表

方法定义	功　能
read()	从流中读取一个字节数,所有其他的带参数的 read()方法都不是抽象方法,它们都调用 read()方法
read(byte b[])	读多个字节到数组中,每次调用该方法,就从流中读取相应数据到缓冲区,同时返回读到的字节数目,如果读完则返回-1
read(byte b[],int off,int len)	从输入流中读取长度为 len 的数据,写入数据 b 中从 off 开始并返回读取的字节数,如果读完则返回-1
skip(long n)	跳过流中若干字节数
available()	返回流中不阻塞情况下还可用字节数(此方法通常需要子类覆盖,如果子类不覆盖,默认返回字节总为 0)
mark()	在流中标记一个位置,可调用 reset 重新定向到此位置,进而再读
reset()	返回标记过的位置
markSupported()	支持标记和复位操作,如果子类支持返回 true,否则返回 false
close()	关闭流并释放相关的系统资源

示例 8-1 定义了 InputE 类,从系统输入流读取键盘输入信息,然后将信息在控制台输出。

示例 8-1　InputStream 应用示例

```
import java.io.InputStream;
public class InputE{
    public void  m(InputStream in){
        try{
            while(true){
              int i = in.read();
              if(i == -1)
            return;
              char c = (char)i;
              System.out.println(c);
            }
        }catch(Exception e){
        }
    }
    public static void main(String args[]){
        InputE i = new  InputE();
        i.m(System.in);
    }
}
```

2. OutputStream

OutputStream 是输出字节流类的基类，也是抽象类。类中仅定义了所有输出流类的公共抽象方法，没有具体方法实现。表 8-4 中介绍了 OutputStream 的主要方法。

表 8-4　OutputStream 的主要方法

方法定义	功　能
write(int b)	将一个整数输出到流中(只输出低 8 位字符)
write(byte b[])	将 b.length 个字节数组中的数据输出到流中
write(byte b[],int off,int len)	将数组 b 中从 off 指定的位置开始，长度为 len 的数据输出到流中
flush()	刷空输出流，并将缓冲区中的数据强制送出
close()	关闭流并释放相关的系统资源

示例 8-2 演示了如何使用 OutputStream 类，以字节流方式输出字符串信息。

示例 8-2　OutputStream 类应用示例

```
//引入 I/O 包
import java.io.OutputStream;
import java.io.IOException;
public class OutputE{
    public static void main(String args[]){
        String str = "Hello World!";
        byte[] b;
        OutputStream out=System.out;
        b=str.getBytes();
        try{
            out.write(b);
            out.flush();
        }catch(IOException e){
            System.err.println(e);
        }
    }
}
```

8.2.2 Java 基本字节流

在 java.io 包中，提供了多个具体数据流类，这些数据流类分别继承 InputStream 类和 OutputStream 类，实现对特定数据流的输入/输出处理。下面介绍几种主要的基本输入/输出字节流。

1. ByteArrayInputStream

ByteArrayInputStream 类用于读取程序内存的数据。该类将内存中字节数组作为数据缓冲区，构造输入数据流，读取数据。

在构造 ByteArrayInputStream 对象时，其构造方法需包含 byte[]类型数组作为数据源。

该类重写了 InputStream 类的 read(),available(),reset()和 skip()等方法。其中 read()方法重写后,将不再抛出 IOException 异常。具体构造方法见表 8-5。

表 8-5　ByteArrayInputStream 的构造方法

方法定义	功　能
ByteArrayInputStream(byte[] buf)	创建一个新字节数组输入流,从指定字节数组中读取数据
ByteArrayInputStream(byte[] buf, int offset, int length)	创建一个新字节数组输入流,从指定字节数组中读取数据。其中 buf 是包含数据的字节数组,offset 表示缓冲区中将读取的第一个字节的偏移量,length 表示从缓冲区中需要读取的最大字节数

2. FileInputStream

FileInputStream 是文件输入流,以字节方式读取文件中数据。在创建 FileInputStream 对象时,其构造方法中需要以文件名或者 File 对象作为参数,以指定文件数据源。其构造方法见表 8-6。

表 8-6　FileInputStream 的构造方法

方法定义	功　能
FileInputStream(File file)	通过打开一个到实际文件的链接来创建一个 FileInputStream,该文件通过文件系统中的 File 对象 file 指定
FileInputStream(String name)	通过打开一个到实际文件的链接来创建一个 FileInputStream,该文件通过文件系统中的路径名 name 指定

在构造 FileInputStream 类对象时,必须指定一个实际存在的文件,否则将引发 FileNotFoundException 异常。FileInputStream 类重写了 InputStream 的 read(),skip(),available(),close()等方法。

3. ByteArrayOutputStream

ByteArrayOutputStream 向字节数组缓冲区写入数据。该类使用字节数组缓冲区存放数据。在构造方法中可以指定初始字节数组的长度,也可以使用默认值。当字节数组不能容纳所有输出数据时,系统将自动扩大该数组长度。ByteArrayOutputStream 的构造方法和新增方法见表 8-7。

表 8-7　ByteArrayOutputStream 的构造方法和新增方法

方法定义	功　能
ByteArrayOutputStream()	创建一个新的字节数组输出流
ByteArrayOutputStream (int size)	创建一个新的字节数组输出流,它具有指定大小的缓冲区容量(以字节为单位)
write(int b)	向输出流的字节数组缓冲区写入数据
write(byte[] b, int off, int len)	将指定 byte 数组中从偏移量 off 开始的 len 个字节写入此 byte 数组输出流
int size()	得到输出流中的有效字节数

续表

方法定义	功能
void reset()	清除字节数组输出流的缓冲区
byte[] toByteArray()	得到字节数组输出流缓冲区中的有效内容
void writeTo(OutputStream out)	将字节数组输出流中的内容写入到另一个输出流中

4. FileOutputStream

FileOutputStream 提供向 File 或 FileDescriptor 输出数据的输出流。FileOutputStream 有 5 种构造方法，具体见表 8-8。

表 8-8　FileOutputStream 的构造方法

方法定义	功能
FileOutputStream(File file)	创建一个向指定 File 对象表示的文件中写入数据的文件输出流
FileOutputStream (File file, boolean append)	创建一个向指定 File 对象表示的文件中写入数据的文件输出流
FileOutputStream (FileDescriptor fdObj)	创建一个向指定文件描述符处写入数据的输出文件流，该文件描述符表示一个到文件系统中的某个实际文件的现有连接
FileOutputStream(String name)	创建一个向具有指定名称的文件中写入数据的输出文件流
FileOutputStream (String name, boolean append)	创建一个向具有指定名称的文件中写入数据的输出文件流

示例 8-3 给出文件输入字节流的应用示例。首先创建文件输入流，逐个字节读取文件数据，并在屏幕上显示。

示例 8-3　文件输入字节流应用示例

```
//FileInputStreamDemo.java
import java.io.*;
public class FileInputStreamDemo {
    private static final String NEW_LINE =
            System.getProperty("line.separator");
    public static void main(String[] args) throws IOException {
        // 创建文件字节输入流
        FileInputStream readFile = new FileInputStream("src\\example8_03\\helloworld.txt");
        //字节方式读取文件数据
        int intTemp = readFile.read();
        while(intTemp! =-1){
            //屏幕输出所读取的字节数
          System.out.print((char)intTemp);
          intTemp = readFile.read();
        }
```

```
        readFile.close();
    }
}
```

8.2.3　Java标准数据流

Java语言提供3种标准数据流，方便Java应用程序与系统标准终端设备之间数据交换。在java.lang包中的System类，负责管理Java运行时的系统资源和系统信息，其中包括标准输入流、标准输出流和错误流。System类的所有属性和方法都是静态的，调用其属性或者方法时，需要以类名System为前缀。

1. 标准输入流 System.in

标准输入流System.in为InputStream流，用于从标准输入设备中读取数据，系统默认标准输入设备为键盘。默认情况下，System.in从键盘读取输入的数据。在调用read()方法读取键盘输入时，每次读取一个字节，其返回值类型为int型，可以通过强制类型转换为字符型。键盘具有数据缓存功能，通过available()方法可获取缓存区中的有效字节数。

2. 标准输出流 System.out

标准输出流System.out用于向默认的输出设备写入数据，系统默认标准输出设备为显示屏。标准输出流System.out为PrintStream流，通过print()和println()方法向标准输出设备输出数据。其中，println()方法在输出数据后自动换行，而print()方法则输出数据后不换行。

3. 标准错误流 System.err

标准错误流System.err，为PrintStream流，用于向默认输出设备输出错误信息，系统默认向屏幕输出程序异常信息。

示例8-4给出标准数据流示例，通过标准输入流读取用户键盘输入信息，并通过标准输出流回显在屏幕上。

示例8-4　标准输入流示例

```
//引入I/O包
import java.io.*;
public class StaticInput {
    public static void main (String[] args){
        char c;
          //标准输出流输出提示信息
        System.out.println("请输入用户信息:");
        try{
          //从标准输入流读取用户键盘输入
        c = (char)System.in.read();
            //获取标准输入流输入字节数
        int counter = System.in.available();
        for(int i=1;i<counter+1;i++){
            //读取标准输入流输入字节，并通过标准输出流回显在屏幕上
```

```
            System. out. println("第"+i+"个用户信息为"+c);
            c = (char)System. in. read();
          }
        }catch(IOException e){
          System. out. println(e. getMessage());
        }
    }
}
```

8.2.4 Java字节过滤流

基本的数据流只支持对字节或字符数据简单读/写。如果需要对数据进行高级处理，如数据缓存、按照数据格式处理等，该如何处理呢？

基于面向对象思想，可以为每种高级数据处理创建不同子类来实现，但存在子类较多、难以组合多个高级处理等问题。在Java语言中，采用过滤器流(Filtered Stream)以实现对数据的高级处理功能。

过滤器流是一种数据加工流，用于在数据源和程序之间增加对数据高级处理步骤。如图8-5所示，一方面过滤器流和所依赖的数据流之间具有关联关系，即数据流是其内部私有成员，能够对数据流中的原始数据作特定的加工、处理和变换操作。另一方面，过滤器流也继承于抽象数据流，这样过滤器流能够组成如图8-6所示的管道，对数据进行嵌套组合处理。

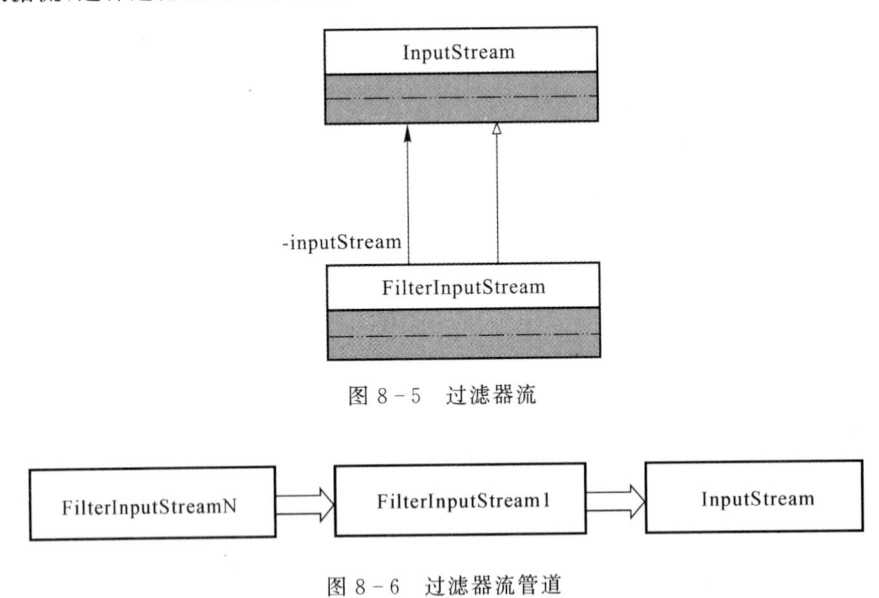

图8-5 过滤器流

图8-6 过滤器流管道

1. FilterInputStream

FilterInputStream能对输入数据作指定类型或格式的转换，如可实现对二进制字节数据的编码转换。FilterInputStream重写了父类InputStream的所有方法，并且提供线程同步机制，避免多个线程同时访问同一FilterInputStream对象的冲突问题。

在使用过滤流时，首先必须将其连接到某个数据流上。通常在其构造方法参数中指定所要连接的数据流，FilterInputStream 构造函数为：

```
protected FilterInputStream(InputStream in);
```

FilterInputStream 是抽象类，不能直接创建其实例。应使用其子类，对数据进行过滤处理。下面介绍主要的过滤器输入流。

(1)BufferedInputStream。BufferedInputStream 是具有数据缓冲功能的过滤流。通过提供缓冲机制，能够提高数据读取效率。在其初始化时，不仅要连接数据流，还需要指定缓冲区大小。通常，缓冲区大小应该为物理内存页面或者磁盘块的整数倍。其构造方法为：

```
BufferedInputStream(InputStream in, int size)
```

(2)DataInputStream。DataInputStream 支持直接读取数据流中的 int，char，long 等基本类型数据。DataInputStream 自动完成数据流中二进制字节数据的类型转换，并提供完整方法接口，使应用程序能够直接读取基本类型数据。表 8－9 列出了 DataInputStream 的常用方法。

表 8－9　DataInputStream 的常用方法

方法定义	功　能
int read(byte[] b)	从所包含的输入流中读取一定数量的字节，并将它们存储到缓冲区数组 b 中
int read(byte[] b, int off, int len)	从所包含的输入流中将 len 个字节读入一个字节数组中
int readInt()	从当前数据输入流中读取一个 int 值
boolean readBoolean()	从当前数据输入流中读取一个 boolean 值
byte readByte()	从当前数据输入流中读取一个有符号的 8 位数
char readChar()	从当前数据输入流中读取一个字符值
double readDouble()	从当前数据输入流中读取一个 double 值
float readFloat()	从当前数据输入流中读取一个 float 值
readFully(byte[] b,int len)	从当前数据输入流中读取 len 个字节到该字节数组中
int skipBytes(int n)	跳过 n 个 byte 数据，返回的值为跳过的数据个数
String readLine()	从当前数据输入流中读取文本的下一行
static String readUTF(DataInput in)	从当前数据输入流中读取一个已用“修订的 UTF－8 格式”编码的字符串

2. FilterOutputStream

FilterOutputStream 实现对输出数据流中数据的加工处理，实现对 OutputStream()方法重写。FilterOutputStream 也是抽象类，不能直接创建其实例对象。FilterOutputStream 主要包括以下 3 个子类。

(1)BufferedOutputStream。BufferedOutputStream 提供对输出流数据的缓冲功能。数据输出时，首先写入缓冲区，当缓冲区满时，再将数据写入所连接的输出流。其 flush()方法能

够将缓冲区数据强制写入到输出流,清空缓冲区。通过缓冲区,能够实现数据的成块输出,有效提高数据输出性能。其构造方法为:

```
BufferedOutputStream (OutputStream in, int size)
```

(2)DataOutputStream。DataOutputStream支持将Java基本类型数据直接输出到输出流。DataOutputStream自动完成基本类型数据格式转换,并通过输出流输出。在初始化DataOutputStream对象时,需要指定其所连接的输出流。其常用方法见表8-10。

表8-10 DataOutputStream的常用方法

方法定义	功能
void write(int b)	将指定字节(参数b的8个低位)写入基础输出流
void write(byte[] b, int off, int len)	将指定字节数组中从偏移量off开始的len个字节写入基础输出流
void writeInt(int v)	将一个int值以4-byte值形式写入基础输出流,先写入高字节
void writeBoolean(boolean v)	将一个boolean值以1-byte值形式写入基础输出流
void writeByte(int v)	将一个byte值以1-byte值形式写出到基础输出流
void writeBytes(String s)	将字符串按字节顺序写出到基础输出流
void writeChar(int v)	将一个char值以2-byte值形式写入基础输出流,先写入高字节
void writeChars(String s)	将字符串按字符顺序写入基础输出流
void writeDouble(double v)	使用Double类中的doubleToLongBits方法将double参数转换为一个long值,然后将该long值以8-byte值形式写入基础输出流,先写入高字节
void writeFloat(float v)	使用Float类中的floatToIntBits方法将float参数转换为一个int值,然后将该int值以4-byte值形式写入基础输出流,先写入高字节
writeUTF(String)	使用独立于机器的UTF-8编码格式,将一个串写入该基本输出流

(3)PrintStream。PrintStream将基本类型数据转换为字符串形式写入到输出流,即首先调用基本数据类型对应的toString()方法,将其转换为字符串,然后写入到连接的输出流中。在转换字符串时,默认使用平台缺省字符编码格式。PrintStream提供两个主要方法:print()和println()。其中println()方法在输出数据后自动换行,而print()方法输出数据后不换行。

在示例8-5中,首先以FileOutputStream为数据源创建DataOutputStream输出流。然后向文件循环输出用户id、用户名、薪水和密码等信息,最后调用其size()方法输出字符总数。

示例8-5 过滤器流示例

```
//引入I/O包
import java. io. * ;
```

```
public class DataOutput {
    public static void main(String[] args){
        try{
            DataOutputStream dataOut = new DataOutputStream(
        new FileOutputStream("src\\example8_05\\Data.txt"));
            String s1 = "id";
            String[] str = {"userid","name","salary","password"};
            int[] members = {2,33,10000,111111};
        char in = System.getProperty("line.separator").charAt(0);
        dataOut.writeChars(s1);
        dataOut.writeChar(in);
        for(int i=0;i<members.length;i++){
            dataOut.writeChars(str[i]);
            dataOut.writeChar(in);
            dataOut.writeBytes(members[i]);}
        System.out.println("总共输出:"+dataOut.size()+"个字符");
        dataOut.close();
        }catch(Exception e){
                e.printStackTrace();
        }
    }
}
```

运行结果如下：

```
总共输出:82 个字符
```

8.3　Java 字符流

字符集有 Unicode,GBK,ASCII 等多种标准,其存储长度也有 1 个字节、2 个字节等多种长度。在基于字节流读写字符时,由于需要手工编码,程序编写复杂,易于出错,因此,在 JDK 1.1 之后,java.io 包中增加了 Reader 和 Writer 字符流,简化对字符数据的 I/O 处理。

8.3.1　Java 抽象字符流

Java 语言中所提供的字符流类都是基于 java.io 包中的 Reader 和 Writer 类派生而来。这两个抽象类,只提供了一些用于处理字符流的接口,不能生成相应的实例,只能通过使用其子类对象来具体处理字符流。字符流处理时,其核心问题是字符编码转换。Java 语言采用 Unicode 字符编码。对于每一个字符,Java 虚拟机为其分配两个字节的内存。而在文本文件中,字符可能采用其他类型的编码,比如 GBK,UTF－8 等字符编码。因此,Java 中的 Reader 和 Writer 类必须在本地平台字符编码和 Unicode 字符编码之间进行编码转换,如图 8－7 所示。

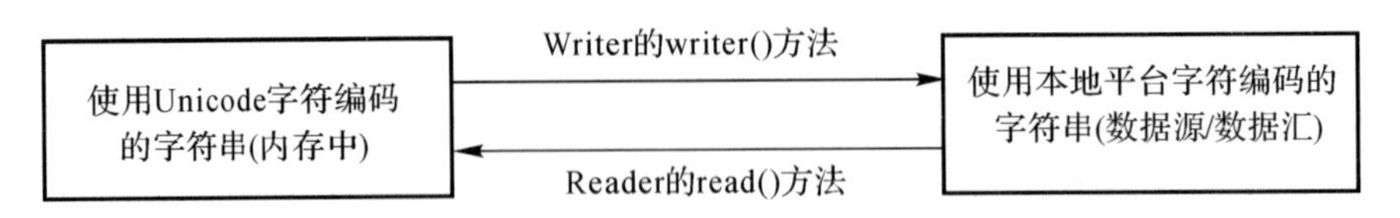

图 8-7 Unicode字符编码和本地平台字符编码转换

1. Reader 字符流类

Reader类是处理所有字符流输入类的基类，是抽象类，不能实例化。Reader提供的主要方法见表8-11。

表 8-11 Reader 的主要方法

方法定义	功 能
int read()	从文件中读取一个字符
int read(char[ ] cbuf)	从文件中读取一串字符，并保存在字符数组cbuf[]中
int read(char[ ] cbuf, int off, int len)	从文件中读取len个字符到数组cbuf[]的第off个元素处
long skip(long n)	跳过字符，并返回所跳过字符的数量
void mark(int readAheadLimit)	标记目前在流内的位置，直到再读入readAheadLimit个字符为止
booleanmarkSupported()	判断此数据流是否支持mark()方法
void reset()	重新设定流
void close()	关闭输入流，该方法必须被子类实现。当一个流被关闭之后，再调用方法对该流进行操作，将不会产生任何效果

2. Writer 字符流类

Writer类是处理所有字符流输出类的基类，提供的主要方法见表8-12。

表 8-12 Writer 的主要方法

方法定义	功 能
void writer(int c)	输出单个字符，将c的低16位写入输出流
void writer(char[ ] cbuf)	将字符数组cbuf[]中的字符写入输出流
void writer(char[ ] cbuf, int off, int len)	将字符数组cbuf[]中从第off个元素开始的len个字符写入输出流
void writer(String str)	输出字符串，将字符串str中的字符写入流
void writer(String str,int off, int len)	将字符串str中从第off个字符开始的len个字符写入输出流
void flush()	刷空所有输出流，并输出所有被缓存的字节到相应的输出流
void close()	关闭输出流，该方法必须被子类实现。当一个流被关闭之后，再调用方法对该流进行操作，将不会产生任何效果

8.3.2　Java 字符输入流

Java 语言提供多个具体字符输入流,它们继承于 Reader 字符流类,重写了 Reader 的抽象方法,实现对特定字符流的输入处理。下面介绍几种主要的字符输入流。

1. CharArrayReader

CharArrayReader 与 ByteArrayInputStream 相对应,在内存中构建缓冲区,用作字符输入流。在构建字符输入流时,需要指定其缓冲区。其常用方法见表 8-13。CharArrayReader 重写了 Reader 类的 mark(),reset(),skip()等方法,并且在调用其 close()方法后,将关闭数据流,不能再从此数据流读取数据。

表 8-13　CharArrayReader 的常用方法

方法定义	功　能
CharArrayReader(char[] buf)	用指定字符数组创建一个 CharArrayReader
CharArrayReader(char[] buf, int offset, int length)	用指定字符数组创建一个 CharArrayReader

2. StringReader

StringReader 与 StringBufferInputStream 对应。StringReader 将字符串作为数据源构造字符输入流。在构造 StringReader 时,需要指定其输入字符串对象。其构造函数如下:

```
StringReader(String)
```

3. FileReader

FileReader 与 FileInputStream 对应。FileReader 将数据文件作为数据源构造字符输入流,实现对文件的读取操作。在构造 FileReader 数据流时,必须指定其文件数据源。在读取文件时,将采用系统缺省字符编码,并且 FileReader 没有重写 mark(),reset(),skip()等方法。表 8-14 列出了 FileReader 的构造方法。

表 8-14　FileReader 的构造方法

方法定义	功　能
FileReader(File file)	建立一个 FileReader 流,并以 file 为源文件
FileReader(String fileName)	建立一个 FileReader 流,并以路径名为 fileName 的文件为源文件

示例 8-6 构造了一个 FileReader 输入流,该输入流以字符方式读入文件 DataReader.java 内容,并将其在屏幕上输出。

示例 8-6　文件字符输入流示例

```
//引入 I/O 包
import java.io.*;
public class DataReader {
    public static void main(String[] args) throws IOException {
        FileReader readFile = new FileReader("src\\example8_06\\DataReader.java");
        int intTemp = readFile.read();
        System.out.println("The details of DataReader.java is as follow:");
```

```
        while(intTemp! =-1) {
            System.out.print((char)intTemp);
            intTemp = readFile.read();
        }
        readFile.close();
    }
}
```

8.3.3 Java 字符输出流

Java 语言提供多个具体字符输出流，它们继承于 Writer 抽象字符流类，重写了 Writer 的抽象方法，实现对特定字符流的输出处理。下面介绍几种主要的字符输出流。

1. CharArrayWriter

CharArrayWriter 与 ByteArrayOutputStream 对应，其构造内存缓冲区，用于输出字符数组。在构造 CharArrayWriter 输出流时，系统将按照指定大小或者默认值构造字符数组。如果输出字符超过字符数组容量，系统将自动扩充字符数组。CharArrayWriter 的主要方法见表 8-15。

表 8-15 CharArrayWriter 的主要方法

方法定义	功能
CharArrayWriter()	建立一个 CharArrayWriter 流，目标数组的初始化长度为默认值
CharArrayWriter(int initialSize)	建立一个 CharArrayWriter 流，目标数组的初始化长度为 initialSize
void reset()	将 CharArrayWriter 的 count 字段值设为 0
int size()	返回目标数组的长度
char[] toCharArray()	返回一个新建的 char[]数组，其长度和数据同目标数组相同
String toString()	将目标数组的内容转换为一个字符串

2. StringWriter

StringWriter 将内存缓冲区数据输出为字符串。在构造 StringWriter 输出流时，系统将按照指定大小或者默认值初始化输出字符串。如果输出字符超过字符串长度，则系统将自动扩充字符串容量。StringWriter 的构造方法见表 8-16。

表 8-16 StringWriter 的构造方法

方法定义	功能
StringWriter()	建立一个 StringWriter 流，目的字符串的初始化长度为默认值
StringWriter (int initialSize)	建立一个 StringWriter 流，目的字符串的初始化长度为 initialSize

3. FileWriter

FileWriter 与 FileOutputStream 对应。FileReader 构造文件输出流，实现对文件的写操作。在构造 FileReader 数据流时，必须指定其目标文件。其构造方法见表 8-17。

表 8－17　FileWriter 的构造方法

方法定义	功　能
FileWriter (File file)	建立一个 FileWriter 流,目的文件为 file
FileWriter (File file,boolean append)	建立一个 FileWriter 流,目的文件为 file,如果 append 为 true,则数据接在 file 文件数据之后,否则写到 file 文件开头

示例 8－7 创建 FileWriter 输出流,将字符串 s 中字符输出到文件中。

示例 8－7　Java 字符输出流应用示例

```
//引入 I/O 包
import java.io.*;
public class DataWriter {
    private static final String NEW_LINE = System.getProperty("line.separator");
    public static void main(String[] args) throws IOException {
        FileWriter writeFile = new FileWriter("src\\example8_07\\out.txt");
        String s = "This is a file about Writer," + NEW_LINE
            + "We can writer this to a new file."+ NEW_LINE
            + "Now you can read the details...";
        for(int i=0;i<s.length();i++){
          writeFile.write(s.charAt(i));
        }
        writeFile.close();
    }
}
```

8.3.4　Java 字符过滤流

为了实现对字符数据高级处理功能,Java 语言提供相应的字符过滤流。这些字符过滤流与对应的字节过滤流具有相似功能,下面将介绍常用的几种字符过滤流。

1. BufferedReader

BufferedReader 对应于 BufferedInputStream,提供对字符数据输入的缓冲功能。在构造 BufferedReader 时,需要指定其连接的数据流和缓冲区大小。其构造方法见表 8－18。

表 8－18　BufferedReader 的构造方法

方法定义	功　能
BufferedReader(Reader in)	创建一个使用默认大小输入缓冲区的缓冲字符输入流
BufferedReader(Reader in, int sz)	创建一个使用指定大小输入缓冲区的缓冲字符输入流

BufferedReader 提供 readLine()方法,支持读取一行文本。其返回值为行所包含字符串,不包含换行符。如果已读到数据流末尾,则返回“null”值。BufferedReader 常用于逐行读取键盘,或者文件数据。

在逐行读取键盘输入时,需要连接标准输入流,并调用 readLine()方法逐行读取键盘输入。其代码示例如下：

```
BufferedReader  stdIn =
    new BufferedReader(new  InputStreamReader(System.in))
String  input = stdIn.readLine();
```

在逐行读取文件数据时，首先构造输入流 FileReader 对象。FileReader 构造函数以文件名为参数，并负责打开文件。如果文件不存在，则会抛出异常 FileNotFoundException。然后构造 BufferedReader 数据流对象，连接到该 FileReader 数据流。最后调用 BufferedReader 数据流对象的 readLine()方法，逐行读取文件数据。其代码示例如下：

```
BufferedReader fileIn = new BufferedReader(new FileReader(filename));
String  line =   fileIn.readLine();
while (line ! = null)  {
  // process line
   line = fileIn.readLine();
}
```

2. BufferdWriter

BufferdWriter 对应于 BufferedOutputStream，提供对字符数据输出的缓冲功能。在构造 BufferdWriter 时，需要指定其连接的输出字符数据流和缓冲区大小。其构造方法见表 8－19。

表 8－19　BufferdWriter 的构造方法

方法定义	功　能
BufferedWriter(Writer out)	创建一个使用默认大小输出缓冲区的缓冲字符输出流
BufferedWriter(Writer out, int sz)	创建一个使用给定大小输出缓冲区的新缓冲字符输出流

3. PrintWriter

PrintWriter 与 PrintStream 对应。PrintWriter 支持对象的格式化输出。PrintWriter 实现了 PrintStream 中所有 print()方法，并且在调用方法时，不会抛出 I/O 异常。如果需要检查是否存在错误，则需要调用其 checkError()方法。PrintWriter 的主要方法见表 8－20。

表 8－20　PrintWriter 的主要方法

方法定义	功　能
PrintWriter(File file)	使用指定文件创建不具有自动行刷新的新 PrintWriter
PrintWriter(String fileName)	建立一个 FileWriter 流，目标文件路径为 fileName，如果 append 为 true，则数据接在文件数据之后，否则写到文件开头
PrintWriter(Writer out)	根据现有的 Writer 创建不带自动行刷新的新 PrintWriter
PrintWriter(OutputStream out)	根据现有的 OutputStream 创建不带自动行刷新的新 PrintWriter
PrintWriter(File file, String csn)	创建具有指定文件和字符集且不带自动行刷新的新 PrintWriter
checkError()	如果流没有关闭，则刷新流且检查其错误状态
clearError()	清除此流的错误状态

续表

方法定义	功　能
format(String format, Object... args)	使用指定格式字符串和参数将一个格式化字符串写入此 writer 中
print(String s)	打印字符串
println(Object x)	打印 Object,然后终止该行

示例 8-8 中,构造 BufferedReader 对象,逐行读取源文件数据,然后构造 PrintWriter 对象,向目标文件逐行输出。

示例 8-8　Java 字符过滤流应用示例

```
import java.io.*;
/**
 * Makes a copy of a file.
 */
public class CopyFile {

    /* Standard input stream */
    private static BufferedReader stdIn =
        new BufferedReader(new InputStreamReader(System.in));

    /* Standard output stream */
    private static PrintWriter stdOut =
        new PrintWriter(System.out, true);

    /* Standard error stream */
    private static PrintWriter stdErr =
        new PrintWriter(System.err, true);

    /**
     * Makes a copy of a file.
     *
     * @param args not used.
     * @throws IOException If an I/O error occurs.
     */
    public static void main(String[] args) throws IOException {

    stdErr.print("Source filename: ");
    stdErr.flush();
    BufferedReader input =
    new BufferedReader(new FileReader(stdIn.readLine()));
    stdErr.print("Destination filename: ");
```

```
        stdErr. flush();
        PrintWriter output =
        new PrintWriter(new FileWriter(stdIn. readLine()));
        String  line = input. readLine();
        while (line != null)  {
            output. println(line);
            line = input. readLine();
        }
        input. close();
        output. close();
        stdOut. println("done");
    }
}
```

8.4 Java I/O 编程

8.4.1 Java 文件编程

File 是文件和目录路径名的抽象表示形式。File 既可以代表一个特定文件的名称，也可代表一个文件目录。通常，File 类实例创建后，其所表示的文件路径名将不能改变。File 类的构造方法见表 8-21。

表 8-21 File 类的构造方法

方法定义	功　能
File(File parent, String child)	根据 parent 抽象路径名和 child 路径名字符串创建一个新 File 实例
File(String pathname)	通过将给定路径名字符串转换成抽象路径名来创建一个新 File 实例
File(String parent, String child)	根据 parent 路径名字符串和 child 路径名字符串创建一个新 File 实例
File(URI uri)	通过将给定的 file:URI 转换成一个抽象路径名来创建一个新的 File 实例

File 类不仅仅用于表示已有的目录路径、文件或者文件组，还可用于新建目录、文件，查询文件属性，检查是否是文件，以及删除文件等操作。File 类的主要方法见表 8-22。

表 8-22 File 类的主要方法

方法定义	功　能
String getName()	返回由此抽象路径名表示的文件或目录的名称
boolean canRead()	测试应用程序是否可以读取此抽象路径名表示的文件
boolean canWrite()	测试应用程序是否可以修改此抽象路径名表示的文件
boolean exists()	测试此抽象路径名表示的文件或目录是否存在
long length()	返回由此抽象路径名表示的文件的长度

续表

方法定义	功　能
String getAbsolutePath()	返回抽象路径名的绝对路径名字符串
String getParent()	返回此抽象路径名的父路径名的路径名字符串,如果此路径名没有指定父目录,则返回 null
boolean isFile()	测试此抽象路径名表示的文件是否是一个标准文件
boolean isDirectory()	测试此抽象路径名表示的文件是否是一个目录
boolean isHidden()	测试此抽象路径名指定的文件是否是一个隐藏文件
long lastModified()	返回此抽象路径名表示的文件最后一次被修改的时间

示例 8－9 中,通过标准输入读取源文件名称和目标文件名称,分别构造源文件和目标文件 File 对象,然后通过构造文件输入流和文件输出流,将源文件数据复制到目标文件。

示例 8－9　Java 文件编程应用示例

```
//引入 I/O 包
import java.io.*;

/**
 * 该类使用 File 类实现文件的打开复制
 *
 */
public class CopyFile {
    // 标准输入流
    private static BufferedReader stdIn = new BufferedReader(
        new InputStreamReader(System.in));
    // 标准输出流
    private static PrintWriter stdOut = new PrintWriter(System.out, true);
    // 标准错误输出流
    private static PrintWriter stdErr = new PrintWriter(System.err, true);

    public static void main(String[] args) throws IOException {

        // 读入源文件名
        stdErr.print("Source filename: ");
        stdErr.flush();
        String sourceName = stdIn.readLine();
        // 读入目的文件名
        stdErr.print("Destination filename: ");
        stdErr.flush();
        String destName = stdIn.readLine();
        copyFile(sourceName, destName);
```

```
    }
    /**
     * 该方法实现将源文件的文件内容拷贝到目的文件中
     *
     * @param sourceName
     *            源文件的文件名
     * @param destName
     *            目的文件的文件名
     */
    private static void copyFile(String sourceName, String destName) {
        try {
            int byteRead = 0;
            File sourceFile = new File(sourceName);
            // 如果源文件存在
            if (sourceFile.exists()) {
                // 读入源文件
                FileInputStream inStream = new FileInputStream(sourceName);
                // 写入目的文件
                FileOutputStream outStream = new FileOutputStream(destName);
            byte[] buffer = new byte[1024];
            while ((byteRead = inStream.read(buffer)) != -1) {
                outStream.write(buffer, 0, byteRead);
            }
            stdOut.println("The length of the source file is: "
                + sourceFile.length());
            inStream.close();
            outStream.close();
            stdOut.println("Copy Done!");
          }
        } catch (Exception e) {
          stdErr.println("There is something wrong when copy the file. ");
          e.printStackTrace();
        }
    }
}
```

8.4.2　UML设计类图相关的文件读/写实现

假设有雇员信息数据文件 Employee.dat，如示例8-10所示，那么可以根据本章所学的知识，增加雇员信息系统文件读/写的编程内容，完善图2-18所示类图中的驱动类 EmployeeManagerSystem，让该类可以实现根据用户的选择实现雇员信息系统的显示，而雇员信息来自于文件 Employee.dat，所以 EmployeeManagerSystem 还要实现从数据文件 Employee.dat

读取数据、解析、创建 Employee 对象的功能，为此，这里专门构造一个类 EmployeeLoader，负责从数据文件 Employee. dat 读取数据、解析、创建 Employee 对象的功能。

对于公共交通信息查询系统，假设存储公共交通线和公共交通站点的信息存储在相应的文件中，对于接口自动机系统，假设状态、步骤等信息也存储在相应的文件中，那么读者可以模仿雇员信息管理系统的实现，假设所有信息数据文件的存储格式与雇员信息数据文件 Employee. dat 类似，请读者模仿编写类似功能，以提高文件读/写的编程能力。

示例 8 - 10　Employee. dat

```
General_2010001_smith_1980802_88434490_5000.00
General_2010002_Erich Gamma_19811023_88434467_4500.00
Hour_2010003_Joshua Bloch_19810718_88434498_30.00
Hour_2010004_Martin Fowler_19830629_88434445_35.00
Commission_2010005_Steve C McConnell_19850414_88434423_6000.00
Commission_2010006_Stan Getz_19861227_88434447_5500.00
Commission_2010007_Joao Gilberto_19831022_88434497_5000.00
NonCommission_2010008_james_19840908_88434412_6500.00
NonCommission_2010009_Santana_19870415_88434418_6500.00
```

注　雇员信息格式：

雇员类型_雇员身份标识_雇员名字_雇员出生日期_雇员联系方式_工资

相关的界面编程实现见西北工业大学出版社网上资源。

第9章 Java界面编程

为了设计友好的人机交互界面，Java语言提供了按钮、组合框、表格等多种功能强大的界面控制组件，支持顺序布局、网格布局等多种组件自动布局方式，以及具备完善的用户交互事件响应处理机制。本章将系统学习Java图形界面编程技术。

9.1 Java Swing界面编程

9.1.1 组件与容器

1. AWT与Swing简介

图形用户界面(Graphics User Interface,GUI)以图形可视化方式，借助菜单、按钮等图形界面元素和鼠标、键盘操作，支持用户与计算机系统交互。图形用户界面包含一组图形界面元素，以及其位置关系、组合关系和逻辑调用关系，共同组成具有事件响应能力的图形界面系统。

初期，Java提供的图形界面系统为抽象窗口工具包(Abstract Window Toolkit,AWT)，位于java.awt包中。AWT提供容器类、组件类和多种布局管理。AWT简单易用，并能与操作系统的图形界面完全集成。但也因此，其具有平台相关性，不同操作系统下将呈现不同外观。

JDK 1.2以后，Java引入新的Swing组件。Swing组件是对AWT组件的扩充，采用Java语言编写，不依赖于本地操作系统的GUI，在不同操作系统上具有相同的外观。Java推荐使用Swing组件，避免混合使用AWT组件和Swing组件。Swing组件位于javax.swing包。

所有AWT和Swing组件都继承于公共基类：java.awt.Component。Component类是抽象类，定义了所有图形组件的公共属性和操作。

(1)颜色Color。Java提供以下方法，用于设定图形组件的背景和前景颜色。其中，颜色定义为java.awt.Color类。Color类提供上百个静态属性，例如，RED，BULE，GREEN，WHITE，YELLOW，GRAY等，用于表示特定的颜色。

- public void setBackground(Color c)
- public void setForeground(Color c)

(2)字体Font。图形组件可以通过方法setFont(Font font)设定其字体。Java将字体定义为java.awt.Font类。通过其构造方法Font(String name, int style, int size)，可以定义新的字体。其中，参数name值可以为“Dialog”“DialogInput”“Monospaced”“Serif”和“SansSerif”，参数style值可以为“Font.PLAIN”“Font.BOLD”和“Font.ITALIC”，参数size定义了字体大小。也可以通过调用Toolkit对象的getFontList方法，获取完整的系统字体列表。

(3)边框 Border。Swing 组件可以通过方法 setBorder(Border border)为组件设定多种有趣的边框。其中,边框类位于包 javax. swing. border 中。主要的边框类示例如下:

- new TitledBorder("Title")
- new EtchedBorder();
- new LineBorder(Color. BLUE);
- new MatteBorder(5,5,30,30,Color. GREEN);
- new BevelBorder(BevelBorder. RAISED);
- new SoftBevelBorder(BevelBorder. LOWERED);
- new CompoundBorder(new EtchedBorder(),new LineBorder (Color. RED));

(4)可用性(Enablement)。在创建图形组件时,组件默认是激活状态。当用户与图形组件交互对特定应用程序状态没有意义时,可以禁用该组件。组件的激活和禁用,通过调用组件方法 setEnabled(boolean b)实现。当参数 b 值为" true"时,激活组件;当参数 b 值为"false"时,禁用组件。

(5)可见性(Visibility)。在创建图形组件时,部分组件默认是可见的,另一些组件的可见性与其所在容器的可见性相同。通过调用组件方法 setVisible(false),可以在容器可见时,将组件设定为不可见。

除了基本图形组件外,Java 还提供了一种特殊的图形组件——容器。容器能够包含其他的图形组件,实现图形组件的多级嵌套。所有容器类的基类为 Container 类。默认情况下,组件按照其加入先后顺序存储在容器中。Container 类的主要方法见表 9-1。

表 9-1　Container 类的主要方法

方法定义	功　能
add(Component c)	添加组件 c 到容器的末尾
add(Component c, int index)	添加组件 c 到容器中,它的位置由 index 决定
remove(Component c)	从容器中删除组件 c
remove(int index)	从容器中删除由 index 指定位置处的组件
setLayout(LayoutManager m)	设置容器的布局管理器

根据图形组件功能不同,可以将其分为三类:原子组件、中间容器和顶层容器。

原子组件是最基本的图形界面元素,如 JButton(按钮)、JLabel(标签)等。原子组件具有独立功能,不能包含其他组件。原子组件具有特定的图形样式,能够接受用户输入,以及向用户显示信息。

中间容器可以包含原子组件,并能够嵌套包含其他中间容器。中间容器主要用于容纳和管理所包含的图形界面元素。中间容器主要包括 JPanel, JScrollPane, JSplitPane, JTabbedPane, JToolBar, JLayeredPane, JDesktopPane, JInternalFrame 和 JRootPane 等。

顶层容器位于图形界面嵌套结构的最外层,提供图形用户界面的顶层框架,能够包含其他中间容器和原子组件。Swing 提供 3 种主要顶层容器:JApplet、JDialog 和 JFrame,分别用于创建 Java 小程序、对话框和 Java 应用程序。

2. Java GUI程序框架

Java GUI程序采用层次嵌套结构(见图9-41),由顶层容器构造GUI应用程序外层框架。在顶层容器内包含中间容器,并且中间容器可以相互嵌套包含。最后由中间容器负责管理其所包含的原子组件,共同构成GUI程序层次框架。因此,典型的Java GUI程序设计主要包括:①创建JFrame应用程序框架,搭建界面应用程序;②继承JPanel创建用户界面程序。

(1)继承JFrame创建用户界面程序。JFrame是Java应用程序的主框架,所有的Java应用程序图形界面都是在JFrame主框架之中进行设计的。JFrame窗口框架类似于Windows应用窗口,具有标题、边框、菜单等元素。如图9-1所示,典型的JFrame窗口由三部分组成:Frame(框架)、Menu Bar(菜单栏)和Content Pane(内容面板)。

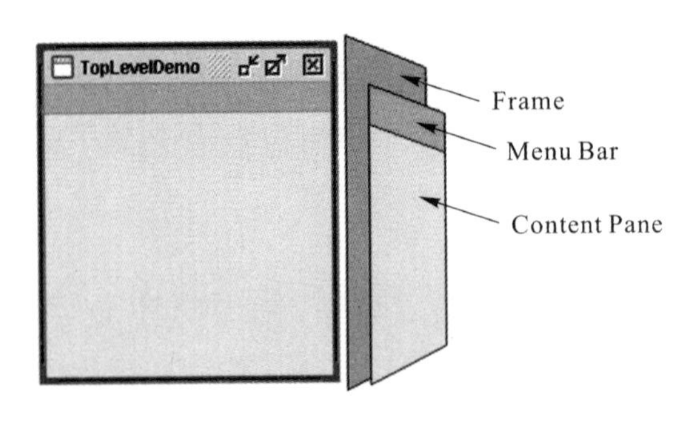

图9-1 JFrame窗口

继承JFrame创建用户界面程序的主要步骤包括:

1)撰写用户自定义界面类使其继承JFrame,例如示例9-1中的界面类FrameDemo。

2)将要布局到界面上的组件作为界面类的私有属性进行声明。

3)撰写界面类的构造函数,在构造函数中,完成如下操作:

a. 构造JFrame框架对象,指定其标题(Title)。

b. 设定JFrame框架尺寸。

c. 设置当前界面类的布局。

d. 通过界面类的add()方法将界面元素逐一摆放到界面上,界面搭建也可以定义若干辅助函数,通过界面类的构造函数去调用这些辅助函数,实现界面的整体布局和搭建。

4)撰写主函数main(),在主函数中完成如下操作,通过执行界面类,展示用户搭建的界面。

a. 创建界面类的对象。

b. 默认JFrame框架对象是不可见的,需要设定JFrame框架可见。

c. 为JFrame框架设定菜单栏,菜单栏中可以包含多个菜单和菜单项。

示例9-1 继承JFrame创建用户界面的基本用法示例

```
//引入Swing包
import java.awt.*;
import java.awt.event.*;
import javax.swing.*;
import javax.swing.event.*;
```

```
/**
 * @author author name
 * @version 1.0.0
 */
//声明当前类继承自 JFrame
public class FrameDemo extends JFrame {
    //声明在界面上要布局的组件
    private JPanel buttonPanel;
    private JTextField input1TextField;
    ...

    public static void main(String[] args) {

        //创建一个窗体并显示
        JFrame frame = new JFrameName();
        frame.setDefaultCloseOperation(JFrame.EXIT_ON_CLOSE);
        frame.setSize(300, 400); // Adjust the size of the window
        frame.setVisible(true);
    }
    //构造函数
    public FrameDemo(){
        //设置窗体的标题
        super("title");
        this.setSize(250,100);
        //在当前窗体上布局各种组件并显示
        this.setLayout(...);
        this.add(...);
    }
}
```

用示例 9－1 的方法，搭建一个空界面，命名为 JFrameDemo，运行结果如图 9－2 所示。

图 9－2　JFrame 示例演示

(2)继承 JPanel 创建用户界面程序。JPanel 是一个没有明显边界的中间容器，不能被单独使用，必须放置在另一个容器中。JPanel 提供 add()方法，可以将其他原子组件或者中间容器放置其中，方便对其内部元素的组织管理。

继承 JPanel 创建用户界面程序的主要步骤包括：

1)撰写用户自定义界面类使其继承 JPanel，例如示例 9-1 中的界面类 PanelDemo。

2)将要布局到界面上的组件作为界面类的私有属性进行声明。

3)撰写界面类的构造函数，在构造函数中，完成如下操作：

a. 设置当前界面类的布局。

b. 通过界面类的 add()方法将界面元素逐一摆放到界面上，界面搭建也可以定义若干辅助函数，通过界面类的构造函数去调用这些辅助函数，实现界面的整体布局和搭建。

4)撰写主函数 main()，在主函数中完成如下操作，通过执行界面类，展示用户搭建的界面。

a. 创 JFrame 对象，指定其标题(Title)。

b. 创建界面类的对象。

c. 通过 JFrame 对象的 add()方法，将界面类的对象加载到 JFrame 框架上。

d. 设定 JFrame 框架尺寸。

e. 默认 JFrame 框架对象是不可见的，需要设定 JFrame 框架可见。

示例 9-2　JPanel 的基本用法示例

```
//引入 Swing 包
import java.awt.*;
import java.awt.event.*;
import javax.swing.*;
import javax.swing.event.*;

/**
 * @author author name
 * @version 1.0.0
 */
//声明当前类继承自 JPanel
public class PanelDemo extends JPanel {

    //要布局的组件
    private JLabel labelLeft;
    private JLabel labelCenter;
    private JLabel labelRight;
        ...
    public static void main(String[] args) {

        //设置窗体的标题
        JFrame frame = new JFrame("title");
        frame.add(new JPanelName());

        frame.setDefaultCloseOperation(JFrame.EXIT_ON_CLOSE);
        frame.pack();// Adjust the size of the window
```

```
        frame.setVisible(true);
    }
    public PanelDemo() {
        //在当前面版上布局各种组件以显示在窗体上
        setLayout(...);
        setBackground(...);
        add(...);
    }
}
```

运行结果如图 9－3 所示。

图 9－3　JPanel 示例演示

3. 原子组件

Swing 组件提供了一套执行用户接口功能的原子组件。原子组件具有可定制的外观，能够向用户输出信息，或者接收用户的键盘、鼠标输入信息。下面介绍几个常用原子组件。

(1)标签组件(JLabel)。标签可以显示文本、图标，或者同时显示文本和图标。JLabel 类提供多种构造方法，用于构造不同类型的标签(见表 9－2)。

表 9－2　JLabel 类的构造方法及常用方法

方法定义	功　能
JLabel()	创建无图标并且其标题为空的标签
JLabel(Icon image)	创建具有指定图标的标签
JLabel(Icon image,int horizontalAlignment)	创建具有指定图标和水平对齐方式的标签，支持的对齐方式包括 JLabel. LEFT，JLabel. CENTER，JLabel. RIGHT，JLabel. LEADING 和 JLabel. TRAILING
JLabel(String text)	创建具有指定文本的标签
JLabel(String text,Icon image, int horizontalAlignment)	创建具有指定文本、图标和水平对齐方式的标签
JLabel(String text, int horizontalAlignment)	创建具有指定文本和对齐方式的标签
setText(String text)	设定标签显示的文本

续表

方法定义	功　能
setIcon(Icon icon)	设定标签显示的图标
setToolTipText(String toolTipText)	设定标签的工具提示信息。当鼠标光标停留在标签上时，将显示其工具提示信息

在 Java Swing 中，图标定义为类 ImageIcon。ImageIcon 提供多种构造方法，支持从图像文件、字节数组、Image 对象和 URL 地址等创建图标。例如，从图像文件创建图标：

```
ImageIcon icon = new ImageIcon("bananas.jpg","an image with bananas");
```

示例 9-3 中，分别创建了 3 个图标组件，并将其加入内容面板。

示例 9-3　JLabel 的使用示例

```
//引入 awt 包
import java.awt.*;
//引入 swing 包
import javax.swing.*;
//声明 LableDemo 类继承自 JFrame
public class LabelDemo extends JFrame
{
    public static void main(String[] args)
    {
    //声明一个 JFrame 类对象，并设置标题
      LabelDemo fr = new LabelDemo("FrameDemo");
    //设置窗体大小
      fr.setSize(200,350);
    //获得窗体的内容面板
      Container container = fr.getContentPane();
    //设置内容面板的布局管理器
      container.setLayout(new FlowLayout());
    //创建第一个标签组件
      JLabel jLabel1 = new JLabel();
    //设置第一个标签显示文本
      jLabel1.setText("欢迎学习标签的用法");
    // 设置第一个标签的提示信息
      jLabel1.setToolTipText("工具提示：这是一个标签");
    //将第一个标签添加到内容面板中
      container.add(jLabel1);
      //创建一个图标
      Icon icon1 = new ImageIcon("src\\example9_03\\IconDemo1.png");
    //创建第二个标签，该标签同时有有文本和图标，并将图标放置于文本左边
      JLabel jLabel2 = new JLabel("放大镜",icon1,SwingConstants.LEFT);
    //将第二个标签添加到内容面板中
      container.add(jLabel2);
```

```
    //创建第三个标签
      JLabel jLabel3 = new JLabel();
    //设置第三个标签的内容
      jLabel3.setText("笔记本");
    //创建第二个图标
      Icon icon2 = new ImageIcon("src\\example9_03\\IconDemo2.png");
    //设置第三个标签所使用的图标
      jLabel3.setIcon(icon2);
    //设置水平对齐方式
      jLabel3.setHorizontalTextPosition(SwingConstants.CENTER);
    //设置垂直对齐方式
      jLabel3.setVerticalTextPosition(SwingConstants.BOTTOM);
    //将第三个标签添加到内容面板中
      container.add(jLabel3);
    //设置 Frame 为可见
      fr.setVisible(true);
    //设置关闭窗口时的方式:关闭窗口并退出应用程序
      fr.setDefaultCloseOperation(JFrame.EXIT_ON_CLOSE);
    }
    public LabelDemo(String str)
    {
    //调用父类的构造方法设置窗体标题
      super(str);
    }
}
```

运行结果如图 9-4 所示。

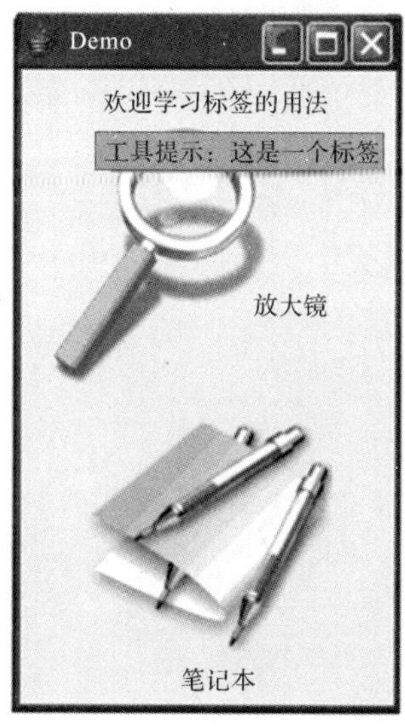

图 9-4　JLable 示例演示

(2)按钮组件(JButton)。按钮主要用于接受和响应用户的鼠标事件。按钮上可以显示文本、图标或者同时显示文本和图标。JButton 提供 setRolloverIcon()方法,可以设置在鼠标移入和移出 JButton 时显示的图片。JButton 类的构造方法及常用方法见表 9-3。

表 9-3　JButton 类的构造方法及常用方法

方法定义	功　能
JButton()	创建一个没有文本和图标的按钮
JButton(Icon icon)	创建一个带图标的按钮
JButton(String text)	创建一个带文本的按钮
JButton(String text,Icon icon)	创建一个带初始文本和图标的按钮
setLabel(String text)	指定该按钮的标签
setRolloverIcon(Icon rolloverIcon)	指定当用户将鼠标置于按钮上方时,该按钮所显示的图标

示例 9-4 中,分别创建了一个文本按钮和一个图标按钮,并为图标按钮设置鼠标置于按钮上方时所显示的图标。

示例 9-4　JButton 的使用方法

```
//引入所需图形包
import java.awt.*;
import javax.swing.*;
//创建 ButtonDemo 类,并使其继承自 JFrame
public class ButtonDemo extends JFrame
{
    public static void main(String[] args)
    {
    //声明一个 JFrame 并设置标题
      ButtonDemo fr = new ButtonDemo("Demo");
    //设置窗体大小
      fr.setSize(200,250);
    //得到内容面板
      Container container = fr.getContentPane();
    //设置内容面板的布局管理器
      container.setLayout(new FlowLayout());
    //创建第一个图标
      Icon icon1 = new ImageIcon("src\\example9_04\\IconDemo3.png");
    //创建第二个图标
      Icon icon2 = new ImageIcon("src\\example9_04\\IconDemo4.png");
    //创建第一个按钮
      JButton button1 = new JButton("button");
    //添加第一个按钮到容器
      container.add(button1);
```

```
    //创建第二个按钮
      JButton button2 = new JButton(icon1);
    //指定当用户将鼠标置于按钮上方时,该按钮所显示的图标
      button2.setRolloverIcon(icon2);
    //添加第二个按钮到容器
      container.add(button2);
    //设置 Frame 为可见
      fr.setVisible(true);
    //设置关闭窗口时的方式:关闭窗口并退出应用程序
      fr.setDefaultCloseOperation(JFrame.EXIT_ON_CLOSE);
    }
    public ButtonDemo(String str)
    {
    //调用父类的构造方法
      super(str);
    }
}
```

运行结果如图 9-5 所示。

图 9-5 JButton 示例演示

(3)复选框组件(JCheckBox)。复选框可以让用户做出多项选择,主要用于用户选择属性。JCheckBox 类的构造方法及常用方法见表 9-4。

表 9-4 JCheckBox 类的构造方法及常用方法

方法定义	功 能
JCheckBox()	创建一个没有文本、没有图标并且最初未被选定的复选框
JCheckBox(Action a)	创建一个复选框,其属性从所提供的 Action 获取

续表

方法定义	功　能
JCheckBox(Icon icon)	创建一个带图标、最初未被选定的复选框
JCheckBox(Icon icon,boolean selected)	创建一个带图标的复选框,并指定其最初是否处于选定状态
JCheckBox(String text)	创建一个带文本的、最初未被选定的复选框
JCheckBox(String text,boolean selected)	创建一个带文本的复选框,并指定其最初是否处于选定状态
JCheckBox(String text,Icon icon)	创建带有指定文本和图标的、最初未被选定的复选框
JCheckBox(String text,Icon icon,boolean selected)	创建一个带文本和图标的复选框,并指定其最初是否处于选定状态
setLabel(String text)	指定该复选框的标签
setSelected(boolean b)	将该复选框设置为是否被选中。如果参数 b 为 true,则复选框被选中;如果参数 b 为 false,则复选框未被选中。缺省情况下,参数 b 的值为 false

示例 9－5　JCheckBox 演示

```
//引入图形包
importjava. awt. * ;
import javax. swing. * ;
//声明一个 CheckBoxDemo 类继承自 JFrame
public class CheckBoxDemo extends JFrame
{
    public static void main(String[] args)
    {
    //创建一个 JFrame 窗体,并设置标题
      CheckBoxDemo fr = new CheckBoxDemo("Demo");
    //设置窗口大小
      fr. setSize(200,120);
    //得到内容面板
      Container container = fr. getContentPane();
    //设置内容面板的布局管理器
      container. setLayout(new FlowLayout());
    //创建一个标签
      JLabel jLabel = new JLabel("请选择要显示的文字效果");
    //创建一个复选框
      JCheckBox jCheckBox1 = new JCheckBox("粗体");
    //创建一个复选框
      JCheckBox jCheckBox2 = new JCheckBox("斜体");
```

```
        //设置该复选框默认被选中
          jCheckBox2.setSelected(true);
        //创建一个复选框
          JCheckBox jCheckBox3 = new JCheckBox("下画线");
        //将该复选框设置为被选中
          jCheckBox3.setSelected(true);
        //添加标签到容器
          container.add(jLabel);
        //添加复选框到容器
          container.add(jCheckBox1);
        //添加复选框到容器
          container.add(jCheckBox2);
        //添加复选框到容器
          container.add(jCheckBox3);
        //设置 Frame 为可见
          fr.setVisible(true);
        //设置关闭窗口时的方式:关闭窗口并退出应用程序
          fr.setDefaultCloseOperation(JFrame.EXIT_ON_CLOSE);
        }
        public CheckBoxDemo(String str)
        {
        //调用父类的构造方法
          super(str);
        }
}
```

运行结果如图 9-6 所示。

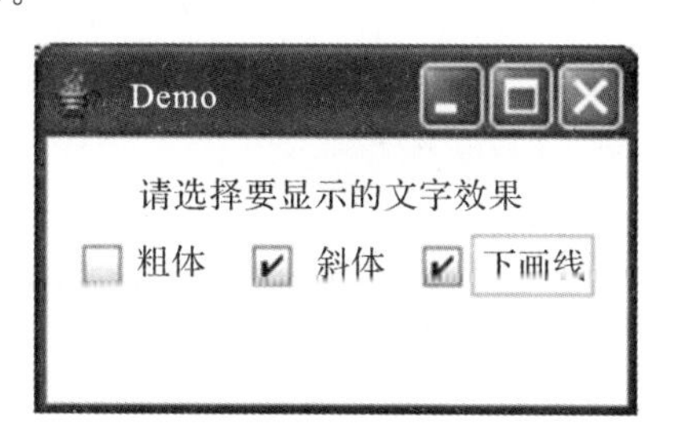

图 9-6　JCheckBox 示例演示

(4)单选按钮(JRadioButton)。单选按钮具有选中和未选中两种状态。当多个单选按钮未成组时,可以同时选中多个单选按钮。当多个单选按钮成组时,同一组单选按钮中同时只能有一个单选按钮被选中。JRadioButton 类的构造方法及常用方法见表 9-5。

表 9-5　JRadioButton 类的构造方法及常用方法

方法定义	功　能
JRadioButton()	创建一个初始化为未选择的单选按钮,其文本未设定

续表

方法定义	功　能
JRadioButton(Icon icon)	创建一个初始化为未选择的单选按钮,其具有指定的图像,但无文本
JRadioButton(Icon icon,boolean selected)	创建一个具有指定图像和选择状态的单选按钮,但无文本
JRadioButton(String text)	创建一个具有指定文本、状态为未选择的单选按钮
JRadioButton(String text,Icon icon)	创建一个具有指定文本和图像并初始化为未选择的单选按钮
JRadioButton(String text,Icon icon,boolean selected)	创建一个具有指定文本、图像和选择状态的单选按钮
setLabel(String text)	指定该单选按钮的标签
setSelected(boolean b)	将该单选按钮设置为是否被选中。如果参数 b 为 true,则单选按钮被选中;如果参数 b 为 false,则单选按钮未被选中。缺省情况下,参数 b 的值为 false

在 Java Swing 中,ButtonGroup 容器类负责组织和管理一组按钮,并维护按钮之间的逻辑关系。当多个单选按钮添加到同一个 ButtonGroup 容器时,如果选中其中某一个单选按钮,则会自动取消其他按钮选中状态。示例 9-6 演示创建 3 个单选按钮,并将其置于同一 ButtonGroup 容器中。

示例 9-6　JRadioButton 的使用示例

```
//引入相关包
import java.awt.*;
import javax.swing.*;
//创建 RadioButtonDemo 类并继承 JFrame 类
public class RadioButtonDemo extends JFrame
{
    public static void main(String[] args)
    {
    //创建窗口类实例
      RadioButtonDemo fr = new RadioButtonDemo("Demo");
    //设置窗口大小
      fr.setSize(200,120);
    //得到内容面板
      Container container = fr.getContentPane();
    //设置内容面板布局管理器
      container.setLayout(new FlowLayout());
    //创建一个标签
      JLabel jLabel = new JLabel(" 请选择要进行的操作 ");
```

```
        //创建一个单选框
          JRadioButton jRadioButton1 = new JRadioButton("查询");
        //创建一个单选框
          JRadioButton jRadioButton2 = new JRadioButton("取款");
        //创建一个单选框
          JRadioButton jRadioButton3 = new JRadioButton("转账");
        //添加标签到容器
          container.add(jLabel);
        //添加单选框到容器
          container.add(jRadioButton1);
        //添加单选框到容器
          container.add(jRadioButton2);
        //添加单选框到容器
          container.add(jRadioButton3);
        //创建一个按钮组
          ButtonGroup radioButtonGroup = new ButtonGroup();
        //将所有相关单选按钮组织为一组
          radioButtonGroup.add(jRadioButton1);
          radioButtonGroup.add(jRadioButton2);
          radioButtonGroup.add(jRadioButton3);
        //设置 Frame 为可见
          fr.setVisible(true);
        //设置关闭窗口时的方式:关闭窗口并退出应用程序
          fr.setDefaultCloseOperation(JFrame.EXIT_ON_CLOSE);
        }
        public RadioButtonDemo(String str)
        {
        //调用父类的构造方法
          super(str);
        }
}
```

运行结果如图 9-7 所示。

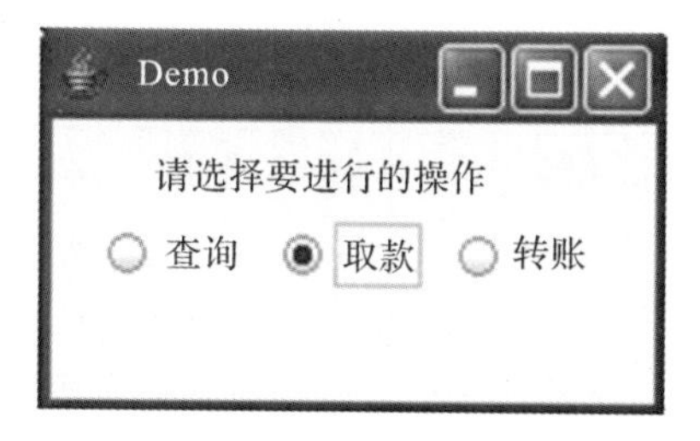

图 9-7 JRadioButton 示例演示

(5)文本输入组件(JTextField、JTextArea)。Java 提供两种文本输入组件:文本区(JTextField)、

文本域(JTextArea)。其中:JTextField 主要用于输入单行文本,不支持换行;JTextArea 则支持多行文本输入,支持换行。JTextField 和 JTextArea 均提供方法,能够显示文本、获取当前文本、设置是否允许编辑等。

JTextArea 本身不提供滚动条,但其实现了 Scrollable 接口,可以将其包含在 JScrollPane 中,从而控制使用滚动条,包括垂直滚动条、水平滚动条、两者均允许使用、两者都不允许使用。

JTextField 和 JTextArea 类的构造方法及常用方法分别见表 9-6 和表 9-7。

表 9-6 JTextField 类的构造方法及常用方法

方法定义	功能
JTextField()	创建一个空的文本输入框
JTextField(int columns)	创建一个指定列数 columns 的文本输入框
JTextField(String text)	创建一个显示文本 text 的文本输入框
JTextField(String text, int columns)	创建一个具有指定列数 columns,并显示文本 text 的文本输入框
setText(String t)	设定文本框显示的文本
setEditable(boolean b)	设定文本框是否允许编辑
setHorizontalAlignment (int alignment)	设置文本的水平对齐方式,有效值包括 JTextField.LEFT, JTextField.CENTER, JTextField.RIGHT, JTextField.LEADING 和 JTextField.TRAILING

表 9-7 JTextArea 类的构造方法及常用方法

方法定义	功能
JTextArea()	构造新的 TextArea
JTextArea(int rows, int columns)	构造具有指定行数 rows 和列数 columns 的新的空 TextArea
JTextArea(String text)	构造显示指定文本 text 的新 TextArea
JTextArea(String text, int rows, int columns)	构造具有指定文本、行数和列数的新 TextArea
setText(String t)	设定文本域显示的文本
setEditable(boolean b)	设定文本域是否允许编辑
append(String str)	将给定文本追加到文档结尾
insert(String str, int pos)	将指定文本插入指定位置
setWrapStyleWord(boolean word)	设置换行方式。如果设置为 true,则当行的长度大于所分配的宽度时,将在单词边界处自动换行。如果设置为 false,则将在字符边界处换行。此属性值默认为 false

示例 9-7 演示了如何创建 JTextField 和 JTextArea,并将其加入框架。

示例 9-7　文本输入组件综合示例

```
//引入相关软件包
import java.awt.*;
import javax.swing.*;
//声明一个 TextDemo 类并继承自 JFrame 类
public class TextDemo extends JFrame
{
    public static void main(String[] args)
    {
    //创建窗体
      TextDemo fr = new TextDemo("Demo");
    //设置窗口大小
      fr.setSize(270,270);
    //得到内容面板
      Container container = fr.getContentPane();
    //设置布局管理器
      container.setLayout(new FlowLayout());
    //创建一个单行文本框
      JTextField jTextField = new JTextField("单行文本框",20);
    //创建一个密码框
      JPasswordField jPasswordField = new JPasswordField("输入密码",20);
    //设置密码框的显示字符
      jPasswordField.setEchoChar('#');
    //创建一个多行文本框
      JTextArea jTextArea = new JTextArea("多行文本框:JTextField 和 JPasswordField" + "提供一个处理单行文本的区域,用户可以通过键盘在该区域中输入文本," + "或者程序将运行结果显示在该区域中。JPasswordField 是 JTextField 的" + "子类,主要用于用户密码的输入,因此它会隐藏用户实际输入的字符。" + "与 JTextField(包括 JPasswordField) 只能处理单行文本不同," + " JTextArea 可以处理多行文本。",6,20);
    //允许自动换行
      jTextArea.setLineWrap(true);
    //添加单行文本框到容器
      fr.add(jTextField);
    //添加密码框到容器
      fr.add(jPasswordField);
    //添加多行文本框到容器,并为其设置默认滚动条
      fr.add(new JScrollPane(jTextArea));
    //设置窗体为可见
      fr.setVisible(true);
    //设置关闭窗口时的方式:关闭窗口并退出应用程序。
      fr.setDefaultCloseOperation(JFrame.EXIT_ON_CLOSE);
```

```
    }
    public TextDemo(String str)
    {
    //调用父类的构造方法
      super(str);
    }
}
```

运行结果如图 9－8 所示。

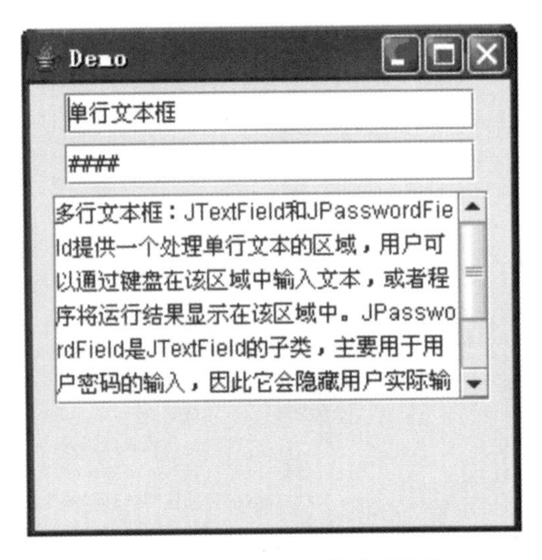

图 9－8　文本输入组件示例结果

（6）组合框（JComboBox）。组合框提供一个下拉选择列表。当用户鼠标单击组合框时，将下拉出现选择项列表，用户可以从中单项选择某个选项。JComboBox 还可设置为支持编辑，允许用户选择或者输入值。JComboBox 类的构造方法及常用方法见表 9－8。

表 9－8　JComboBox 类的构造方法及常用方法

方法定义	功　能
JComboBox()	创建具有默认数据模型的 JComboBox
JComboBox(E[] item)	创建包含指定数组中的元素的 JComboBox
JComboBox(Vector<E> item)	创建包含指定 Vector 中的元素的 JComboBox
addItem(E item)	为项列表添加项
setSelectedItem(Object o)	将组合框显示区域中所选项设置为参数中的对象
setMaximumRowCount (int count)	设置 JComboBox 显示的最大行数
getSelectedItem()	返回当前所选项

在示例 9－8 中，创建组合框，并将字符串数组设置为其选择项。

示例 9－8　JComboBox 的用法

```
//引入相关软件包
importjava. awt. * ;
import javax. swing. * ;
//声明 ComboBoxDemo 类并继承 JFrame 类
public class ComboBoxDemo extends JFrame
{
    public static void main(String[] args)
    {
    //创建窗体
      ComboBoxDemo fr = new ComboBoxDemo("Demo");
    //设置窗口大小
      fr. setSize(200,160);
    //得到内容面板
      Container container = fr. getContentPane();
    //设置布局管理器
      container. setLayout(new FlowLayout());
    //创建一个标签
      JLabel jLabel = new JLabel("请选择一种搜索引擎");
    //添加标签到容器中
      container. add(jLabel);
    //定义一组字符串
      String strNames[] = {"google","yahoo","baidu","sohu"};
    //创建一个 JComboBox 的实例
      JComboBox jComboBox = new JComboBox(strNames);
    //添加一个选项
      jComboBox. addItem("fast");
    //设置第三个选项默认被选中
      jComboBox. setSelectedIndex(2);
    //设置组合框能显示的选项的最大数目
      jComboBox. setMaximumRowCount(3);
    //将组件添加到容器中
      container. add(jComboBox);
    //设置窗体为可见
      fr. setVisible(true);
    //设置关闭窗口时的方式:关闭窗口并退出应用程序。
      fr. setDefaultCloseOperation(JFrame. EXIT_ON_CLOSE);
    }
    public ComboBoxDemo(String str)
    {
    //调用父类的构造方法设置标题
      super(str);
    }
}
```

运行结果如图 9－9 所示。

图 9－9　JComboBox 示例演示

(7)列表框(JList)。列表框在屏幕上以固定行数显示列表项，用户可以从中选择一个或者多个选项。JList 组件均有对应的数据模型对象 ListModel，用于管理数据选项。当 ListModel 中数据选项变化后，将立即通知所注册的 JList 组件刷新其显示。在构造 JList 组件时，可以指定其数据模型对象 ListModel。如果没有指定，则系统自动为其创建一个 DefaultListModel 对象实例。JList 本身不提供滚动条，但可以将其包含在 JScrollPane 中，来支持滚动。JList 类的构造方法及常用方法见表 9－9。

表 9－9　JList 类的构造方法及常用方法

方法定义	功　能
JList()	构造一个具有空的、只读模型的 JList
JList(ListModel<E> dataModel)	构造一个 JList，使其显示指定非空数据模型中的元素
JList(E[] listData)	构造一个 JList，使其显示指定数组中的元素
JList(Vector<? Extends E> listData)	构造一个 JList，使其显示指定 Vector 中的元素
getSelectedIndices()	返回所选的全部索引的数组(按升序排列)
isSelectionEmpty()	如果什么也没有选择，则返回 true；否则返回 false
setSelectedIndex(int index)	选择单个数据项
setSelectionMode(int selectionMode)	设置列表的选择模式，包括： · SINGLE_SELECTION：一次只能选择一个列表索引 · SINGLE_INTERVAL_SELECTION：一次只能选择一个连续间隔 · MULTIPLE_INTERVAL_SELECTION：在此模式中，不存在对选择的限制，是默认设置

示例 9－9　JList 的用法

```
//引入相关软件包
import java.awt.*;
```

```
import javax.swing.*;

//声明 ListDemo 类并继承 JFrame 类
public class ListDemo extends JFrame {

    public static void main(String[] args) {
    // 创建窗体
      ListDemo fr = new ListDemo("Demo");
    // 设置窗口大小
      fr.setSize(200, 160);
    // 得到内容面板
      Container container = fr.getContentPane();
    // 设置布局管理器
      container.setLayout(new FlowLayout());
    // 创建一个标签
      JLabel jLabel = new JLabel("请选择一种搜索引擎");
    // 添加标签到容器中
      container.add(jLabel);
    // 定义一组字符串
      String strNames[] = { "google", "yahoo", "baidu", "sohu", "fast" };
    // 创建一个 JList 的实例
      JList jList = new JList(strNames);
    // 设置第三个选项默认被选中
      jList.setSelectedIndex(2);
    // 设置列表的选择模式:一次只能选择一个列表索引
      jList.setSelectionMode(ListSelectionModel.SINGLE_SELECTION);
    // 将组件添加到容器中
      container.add(jList);
    // 设置窗体为可见
      fr.setVisible(true);
    // 设置关闭窗口时的方式:关闭窗口并退出应用程序。
      fr.setDefaultCloseOperation(JFrame.EXIT_ON_CLOSE);
    }

    public ListDemo(String str) {
    // 调用父类的构造方法设置标题
      super(str);
    }
}
```

运行结果如图 9－10 所示。

图 9－10　JList 示例演示

4. 中间容器

在 Java GUI 程序中，中间容器用于组织和管理其内部包含的图形界面元素。Swing 提供多种中间容器，分别具有不同的特殊功能。下面介绍几种常用的中间容器。

(1)JScrollPane。JScrollPane 提供带有滚动条的容器，能够容纳大于其大小的内容。JScrollPane 提供可选的垂直滚动条、水平滚动条、行标题和列标题。JScrollPane 类的构造方法及常用方法见表 9－10。

表 9－10　JScrollPane 类的构造方法及常用方法

方法定义	功　能
JScrollPane()	构造一个空的 JScrollPane 对象
JScrollPane(Component view)	建立一个新的 JScrollPane 对象，当组件内容大于显示区域时会自动产生滚动轴
JScrollPane(Component view, int vsbPolicy, int hsbPolicy)	建立一新的 JScrollPane 对象，里面含有显示组件，并设置滚动轴出现时机： · HORIZONTAL_SCROLLBAR_ALWAYS：显示水平滚动轴 · HORIZONTAL_SCROLLBAR_AS_NEEDED：当组件内容水平区域大于显示区域时出现水平滚动轴 · HORIZONTAL_SCROLLBAR_NEVER：不显示水平滚动轴 · VERTICAL_SCROLLBAR_ALWAYS：显示垂直滚动轴 · VERTICAL_SCROLLBAR_AS_NEEDED：当组件内容垂直区域大于显示区域时出现垂直滚动轴 · VERTICAL_SCROLLBAR_NEVER：不显示垂直滚动轴
JScrollPane(int vsbPolicy, int hsbPolicy)	建立一个新的 JScrollPane 对象，不含有显示组件，但设置滚动轴出现时机
setViewportView(Component view)	设置 JScrollPane 中心要显示的组件

续表

方法定义	功　能
setWheelScrollingEnabled (boolean handleWheel)	允许/禁止在鼠标滑轮滚动时出现滚动条
setColumnHeaderView(Component view)	创建一个行标题视口组件
setRowHeaderView(Component view)	创建一个列标题视口组件

示例 9－10 中，创建一个图标标签，将其添加到 JScrollPane 中，然后将 JScrollPane 嵌套添加到框架中。

示例 9－10　JScrollPane 的应用示例

```
//引入相关软件包
import java.awt.*;
import javax.swing.*;

//声明 ListDemo 类并继承 JFrame 类
public class ScrollPaneDemo extends JFrame {

  public static void main(String[] args) {
    // 创建窗体
      ListDemo fr = new ListDemo("Demo");
    // 设置窗口大小
      fr.setSize(300, 300);
    // 得到内容面板
      Container container = fr.getContentPane();
    // 创建一个图标
      Icon icon = new ImageIcon("E:/IconDemo.png");
    // 创建一个标签,并在标签中插入一个图标
      JLabel label = new JLabel(icon);
    // 创建一个 JScrollPane 对象，并将标签 label 放入 scrollPane 中
      JScrollPane scrollPane = new JScrollPane(label);
    // 设定 scrollPane 的水平滚动轴一直显示
      scrollPane. setHorizontalScrollBarPolicy ( JScrollPane. HORIZONTAL _ SCROLLBAR _
    ALWAYS);
    // 设定 scrollPane 的垂直滚动轴一直显示
      scrollPane.setVerticalScrollBarPolicy(JScrollPane.VERTICAL_SCROLLBAR_ALWAYS);
    // 将组件添加到容器中
      container.add(scrollPane);
    // 设置窗体为可见
      fr.setVisible(true);
    // 设置关闭窗口时的方式:关闭窗口并退出应用程序
```

```
    fr.setDefaultCloseOperation(JFrame.EXIT_ON_CLOSE);
  }

    public ScrollPaneDemo(String str) {
  // 调用父类的构造方法设置标题
    super(str);
  }
}
```

运行结果如图 9－11 所示。

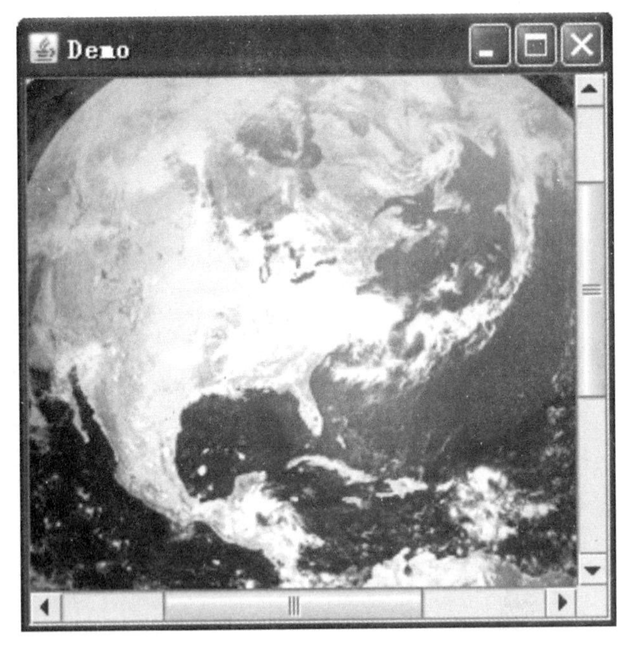

图 9－11　JScrollPane 示例演示

(2)JSplitPane。JSplitPane 能够将 GUI 视图分为两个区域，分别显示不同的组件。JSplitPane 允许设置水平分隔或者垂直分隔，允许用户动态调整其大小，以及设置动态拖曳。在拖动分隔线时，区域内组件大小将随之变动。为了显示全部内容，通常在 JSplitPane 中放置 JScrollPane。JSplitPane 类的构造方法及常用方法见表 9－11。

表 9－11　JSplitPane 类的构造方法及常用方法

方法定义	功　能
JSplitPane()	创建一个 JSplitPane，水平方向排列，两边各是一个按钮，不支持动态拖曳
JSplitPane(int newOrientation)	创建一个指定分隔方向的 JSplitPane ，不支持动态拖曳。参数为： • JSplitPane.HORIZONTAL_SPLIT • JSplitPane.VERTICAL_SPLIT

续表

方法定义	功　能
JSplitPane(int newOrientation, boolean newContinuousLayout, Component newLeftComponent, Component newRightComponent)	创建一个指定分隔方向的 JSplitPane ,同时设定其左边组件和右边组件,并指定是否支持动态拖曳
JSplitPane(int newOrientation, Component newLeftComponent, Component newRightComponent)	创建一个指定分隔方向的 JSplitPane ,并设定其左边和右边组件
setDividerLocation(int location)	设置分隔条的位置,单位为像素点
setDividerLocation(double proportionalLocation)	设置分隔条的位置为 JSplitPane 大小的一个百分比
setDividerSize(int newSize)	设置分隔条的大小
setLeftComponent(Component comp)	将组件设置到分隔条的左边(或上面)
setRightComponent(Component comp)	将组件设置到分隔条的右边(或者下面)

示例 9－11 通过构造两个 JSplitPane,首先将主框架窗口拆分为上、下两部分,再将上部进行左、右拆分,最后形成 3 个窗口。

示例 9－11　JSplitPane 的用法

```
//引入相关软件包
import java.awt.*;
import javax.swing.*;

//声明 SplitPaneDemo 类并继承 JFrame 类
public class SplitPaneDemo extends JFrame {

public static void main(String[] args) {
// 创建窗体
  SplitPaneDemo fr = new SplitPaneDemo("Demo");
// 设置窗口大小
  fr.setSize(200, 160);
// 得到内容面板
  Container container = fr.getContentPane();
// 创建第一个标签
  JLabel label1 = new JLabel("Label 1", JLabel.CENTER);
// 创建第二个标签
  JLabel label2 = new JLabel("Label 2", JLabel.CENTER);
// 创建第三个标签
  JLabel label3 = new JLabel("Label 3", JLabel.CENTER);

// 添加 label1,label2 到 splitPane1 中
```

```
        JSplitPane splitPane1 = new JSplitPane(JSplitPane.HORIZONTAL_SPLIT, true, label1,
    label2);
    // 添加 splitPane1, label3 到 splitPane2 中
        JSplitPane splitPane2 = new JSplitPane(JSplitPane.VERTICAL_SPLIT, true, splitPane1,
    label3);

    // 设置分隔线位置
        splitPane1.setDividerLocation(100);
        splitPane2.setDividerLocation(40);
    // 设置分隔线宽度,以 pixel 为计算单位
        splitPane1.setDividerSize(5);
        splitPane2.setDividerSize(5);

    // 将组件添加到容器中
        container.add(splitPane2);
    // 设置窗体为可见
        fr.setVisible(true);
    // 设置关闭窗口时的方式:关闭窗口并退出应用程序
        fr.setDefaultCloseOperation(JFrame.EXIT_ON_CLOSE);
    }

        public SplitPaneDemo(String str) {
    // 调用父类的构造方法设置标题
        super(str);
    }
}
```

运行结果如图 9-12 所示。

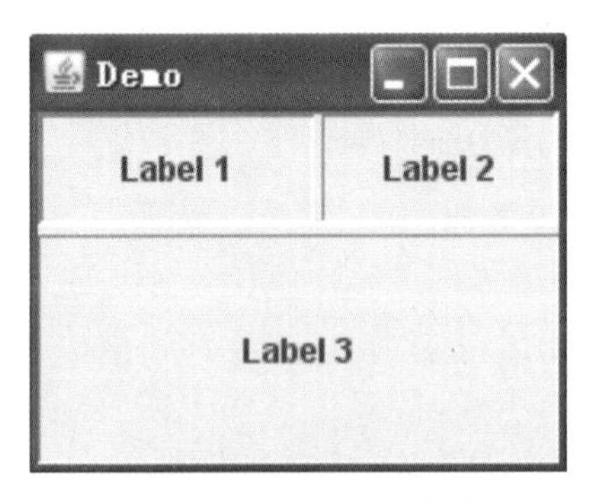

图 9-12　JSplitPane 示例演示

(3)JTabbedPane。JTabbedPane 允许用户创建具有给定标题/图标的选项卡。在用户单击某个标题时,可以切换显示不同的选项卡。通过 addTab()和 insertTab()方法,可以为 JTabbedPane 增加选项卡。每个选项卡都有其位置索引,其中第一个选项卡的索引为 0,最后一个选项卡的索引为选项卡总数减 1。JTabbedPane 类的构造方法及常用方法见表 9-12。

表 9-12　JTabbedPane 类的构造方法及常用方法

方法定义	功　能
JTabbedPane()	创建一个具有默认的 JTabbedPane. TOP 选项卡布局的空 TabbedPane
JTabbedPane(int tabPlacement)	创建一个空的 TabbedPane，使其具有指定选项卡布局： • JTabbedPane. TOP • JTabbedPane. BOTTOM • JTabbedPane. LEFT • JTabbedPane. RIGHT
JTabbedPane(int tabPlacement, int tabLayoutPolicy)	创建一个空的 TabbedPane，使其具有指定的选项卡布局和选项卡布局策略。布局策略为： • JTabbedPane. WRAP_TAB_LAYOUT • JTabbedPane. SCROLL_TAB_LAYOUT
addTab(String title, Icon icon, Component component, String tip)	添加一个标签组件，其中标题、图标和 tip 均可以为 null
getTabCount()	返回此 tabbedpane 的选项卡数
indexOfTab(String title)	返回具有给定标题的第一个选项卡索引，如果没有具有此标题的选项卡，则返回 −1
insertTab(String title, Icon icon, Component component, String tip, int index)	在指定位置插入一个新的选项卡
setEnabledAt(int index, boolean enabled)	设置是否启用 index 位置的选项卡
setSelectedIndex (int index)	设置所选择的此选项卡窗格的索引。索引必须为有效的选项卡索引或为 −1
remove(int index)	移除对应于指定索引的选项卡和组件

示例 9-12 创建 JTabbedPane，并为其添加 3 个 Tab 标签页面，每个标签页面中内置一个文本标签。

示例 9-12　JTabbedPane 用法示例

```
//引入相关软件包
import java.awt.*;
import javax.swing.*;

//声明 TabbedPaneDemo 类并继承 JFrame 类
public class TabbedPaneDemo extends JFrame {

  public static void main(String[] args) {
    // 创建窗体
    TabbedPaneDemo frame = new TabbedPaneDemo("Demo");
```

```
        // 设置窗口大小
        frame.setSize(300, 150);
        // 得到内容面板
        Container container = frame.getContentPane();
        // 创建 TabbedPane
        JTabbedPane tabbedPane = new JTabbedPane();

        // 创建三个新的 label 分别编号
        JLabel label0 = new JLabel("Tab #0", SwingConstants.CENTER);
        JLabel label1 = new JLabel("Tab #1", SwingConstants.CENTER);
        JLabel label2 = new JLabel("Tab #2", SwingConstants.CENTER);

        // 将三个 label 加入到 TabbedPane 中
        tabbedPane.addTab("Tab #0", label0);
        tabbedPane.addTab("Tab #1", label1);
        tabbedPane.addTab("Tab #2", label2);
        // 设置显示第一个选项卡
        tabbedPane.setSelectedIndex(0);
        // 将组件添加到容器中
        container.add(tabbedPane);
        // 设置窗体为可见
        frame.setVisible(true);
        // 设置框架窗体的事件监听(关闭窗体事件)
        frame.setDefaultCloseOperation(JFrame.EXIT_ON_CLOSE);
        }

        public TabbedPaneDemo(String str) {
        // 调用父类的构造方法设置标题
        super(str);
        }
}
```

运行结果如图 9-13 所示。

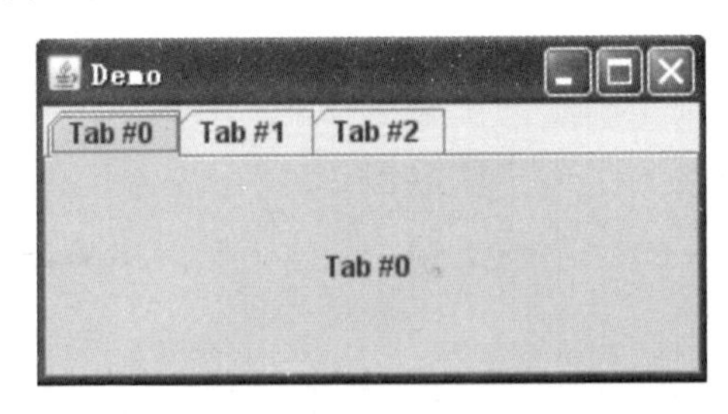

图 9-13　JTabbedPane 示例演示

(4)JDesktopPane 和 JInternalFrame。JDesktopPane 和 JInternalFrame 是用于创建多文档界面或虚拟桌面的容器。首先创建多个 JInternalFrame 对象，并将其添加到 JDesktopPane。JDesktopPane 扩展于 JLayeredPane，能够管理可能重叠的内部窗体。JInternalFrame 类似于

JFrame，具有拖动、关闭、变成图标、调整大小、标题显示和支持菜单栏等功能。但其不能被独立使用，必须依附于其他容器内。JDesktopPane 类和 JInternalFrame 类的构造方法及常用方法分别见表 9 - 13 和表 9 - 14。

表 9 - 13　JDesktopPane 类的构造方法及常用方法

方法定义	功　能
JDesktopPane()	创建一个新的 JDesktopPane
getAllFrames()	返回桌面中当前显示的所有 JInternalFrames
getSelectedFrame()	返回此 JDesktopPane 中当前活动的 JInternalFrame，如果当前没有活动的 JInternalFrame，则返回 null
selectFrame(boolean forward)	选择此桌面窗格中的下一个 JInternalFrame
setSelectedFrame(JInternalFrame f)	设置此 JDesktopPane 中当前活动的 JInternalFrame

表 9 - 14　JInternalFrame 类的构造方法及常用方法

方法定义	功　能
JInternalFrame()	创建不可调整大小的、不可关闭的、不可最大化的、不可图标化的、没有标题的 JInternalFrame
JInternalFrame(String title, boolean resizable, boolean closable, boolean maximizable, boolean iconifiable)	创建具有指定标题、可调整、可关闭、可最大化和可图标化的 JInternalFrame
getDesktopPane()	获取其所在的 JDesktopPane 实例
setLocation(int x, int y)	设定其相对于父窗口位置
setSelected(boolean selected)	设置是否激活显示该内部窗体
setBounds(int x, int y, int width, int height)	设定窗体位置和大小

示例 9 - 13 创建了两个 JInternalFrame 对象，并将其添加到 JDesktopPane 中进行管理。

示例 9 - 13　JDesktopPane 和 JInternalFrame 的用法

```
//引入相关软件包
import java.awt.*;
import javax.swing.*;

//声明 DesktopPaneDemo 类并继承 JFrame 类
public class DesktopPaneDemo extends JFrame {

  public static void main(String[] args) {
    // 创建窗体
    DesktopPaneDemo frame = new DesktopPaneDemo("JDesktopPane and JInternalFrame");
    // 设置窗口大小
    frame.setSize(300, 300);
```

```
        // 得到内容面板
        Container container = frame.getContentPane();
        // 创建 JDesktopPane 对象
        JDesktopPane desktopPane = new JDesktopPane();
        // 创建 JInternalFrame 对象
        JInternalFrame iFrame1 = new JInternalFrame("Internal Frame 1", true, true, true, true);
        JInternalFrame iFrame2 = new JInternalFrame("Internal Frame 2", true, true, true, true);
        // 设置 JInternalFrame 对象的位置
        iFrame1.setLocation(25, 25);
        iFrame2.setLocation(50, 50);
        // 设置 JInternalFrame 对象的大小
        iFrame1.setSize(200, 150);
        iFrame2.setSize(200, 150);
        // 设定 JInternalFrame 对象可见
        iFrame1.setVisible(true);
        iFrame2.setVisible(true);
        // 将组件 JInternalFrame 对象添加到 desktopPane 中
        desktopPane.add(iFrame2);
        desktopPane.add(iFrame1);
        // 将组件 desktopPane 添加到容器中
        container.add(desktopPane);
        // 设置窗体为可见
        frame.setVisible(true);
        // 设置关闭窗口时的方式:关闭窗口并退出应用程序
        frame.setDefaultCloseOperation(JFrame.EXIT_ON_CLOSE);
    }
    public DesktopPaneDemo(String str) {
        // 调用父类的构造方法设置标题
        super(str);
    }
}
```

运行结果如图 9-14 所示。

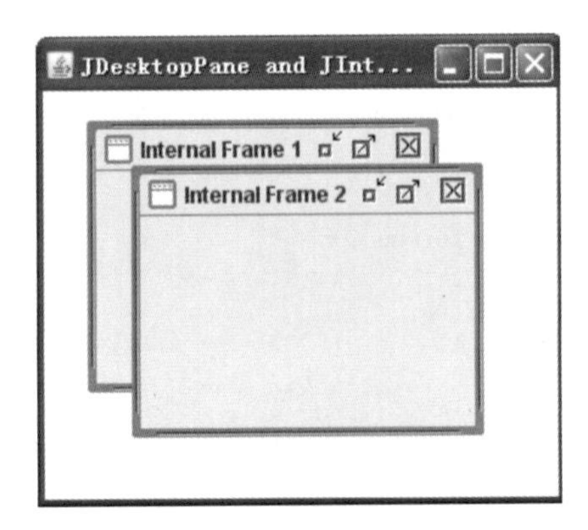

图 9-14　JDesktopPane 和 JInternalFrame 示例演示

9.1.2　对话框与菜单

对话框是图形用户界面中常见的窗口对象，应用十分广泛。在 Swing 中，可以使用 JOptionPane 类提供的方法来生成各种标准的对话框，也可以根据实际需要生成自定义对话框。菜单则是由菜单条、菜单项等组成，主要用于控制窗口对象。

1. 对话框基础

对话框是 GUI 中常见的窗口对象，主要用于向用户展示信息、提问等。通常对话框从某个窗口中弹出，并依附于该窗口，即当窗口关闭时，对话框也随之关闭。在应用对话框处理特殊问题时，不会破坏原始窗口，因此被广泛应用。

在 Swing 中，JDialog 是所有对话框基类。通过继承 JDialog 类，可以创建自定义对话框。对话框 JDialog 类是一个顶级容器，缺省包含一个 JRootPane 作为其唯一的子组件。通过调用 JDialog 类的 add()方法，可以为 JRootPane 增加子组件。缺省情况下，对话框采用 BorderLayout 布局管理器。

在创建对话框 JDialog 对象时，需要指定对话框工作模式：无模式对话框或者模式对话框。其中，在无模式对话框打开时，仍可以切换处理其余窗口。而在模式对话框打开时，只能操作对话框。默认情况下，创建无模式对话框。

在创建对话框后，对话框并不能立即显示，必须调用对话框的 setVisible(true)方法，显示该对话框。在对话框不再使用时，必须调用其 dispose()方法，释放对话框所占用的资源。

示例 9－14　对话框使用示例

```
//引入所需软件包
import javax.swing.*;
//声明 DialogDemo 类并继承自 JFrame 类
class DialogDemo extends JFrame
{
    public static void main(String[] args)
    {
    //生成窗体
      DialogDemo fr = new DialogDemo("Demo");
    //构造一个模式对话框
      JDialog jDialog = new JDialog(fr,"Demo",true);
    //创建一个标签
      JLabel jLabelID = new JLabel("Please input ID:");
    //创建一个标签
      JLabel jLabelPWD = new JLabel("Please input password:");
    //创建一个单行文本框
      JTextField jTextFieldID = new JTextField(50);
    //创建一个密码框
      JPasswordField jPasswordField = new JPasswordField(50);
    //创建一个按钮
      JButton jButtonOK = new JButton("OK");
```

```
    //创建一个按钮
      JButton jButtonCancel = new JButton("Cancel");
    //设置对话框的大小
      jDialog.setSize(340,200);
    //不使用布局管理器
      jDialog.setLayout(null);
    //添加标签到对话框中
      jDialog.add(jLabelID);
    //添加标签到对话框中
      jDialog.add(jLabelPWD);
    //设置标签在对话框中的位置和大小
      jLabelID.setBounds(20,30,140,20);
    //设置标签在对话框中的位置和大小
      jLabelPWD.setBounds(20,60,140,20);
    //添加单行文本框到对话框中
      jDialog.add(jTextFieldID);
    //添加密码框到对话框中
      jDialog.add(jPasswordField);
    //设置单行文本框在对话框中的位置和大小
      jTextFieldID.setBounds(160,30,150,20);
    //设置密码框在对话框中的位置和大小
      jPasswordField.setBounds(160,60,150,20);
    //添加按钮到对话框中
      jDialog.add(jButtonOK);
    //添加按钮到对话框中
      jDialog.add(jButtonCancel);
    //设置按钮在对话框中的位置和大小
      jButtonOK.setBounds(60,100,80,25);
    //设置按钮在对话框中的位置和大小
      jButtonCancel.setBounds(170,100,80,25);
    //设置该对话框为可见
      jDialog.setVisible(true);
    //设置关闭窗口时的方式:关闭窗口并退出应用程序
      fr.setDefaultCloseOperation(JFrame.EXIT_ON_CLOSE);
    }

    public DialogDemo(String str)
    {
    //调用父类的构造方法设置标题
    super(str);
    }
}
```

运行结果如图 9－15 所示。

图 9－15　自定义对话框

2. 标准对话框

在 Java Swing 中，提供 4 种标准对话框，分别支持信息显示、提出问题、警告、用户参数输入等功能。在 JOptionPane 类中，提供有 4 个静态方法，分别用于显示 4 种标准对话框，见表 9－15。

表 9－15　标准对话框显示方法

方法定义	功　能
showConfirmDialog()	显示确认对话框，请求用户确认操作
showInputDialog()	显示输入文本对话框，提示用户输入参数
showMessageDialog()	显示消息对话框，向用户展示信息
showOptionDialog()	显示选择性的对话框，请求用户选择确认

在创建标准对话框时，需要指定该对话框的父窗口。由于标准对话框都是模式对话框，因此在关闭标准对话框前，不能操作其他窗口。在创建标准对话框时使用各种方法参数，可以定制该对话框标题、显示图标、信息类型、显示消息，以及内部组件(如按钮)等。其中，部分参数可以省略。

下面分别给出创建 4 种标准对话框的示例代码。

显示一个确认对话框：

```
JOptionPane.showConfirmDialog(null,"chooseone","choose one", JOptionPane.YES_NO_OPTION);
```

运行结果如图 9－16 所示。

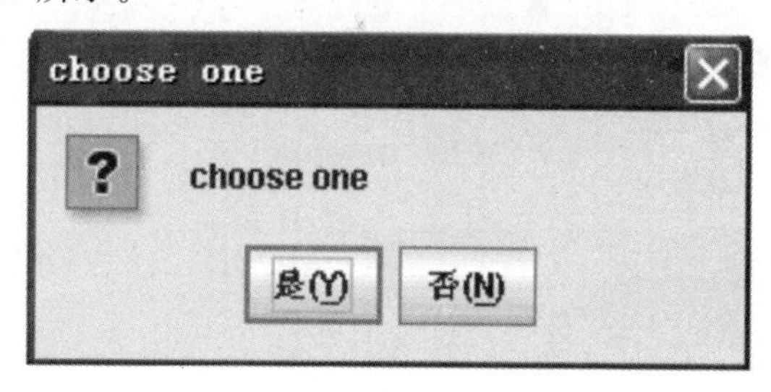

图 9－16　showConfirmDialog()演示

显示一个输入文本对话框：

```
String strInputValue = JOptionPane.showInputDialog("Please input a value");
```

运行结果如图 9－17 所示。

图 9－17　showInputDialog()演示

显示一个消息对话框：

```
JOptionPane.showMessageDialog(null,"alert","alert",JOptionPane.ERROR_MESSAGE);
```

运行结果如图 9－18 所示。

图 9－18　showMessageDialog()演示

显示一个选择对话框：

```
Object[] options = { "OK", "CANCEL" };
        JOptionPane.showOptionDialog(null," Click OK to continue", " Warning", JOptionPane.
        DEFAULT_OPTION, JOptionPane.WARNING_MESSAGE,null, options, options[1]);
```

运行结果如图 9－19 所示。

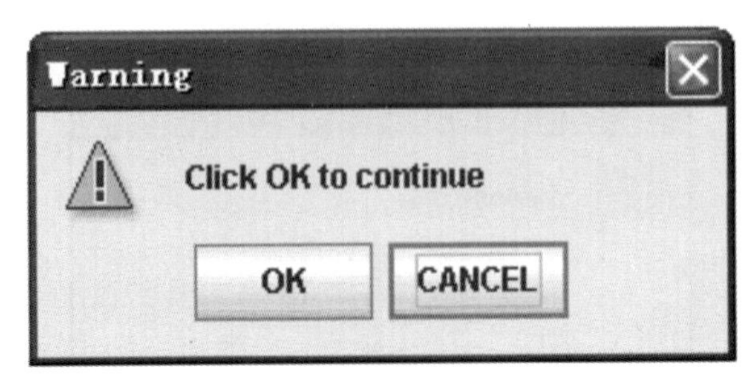

图 9－19　showOptionDialog()演示

3. 菜单

菜单是图形用户界面的重要组成部分，如图 9－20 所示，由菜单栏（Menu Bar）、菜单（Menu）、菜单项（Menu Item）等组成。首先在容器中创建菜单栏，将菜单添加到菜单栏上，再将菜单项添加到菜单中。通过逐层组装，最终完成菜单设计。其中，菜单项可以显示文字、图标或者同时显示文字和图标。并且，菜单项还可以是单选框、复选框。为了对菜单项分组，允许在菜单中添加分隔条。

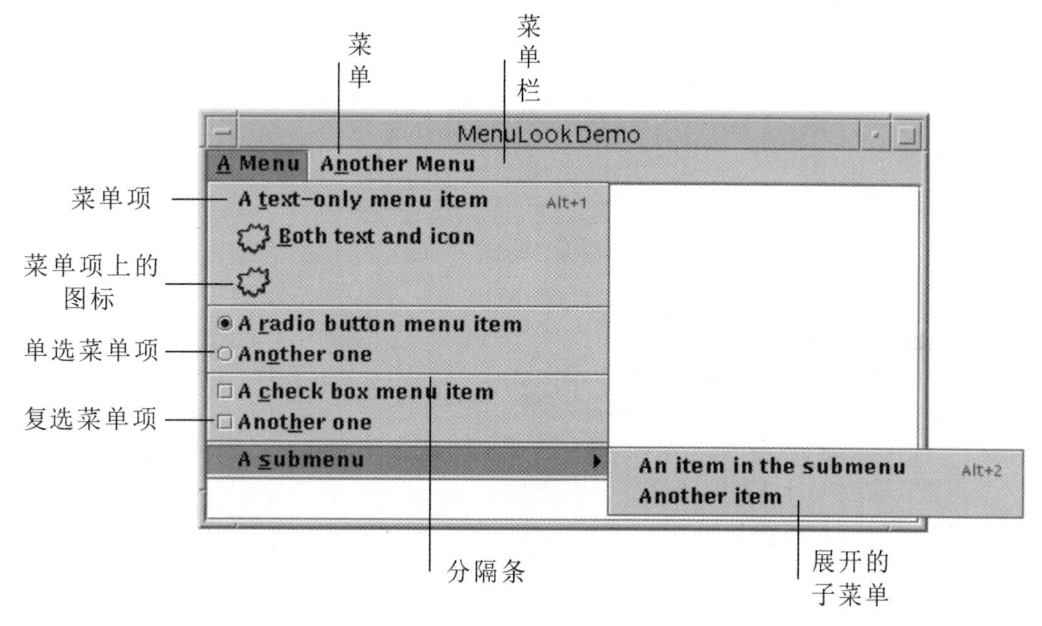

图 9－20 菜单实例图

在 Swing 中，菜单栏（JMenuBar）是菜单的容器。在构造菜单栏后，需要调用 JFrame，JDialog 等顶层容器的 setJMenuBar()方法，将菜单栏设置到顶层容器中。在创建菜单栏后，可以调用其 add(JMenu c)方法，向菜单栏中添加菜单。

菜单（JMenu）可以包含多个菜单项和子菜单。当单击菜单时，能够展开并显示其所包含的菜单项。菜单提供多个 add()方法，用于添加菜单项，并且提供 addSeparator 方法，添加分隔条。

菜单项（JMenuItem）是菜单所包含的一个 GUI 组件。JMenuItem 提供多个构造函数，能够分别构造文本菜单项、图标菜单项，以及同时包含图标和文本菜单项。菜单项（JMenuItem）提供 setEnabled(boolean b)方法，设置菜单项是否失效。

复选框菜单项（JCheckBoxMenuItem）是 JMenuItem 类的子类，类似于复选框，允许用户从一组相关复选框菜单项中，选择一个或者多个。在构造复选框菜单项时，缺省为未选中状态。通过 setState(boolean b)方法，能够设定其选定状态。

单选菜单项（JRadioButtonMenuItem）是 JMenuItem 类的子类，类似于单选按钮，在一组相关的单选菜单项中，同一时刻只能选择其中的一个。

示例 9－15 具体演示了创建菜单，为其添加菜单项，然后将菜单添加到菜单栏，并将菜单栏设置在框架中。

示例 9-15　菜单组件的综合使用

```
//引入所需软件包
import java.awt.*;
import javax.swing.*;
//声明 SimpleMenu 类并继承自 JFrame 类
class SimpleMenu extends JFrame
{
    //声明相关引用
    Container c;
    JMenuBar mb;
    JMenu menu_File;
    JMenu menu_Edit;
    JMenu jRadioMenu;
    JMenu jCheckMenu;
    JMenuItem item_open,item_new,item_copy,item_p;
    ButtonGroup group;
    JRadioButtonMenuItem insertItem,overtypeItem;
    JCheckBoxMenuItem readonlyItem,writeonlyItem;
  public SimpleMenu(){
    //调用父类构造方法设置窗体标签
    super("编辑器");
    //得到内容面板
    c = getContentPane();
    //得到菜单栏实例
    mb = new JMenuBar();
    //生成文件菜单
    menu_File = new JMenu("文件");
    //生成编辑菜单
    menu_Edit = new JMenu("编辑");
    //生成单选菜单
    jRadioMenu = new JMenu("单选");
    //生成多选菜单
    jCheckMenu = new JMenu("多选");
    //生成打开菜单项
    item_open = new JMenuItem("打开...");
    //生成新建菜单项
    item_new = new JMenuItem("新建");
    //生成复制菜单项
    item_copy = new JMenuItem("复制");
    //生成粘贴菜单项
    item_p = new JMenuItem("粘贴");
    //创建按钮组
    group = new ButtonGroup();
```

```
        //创建一个单选菜单项
        insertItem = new JRadioButtonMenuItem("Insert");
        //设置这个单选菜单项默认被选中
        insertItem.setSelected(true);
        //创建另一个单选菜单项
        overtypeItem = new JRadioButtonMenuItem("Overtype");
        //将单选菜单项添加到按钮组中
        group.add(insertItem);
        group.add(overtypeItem);
        //创建一个多选菜单项
        readonlyItem = new JCheckBoxMenuItem("Read-only");
        //创建另一个多选菜单项
        writeonlyItem = new JCheckBoxMenuItem("Write-only");
        //给菜单添加菜单项
        menu_File.add(item_open);
        menu_File.addSeparator();
        menu_File.add(item_new);
        menu_Edit.add(item_copy);
        menu_Edit.addSeparator();
        menu_Edit.add(item_p);
        jRadioMenu.add(insertItem);
        jRadioMenu.add(overtypeItem);
        jCheckMenu.add(readonlyItem);
        jCheckMenu.add(writeonlyItem);
        //将菜单添加到菜单栏上
        mb.add(menu_File);
        mb.add(menu_Edit);
        mb.add(jRadioMenu);
        mb.add(jCheckMenu);
        //给当前窗口设置菜单栏
        this.setJMenuBar(mb);
        //设置窗口大小
        this.setBounds(200,200,300,300);
        //设置窗体可显示
        this.setVisible(true);
        //设置关闭动作
    this.setDefaultCloseOperation(JFrame.EXIT_ON_CLOSE);
    }
    public static void main(String []s){
        //实例化当前窗口
        SimpleMenu f = new SimpleMenu();
    }
}
```

运行结果如图9-21所示。

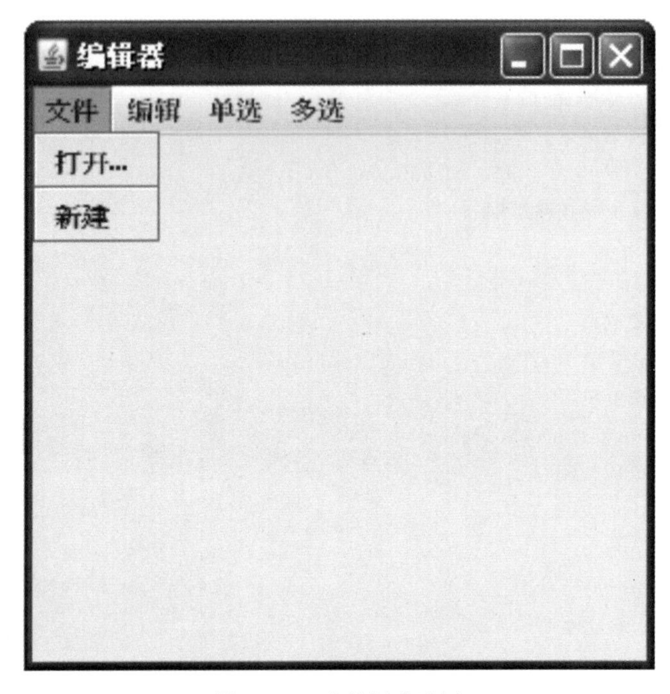

图9-21 菜单创建示例

为方便使用,可以为菜单和菜单项创建快捷键和加速器。其中快捷键只能从当前打开菜单下,选择一个菜单项,而加速器可以在不打开菜单的情况下直接选择一个菜单项。

菜单JMenu具有setMnemonic(int i)方法,用于设置菜单快捷键,默认设置为"Alt+指定字符"调用。

JMenuItem则提供setAccelerator(KeyStroke k)方法,设置菜单项加速器。其中参数KeyStroke类的对象,只能使用KeyStroke类的getKeyStroke(int keyCode,int modifiers)方法获得。

例如在示例9-15中,增加以下代码,可分别为"文件"菜单和"打开"菜单项添加快捷键和加速器。

```
menu_File. setMnemonic(KeyEvent. VK_F);
item_open. setAccelerator(KeyStroke. getKeyStroke
(KeyEvent. VK_F,InputEvent. CTRL_MASK));
```

9.1.3 布局管理器

1. *布局管理器基础*

Java使用布局管理器对容器内的组件进行布局管理,决定组件在容器可用区域的位置和尺寸,维护组件之间的位置关系。Java语言既支持手工布局,也支持自动布局。通过布局管理,能够帮助设计用户满意的图形界面。

如图9-22所示,Java布局管理器均实现了LayoutManager接口。通过实现该接口,用户可自定义新的布局管理器。

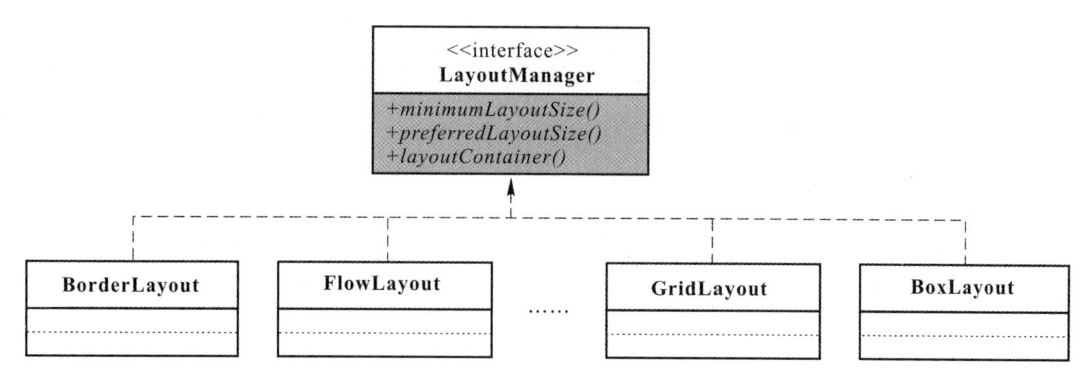

图 9－22　布局管理器关系图

每个容器都有默认的布局管理器，可以通过组件的 setLayout()方法，修改组件的布局管理器。通常，用户程序无须直接访问布局管理器。当容器窗口尺寸变化时，容器会自动请求布局管理器，重新计算和设定容器内各个组件的位置和尺寸。

在复杂的图形用户界面设计中，为了易于管理布局，具有简洁的整体风格，包含多个组件的容器本身也可以作为一个组件加到另一个容器中去，容器中再添加容器，形成如图 9－23 所示的容器的嵌套。各个容器可以分别选择合适的布局管理器。

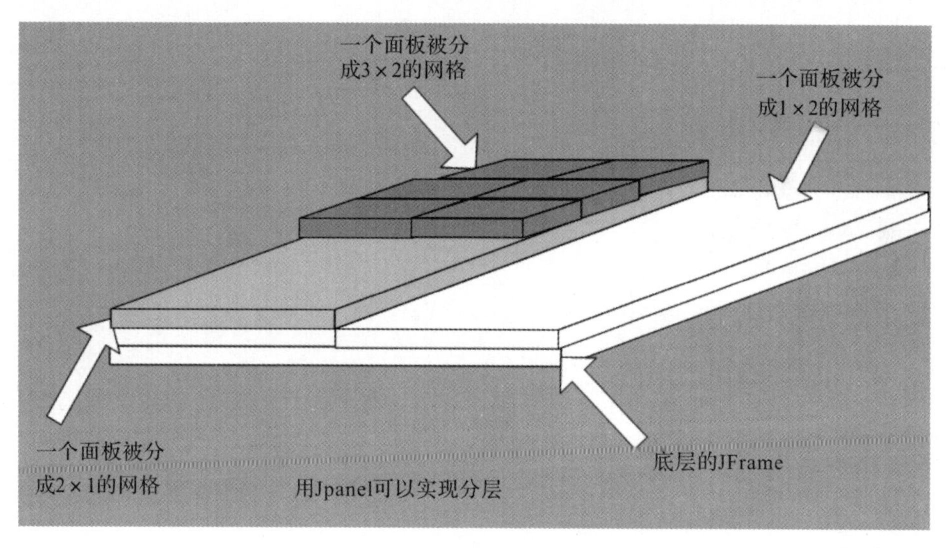

图 9－23　复杂容器布局设计图

2. 顺序布局管理器

顺序布局管理器(FlowLayout)是指将组件从上到下、从左到右依次排列在窗体上，当排满一行后，后续的组件将被安排到下一行，直到所有的组件安置完毕。顺序布局管理器是一种最基本的布局，是 JPanel 和 JApplet 的默认布局方式。

顺序布局管理器(FlowLayout)支持 5 种组件对齐方式，即左对齐(FlowLayout.LEFT)、右对齐(FlowLayout.RIGHT)、居中对齐(FlowLayout.CENTER)、首部对齐(FlowLayout.LEADING)、尾部对齐(FlowLayout.TRAILING)。默认对齐方式为左对齐，可以通过顺序管

理器的 setAlignment()方法，指定组件对齐方式。例如，要将上述组件对齐方式改为右对齐，则在其 createComponents()方法中增加语句：

```
//设置右对齐
((FlowLayout)pane.getLayout()).setAlignment(FlowLayout.RIGHT);
```

在顺序管理器中，不仅可以指定组件对齐方式，还可以指定组件之间的横向间隔和纵向间隔，横向间隔和纵向间隔缺省值都是 5 个像素。

在示例 9-16 中，将 JPanel 面板的布局管理器设置为顺序布局管理器，然后为其添加 6 个按钮。使用 pack()方法可自动调整窗体的大小，窗体中的组件将根据窗体的大小自动顺序排列。

示例 9-16　顺序布局管理器使用

```
//引入相关软件包
import javax.swing.*;
import java.awt.*;
public class TestFlowLayout
{
    public Component createComponents()
    {
    //创建一个面板并设定其布局管理器为 FlowLayout
    JPanel pane = new JPanel(new FlowLayout());
    //向面板顺序加入按钮
    pane.add(new JButton("按钮 1"));
      pane.add(new JButton("按钮 2"));
      pane.add(new JButton("按钮 3"));
      pane.add(new JButton("按钮 4"));
      pane.add(new JButton("按钮 5"));
      pane.add(new JButton("按钮 6"));
    //返回当前面板
      return pane;
    }
    public static void main(String[] args)
    {
    //创建窗体
      JFrame frame = new JFrame("顺序布局管理器演示");
    //创建 TestFlowLayout 对象
      TestFlowLayout testFlowLayout = new TestFlowLayout();
    //将生成的面板加入到窗体中
      frame.getContentPane().add(testFlowLayout.createComponents());
    //设置窗体默认关闭操作
      frame.setDefaultCloseOperation(JFrame.EXIT_ON_CLOSE);
    //自动调整窗口大小
      frame.pack();
```

```
    //显示窗口
      frame.setVisible(true);
    }
}
```

运行结果如图9-24所示。

图9-24　顺序布局管理器样式

在调整框架窗口大小后，窗口内的按钮将自动重新排列，如图9-25所示。

图9-25　调整窗体大小后结果

3. *边界布局管理器*

边界布局管理器(BorderLayout)将容器分为如图9-26所示的5个区：顶部(NORTH，北区)、底部(SOUTH，南区)、右端(EAST，东区)、左端(WEST，西区)和中央(CENTER，中央区)。在边界布局管理器中，组件只能被布局在这5个区域中，最多只能有5个组件。如果未指定组件布局方位，则默认为中央区。如果某个区域没有布局组件，则其他区域组件可以延伸到空区域。

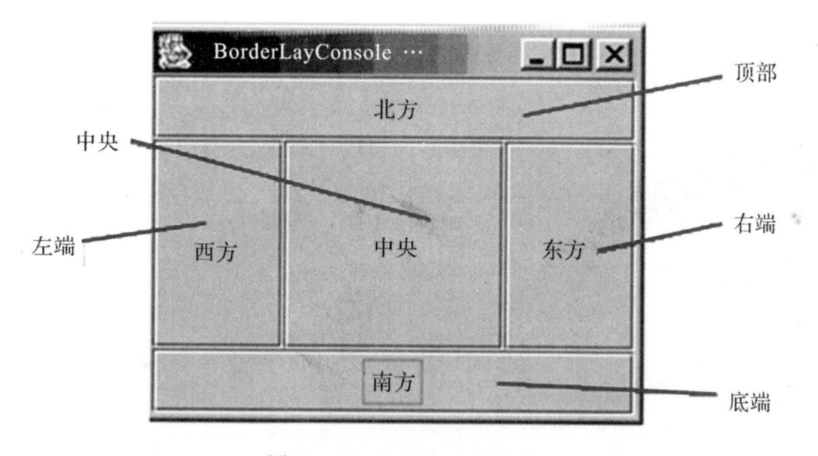

图9-26　边界布局管理器

在为容器添加组件时，可以通过addLayoutComponent（Component comp，Object constraints）方法的第二个参数，设置组件摆放区域，第二个参数的取值如下：

BorderLayout.NORTH：置于顶端。

BorderLayout.SOUTH：置于底部。

BorderLayout.WEST：置于右侧。

BorderLayout.EAST：置于左侧。

BorderLayout.CENTER：填满中央区域，与四周组件相接，可延展至边缘。

示例9-17　边界布局管理器使用

```
//引入相关软件包
import javax.swing.*;
import java.awt.*;
public class TestBorderLayout
{
    public Component createComponents()
    {
    //生成一个面板
      JPanel pan = new JPanel ();
    //设置面板布局管理器为BorderLayout
      pan.setLayout(new BorderLayout());
    //将一个按钮放置在面板北部(顶部)
      pan.add(new JButton("北方"),BorderLayout.NORTH);
    //将一个按钮放置在面板南部(底部)
      pan.add(new JButton("南方"),BorderLayout.SOUTH);
    //将一个按钮放置在面板东部(右部)
      pan.add(new JButton("东方"),BorderLayout.EAST);
    //将一个按钮放置在面板西部(左部)
      pan.add(new JButton("西方"),BorderLayout.WEST);
    //将一个按钮放置在面板中间位置
      pan.add(new JButton("中央"),BorderLayout.CENTER);
        return pan;
    }
    public static void main(String[] args)
    {
    //创建窗体
      JFrame frame = new JFrame("边界布局管理演示窗口");
    //创建TestBorderLayout对象
      TestBorderLayout app = new TestBorderLayout();
    //取布局演示组件容器
      Component contents = app.createComponents();
    //将组件容器加入到窗体中
      frame.getContentPane().add(contents);
    //设置窗体默认关闭操作
```

```
        frame.setDefaultCloseOperation(JFrame.EXIT_ON_CLOSE);
      //自动调整窗体大小
        frame.pack();
      //设置窗口可显示
        frame.setVisible(true);
        }
}
```

运行结果如图 9-27 所示。

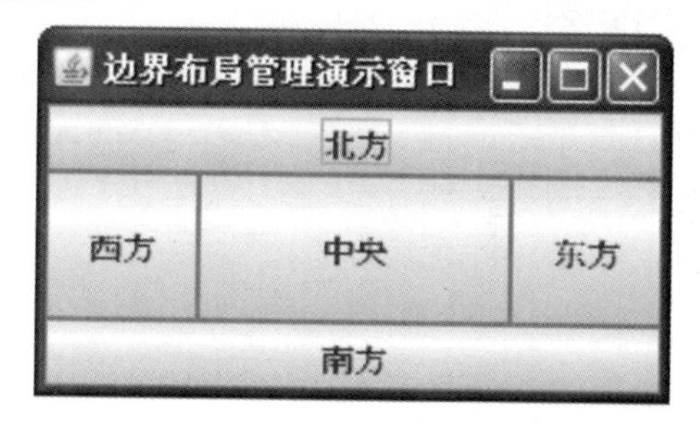

图 9-27　BorderLayout 布局管理器效果图

4. 网格布局管理器

网格布局管理器(GridLayout)则构建一个放置组件的网格，按照从左到右、从上到下顺序布局组件。在构造网格布局管理器时，需要指定网格行数和列数。容器中的组件将忽略自身尺寸，统一按照网格宽度和高度布局。并且在构造网格布局管理器时，还可以指定组件之间的间距。

示例 9-18　网格布局管理器使用

```
//引入相关软件包
import javax.swing.*;
import java.awt.*;
public class TestGridLayout
{
    public Component createComponents()
    {
    //创建一个面板并设定其布局管理器为 GridLayout
      JPanel pane = new JPanel(new GridLayout(3,3));
    //向面板顺序加入按钮
      pane.add(new JButton("1"));
      pane.add(new JButton("2"));
      pane.add(new JButton("3"));
      pane.add(new JButton("4"));
      pane.add(new JButton("5"));
      pane.add(new JButton("6"));
      pane.add(new JButton("7"));
      pane.add(new JButton("8"));
      pane.add(new JButton("9"));
```

```
        return pane;
    }
    public static void main(String[] args)
    {
    //创建窗体
        JFrame frame = new JFrame("网格布局管理器演示");
    //创建 TestGridLayout 对象
        TestGridLayout testGridLayout = new TestGridLayout();
    //将生成的组件面板加入到窗体中
        frame.getContentPane().add(testGridLayout.createComponents());
    //设置窗体默认关闭操作
        frame.setDefaultCloseOperation(JFrame.EXIT_ON_CLOSE);
    //自动调整窗体大小
        frame.pack();
    //设置窗口可显示
        frame.setVisible(true);
    }
}
```

运行结果如图 9－28 所示。

图 9－28　网格布局管理器实例

在网格布局管理器中，当组件数量超过所设定的网格总数时，GridLayout 将自动增加列数。例如，如果给图 9－28 中加入 10 个按钮，其窗体布局将自动由 3 行 3 列变成 3 行 4 列，如图 9－29 所示。

图 9－29　网格布局管理器实例

5. 手工布局

在 Java 中，既可以使用布局管理器来实现窗体界面的自动布局管理，也可直接指定组件的位置，即进行手工布局。在手工布局时，需要指出组件的位置和尺寸，包括以下两个步骤：

(1)使用 setLayout(null)方法把容器的布局管理设置为空。

(2)为每个组件调用 setBounds(int x,int y,int width,int height)，其中用 x 和 y 指定组件所在位置，而用 width 和 height 指定组件的尺寸。

示例 9－19　手工布局使用

```
//引入相关软件包
import javax.swing.*;
import java.awt.*;
public class TestBlankLayout
{
    public Component createComponents()
    {
    //创建一个面板
    JPanel pane = new JPanel();
    //创建 3 个按钮
    JButton button1 = new JButton("按钮 1");
    JButton button2 = new JButton("按钮 2");
    JButton button3 = new JButton("按钮 3");
    //将布局管理器设置为空
    pane.setLayout(null);
    //将 3 个按钮加入面板
      pane.add(button1);
      pane.add(button2);
      pane.add(button3);
    //在坐标为(10,10)的位置上显示一个宽为 80,高为 20 的按钮
    button1.setBounds(10,10,80,20);
    //在坐标为(100,100)的位置上显示一个宽为 80,高为 30 的按钮
    button2.setBounds(100,100,80,30);
    //在坐标为(60,60)的位置上显示一个宽为 80,高为 40 的按钮
    button3.setBounds(60,60,80,40);
    return pane;
    }
    public static void main(String[] args)
    {
    //创建 TestFlowLayout 对象
      JFrame frame = new JFrame("手工布局管理器演示");
    //生成 TestBlankLayout 对象
      TestBlankLayout testBlankLayout = new TestBlankLayout();
```

```
    //将生成的组件面板加入到窗体中
      frame.getContentPane().add(testBlankLayout.createComponents());
        //设置窗体默认关闭操作
      frame.setDefaultCloseOperation(JFrame.EXIT_ON_CLOSE);
    //设置窗体的大小为 200×200 像素
      frame.setSize(200,200);
    //设置窗体可显示
      frame.setVisible(true);
    }
}
```

运行结果如图 9-30 所示。

图 9-30　手工布局演示

9.1.4　事件处理机制

1. 事件处理基础

在 Java 语言中，当用户与 GUI 组件交互时，GUI 组件能够激发一个相应事件。例如，用户按动按钮、滚动文本、移动鼠标或按下按键等，都将产生一个相应的事件。Java 提供完善的事件处理机制，能够监听事件，识别事件源，并完成事件处理。如图 9-31 所示，Java 事件处理机制主要包括事件源、事件对象和事件监听器。

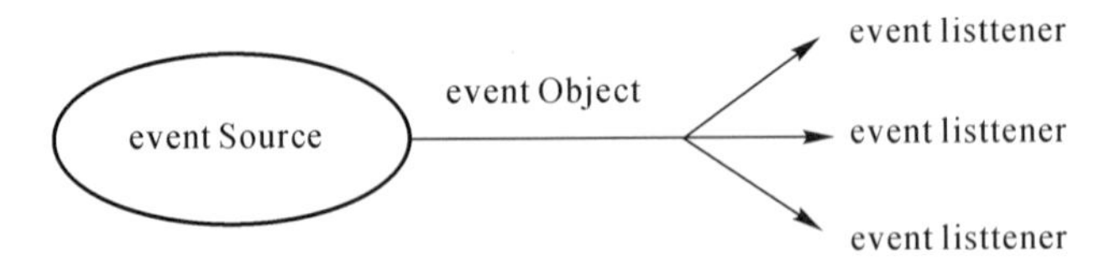

图 9-31　事件源、事件对象和事件监听器

事件源(Event Source)是事件产生者。如单击按钮，则按钮为该事件的事件源。

事件对象(Event Object)封装了该事件相关信息，主要包括事件源、事件属性等。事件监听器根据这些信息处理事件。

事件监听器(Event Listener)负责监听和处理事件。当事件激发时,事件监听器能够获得该事件,并对事件进行响应和处理。

JDK 1.1 以后,Java 语言采用委托事件模型,事件传递由事件监听器负责管理。任何事件处理程序首先向事件监听器注册。当系统监听事件发生后,将该事件委托给所关联的事件监听器管理。事件监听器对事件属性进行分析,将事件交付已注册事件处理程序进行处理。基于委托机制,能够将事件处理程序与事件源组件相互分离,简化事件处理编程复杂度,避免事件的意外处理。

例如,在图 9－32 中,点击 Button 按钮,则自动触发一个 Action event 事件,该事件的监听器为 ActionListener 对象,实现了 Listener 接口。由 actionPerformed()方法负责对 Button 的单击事件进行处理。

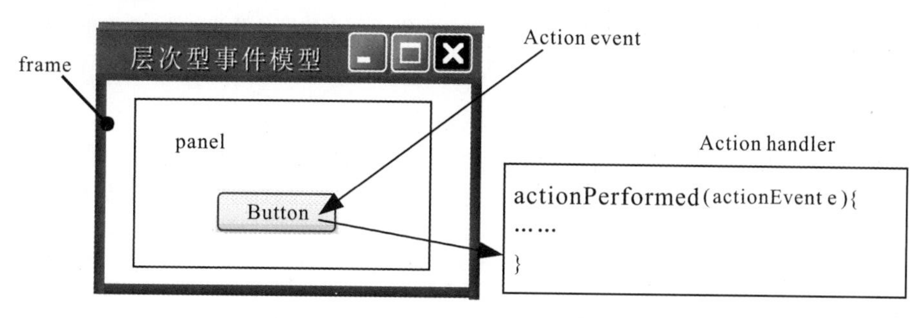

图 9－32　委托事件模型图

2. Java 事件类型

Java 应用事件(Event)记录用户与 GUI 组件之间交互信息,其事件类均包含在 java. awt. Event 和 java. swing. event 包中。其中,AWTEvent 类是一个抽象类,是所有事件类的基类,其余事件类都直接或者间接继承该类。事件类的层次结构如图 9－33 所示。

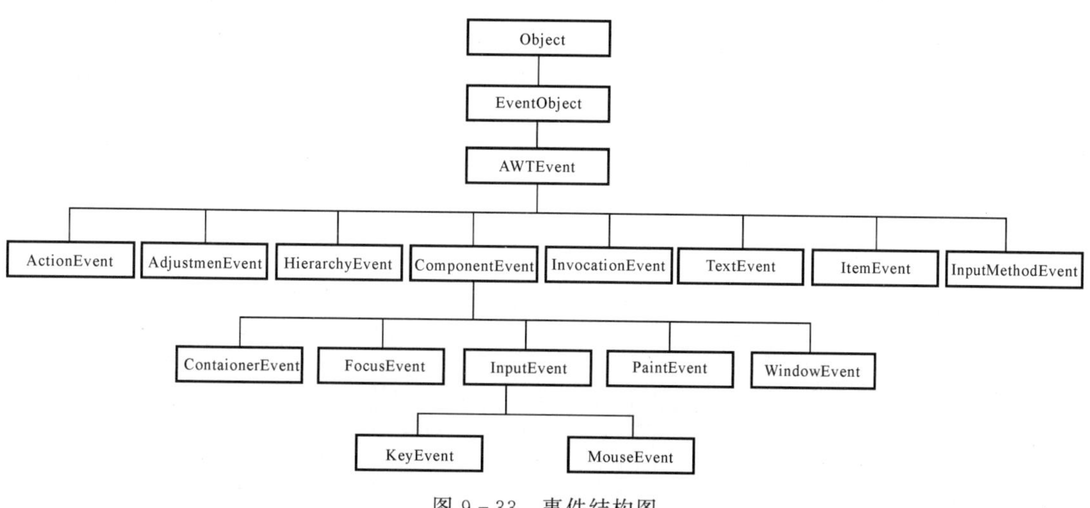

图 9－33　事件结构图

在 Java 语言中,常用事件类主要包括行为事件(ActionEvent)、焦点事件(FocusEvent)、项目事件(ItemEvent)、击键事件(KeyEvent)、鼠标事件(MouseEvent)、文本事件(TextEvent)和窗口事件(WindowEvent)等,见表 9－16。

表9-16　主要事件介绍

事件名称	事件介绍
行为事件 ActionEvent	当特定于组件的动作发生时，由组件生成此高级别事件。例如，按钮被按下时
焦点事件 FocusEvent	当组件得到或失去焦点时，发生焦点事件。例如，当输入焦点移入一个文本框时，文本框产生一个焦点事件
项目事件 ItemEvent	当用户选定或者撤销选定复选框、复选框菜单项、选择列表或列表项时，会产生项目事件。ItemEvent 提供 getStateChange()方法获得项目选定状态，提供 getSelectedItems()方法获取所选项目
击键事件 KeyEvent	当用户按下或者释放按键时，发生击键事件。击键事件分为3类：键按下、键释放和键输入。通过 getKeyCode()方法，可获得键码；而通过 getKeyChar()方法，可获得按键对应的 Unicode 字符
鼠标事件 MouseEvent	当按下、释放鼠标或移动鼠标时，发生鼠标事件。鼠标事件包括鼠标单击、鼠标拖动、鼠标进入、鼠标离开、鼠标移动、鼠标按下、鼠标释放和鼠标滚轮等。并且提供方法，可获得鼠标位置坐标
文本事件 TextEvent	当文本框内容发生改变时，发生文本事件。例如调用文本框 setText()方法后，将激发文本事件
窗口事件 WindowEvent	当打开、关闭、激活、停用、图标化或取消图标化 Window 对象时，或者焦点转移到 Window 内或移出 Window 时，由 Window 对象生成此事件

3. 事件监听器

在Java中，组件在接受用户操作时，能够自动触发相应的事件。为了对该事件进行处理，必须创建相应的事件监听器，并在事件源将该监听器进行注册。当用户和组件交互时，相应事件发生，事件源通知已注册的该事件监听器，调用其事件处理方法。

Java语言中，每个事件类都有对应的一个事件监听器接口。例如，ActionEvent 事件的监听器接口为 ActionListener。监听器接口中，定义了该事件的处理函数。任何希望监听该事件的类，都必须实现相应的事件监听接口。例如：

```
//创建 TestActionListener 类，并使之实现 ActionListener 接口
public class TestActionListener implements ActionListener
{
    //实现事件处理函数
    public void actionPerformed(ActionEvent e)
    {
    e.getActionCommand();
    }
}
```

在创建事件监听器后，还需在发生该事件的组件（事件源）上注册该事件监听器。这样，当事件发生时，组件将自动通知所有注册的事件监听器，对事件进行处理。组件对所能处理的事

件 XXXEvent，均提供了对应的事件注册方法 addXXXListener(…)。通过该方法，将事件监听器注册到事件源。例如下面例子中，为按钮组件注册监听器。

```
JButton buttonOne = new JButton("Enable Text Edit");
buttonOne.addActionListener(TestActionListener);
```

通过实现事件监听器接口 XXXListener，能够创建监听器。但有些接口中方法很多，采用实现接口方式，必须实现接口中所有定义的方法，非常复杂。因此，Java 为每种事件接口提供相应的适配器类。适配器类已经实现了接口中所有定义的方法。通过继承适配器类，重写所需的方法，能够创建所需的事件监听器。例如：

```
class MyWindowAdapter extends WindowAdapter {
    public void windowClosing(WindowEvent e) {
      System.exit(0);
    }
}
```

通常情况下，每个事件监听器注册在一个事件源上，但也可以将同一事件监听器注册在多个事件源上。在接收到事件后，通过调用事件的 getSource()方法，可以判断触发事件的事件源。例如：

```
public void actionPerformed(ActionEvent e){
    if (e.getSource() == plusButton) {
      answerLabel.setText("plus");
    } else {
      answerLabel.setText("minus");
    }
}
```

在计算器示例 9 - 20 中，创建事件监听器 ListenerOne，同时注册在按钮 plusButton，minusButton 上。根据事件源不同，分别执行加法和减法计算。并且为程序主窗口创建和注册了适配器 WindowListenerOne，并重写了其 windowClosing()方法。

示例 9 - 20　监听器使用

```
//Calculator.java
import java.awt.*;
import javax.swing.*;
import java.awt.event.*;

  public class Calculator extends JPanel {
    //Components are treated as attributes,so that
    //they will be visible to all of the methods of the class.
    //use description names for components where possible;
    //it makes your job easier later on !
    private JPanel leftPanel;
    private JPanel centerPanel;
    private JPanel buttonPanel;
```

```
    private JTextField input1TextField;
    private JTextField input2TextField;
    private JLabel answerLabel;
    private JButton plusButton;
    private JButton minusButton;

  public static void main(String[] args) {

    JFrame frame = new JFrame("Simple Calculator");
    class WindowListenerOne extends WindowAdapter {
    public void windowClosing(WindowEvent e) {
      System.exit(0);
      }
    }
    WindowListenerOne w = new WindowListenerOne();
    frame.addWindowListener(w);
    frame.setContentPane(new Calculator());
    frame.setSize(600,200);
    frame.setVisible(true);
    }
    //Constructor.
  public Calculator(){
    setLayout(new BorderLayout());
    Font font = new Font("Serif", Font.BOLD, 30);
    leftPanel = new JPanel();
    leftPanel.setLayout(new GridLayout(3,1));
    JLabel inputOne = new JLabel("Input 1:   ");
    JLabel inputTwo = new JLabel("Input 2:   ");
    JLabel Answer = new JLabel("Answer:   ");
    inputOne.setFont(font);
    inputTwo.setFont(font);
    Answer.setFont(font);
    leftPanel.add(inputOne);
    leftPanel.add(inputTwo);
    leftPanel.add(Answer);
    add(leftPanel,BorderLayout.WEST);
    centerPanel = new JPanel();
    centerPanel.setLayout(new GridLayout(3,1));
    input1TextField = new JTextField(10);
    input2TextField = new JTextField(10);
    answerLabel = new JLabel();
```

```
input1TextField.setFont(font);
input2TextField.setFont(font);
answerLabel.setFont(font);
centerPanel.add(input1TextField);
centerPanel.add(input2TextField);
centerPanel.add(answerLabel);
add(centerPanel,BorderLayout.CENTER);
buttonPanel = new JPanel();
buttonPanel.setLayout(new GridLayout(2,1));
plusButton = new JButton("+");
minusButton = new JButton("-");
plusButton.setFont(font);
minusButton.setFont(font);
buttonPanel.add(plusButton);
buttonPanel.add(minusButton);
add(buttonPanel,BorderLayout.EAST);
//add behaviors!
ListenerOne listner = new ListenerOne();
plusButton.addActionListener(listner);
minusButton.addActionListener(listner);
  }

  class ListenerOne implements ActionListener {
    public void actionPerformed(ActionEvent e){
      try{
      double d1 = new
      Double(input1TextField.getText()).doubleValue();
      double d2 = new
      Double(input2TextField.getText()).doubleValue();

      if (e.getSource() == plusButton) {
        answerLabel.setText(""+(d1+d2));
      } else {
        answerLabel.setText(""+(d1-d2));
      }
    } catch (NumberFormatException nfe){
      answerLabel.setText(nfe.getMessage());
      }
    }
  }
}
```

9.1.5 设计类图相关的界面编程实现

根据本章所学的知识，对于雇员信息管理系统，可以为图2-18所示类图增加雇员目录类EmployeeCatalog，用于管理雇员的集合，增加界面类EmployeeManagerGUI，用于显示雇员列表，并允许用户从雇员列表中选择一个雇员，界面为用户显示所选择雇员的信息。

读者可以模仿雇员信息管理系统界面的实现，对公共交通信息查询系统开发类似界面，用于显示存储公共交通线路和公共交通站点的信息；对于接口自动机系统，也可以开发类似界面，用于显示接口自动机的状态、步骤等信息。

相关的界面编程实现见西北工业大学出版社网上资源。

在完成上述编码后，系统运行结果如图9-34所示。

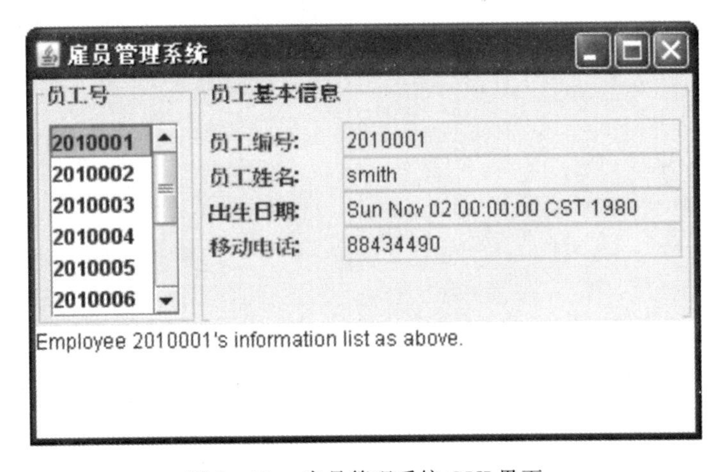

图9-34 雇员管理系统GUI界面

9.2 JavaFX界面编程

简洁、友好的图形用户界面是人机交互的基础，本节将对界面开发平台JavaFX展开介绍。JavaFX是一个开源、下一代客户端应用平台，适用于基于Java构建的桌面、移动端和嵌入式系统。JavaFX不仅提供了类似于Java Swing的按钮、组合框、表格、树等界面控制组件，还支持顺序布局、网格布局等多种容器自动布局方式，以及完善的用户交互事件响应处理机制。

9.2.1 JavaFX概述

JavaFX是一个跨平台的图形和多媒体处理工具包合集，它允许开发者设计、创建、测试、调试和部署客户端程序。JavaFX 2.0之后的版本摒弃了原先使用的静态式编程语言JavaFX Script，转而作为一个Java API来使用，因此使用JavaFX平台实现的应用程序将直接通过标准Java代码来实现，JavaFX应用程序也可以调用各种Java库中的API。

9.2.2 JavaFX程序开发

1. 在IDEA上配置JavaFX环境

(1)开发环境说明。本书示例项目的开发环境如下：

· JDK 1.8(推荐版本 1.8,JDK 1.8 以上版本不包含 JavaFX 类包,需要到官网下载和安装 JavaFX);

· IntelliJ IDEA 2020.1;

· JavaFX Scene Builder 2.0;

· Windows 10。

(2)安装插件。

1)点击 File→Settings,打开如图 9-35 所示界面。

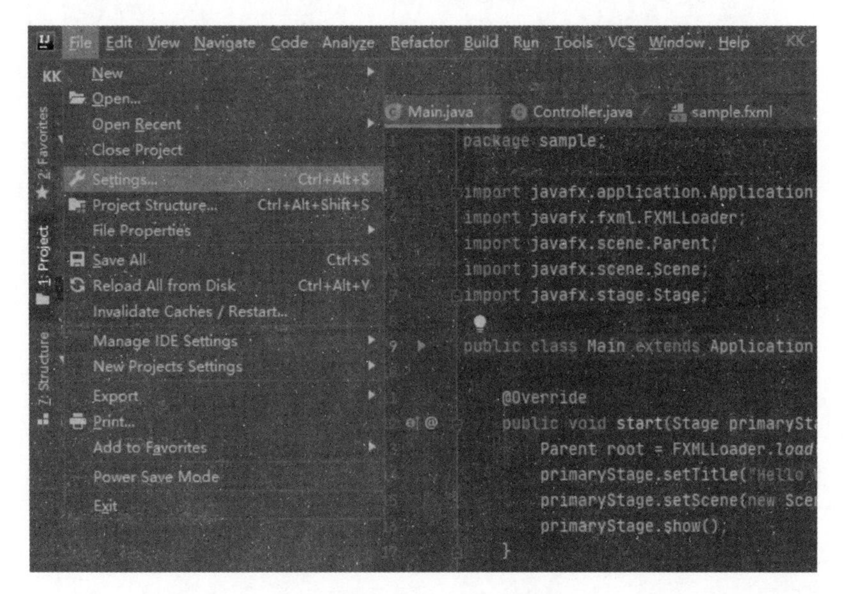

图 9-35　进入 Settings 界面

2)点击 Plugins,搜索“JavaFX”安装 Java FX 插件,如图 9-36 所示,最后点击确定。

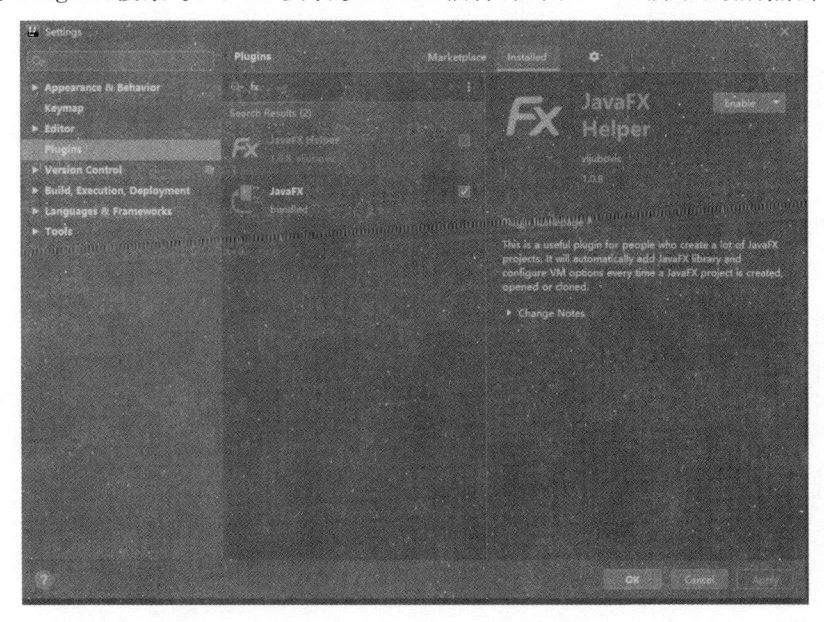

图 9-36　安装 JavaFX 插件

3)点击 File→New→Project,新建一个 Project,如图 9-37 所示。

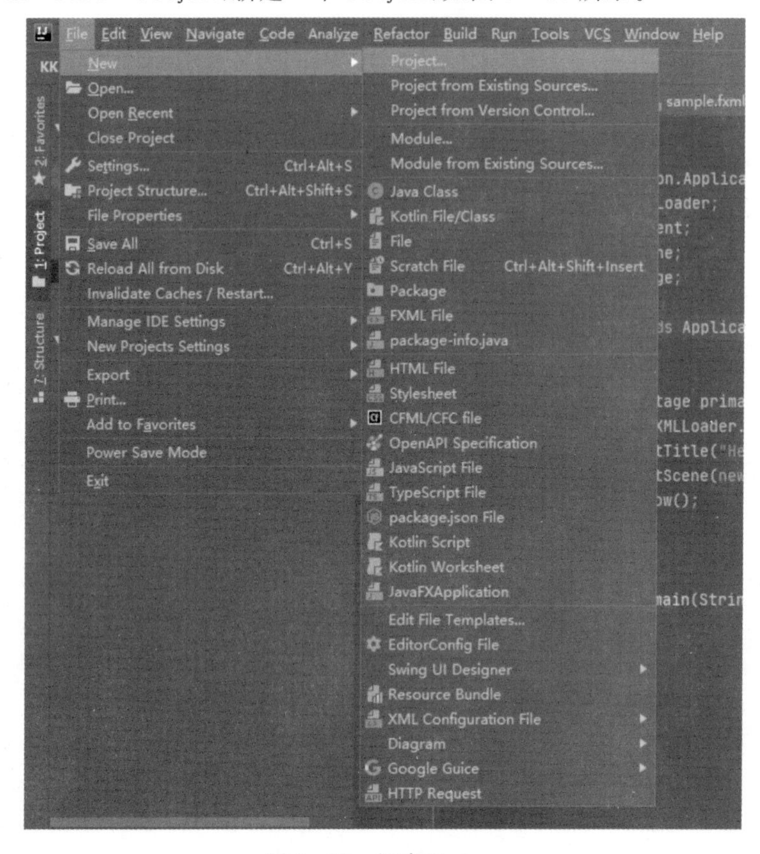

图 9-37 新建 Project

4)选择 Java FX 项目,选择 JDK,点击 Next,如图 9-38 所示。

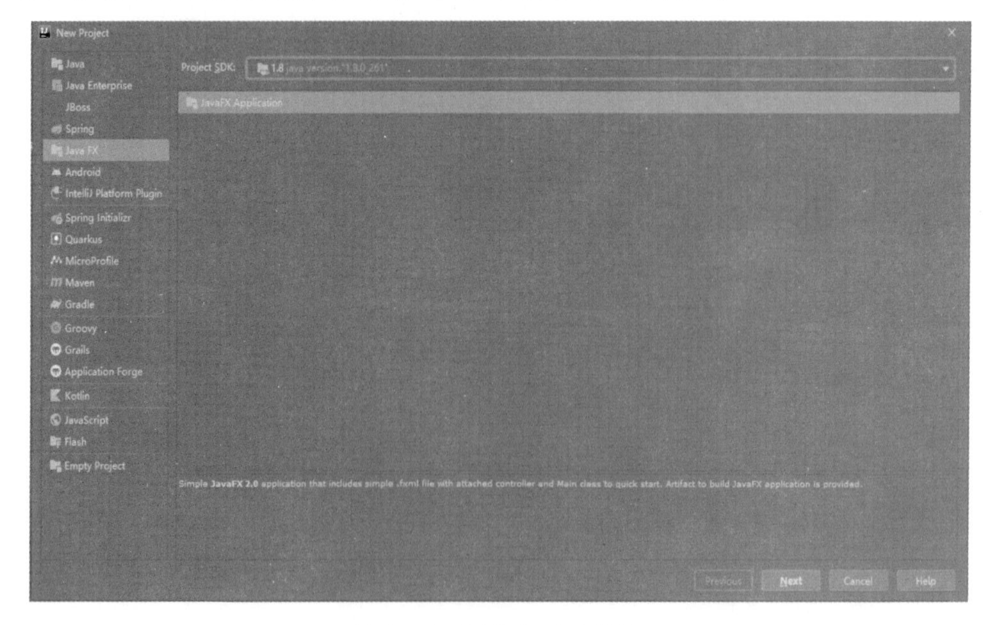

图 9-38 新建 JavaFX 项目

5)填写项目名,点击 Finish,如图 9－39 所示。

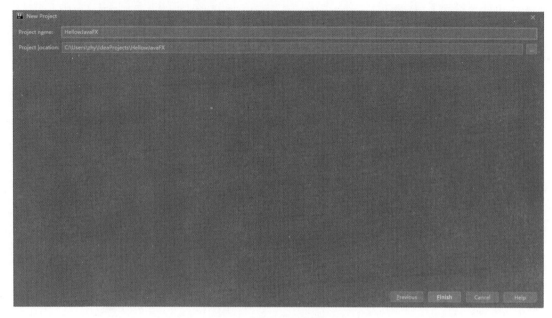

图 9－39　填写项目名称

6)项目创建完成,运行 Main 类即可执行程序,如图 9－40 所示。

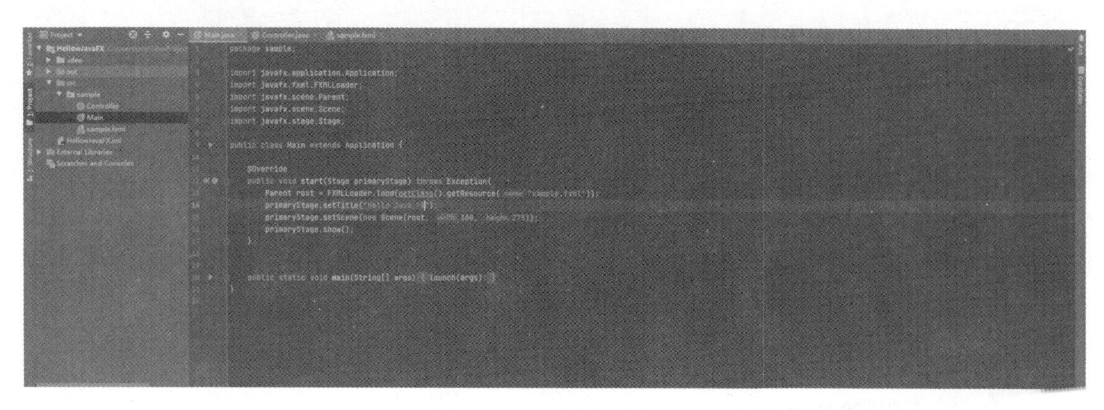

图 9－40　项目创建完成

2. JavaFX 程序示例

完成 JavaFX 环境的配置之后,接下来编写一段 JavaFX 的 HelloWorld 程序,实现对 JavaFX 程序整体结构的初步理解与把握。

JavaFX GUI 程序采用层次嵌套结构(见图 9－41),由顶层容器构造 GUI 应用程序外层框架。在顶层容器(Stage)中包含场景(Scene),Scene 作为可填充区域充当窗口中 GUI 组件的容器。容器之间可以相互嵌套包含,父容器负责管理其所包含的图形组件,共同构成 GUI 程序层次框架。因此,典型的 JavaFX GUI 程序设计主要包括:

(1)构造一个 Stage 表示计算机的窗口;

(2)在 Stage 上创建一个 Scene;

(3)在 Scene 上填充 GUI 组件，一般会选择使用 Pane 类作为父组件，其他基本图形组件作为子组件填充在 Pane 类上。

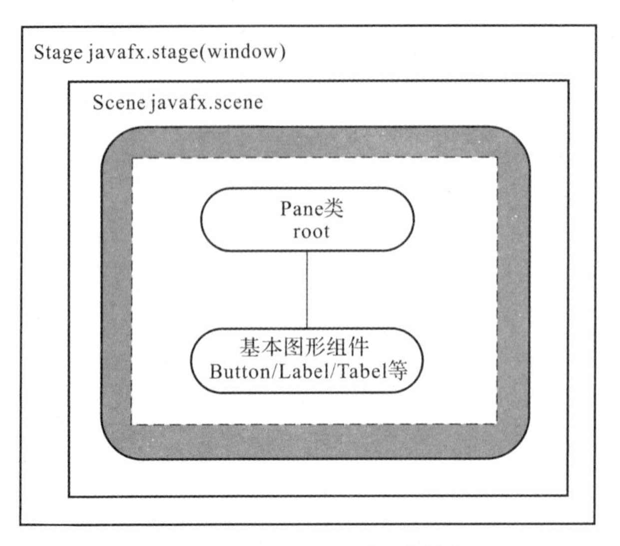

图 9-41　JavaFX 应用程序结构

以下是一个 HelloWorld 程序的代码：

示例 9-23　HelloWorld 程序

```
import javafx.application.Application;
import javafx.event.ActionEvent;
import javafx.event.EventHandler;
import javafx.scene.Scene;
import javafx.scene.control.Button;
import javafx.scene.layout.StackPane;
import javafx.stage.Stage;

public classHelloWorld extends Application {
    @Override
    public void start(Stage primaryStage) {
//基本图形组件
        Button btn = new Button();
        btn.setText("Say 'Hello World'");
        btn.setOnAction(new EventHandler<ActionEvent>() {
            @Override
            public void handle(ActionEvent event) {
                System.out.println("Hello World!");
            }
        });

        //Pane 类根组件,StackPane 为堆栈面板
```

```
        StackPane root = new StackPane();
        root.getChildren().add(btn);

        //设置 Scene 的根节点
        Scene scene = new Scene(root, 300, 250);

        //设置 Stage
        primaryStage.setTitle("Hello World!");
        primaryStage.setScene(scene);
        primaryStage.show();
    }
    public static void main(String[] args) {
        launch(args);
    }
}
```

运行结果如图 9－42 所示。

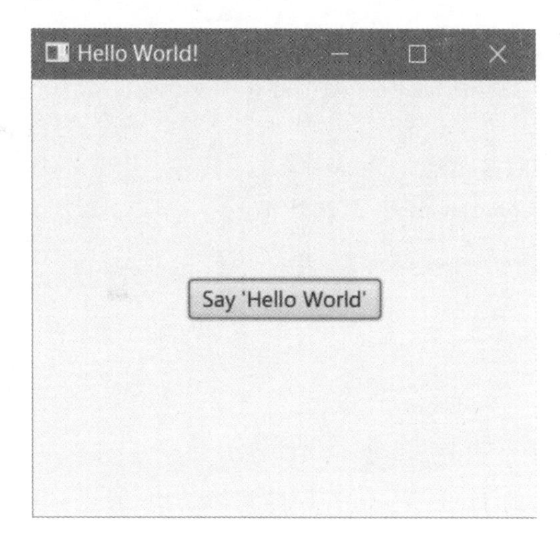

图 9－42　HelloWorld 运行结果

下面以示例 9－23 为例，介绍 JavaFX 程序的基本结构。

(1)JavaFX 程序的主类 HelloWorld 继承于 javafx.application.Application，该类定义了一个名为 start()的抽象实例方法。当创建一个 JavaFX 程序时，需要创建一个类继承 Application 并重写 start()方法作为 JavaFX 程序的主入口。重写的 start(Stage primaryStage)方法传入的参数 primaryStage 为程序的主窗口。

```
public classHelloWorld extends Application {
    @Override
    public voidstart(Stage primaryStage) {
    }
}
```

(2)为创建JavaFX应用程序而编写的类通常还包括一个main()方法,作为该应用程序的启动函数。执行方法时,launch()方法会创建一个新线程,称为JavaFX应用程序线程(JavaFX Application Thread)。

```
public static voidmain(String[] args) {
    launch(args);
}
```

(3)JavaFX中,使用Stage和Scene来作为UI的容器。其中,Stage类是JavaFX中的顶层容器。而Scene类则是JavaFX中所有内容的容器,例如UI控件等,都是直接添加到Scene中的。在示例9-23中,创建了Scene让它以特定的大小(300×250)显示出来。创建Stage时需要指定根节点,作为Scene中包含的所有UI组件的父组件。

```
//root为根节点,300、250分别为Scene的width和height
    Scene scene = new Scene(root, 300, 250);
```

(4)示例9-23中,根节点为StackPane,为Pane类的一个子类,这个根节点包含一个子节点Button,我们为其添加了一个单击响应事件来打印消息。

```
Button btn = new Button();
        btn.setText("Say 'Hello World'");
        btn.setOnAction(new EventHandler<ActionEvent>() {
            @Override
            public void handle(ActionEvent event) {
                System.out.println("Hello World!");
            }
        });

        //Pane类根组件
        StackPane root = new StackPane();
        root.getChildren().add(btn);
```

以上即是一个最基本的HelloWorld程序的整体结构,通过对各种基本图形组件的组合与嵌套,再为各个组件添加事件响应函数,就可以完成具备各种基本功能的图形界面的开发。

接下来将要学习JavaFX中具体的组件与容器、对话框与菜单、事件处理机制以及拖曳式开发工具Scene Builder的使用,这些将是我们使用JavaFX进行界面开发需要掌握的重点。

9.2.3 组件与容器

本节将介绍JavaFX中的基本组件与容器,它们是开发图形用户界面的基础。

1. 图形组件

JavaFX提供了一套执行用户接口功能的图形组件。这些组件具有可定制的外观,能够向用户输出信息,或者接收用户的键盘、鼠标输入信息。下面介绍几种常见的UI组件。

(1)标签(Label)。Label是标签组件,可以显示文本、图标,或者同时显示文本和图标。Label类提供多种构造方法及常用方法(见表9-17),用于构造不同类型的标签。

表 9－17　Label 类的构造方法及常用方法

方法定义	功　能
Label()	创建无图标并且标题为空的标签
Label(String text)	创建具有指定文本的标签
Label(String text,Node graphic)	创建具有指定文本和图标的标签
setText(String text)	设定标签显示的文本
setGraphic(Node graphic)	设定标签显示的图标
setTextFill(Paint value)	设定文本的填充颜色
setFont(Font font)	设定 Label 的字体
setContentDisplay(Contentdisplay value)	设置图形相对于文本的放置位置

在 JavaFX 中，图标定义为 ImageView 类。ImageView 提供多种构造方法，支持从图像文件、字节数组、Image 对象和 URL 地址等创建图标。例如，更改一个 Label 的图标：

```
Label label1 = new Label("Search");
Image image = new
        Image(getClass(). getResourceAsStream("labels. jpg"));
label1. setGraphic(new ImageView(image));
```

示例 9－24 中，分别创建了 3 个图形组件，并将其加入内容面板。

示例 9－24　Label 的使用示例

```
import java. net. MalformedURLException;


import javafx. application. Application;
import javafx. scene. Scene;
import javafx. stage. Stage;
import javafx. scene. layout. VBox;
import javafx. scene. control. Label;
import javafx. scene. image. * ;
import javafx. scene. text. Font;
public class Main extends Application {
public void start(Stage stage) throws MalformedURLException {
    // 定义一个 label 组件
    Label label1 = new Label("欢迎学习标签的用法");
    // 设置 label 文本字体
    label1. setFont(new Font(40));

    // 导入图片
    Image image1 = new Image("file: src/example9_24/demo01. png",150, 150, false, false);
      //定义一个文本+图片的组件
    Label label2 = new Label("放大镜", new ImageView(image1));
```

```
    label2.setFont(new Font(40));

    Image image2 = new Image("file:src/example9_24/demo02.png", 150, 150, false, false);
    Label label3 = new Label("笔记本", new ImageView(image2));
    label3.setFont(new Font(40));

    VBox root = new VBox(label1, label2, label3);
    root.setPrefWidth(400);
    root.setPrefHeight(700);

    Scene scene = new Scene(root, 600, 400);
    stage.setScene(scene);
    stage.setTitle("LabelDemo");
    stage.show();

}

    public static void main(String[] args) {
        launch(args);
    }

}
```

运行结果如图 9－43 所示。

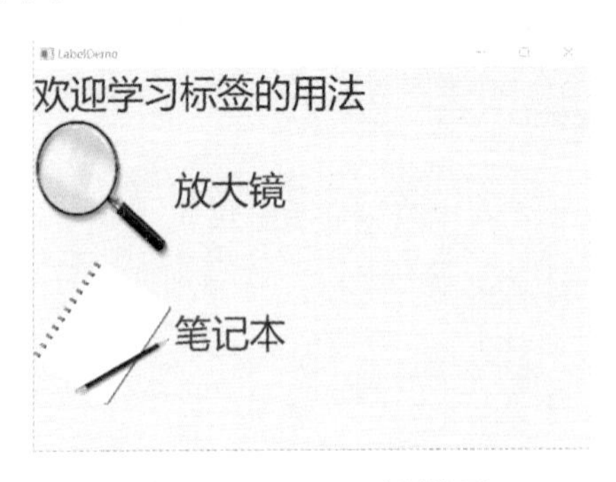

图 9－43　Label 示例演示

(2)按钮(Button)。JavaFX 中的 Button 类用来处理当用户点击一个按钮时执行的动作(Action)。它可以显示文本、图像,或两者兼而有之。Button 类的构造方法及常用方法见表 9－18。

表 9－18　Button 类的构造方法及常用方法

方法定义	功　能
Button()	创建一个没有文本和图标的按钮
Button(Icon icon)	创建一个带图标的按钮
Button(String text)	创建一个带文本的按钮

续表

方法定义	功　能
Button(String text,Icon icon)	创建一个带初始文本和图标的按钮
setGraphic(Node graphic)	设定该按钮的图片
setText(String text)	设定该按钮的文本
setOnAction(EventHandler<ActionEvent> e)	设定点击该按钮时的行为

示例 9-25 中,分别创建了一个文本按钮和一个图标按钮,并为图标按钮设置了鼠标置于按钮上方时所显示的图标。

示例 9-25　Button 的使用方法

```
import javafx.application.*;
import javafx.geometry.Pos;
import javafx.scene.Scene;
import javafx.scene.control.*;
import javafx.scene.image.*;
import javafx.scene.layout.*;
import javafx.stage.Stage;

public class ButtonDemo extends Application {
    public void start(Stage stage) {
      //创建一个 button
      Button button1 = new Button("button1");
      //设置 button 最小 width 和 height
      button1.setMinSize(60, 40);

      Button button2 = new Button("button2");
      button2.setMinSize(60, 40);
      Button quitButton = new Button("Quit");
      quitButton.setMinSize(60, 40);
      //导入图片
      Image image1 =new Image("file:res/Demo3.png",400,400,false,false);
      Image image2 =new Image("file:res/Demo4.png",400,400,false,false);
      //设置 label 的初始图片
      Label label1 = new Label(null, new ImageView(image1));
     //设置点击 button 时的行为
      quitButton.setOnAction(e-> Platform.exit());
      button1.setOnAction(
      e-> label1.setGraphic(
      new ImageView(image1)));
      button2.setOnAction(
```

```
        e-> label1.setGraphic(
        new ImageView(image2)));

        HBox buttonBar =
        new HBox(20,button1,button2,quitButton);
        buttonBar.setAlignment(Pos.CENTER);
        VBox root = new VBox(buttonBar,label1);
        root.setPrefWidth(400);
        root.setPrefHeight(500);

        Scene scene = new Scene(root, 400, 500);
        stage.setScene(scene);
        stage.setTitle("LabelDemo");
        stage.show();

    }

    public static void main(String[] args) {
        launch(args);
    }
}
```

运行结果如图9-44所示。

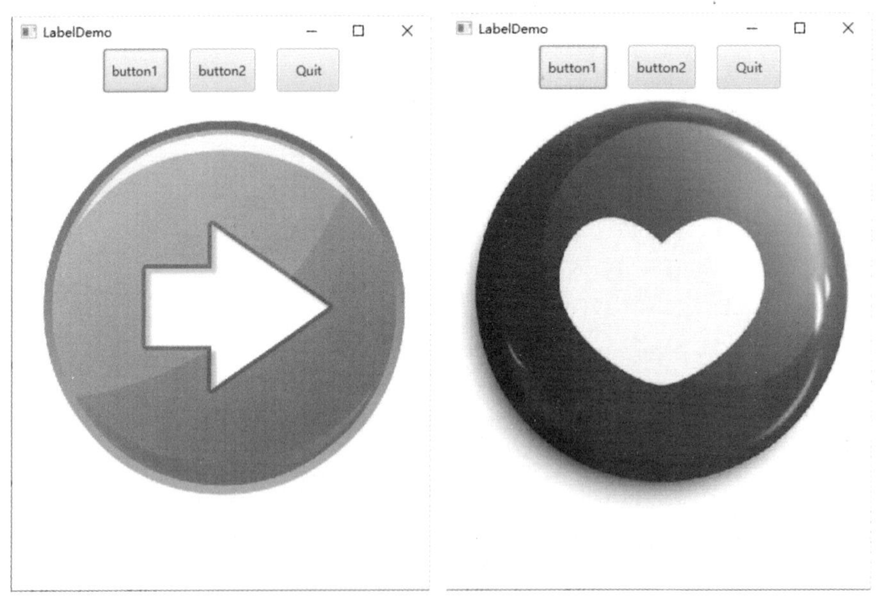

图9-44　Button示例演示

(3)复选框(CheckBox)。复选框可以让用户做出多项选择,主要用于用户选择属性。通常情况下,复选框有选中和不选中两种状态。但也有一种中立的状态,既非选中,也非没选中,通过 setSelected()和 setIndeterminate()方法结合使用。CheckBox 类的构造方法及常用方法见表 9-19。

表 9-19　CheckBox 类的构造方法及常用方法

方法定义	功　能
CheckBox()	创建一个没有文本、没有图标并且最初未被选定的复选框
CheckBox(String text)	创建一个带文本的、最初未被选定的复选框
setText(String text)	更改复选框的文本
setIndeterminate(boolean b)	设置复选框的定义状态，与 selected 的值共同决定复选框的状态
setSelected(boolean b)	将该复选框设置为是否被选中。如果参数 b 为 true，则复选框被选中；如果参数 b 为 false，则复选框未被选中。缺省情况下，参数 b 的值为 false

示例 9-26　CheckBox 演示

```
//导入所需的包
import javafx.application.*;
import javafx.geometry.Pos;
import javafx.scene.Scene;
import javafx.scene.control.*;
import javafx.scene.layout.*;
import javafx.scene.text.*;
import javafx.stage.Stage;

public class CheckBoxDemo extends Application {
    public void start(Stage stage) {

        Label label = new Label("请选择要显示的文字效果");
        label.setFont(new Font(30));
          //定义几个有文本的 CheckBox
          CheckBox checkBox1 = new CheckBox("Times New Roman");
          CheckBox checkBox2 = new CheckBox("Arial");
          CheckBox checkBox3 = new CheckBox("Verdana");

          //设置几个 CheckBox 的字体
          checkBox1.setFont(new Font("Times New Roman",20));
          checkBox2.setFont(new Font("Arial",20));
          checkBox3.setFont(new Font("Verdana",20));
          HBox checkBar = new HBox(20);
          checkBar.getChildren().addAll(checkBox1,checkBox2,checkBox3);
          checkBar.setAlignment(Pos.CENTER);
          VBox root = new VBox(30,label,checkBar);
```

```
        root.setAlignment(Pos.CENTER);
        root.setPrefWidth(600);
        root.setPrefHeight(220);

        Scene scene = new Scene(root, 600, 220);
        stage.setScene(scene);
        stage.setTitle("CheckBoxDemo");
        stage.show();

    }

    public static void main(String[] args) {
        launch(args);
    }
}
```

运行结果如图 9-45 所示。

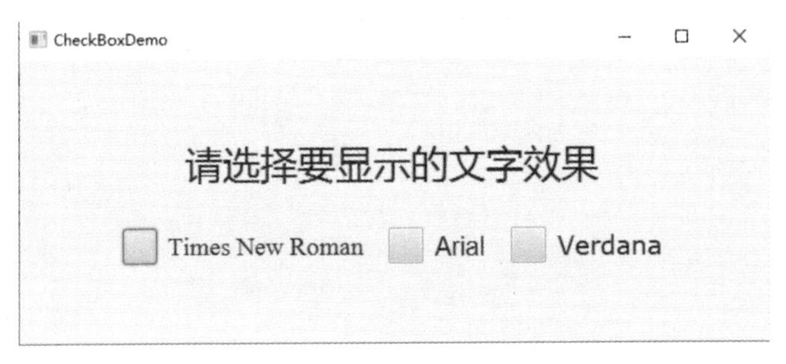

图 9-45　CheckBox 示例演示

(4)单选按钮(RadioButton)。单选按钮具有选中和未选中两种状态。当多个单选按钮未成组时,可以同时选中多个单选按钮。当多个单选按钮成组时,同一组单选按钮中同时只能有一个单选按钮被选中。RadioButton 类的构造方法及常用方法见表 9-20。

表 9-20　RadioButton 类的构造方法及常用方法

方法定义	功　能
RadioButton()	创建一个初始化为未选择的单选按钮,其文本未设定
RadioButton(String text)	创建一个具有指定文本、状态为未选择的单选按钮
setGraphic(Node graphic)	向按钮添加一个图像
setSelected(boolean b)	将该单选按钮设置为是否被选中。如果参数 b 为 true,则单选按钮被选中;如果参数 b 为 false,则单选按钮未被选中。缺省情况下,参数 b 的值为 false
setToggleGroup(ToggleGroup group)	将该单选按钮添加到 group 中

在 JavaFX 中，ButtonGroup 容器类负责组织和管理一组按钮，并维护按钮之间的逻辑关系。当多个单选按钮添加到同一个 ButtonGroup 容器时，如果选中其中某一个单选按钮，则会自动取消其他按钮选中状态。示例 9 - 27 演示了创建 3 个单选按钮，并将其置于同一 ButtonGroup 容器中。

示例 9 - 27　RadioButton 的使用示例

```
import javafx.application.Application;
import javafx.geometry.Pos;
import javafx.scene.Scene;
import javafx.scene.control.*;
import javafx.scene.layout.*;
import javafx.scene.text.Font;
import javafx.stage.Stage;

public class RadioButtonDemo extends Application {
    public void start(Stage stage) {

        //设置 label 文本和字体
      Label label = new Label("请选择要进行的操作");
        label.setFont(new Font(30));

        //定义几个有文本的 RadioButton
        RadioButton radiobutton1 = new RadioButton("查询");
        RadioButton radiobutton2 = new RadioButton("取款");
        RadioButton radiobutton3 = new RadioButton("转账");
        //设置 RadioButton 的字体大小
        radiobutton1.setFont(new Font(30));
        radiobutton2.setFont(new Font(30));
        radiobutton3.setFont(new Font(30));
       HBox buttonBar = new HBox(20,radiobutton1,radiobutton2, radiobutton3);
        buttonBar.setAlignment(Pos.CENTER);
        VBox root = new VBox(40,label,buttonBar);
        root.setAlignment(Pos.CENTER);
        root.setPrefWidth(600);
        root.setPrefHeight(220);

        Scene scene = new Scene(root, 600, 220);
        stage.setScene(scene);
        stage.setTitle("RadioButtonDemo");
        stage.show();

    }
```

```
    public static void main(String[] args) {
        launch(args);
    }

}
```

运行结果如图 9－46 所示。

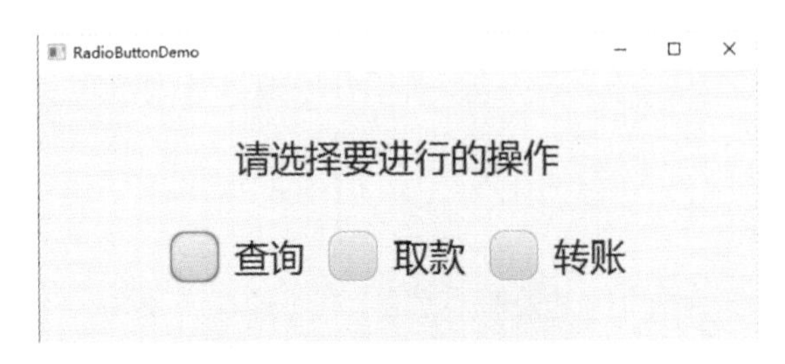

图 9－46　RadioButton 示例演示

（5）文本输入（TextField、TextArea）。JavaFX 提供两种文本输入组件：文本区（TextField）和文本域（TextArea）。其中，TextField 主要用于输入单行文本，不支持换行；TextArea 则支持多行文本输入，支持换行。TextField 和 TextArea 均提供方法，能够显示文本、获取当前文本、设置是否允许编辑等。

TextField 类和 TextArea 类的构造方法及常用方法分别见表 9－21 和表 9－22。

表 9－21　TextField 类的构造方法及常用方法

方法定义	功　能
TextField()	创建一个空的文本输入框
getText()	获取 TextField 的值
TextField(String text)	创建一个显示文本 text 的文本输入框
setText(String text)	设定文本框显示的文本
setPromptText(String text)	定义了在应用程序启动时 TextField 显示的文本
copy()	将当前选中范围内的文本复制到剪切板，并保留选中的内容
cut()	将当前选中范围内的文本复制到剪切板，并移除选中的内容
selectAll()	选中 TextField 中所有输入的文本
paste()	将剪切板中的内容粘贴到这个 TextField 中，并替换当前选中的内容

表 9－22　TextArea 类的构造方法及常用方法

方法定义	功　能
TextArea()	构造新的 TextArea
TextArea(String text)	构造显示指定文本 text 的新 TextArea
setText(String text)	设定文本域显示的文本

续表

方法定义	功　能
setPrefColumnCount(int column)	设定文本域的列数
setPrefRowCount(int rows)	设定文本域的行数
insertText(int pos ,String str)	将指定文本插入指定位置
setPrefSize(double prefWidth, double prefHeight)	设置文本域大小

示例 9-28 演示了如何创建 TextField 和 TextArea，并将其加入框架。

示例 9-28　文本输入组件综合示例

```
import javafx.application.Application;
import javafx.scene.Scene;
import javafx.scene.control.*;
import javafx.scene.layout.*;
import javafx.stage.Stage;

public class TextDemo extends Application {

    public void start(Stage stage) {

    //定义一个 TextField 并且设置宽度
    TextField textFiled = new TextField("单行文本框");
    textFiled.setMaxWidth(350);

    //定义一个 PasswordField 并且设置宽度
    PasswordField passwordField = new PasswordField();
    passwordField.setMaxWidth(350);
    passwordField.setPromptText("输入密码");

    //定义一个 TextArea 并且设置大小，设定文本
    TextArea textArea = new TextArea("多行文本框:JTextField 和 JPasswordField"+"\n"
    + "提供一个处理单行文本的区域，用户可以通过键盘在该区域中输入文本，"+"\n"
    + "或者程序将运行结果显示在该区域中。JPasswordField 是 JTextField 的" +"\n"
    + "子类，主要用于用户密码的输入，因此它会隐藏用户实际输入的字符。" +"\n"
    + "与 JTextField(包括 JPasswordField) 只能处理单行文本不同，" +"\n"
    + " JTextArea 可以处理多行文本。");
    textArea.setMaxWidth(350);
    textArea.setMaxHeight(150);

      VBox root = new
VBox(40,textFiled,passwordField,textArea);
```

```
        root.setMaxWidth(400);
        root.setMaxHeight(220);

        Scene scene = new Scene(root, 400, 300);
        stage.setScene(scene);
        stage.setTitle("TextDemo");
        stage.show();

    }

    public static void main(String[] args) {
        launch(args);
    }

}
```

运行结果如图9-47所示。

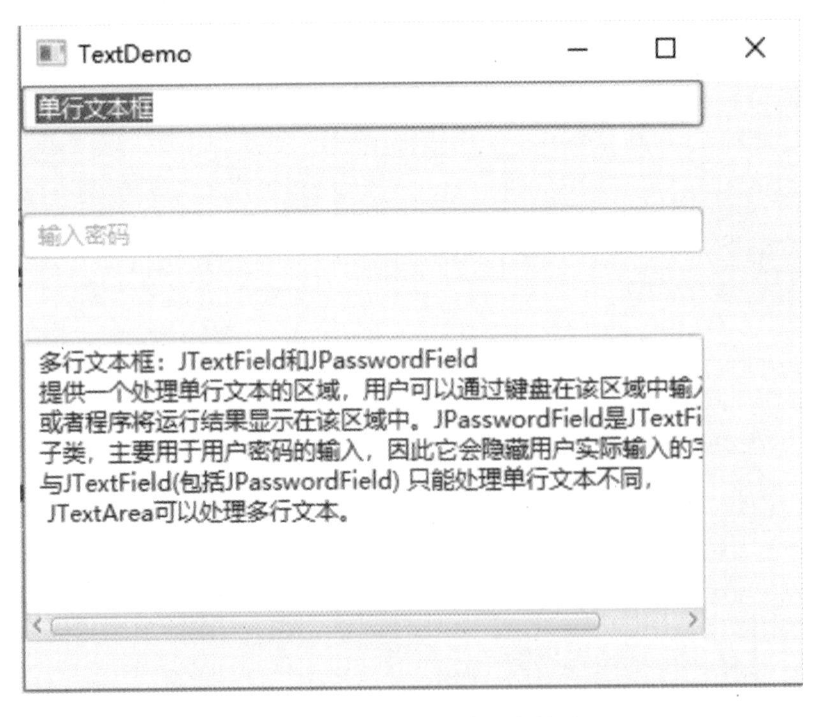

图9-47　文本输入组件示例结果

(6)组合框(ComboBox)。组合框提供一个下拉选择列表。当用户鼠标单击组合框时，将下拉出现选择项列表，用户可以从中单项选择某个选项。ComboBox还可设置为支持编辑，允许用户选择或者输入值。在创建ComboBox时，必须实例化ComboBox类并定义一个Observable List作为其选项，这个步骤与其他的UI控件相似，例如ChoiceBox，ListView和TableView。ComboBox类的构造方法及常用方法见表9-23。

表 9-23　ComboBox 类的构造方法及常用方法

方法定义	功　能
ComboBox()	创建一个空的 ComboBox
ComboBox(ObservableList<T> item)	创建包含指定数组中的元素的 ComboBox
setItems(ObservableList<T> item)	将指定数组中的元素赋值给 ComboBox
getItems()	返回包含当前显示给用户的项目的数组
getValue()	获得被选中的选项值
setValue(T value)	指定在 ComboBox 中被选定的选项值

在示例 9-29 中，创建组合框，并将字符串数组设置为其选择项。

示例 9-29　ComboBox 的用法

```
import javafx.application.Application;
import javafx.geometry.Pos;
import javafx.scene.Scene;
import javafx.scene.control.*;
import javafx.scene.layout.*;
import javafx.scene.text.Font;
import javafx.stage.Stage;

public class ComboBoxDemo extends Application {

    public void start(Stage stage) {

    //定义一个 ComboBox 并设置选项
    Label label = new Label("请选择一种搜索引擎");
    label.setFont(new Font(30));
    ComboBox comboBox = new ComboBox();
    comboBox.getItems().addAll(
        "google",
        "baidu",
        "yahoo"
    );
    comboBox.setMaxSize(300,100);

        VBox root = new VBox(40,label,comboBox);
        root.setAlignment(Pos.CENTER);
        root.setMaxWidth(600);
        root.setMaxHeight(220);
```

```
        Scene scene = new Scene(root, 600, 220);
        stage.setScene(scene);
        stage.setTitle("ComboBoxDemo");
        stage.show();

    }

    public static void main(String[] args) {
        launch(args);
    }

}
```

运行结果如图 9-48 所示。

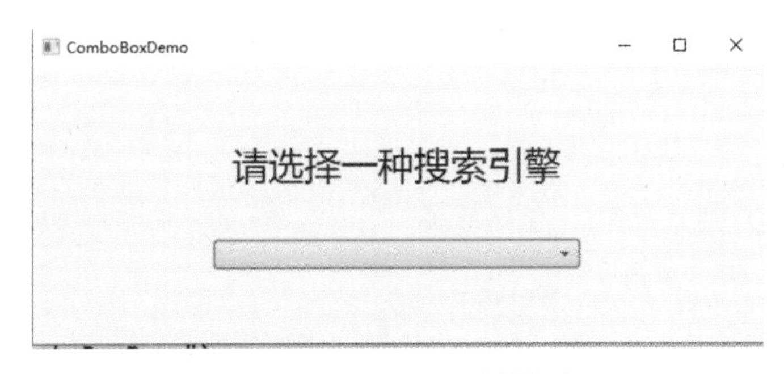

图 9-48 ComboBox 示例演示

(7)列表视图(ListView)。ListView 在屏幕上以固定行数显示列表项,用户可以从中选择一个或者多个选项。ListView 本身会提供滚动条。ListView 类的构造方法及常用方法见表 9-24。

表 9-24 ListView 类的构造方法及常用方法

方法定义	功能
ListView()	构造一个空的 ListView
getItems()	返回包含当前显示给用户的项目的数组
setItems(ObservableList<T> item)	将指定数组中的元素赋值给 ListView
ListView(ObservableList<T> item)	创建包含指定数组中元素的 ListView
setPrefSize(double width,double height)	设定该 ListView 的大小
listView.setCellFactory(TextFieldListCell.forListView()); listView.setEditable(true);	引用这串代码可以实现编辑 ListView

示例 9-30 List 的用法

```
import javafx.application.Application;
```

```
import javafx.geometry.Pos;
import javafx.scene.Scene;
import javafx.scene.control.*;
import javafx.scene.layout.VBox;
import javafx.scene.text.Font;
import javafx.stage.Stage;

public class ListViewDemo extends Application {

    public void start(Stage stage) {

        Label label = new Label("请选择一种搜索引擎");
        label.setFont(new Font(30));

        //定义一个 ListView 并设置选项
        ListView listView = new ListView();
        listView.getItems().addAll(
          "google",
          "baidu",
          "yahoo",
          "sohu",
          "fast"
    );
    listView.setMaxSize(300,100);

        VBox root = new VBox(40,label,listView);
        root.setAlignment(Pos.CENTER);
        root.setMaxWidth(600);
        root.setMaxHeight(220);

        Scene scene = new Scene(root, 600, 220);
        stage.setScene(scene);
        stage.setTitle("ListViewDemo");
        stage.show();

    }

    public static void main(String[] args) {
        launch(args);
    }

}
```

运行结果如图9-49所示。

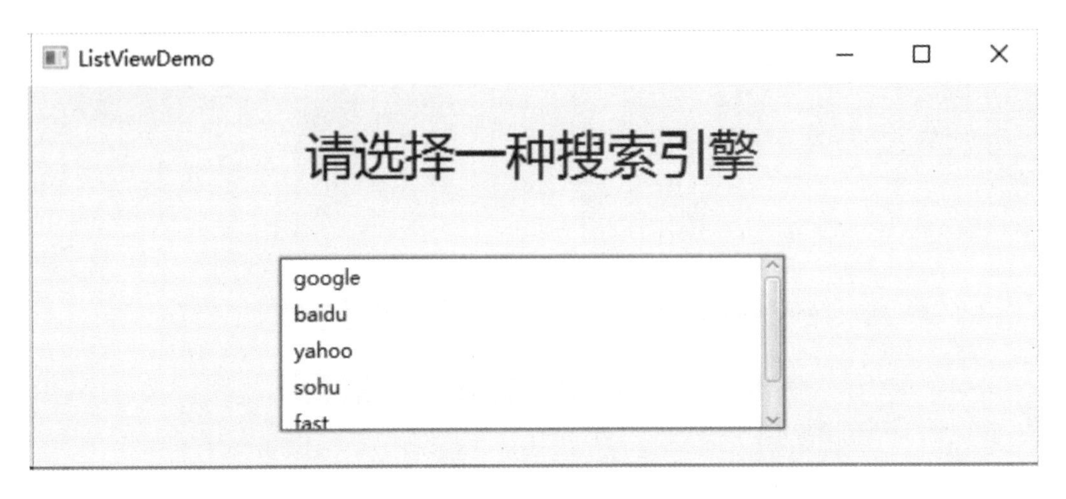

图9-49　List示例演示

2. *布局容器Pane*

除了基本图形组件外，JavaFX提供了一种高级的图形组件——容器。在JavaFX中，容器由类Pane以及它的子类定义(Pane及其子类在包javafx.scene.layout中)。

容器可以包含其他组件，并能够嵌套包含其他容器。容器主要用于容纳和管理所包含的图形界面元素。容器包括栈面板类StackPane、边界面板类BorderPane、流式面板类FlowPane、网格面板类GridPane、单行面板类HBox和单列面板类VBox等几种。

(1)StackPane。StackPane类是JavaFX的一种常用容器。StackPane类以堆栈的形式布置其子级。新的组件放置在StackPane中前一个组件的顶部。StackPane的构造方法及常用方法见表9-25。

表9-25　StackPane类的构造方法及常用方法

方法定义	功　能
StackPane()	创建一个新的空StackPane
StackPane(Node c)	创建具有指定组件的新StackPane
setAlignment(Pos v)	设置StackPane的对齐方式
setAlignment(Node n, Pos v)	设置作为StackPane一部分的组件的对齐方式
getAlignment()	返回StackPane的对齐方式
getAlignment(Node c)	返回组件的对齐方式

示例9-31中，创建几个图标标签，将其添加到StackPane中。

示例9-31　StackPane的应用示例

```
import javafx.application.Application;
import javafx.scene.Scene;
```

```
import javafx.scene.control.*;
import javafx.scene.layout.StackPane;
import javafx.scene.paint.Color;
import javafx.scene.text.*;
import javafx.stage.Stage;

public class StacklPaneDemo extends Application {

    public void start(Stage stage) {

        //定义几个 Label 并且设置大小和颜色
        Label label1 = new Label("Java FX");
        label1.setFont(new Font(60));
        label1.setTextFill(Color.GREEN);
        Label label2 = new Label("Java FX");
        label2.setFont(new Font(40));
        label2.setTextFill(Color.BLUE);
        Label label3 = new Label("Java FX");
        label3.setFont(new Font(20));
        label3.setTextFill(Color.RED);

        //将这些 Label 逐次添加到 StackPane 上
        StackPane root = new StackPane(label1);
        root.getChildren().add(label2);
        root.getChildren().add(label3);

        root.setPrefWidth(600);
        root.setPrefHeight(300);

        Scene scene = new Scene(root, 600, 300);
        stage.setScene(scene);
        stage.setTitle("StackPaneDemo ");
        stage.show();

    }

    public static void main(String[] args) {
        launch(args);
    }

}
```

运行结果如图 9－50 所示。

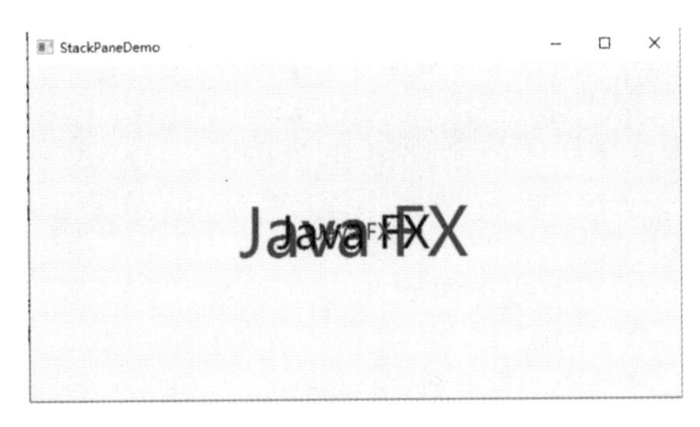

图 9－50　StackPane 示例演示

（2）BorderPane。BorderPane 类将其子级放在顶部、底部、中心、左侧和右侧位置。BorderPane 会在 5 个位置布置每个子项，无论该子项的可见属性值如何，不受管理的子项都会被忽略。BorderPane 类的构造方法及常用方法见表 9－26。

表 9－26　BorderPane 类的构造方法及常用方法

方法定义	功　能
BorderPane()	创建一个新的边框窗格
BorderPane(Node center)	创建一个新的边框窗格，指定的组件位于中心
BorderPane(Node center，Node top，Node right，Node bottom，Node left)	使用给定的组件创建 BorderPane 布局，以用于 Border Pane 的每个主要布局区域
getBottom()	返回边框窗格的底部组件
getCenter()	返回边框窗格的中心组件
setRight(Node v)	设置边框窗格的右组件
getLeft()	返回边框窗格的左组件
setTop(Node v)	设置边框窗格的顶部组件
setAlignment(Node，Pos v)	将组件 c 的对齐方式设置为 pos v

示例 9－32　BorderPane 的用法

```
import javafx.application.Application;
import javafx.geometry.Pos;
import javafx.scene.Scene;
import javafx.scene.control.Label;
import javafx.scene.layout.BorderPane;
import javafx.scene.paint.Color;
import javafx.scene.text.Font;
import javafx.stage.Stage;
public class BorderPaneDemo extends Application {
    public void start(Stage stage) {
```

```
        //定义几个 Label 并且设置大小和颜色
        Label label1 = new Label("Java FX");
        label1.setFont(new Font(60));
        label1.setTextFill(Color.GREEN);
        Label label2 = new Label("Java FX");
        label2.setFont(new Font(40));
        label2.setTextFill(Color.BLUE);
        Label label3 = new Label("Java FX");
        label3.setFont(new Font(20));
        label3.setTextFill(Color.RED);

        //以 label1 为 CENTER 组件建立一个 BorderPane
        BorderPane root = new BorderPane(label1);
        //向 Right,Left 位置添加两个组件
        root.setLeft(label2);
        root.setRight(label3);
        //设置 label2 和 label3 的对齐方式
        BorderPane.setAlignment(label2, Pos.CENTER);
        BorderPane.setAlignment(label3, Pos.CENTER);
        root.setPrefWidth(600);
        root.setPrefHeight(300);

        Scene scene = new Scene(root, 600, 300);
        stage.setScene(scene);
        stage.setTitle("BorderPaneDemo");
        stage.show();

    }

    public static void main(String[] args) {
        launch(args);
    }
}
```

运行结果如图 9－51 所示。

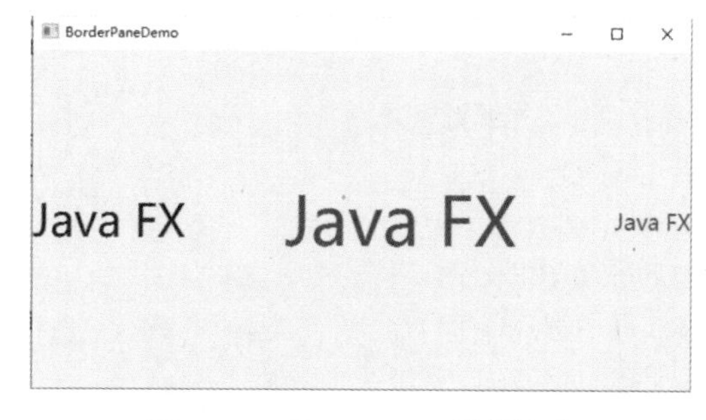

图 9－51　BorderPane 示例演示

(3)FlowPane。FlowPane布局面板中包含的节点会连续平铺放置,并且会在边界处自动换行(或者列)。这些节点可以在垂直方向(按列)或水平方向(按行)上平铺。垂直的FlowPane会在高度边界处自动换列,水平的FlowPane会在宽度边界处自动换行。FlowPane类的构造方法及常用方法见表9-27。

表9-27 FlowPane类的构造方法及常用方法

方法定义	功 能
FlowPane(Node c)	创建具有指定组件的FlowPane
FlowPane(Orientation o)	创建具有指定方向的FlowPane
FlowPane(Orientation o, double h, double v)	创建具有指定方向、指定水平和垂直间隙的FlowPane
FlowPane(Orientation o, Node c)	创建具有指定方向和指定组件的FlowPane
setAlignment(Pos v)	设置窗格的对齐方式
setHgap(double v)	设置流窗格的水平间隙
setVgap(double v)	设置流窗格的垂直间隙
getAlignment()	返回窗格的对齐方式
getHgap()	返回流窗格的水平间隙
remove(int index)	移除对应于指定索引的选项卡和组件

示例9-33创建了FlowPane,并为其添加3个Label标签。

示例9-33 FlowPane用法示例

```
import javafx.application.Application;
import javafx.scene.Scene;
import javafx.scene.control.Label;
import javafx.scene.layout.FlowPane;
import javafx.scene.paint.Color;
import javafx.scene.text.Font;
import javafx.stage.Stage;

public class FlowPaneDemo extends Application {

    public void start(Stage stage) {

        //定义几个Label并且设置大小和颜色
        Label label1 = new Label("Java FX");
        label1.setFont(new Font(60));
        label1.setTextFill(Color.GREEN);
        Label label2 = new Label("Java FX");
        label2.setFont(new Font(60));
        label2.setTextFill(Color.BLUE);
```

```
        Label label3 = new Label("Java FX");
        label3.setFont(new Font(60));
        label3.setTextFill(Color.RED);
        //定义一个包含几个组件的 FlowPane
        FlowPane root = new FlowPane(label1,label2,label3);

        root.setPrefWidth(600);
        root.setPrefHeight(300);

        Scene scene = new Scene(root, 600, 300);
        stage.setScene(scene);
        stage.setTitle("FlowPaneDemo");
        stage.show();

    }

    public static void main(String[] args) {
        launch(args);
    }

}
```

运行结果如图 9 - 52 所示。

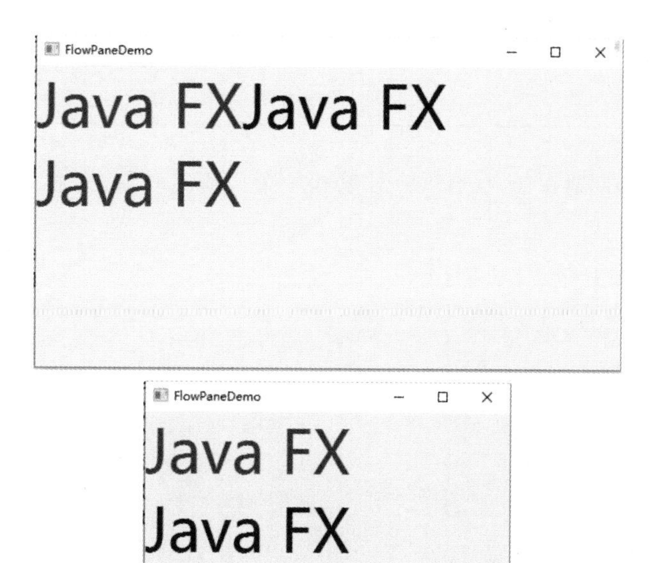

图 9 - 52　FlowPane 示例演示

(4)HBox和VBox。HBox布局以水平列的形式布置其子组件。VBox布局将子组件堆叠在垂直列中,新添加的子组件被放置在上一个子组件的下面。HBox和VBox的构造方法及常用方法分别见表9-28和表9-29。

表9-28 HBox类的构造方法及常用方法

方法定义	功　能
HBox()	创建一个没有组件的HBox对象
HBox(Nodec)	创建一个包含组件c的HBox对象
HBox(double s)	创建一个在组件之间有间距的HBox
getAlignment()	返回HBox的对齐方式
setAlignment(Pos value)	设置HBox的对齐方式
getChildren()	返回HBox中的组件

表9-29 VBox类的构造方法及常用方法

方法定义	功　能
VBox()	创建一个没有组件的VBox对象
VBox(Node c)	创建一个包含组件c的VBox对象
VBox(double s)	创建一个在组件之间有间距的VBox
getAlignment()	返回VBox的对齐方式
setAlignment(Pos value)	设置VBox的对齐方式
getChildren()	返回VBox中的组件

在示例9-34中,创建了一个HBox对象和一个VBox对象,并将其添加到BorderPane中进行管理。

示例9-34 HBox和VBox的用法

```
import javafx.application.Application;
import javafx.scene.Scene;
import javafx.scene.control.Label;
import javafx.scene.layout.BorderPane;
import javafx.scene.layout.HBox;
import javafx.scene.layout.VBox;
import javafx.scene.paint.Color;
import javafx.scene.text.Font;
import javafx.stage.Stage;

public class HBox_VBoxDemo extends Application {
```

```
    public void start(Stage stage) {

        // 定义几个 Label 并且设置大小和颜色
        Label label1 = new Label("Hellow");
        label1.setFont(new Font(60));
        label1.setTextFill(Color.GREEN);
        Label label2 = new Label("Java FX");
        label2.setFont(new Font(60));
        label2.setTextFill(Color.BLUE);
        Label label3 = new Label("Hellow");
        label3.setFont(new Font(60));
        label3.setTextFill(Color.RED);
        Label label4 = new Label("Java FX");
        label4.setFont(new Font(60));
        label4.setTextFill(Color.PURPLE);

        //定义一个包含 label1 和 label2 的 HBox
        HBox hBox = new HBox(label1, label2);
        //定义一个包含 label3 和 label4 的 VBox
        VBox vBox = new VBox(label3, label4);

        //将 HBox 和 VBox 放入 BorderPane 中
        BorderPane root = new BorderPane();
        root.setLeft(hBox);
        root.setRight(vBox);

        root.setPrefWidth(800);
        root.setPrefHeight(400);

        Scene scene = new Scene(root, 800,400);
        stage.setScene(scene);
        stage.setTitle("LabelDemo");
        stage.show();
    }

    public static void main(String[] args) {
        launch(args);
    }

}
```

运行结果如图 9－53 所示。

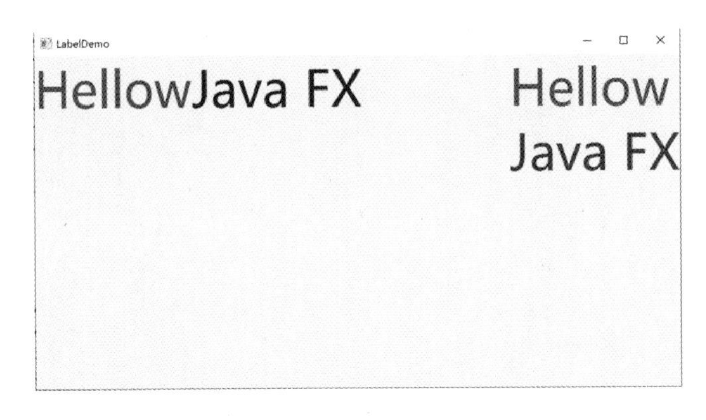

图 9－53　HBox 和 VBox 示例演示

9.2.4　对话框与菜单

在 JavaFX 中，通常使用 Alert 类提供的方法来生成各种标准的对话框，也可以根据实际需要生成自定义对话框。菜单则是由菜单栏、菜单项等组成，主要用于控制窗口对象。

1．对话框基础

在 JavaFX 中，大多数对话框都是 Dialog（来自包 javafx. scene. control）的子类，包括 Alert，ChoiceDialog 以及 TextInputDialog 等。

在 JavaFX 中，提供了各种对话框，包括标准对话框、警告对话框、错误对话框、异常对话框以及确认对话框等等。

在创建对话框后，对话框并不能立即显示，必须调用对话框的 show()方法，显示该对话框。示例 9－35 为对话框使用示例。

示例 9－35　对话框使用示例

```
import javafx.application.Application;
import javafx.event.ActionEvent;
import javafx.event.EventHandler;
import javafx.geometry.Pos;
import javafx.scene.Scene;
import javafx.scene.control.*;
import javafx.scene.control.Alert.AlertType;
import javafx.scene.layout.BorderPane;
import javafx.scene.layout.HBox;
import javafx.scene.text.Font;
import javafx.stage.Stage;

public class DialogDemo extends Application {

    public void start(Stage stage) {
```

```
        Label message = new Label("First FX Application!");
        message.setFont(new Font(40));

        //定义一个 Button 来触发对话框
        Button helloButton = new Button("Say Hello");
        helloButton.setPrefSize(100, 30);

        helloButton.setOnAction(new EventHandler<ActionEvent>() {

        @Override
        public void handle(ActionEvent event) {
        //定义一个对话框
        Alert alert = new Alert(AlertType.INFORMATION);
        //设定对话框的标题
        alert.setTitle("Information Dialog");
        //设定对话框的消息
        alert.setHeaderText("This is message");
        //设定对话框的正文
        alert.setContentText("This is a sentence");
        alert.show();
        // TODO Auto-generated method stub

      }
    });

        HBox buttonBar = new HBox(   helloButton);
        buttonBar.setAlignment(Pos.CENTER);
        BorderPane root = new BorderPane();
        root.setCenter(message);
        root.setBottom(buttonBar);

        Scene scene = new Scene(root, 450, 200);
        stage.setScene(scene);
        stage.setTitle("JavaFX Test");
        stage.show();

    }
    public static void main(String[] args) {
        launch(args);
    }
}
```

运行结果如图 9 - 54 所示。

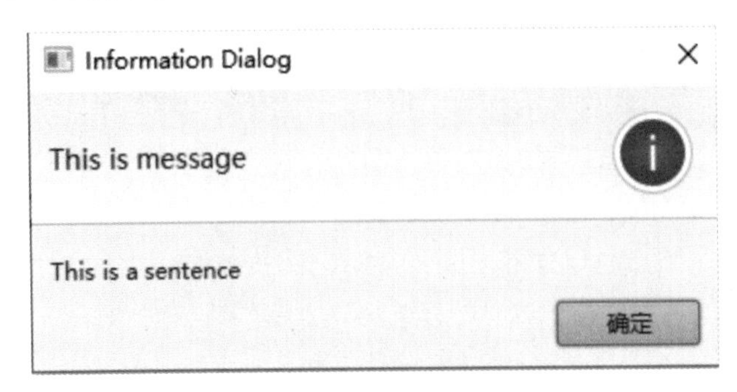

图 9 - 54　自定义对话框

2. 标准对话框

在 JavaFX 中，提供了各种标准对话框，包括消息对话框、警告对话框、确认对话框以及输入文本对话框等等。表 9 - 30 给出了几种标准对话框的显示方法。

表 9 - 30　标准对话框显示方法

方法定义	功　能
Alert(AlertType. INFORMATION)	显示消息对话框，向用户展示信息
Alert(AlertType. WARNING)	显示警告对话框
Alert(AlertType. CONFIRMATION)	显示确认对话框，请求用户确认操作
TextInpuDialog(String s)	显示输入文本对话框，提示用户输入参数

标准对话框都是模式对话框，在关闭标准对话框前，不能操作其他窗口。在创建标准对话框方法参数中，可以定制该对话框标题、显示图标、信息类型、显示消息以及内部组件(如按钮)等。其中，部分参数可以省略。

下面分别给出创建 4 种标准对话框的示例代码。

显示一个确认对话框：

```
Alert alert = new Alert(AlertType.CONFIRMATION);
alert.setTitle("Information Dialog");
alert.setContentText("Choos one");
```

运行结果如图 9 - 55 所示。

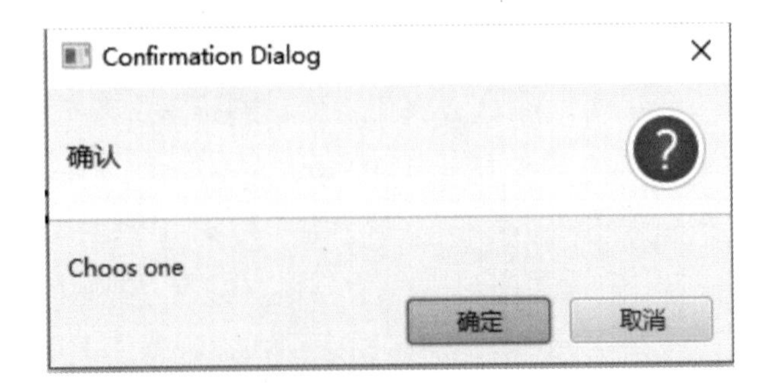

图 9 - 55　Confirmation Dialog 演示

显示一个输入文本对话框：

```
TextInputDialog alert = new TextInputDialog("please input a value");
alert.setTitle("TextInput Dialog");
alert.setContentText("Value");
```

运行结果如图 9-56 所示。

图 9-56　TextInput Dialog 演示

显示一个消息对话框：

```
Alert alert = new Alert(AlertType.INFORMATION);
alert.setTitle("Information Dialog");
alert.setHeaderText("This is message");
alert.setContentText("This is a sentence");
```

运行结果如图 9-57 所示。

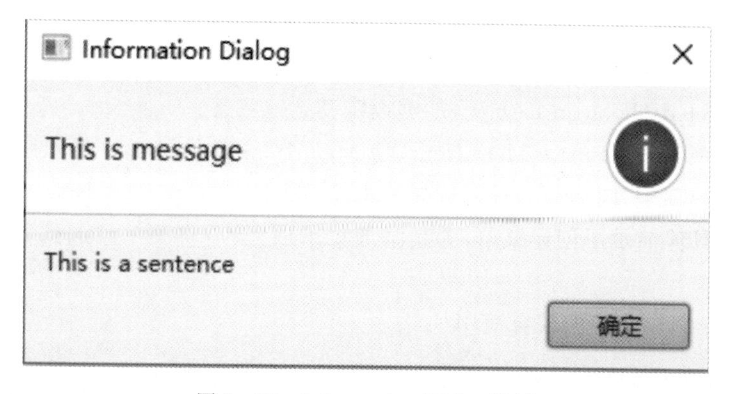

图 9-57　Information Dialog 演示

显示一个警告对话框：

```
Alert alert = new Alert(AlertType.WARNING);
alert.setTitle("Warning Dialog");
alert.setHeaderText("404");
alert.setContentText("This is a mistake");
```

运行结果如图 9－58 所示。

图 9－58　Warning Dialog 演示

3. 菜单

在 JavaFX 中，菜单是图形用户界面的重要组成部分，由菜单栏(Menu Bar)、菜单(Menu)、菜单项(Menu Item)等组成。

定义一个菜单时，需要先在容器中创建 MenuBar，将 Menu 添加到 MenuBar 上，再将 MenuItem 添加到 Menu 中。通过逐层组装，最终完成菜单设计。MenuBar 可以是单选框、复选框。为了对 MenuBar 分组，允许在 Menu 中添加分隔条。

(1)MenuBar 类是 Menu 类的容器。必须创建一个 MenuBar 对象来保存 Menu 对象，Menu 对象可以包含 Menu 和 MenuItem 对象。

(2)MenuItem 类提供多个构造函数，能够分别构造文本菜单项、图标菜单项，以及同时包含图标和文本菜单项。MenuItem 提供 setVisible(boolean b)方法，设置是否可见。

- 复选框菜单项(CheckBoxMenuItem)是 MenuItem 类的子类。类似于复选框，允许用户从一组相关复选框菜单项中，选择一项或者多项。在构造复选框菜单项时，缺省为未选中状态。通过 setSelected (boolean b)方法，能够设定其选定状态。
- 单选菜单项(RadioButtonMenuItem)是 MenuItem 类的子类。类似于单选按钮，在一组相关的单选菜单项中，同一时刻只能选择其中的一个。

示例 9－36 具体演示了创建菜单，为其添加菜单项，然后将菜单添加到菜单栏，并将菜单栏设置在框架中。

示例 9－36　菜单组件的综合使用

```
import javafx.application.Application;
import javafx.scene.Scene;
import javafx.scene.control.Menu;
import javafx.scene.control.MenuBar;
import javafx.scene.control.MenuItem;
import javafx.scene.layout.BorderPane;
import javafx.stage.Stage;
```

```
public class MenuDemo extends Application {

    public void start(Stage stage) {

        //创建菜单栏
        MenuBar mb = new MenuBar();
        //创建几个子菜单
        Menu file = new Menu("文件");
        Menu edit = new Menu("编辑");
        Menu single= new Menu("单选");
        Menu radio= new Menu("多选");
        //创建菜单项
        MenuItem open = new MenuItem("打开...");
        MenuItem new1 = new MenuItem("新建...");
        MenuItem copy = new MenuItem("复制");
        MenuItem paste = new MenuItem("粘贴");
        //将菜单项添加到子菜单中
        file.getItems().addAll(open,new1);
        edit.getItems().addAll(copy,paste);
        //将子菜单添加到菜单栏中
        mb.getMenus().addAll(file,edit,single,radio);
        //将菜单置于页面顶部

        BorderPane root = new BorderPane();
        root.setTop(mb);

        Scene scene = new Scene(root, 350, 300);
        stage.setScene(scene);
        stage.setTitle("MenuDemo");
        stage.show();

    }

    public static void main(String[] args) {
        launch(args);
    }

}
```

运行结果如图 9-59 所示。

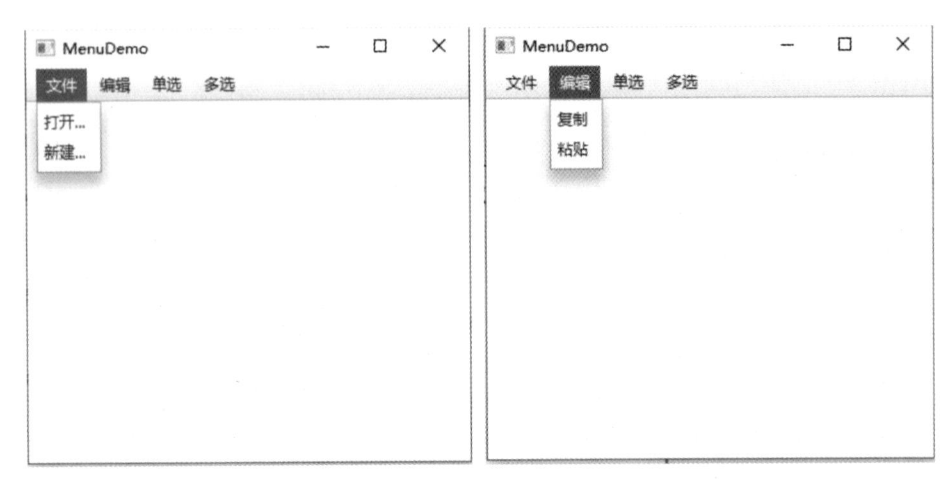

图 9－59 菜单创建示例

为方便使用，可以为菜单和菜单项创建快捷键。快捷键可以在不打开菜单时，直接选择一个菜单项。

MenuItem 提供 setAccelerator(KeyCombination k)方法，设置菜单项快捷键。

例如在示例 9－36 中，增加以下代码，可为"打开"菜单项添加快捷键和加速器：

```
KeyCodeCombination kc = new KeyCodeCombination (
    KeyCode. Y,KeyCombination. SHORTCUT_DOWN);
open. setAccelerator(kc);
```

9.2.5 事件处理机制

1. 事件类型

JavaFX 提供了对处理各种事件的支持。包 javafx. event 中名为 Event 的类是事件的基类。它的任何子类的实例都是一个事件。JavaFX 提供了各种各样的事件，事件类的层次结构如图 9－60 所示。

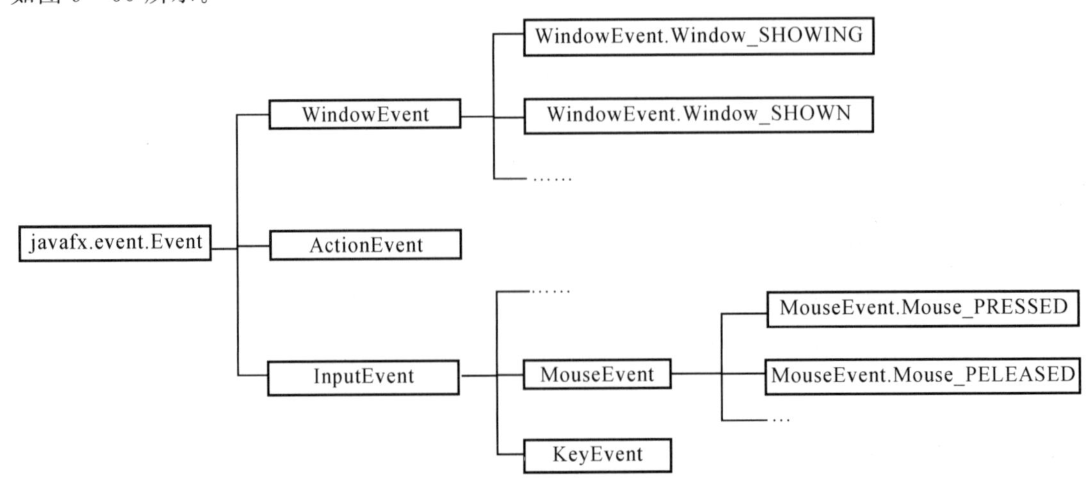

图 9－60 事件类型关系图

在 JavaFX 中,常用事件类主要包括行为事件(ActionEvent)、焦点事件(FocusEvent)、项目事件(ItemEvent)、击键事件(KeyEvent)、鼠标事件(MouseEvent)、文本事件(TextEvent)和窗口事件(WindowEvent)等。表 9-31 介绍了主要事件类。

表 9-31　主要事件类

事件名称	事件介绍
行为事件 ActionEvent	当特定于组件的动作发生时,由组件生成此高级别事件。例如,按钮被按下时
击键事件 KeyEvent	当用户按下或者释放按键时,发生击键事件。击键事件分为 3 类:键按下、键释放和键输入。通过 getCode()方法,可获得键码;而通过 getCharacter()方法,可获得按键对应的 Unicode 字符
鼠标事件 MouseEvent	当按下、释放鼠标或移动鼠标时,发生鼠标事件。鼠标事件包括鼠标单击、鼠标拖动、鼠标进入、鼠标离开、鼠标移动、鼠标按下、鼠标释放和鼠标滚轮等。并且提供方法,可获得鼠标位置坐标
拖动事件 DragEvent	这是拖动鼠标时发生的输入事件。它由名为 DragEvent 的类表示。它包括拖动输入、拖放、拖动输入目标、拖动退出目标、拖动等操作
窗口事件 WindowEvent	当打开、关闭、激活、停用、图标化或取消图标化 Window 对象时,或者焦点转移到 Window 内或移出 Window 时,由 Window 对象生成此事件

2. 事件处理基础

在 JavaFX 中,事件由对象表示。当事件发生时,系统会收集与该事件相关的所有信息,并构造一个对象来包含该信息,不同类型的事件由属于不同类的对象表示。例如,用户按动按钮、滚动文本、移动鼠标或按下按键等,都将产生一个相应的事件。

JavaFX 的事件处理方法有事件过滤器(EventFilter)、事件处理程序(EventHandler)以及一些便捷方法。

(1)添加和删除事件过滤器。要向节点添加事件过滤器,需要使用 Node 类的 addEventFilter()方法注册此过滤器,可以使用 removeEventFilter()方法删除过滤器。

(2)添加和删除事件处理程序。要向节点添加事件处理程序,需要使用 Node 类的 addEventHandler()方法注册此处理程序,可以使用 removeEventHandler()方法删除事件处理程序。

(3)使用便捷方法进行事件处理。JavaFX 中的一些类定义了事件处理程序属性。通过使用各自的 setter()方法将值设置为这些属性,可以注册到事件处理程序,这些方法称为便捷方法。例如,要向按钮添加鼠标事件侦听器,可以使用便捷方法 setOnMouseClicked()。

3. 事件的代码示例

下面对行为事件、击键事件、鼠标事件以及窗口事件进行代码示例说明。

(1)行为事件(ActionEvent)。当特定于组件的动作发生时,由组件生成此高级别事件。例如,按钮被按下时,示例代码如下:

```
EventHandler<ActionEvent> eventHandler =
```

```
    new EventHandler<ActionEvent>() {
    @Override
    public void handle(ActionEvent e) {
        message.setText("Hello World!");
    }

  };
button.setOnAction(eventHandler);
```

(2)击键事件(KeyEvent)。当用户按下或者释放按键时,发生击键事件。击键事件分为3类:键按下、键释放和键输入,包括 KeyEvent.ANY,KEY_PRESSED,KEY_RELEASED 等成员。

```
    EventHandler<KeyEvent> eventHandler =
      new EventHandler<KeyEvent>() {
      @Override
      public void handle(KeyEvent e) {
        message.setText("Hello World!");

      }
    };
button.addEventHandler(KeyEvent.ANY,eventHandler);
```

(3)鼠标事件(MouseEvent)。当按下、释放鼠标或移动鼠标时,发生鼠标事件。鼠标事件包括鼠标单击、鼠标拖动、鼠标进入、鼠标离开、鼠标移动、鼠标按下、鼠标释放和鼠标滚轮等,包括 MOUSE_PRESSED,MOUSE_RELEASED,MOUSE_CLICKED 等成员。

```
    EventHandler<MouseEvent> eventHandler =
      new EventHandler<MouseEvent>() {
      @Override
      public void handle(MouseEvent e) {
        message.setText("Hello World!");

      }
    };

button.addEventHandler(MouseEvent.MOUSE_CLICKED,eventHandler);
```

(4)窗口事件(WindowEvent)。当打开、关闭、激活、停用、图标化或取消图标化 Window 对象时,或者焦点转移到 Window 内或移出 Window 时,由 Window 对象生成此事件,包括 WINDOW_CLOSE_REQUEST,WINDOW_HIDDEN,WINDOW_HIDING 等成员。

```
    EventHandler<MouseEvent> eventHandler =
      new EventHandler<MouseEvent>() {
      @Override
```

```
        public void handle(MouseEvent e) {
            message.setText("Hello World!");

        }
    };

button.addEventHandler(WindowEvent.WINDOW_HIDDEN,eventHandler);
```

9.2.6　Scene Builder 介绍

Scene Builder 作为一款 Java 拖曳式页面设计编码工具，具有强大的拖曳设计能力，对于一些入门以及需要快速响应页面编码的情况尤为适用。但该工具也存在着这类软件的通病，诸如样式自定义程度较低，自动生成的结构语言不够理想等问题。

1. 安装与配置

进入 Oracle 官网下载安装程序，安装完毕后程序的启动界面如图 9－61 所示。安装完毕后可以在自己使用的开发平台如 IDEA/Eclipse 中设置 Scene Builder 的可执行文件路径，便于后续快速调用 Scene Builder 修改 fxml 文件。

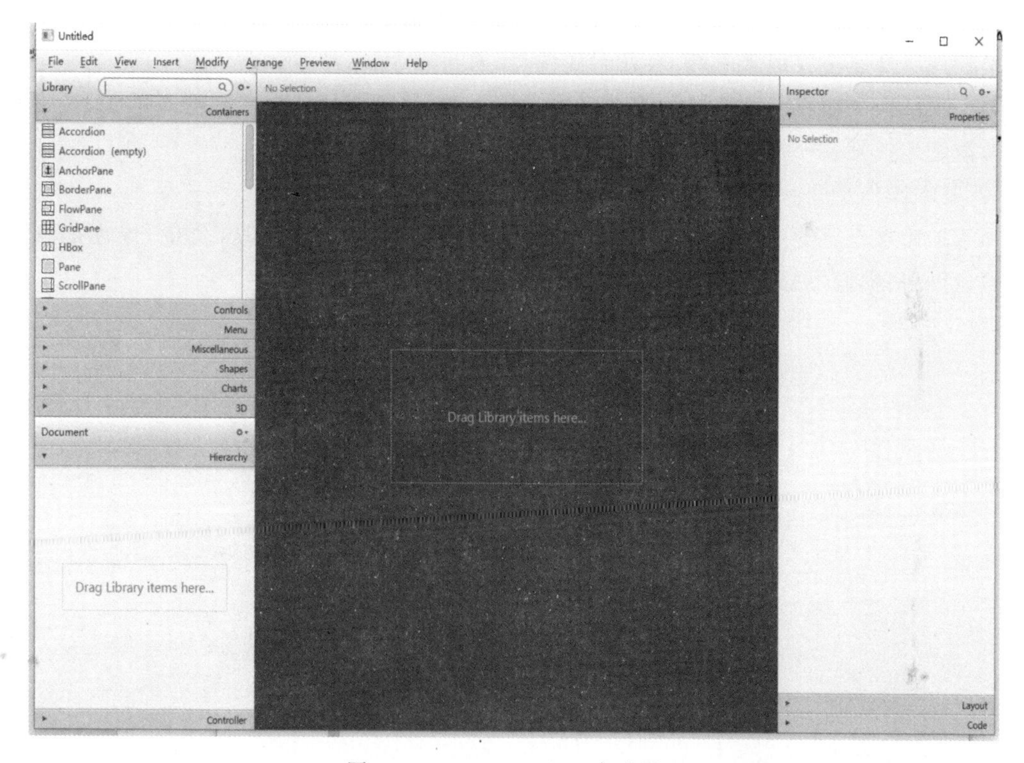

图 9－61　Scene Builder 启动界面

2. 使用与说明

(1)模块介绍。Scene Builder 的主界面主要分为 4 个区域，分别是元素库/对象选择区、预览展示区、控件属性区以及层次结构区，如图 9－62 所示。

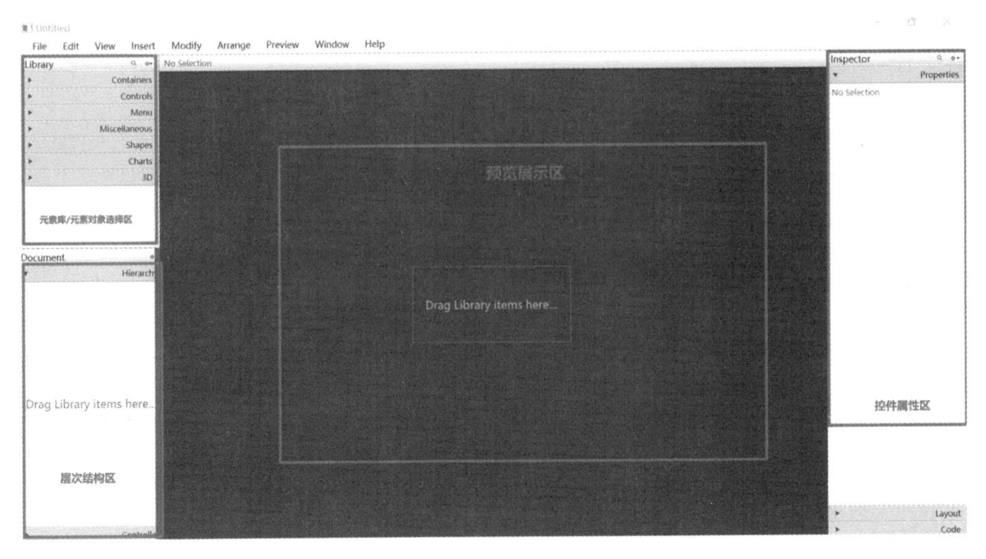

图 9－62　Scene Builder 主界面

其中：

1)元素库/元素对象选择区主要包含容器、控件、菜单、混合组合、图形形状、图表。在日常使用过程中，容器、控件、菜单就能满足我们绝大部分的需求。

2)控件属性区主要包含三部分：元素属性、元素布局、元素动作。

3)层次结构区能够清晰地展示容器之间的关系，以及容器与控件之间的父子关系，能够让设计者清楚地找到某一控件的位置，以方便修改。

(2)基本操作步骤。

1)根据需求在容器中选择合适的面板，如图 9－63 所示。例如：GridPane，鼠标拖曳至预览区域，可以根据需要修改属性，选择是否显示网格线。

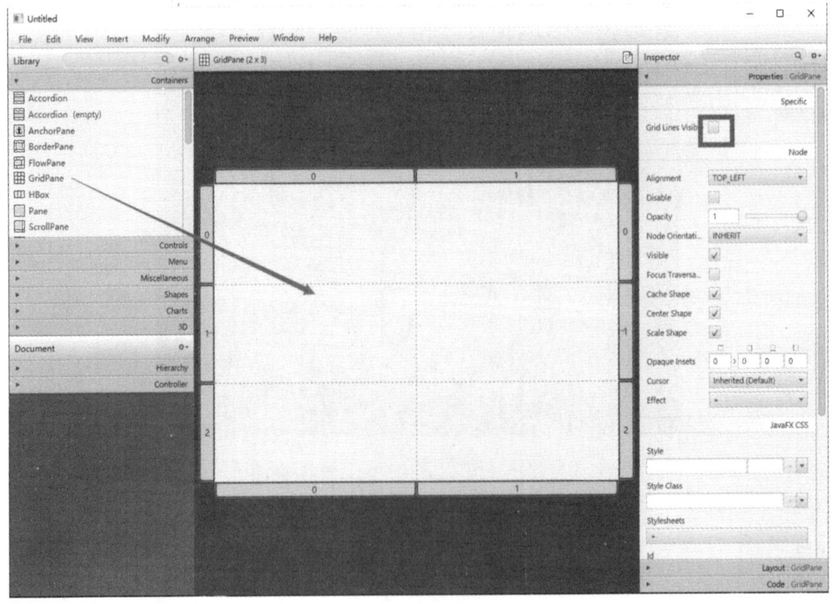

图 9－63　步骤 1：选择合适的面板

2)在其每个表格中拖曳入相应的控件,如图 9－64 所示。

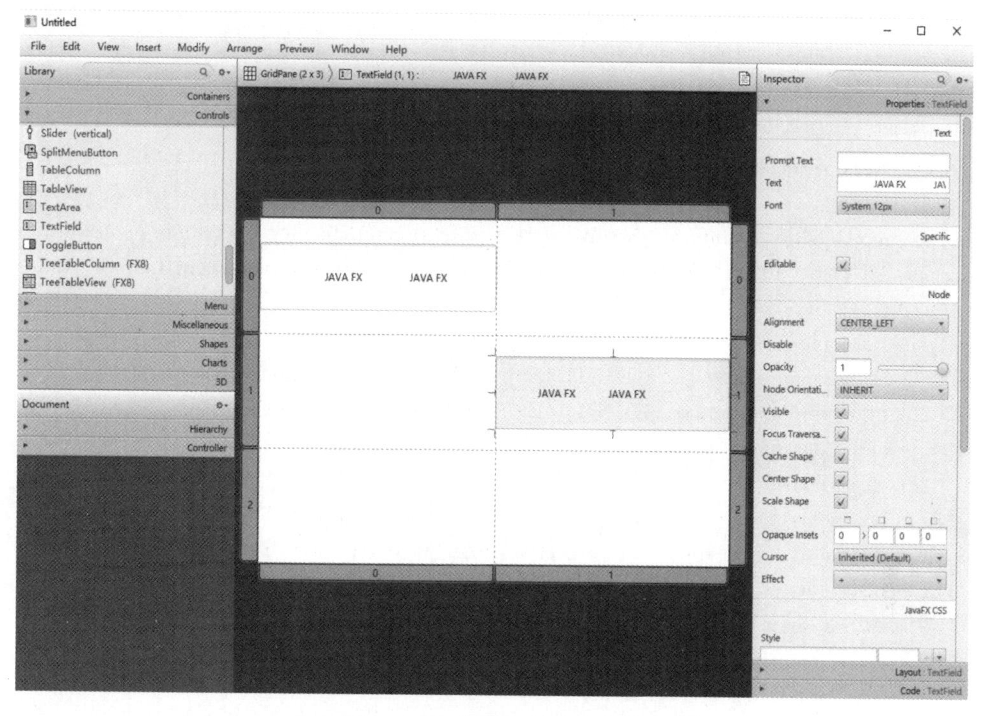

图 9－64　步骤 2:填充子控件

3)点击保存,自动生成 fxml 文件,如图 9－65 所示。

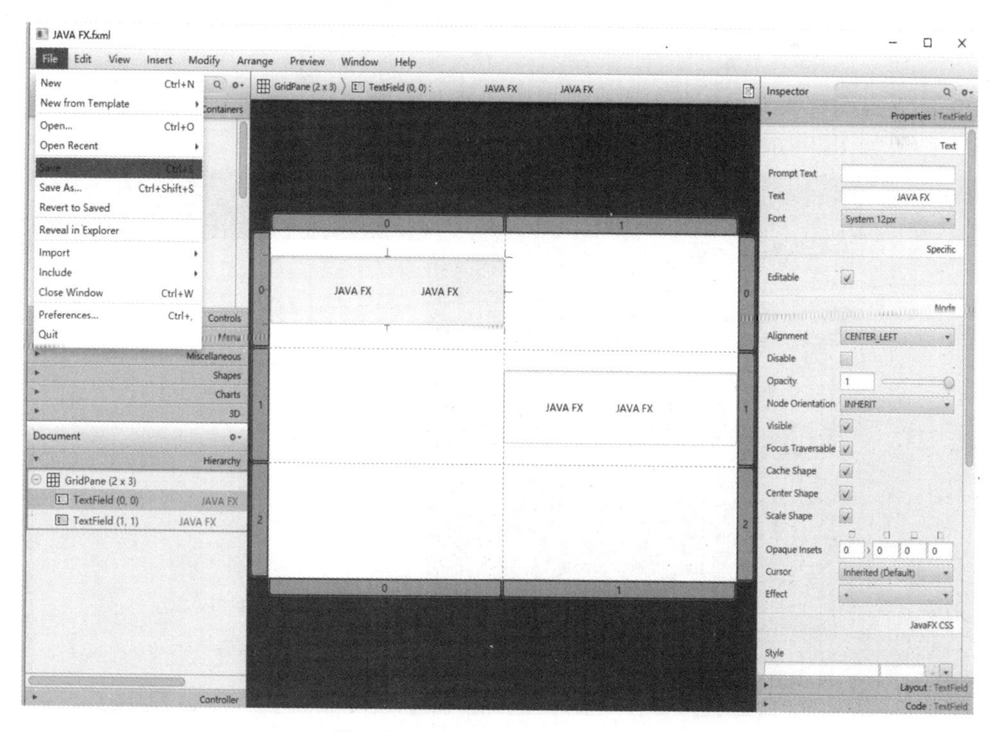

图 9－65　步骤 3:生成 fxml 文件

生成的 Java fxml 文件代码如下：

```
<? xml version="1.0" encoding="UTF-8"? >

<? import javafx. scene. control. * ? >
<? import java. lang. * ? >
<? import javafx. scene. layout. * ? >

<GridPane maxHeight="-Infinity" maxWidth="-Infinity" minHeight="-Infinity" minWidth="-
Infinity" prefHeight="400.0" prefWidth="600.0" xmlns:fx="http://javafx.com/fxml/1" xmlns="
http://javafx.com/javafx/8">
  <columnConstraints>
    <ColumnConstraints hgrow="SOMETIMES" minWidth="10.0" prefWidth="100.0" />
    <ColumnConstraints hgrow="SOMETIMES" minWidth="10.0" prefWidth="100.0" />
      </columnConstraints>
      <rowConstraints>
    <RowConstraints minHeight="10.0" prefHeight="30.0" vgrow="SOMETIMES" />
    <RowConstraints minHeight="10.0" prefHeight="30.0" vgrow="SOMETIMES" />
    <RowConstraints minHeight="10.0" prefHeight="30.0" vgrow="SOMETIMES" />
      </rowConstraints>
      <children>
      <TextField prefHeight="79.0" prefWidth="300.0" text="                              JAVA FX
                JAVA FX" />
      <TextField prefHeight="85.0" prefWidth="300.0" text="                    JAVA FX
    JAVA FX" GridPane.columnIndex="1" GridPane.rowIndex="1" />
      </children>
</GridPane>
```

相关的界面编程实现见西北工业大学出版社网上资源。

运行结果如图 9-66 所示。

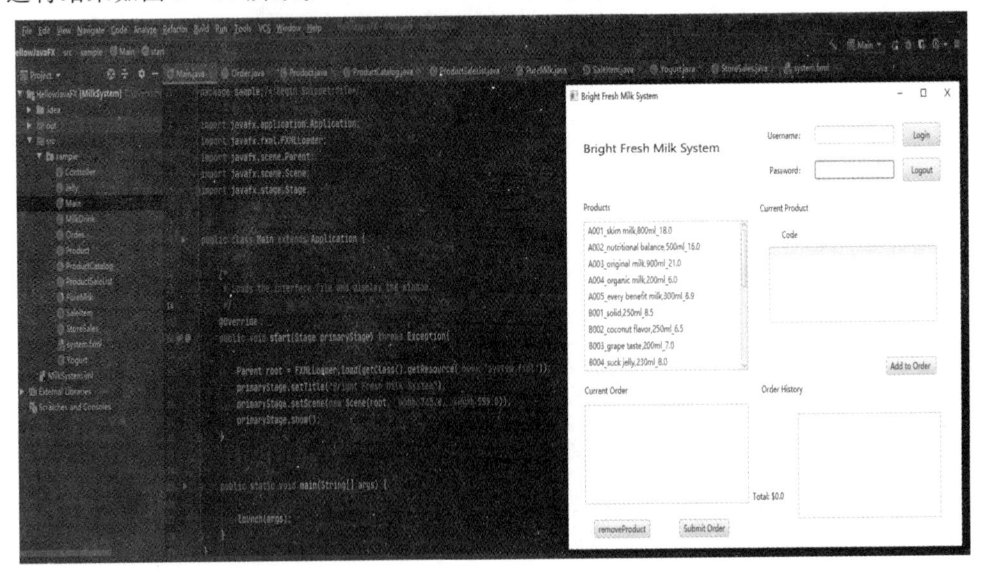

图 9-66　MilkSystem 运行结果

第四单元　Java 编程进阶

第 10 章　Java 第三方类库及应用举例

10.1　国内开源 Java 应用编程库

一门编程语言是否能流行，主要是由其生态系统决定的。Java 最大的优势在于其庞大而完善的生态系统，其覆盖了从移动终端到企业级应用，甚至世界上许多关键系统都依赖于 Java。对于 Java 来说，最重要的一点莫过于开放。从语言到标准，再到 Core API、虚拟机、开发者工具，都能找到开放、开源的影子。开源的理念在 Java 世界中无处不在，从核心到企业级应用无不体现此理念。

基于开源的应用编程库进行 Java 应用开发，可以节省大量的时间和人力成本，提高软件开发效率，是开发者必须掌握的一项技能。Java 有很多开源的应用编程库，与序列化、Excel 表格处理、数据库连接和增量数据处理相关的 4 个开源的应用编程库见表 10－1。

表 10－1　Java 应用编程库示例

库名称	简　介
FastJson	FastJson 是一个 Java 语言编写的高性能功能完善的 JSON 库，可以把 Java 对象转换成 JSON 格式，也可以把 JSON 字符串转换成对应的 Java 对象。它采用一种“假定有序快速匹配”的算法，把 JSON Parse 的性能提升到极致，是目前 Java 语言中最快的 JSON 库。其接口简单易用，已被广泛使用在缓存序列化、协议交互、Web 输出、Android 客户端等多种应用场景
EasyExcel	EasyExcel 是阿里巴巴开源的一个 Excel 处理框架，以使用简单、节省内存著称。它能大大减少内存占用，在解析 Excel 时不将文件数据一次性全部加载到内存中，而是从磁盘上一行行读取数据、逐个解析，广泛应用于 Web 开发中
Druid	Druid 是阿里巴巴开源平台上一个数据库连接池实现，结合了 C3P0、DBCP、PROXOOL 等 DB 池的优点，同时加入了日志监控，可以监控 DB 池连接和 SQL 的执行情况。它广泛应用于点击流分析、网络流量分析、服务器指标存储、应用性能指标、数字营销分析和商业智能/OLAP 等场景
Canal	Canal 是用 Java 开发的基于数据库增量日志解析、提供增量数据订阅和消费的中间件。它主要应用于数据库镜像、数据库实时备份、索引构建和实时维护、业务缓存刷新以及带业务逻辑的增量数据处理等场景

下面以 FastJson 为例，对开源应用编程库的使用方法进行详细介绍。

JSON 即 JavaScript Object Notation(JavaScript 对象表示法)，是一种机器之间交流的语法规则。FastJson 是由阿里巴巴公司开发的基于 Java 语言的高性能 JSON 处理器，无依赖、无须导入额外的 jar。其主要包括以下优点：

(1)速度快：FastJson 性能超过目前所有 JSON 库。

(2)应用广泛：在阿里巴巴大规模使用，同时在业界被广泛接受。

(3)测试完备：测试用例种类多，且发布时会进行回归测试，保证质量稳定。

但是在复杂类型的 Bean(描述 Java 的软件组件模型)转换 JSON 场景中，FastJson 可能出现重复引用问题，导致 JSON 转换出错，因此需要制定引用。FastJson 的常用方法见表 10-2。

表 10-2　FastJson 的常用方法

方法定义	功　能
public static String toJSONString (Object object, SerializerFeature... features)	将 Java 对象序列化为 JSON 字符串
public static byte[] toJSONBytes (Object object, SerializerFeature... features)	将 Java 对象序列化为 JSON 字符串，返回 JSON 字符串的 byte 数组
public static void writeJSONString (Writer writer, Object object, SerializerFeature... features)	将 Java 对象序列化为 JSON 字符串，写入到 Writer 中
public static <T> T parseObject (String jsonStr, Class<T> clazz, Feature... features)	将 JSON 字符串反序列化为 JavaBean
public static <T> T parseObject (byte[] jsonBytes, Class<T> clazz, Feature... features)	将 JSON 字符串反序列化为 JavaBean
public static <T> T parseObject(String text, TypeReference<T> type, Feature... features)	将 JSON 字符串反序列化为泛型类型的 JavaBean
public static JSONObject parseObject (String text)	将 JSON 字符串反序列化为 JSONObject

以下为应用 FastJson 方法的两个示例。其中示例 10-1 通过 toJSONString()方法将一个 User 对象序列化成 JSON 字符串，而示例 10-2 则通过 parseObject()方法反向将 JSON 字符串还原成一个 User 对象。

示例 10-1　序列化一个对象成 JSON 字符串

```
User user = new User();
user.setName("校长");
user.setAge(3);
user.setSalary(1998.886d);
String jsonString = JSON.toJSONString(user);
System.out.println(jsonString);
//输出{"age":3,"name":"校长","old":false,"salary":1998.886d}
```

示例 10-2　反序列化一个 JSON 字符串成 Java 对象

```
String jsonString = "{\"age\":3,\"birthdate\":1496738822842,\"name\":\"校长\",\"old\":true,\"
salary\":123456789.0123}";
User u = JSON.parseObject(jsonString ,User.class);
System.out.println(u.getName());
//输出 校长
String jsonStringArray =
"[{\"age\":3,\"birthdate\":1496738822842,\"name\":"
+"\"校长\",\"old\":true,\"salary\":123456789.0123}]";
List<User> userList = JSON.parseArray(jsonStringArray, User.class);
System.out.println(userList.size());
//输出 1
```

除 FastJson 外，当前流行的开源 JSON 处理器包括 Jackson 与 Gson。因篇幅所限，本书不再具体介绍以上两种 JSON 处理器，仅介绍适用场合，以便根据具体需求灵活选择。

(1)Jackson。Jackson 解析效率较高，且占内存少，在数据量大的情况下优势尤为明显。但是，Jackson 必须完全解析文档，如果要求按需解析则需要拆分 JSON，其操作和解析方法较为复杂。因此，Jackson 适用于处理超大型 JSON 文档、无须对 JSON 文档进行按需解析且性能要求较高的场合。

(2)Gson。Gson 适用于高安全性场景，可以完成复杂类型的 JSON 到 Bean 或 Bean 到 JSON 的转换，但是其性能与 FastJson 有差距。

10.2　Apache Commons 工具类

Apache Commons 是 Apache 软件基金会的项目，其目的是提供可重用的、开源的 Java 代码。Apache Commons 提供了大量工具类库，它们几乎不依赖其他第三方的类库，接口稳定、集成简单，能大幅度提升程序员的编码效率和代码质量。

Apache Commons 项目由三部分组成：

(1)The Commons Proper：一个可重用的 Java 组件的存储库。

(2)The Commons Sandbox：Java 组件开发的工作区。

(3)The Commons Dormant：当前处于非活动状态的组件的存储库。

表 10-3 介绍的工具类节选自官方，详情请参见官网：https://commons.apache.org/。

表 10-3　Apache Commons 工具类简介

类　名	描　述
BCEL	字节码工程库——分析、创建和操作 Java 类文件
BeanUtils	围绕 Java 反射和内省 API 的易于使用的包装器
CLI	命令行参数解析器
Codec	通用编码/解码算法(例如语音、base64、URL)

续表

类　名	描　述
Collections	扩展或增强 Java 集合框架
Compress	定义用于处理 tar、zip 和 bzip2 文件的 API
Configuration	读取各种格式的配置/首选项文件
CSV	用于读/写逗号分隔值文件的组件
DBCP	数据库连接池服务
DbUtils	JDBC 帮助程序库
Exec	用于处理 Java 外部进程执行和环境管理的 API
FileUpload	为 servlets 和 Web 应用程序提供文件上传功能
Geometry	空间和坐标
IO	I/O 实用程序的集合
JCI	Java 编译器接口
Jelly	基于 XML 的脚本和处理引擎
Lang	为 java.lang 中的类提供额外的功能
Logging	包装各种日志 API 实现
Math	轻量级、自包含的数学和统计组件
Net	网络实用程序和协议实现的集合
Numbers	数字类型(复数、四元数、分数)和实用程序(数组、组合)
RNG	随机数生成器的实现
Text	专注于处理字符串的算法的库

下面简要介绍 Apache Commons 中最为常用的 Lang 和 Collections 的基本用法。

1. Apache Commons Lang

Apache Commons Lang 是对 java.lang 的扩展，是 Commons 中最常用的工具包。目前 Lang 包有两个：commons-lang3 和 commons-lang。

Lang 3 相对于 Lang 来说，完全支持 Java 8 的特性，废除了一些旧的 API。由于新版本的 Lang 无法兼容旧有版本，为了避免冲突，改名为 Lang 3。

Java 8 以上的用户推荐使用 Lang 3 代替 Lang，下面主要以 Lang 3－3.12.0 版本为例进行说明。

Lang 3 的整体结构见表 10－4。

表 10－4　org.apache.commons.lang3 的整体结构

包	描　述
org.apache.commons.lang3	提供高度可重用的静态实用程序方法，主要关注为 java.lang 类增加价值

续表

包	描　述
org. apache. commons. lang3. arch	提供用于处理 os. arch 系统属性值的类
org. apache. commons. lang3. builder	协助创建 equals（Object）、toString（）、hashCode（）、compareTo(Object)方法
org. apache. commons. lang3. compare	提供用于 Comparable 和 Comparator 接口的类
org. apache. commons. lang3. concurrent	为多线程编程提供支持类
org. apache. commons. lang3. concurrent. locks	为多线程编程提供支持类
org. apache. commons. lang3. event	提供一些有用的基于事件的实用程序
org. apache. commons. lang3. exception	为异常提供功能
org. apache. commons. lang3. function	提供函数式接口以补充 java. lang. function 的函数式接口和用于处理 Java 8 lambda 的实用程序
org. apache. commons. lang3. math	将 java. math 扩展为商业数学类
org. apache. commons. lang3. mutable	为基元值和对象提供类型化的可变包装器
org. apache. commons. lang3. reflect	积累了 java. lang. reflect API 的常见高级用法
org. apache. commons. lang3. stream	提供实用程序类以拓展补充 java. util. stream
org. apache. commons. lang3. text	提供用于处理和操作文本的类，部分作为 java. text 的扩展
org. apache. commons. lang3. text. translate	该 API 用于从一组较小的构建块创建文本翻译例程
org. apache. commons. lang3. time	提供用于处理日期和持续时间的类和方法
org. apache. commons. lang3. tuple	元组类，从 3.0 版中的 Pair 类开始启用

(1)Reflect。Reflect(反射)是 Java 中非常重要的特性，但原生的反射 API 代码冗长，而 Lang 包中反射相关的工具类可以方便地实现反射相关功能。

有一学生类 Student，如示例 10－3 所示。现要求在示例 10－4 所示的类 ReflectDemo 中，编写一个如下格式的静态方法：

```
public static String getStudentId(Student student){…}
```

该静态方法要求实现获取 Student 类中的对象 student 的私有属性 id，然后返回 id 的值。

在这个案例中，Student 类的 id 是私有属性，且其 id 没有创建相应的 get()和 set()方法。可以通过反射机制，访问并获取类中私有属性的值。在原生 JDK 反射包中，可以通过 getDeclaredField()来访问其他类的私有属性。但是，该方法在访问类的私有属性时会产生访问权限的错误，因此需要使用 setAccessible(true)获得私有属性的访问权。而在 Apache Commons 的 Lang 3 包中，FieldUtils 类中的方法 readDeclaredField()可以直接访问 private 属性并得到该属性的值。简化了代码操作，具体详见示例 10－4。

示例 10－3　学生类

```
public class Student {
    private String name;
```

```
    private String id;
    public Student(String name, String id) {
        this.name = name;
        this.id = id;
    }
}
```

示例10-4 属性操作

```
import org.apache.commons.lang3.reflect.FieldUtils;
import java.lang.reflect.Field;
public class ReflectDemo {
    public static String getStudentId(Student student) {
        //反射获取对象实例属性的值
        //原生写法
        Field idField = null;
        try {
            idField = student.getClass().getDeclaredField("id");
        } catch (NoSuchFieldException e) { //捕获异常
            e.printStackTrace();
        }
        idField.setAccessible(true); //设置访问级别,如果 private 属性不设置则访问会报错
        try {
            String value = (String) idField.get(student);
        } catch (IllegalAccessException e) { //捕获异常
            e.printStackTrace();
        }
        String id = "";
        // commons 写法
        try {
            id = (String) FieldUtils.readDeclaredField(student, "id", true);
        } catch (IllegalAccessException e) { //捕获异常
            e.printStackTrace();
        }
        //注:方法 readDeclaredField()只会在当前类实例上寻找,方法 readField()在当前类上找不到
则会递归向父类上一直查找。
        return id;
    }

    public static void main(String[] args) {
        Student student = new Student("学生", "2021991166");
        System.out.println(getStudentId(student));
    }
}
```

(2)RandomStringUtils。在需要生成随机字符串的情景下,RandomStringUtils 能快速地生成所需要的随机字符串。

现在教育管理部门要随机抽取一个号码,若学生学号的尾号与给定号码相同,则进行论文盲审抽检。在 EduManagement 类中实现如下方法:

public void concealedEvaluation() {}

根据随机生成的字符串,抽取所有符合条件的学号的学生进行盲审。打印输出所有符合条件学生的学号。

示例 10-5　生成随机字符串

```
import org.apache.commons.lang3.RandomStringUtils;
import java.util.ArrayList;
import java.util.List;
public class EduManagement {
    private List<Student> studentList; //教育管理部门管理所有的学生

    public EduManagement() {
        //初始化学生数组
        this.studentList = new ArrayList<>();

        //添加 10 个学生
        Student a = new Student("学生 1", "2021669911");
        studentList.add(a);
  //其他 9 个学生的添加操作自行补充
    }

    /**
     * 随机生成一个字符串,若学生的学号尾号匹配,则让该学生参加论文盲审,将该学生 id 打印出来
     */
    public void concealedEvaluation() {
        String randomChar = RandomStringUtils.random(1,"0123456789");
        List<Student> studentList = this.getStudentList();

        System.out.println("需要盲审的学生");
        for (Student student : studentList) {
            String id = ReflectDemo.getStudentId(student);
            if (id.substring(9).equals(randomChar)) {
                //打印需要盲审的学生
                System.out.println(id);
            }
        }
    }

    public List<Student> getStudentList() {
```

```
        return this.studentList;
    }

    public void setStudentList(List<Student> studentList) {
        this.studentList = studentList;
    }

    public static void main(String[] args) {
        EduManagement eduManagement = new EduManagement();
        eduManagement.concealedEvaluation();
    }
}
```

2. Apache Commons Collections

Apache Commons Collections 是对 java.util.Collection 的扩展。

目前 Collections 包有两个——commons-collections 和 commons-collections4，commons-collections 最新版本是 3.2.2，不支持泛型，目前官方已不再维护。commons-collections4 目前最新版本是 4.4，最低要求 Java 8 以上。相对于 collections 完全支持 Java 8 的特性并且支持泛型，该版本无法兼容旧有版本，为了避免冲突，改名为 collections4，推荐直接使用该版本。(注：两个版本可以共存，使用时需要注意。)collections4 的整体结构见表 10-5。

表 10-5 org.apache.commons.collections4 的整体结构

包	描 述
org.apache.commons.collections4	包含此组件所有子包中共享的接口和实用程序
org.apache.commons.collections4.bag	包含 Bag 和 SortedBag 接口的实现
org.apache.commons.collections4.bidimap	包含双向地图 BidiMap、有序双向地图 OrderedBidiMap 和排序双向 SortedBidiMap 地图接口的实现
org.apache.commons.collections4.collection	包含集合接口的实现
org.apache.commons.collections4.comparators	包含比较器 Comparator 接口的实现
org.apache.commons.collections4.functors	包含闭包、谓词、转换器和工厂接口的实现
org.apache.commons.collections4.iterators	包含迭代器接口的实现
org.apache.commons.collections4.keyvalue	包含集合和映射相关键/值类的实现
org.apache.commons.collections4.list	包含 List 接口的实现
org.apache.commons.collections4.map	包含 Map、IterableMap、OrderedMap 和 SortedMap 接口的实现
org.apache.commons.collections4.multimap	包含多值地图接口的实现
org.apache.commons.collections4.multiset	包含多集接口的实现

续表

包	描　述
org. apache. commons. collections4. properties	包含用于扩展或自定义属性行为的类
org. apache. commons. collections4. queue	包含队列接口的实现
org. apache. commons. collections4. sequence	提供了用于比较两个对象序列的类
org. apache. commons. collections4. set	包含 Set、SortedSet 和 NavigableSet 接口的实现
org. apache. commons. collections4. splitmap	“拆分映射”概念是实现具有不同的泛型类型 Put 和 Get 接口的对象
org. apache. commons. collections4. trie	包含 Trie 接口的实现
org. apache. commons. collections4. trie. analyzer	包含各种密钥分析器的实现

3. Map 扩展

(1)MultiValuedMap。MultiValuedMap 与 Map 不同，同一个 key 允许存放多个 value，这些 value 会放到一个 List 中。这个功能如果用 Java 的 Map 实现，我们需要构造一个 Map<String, List>加各种操作来完成。显而易见，Collections 中的 MultiValuedMap 能够方便操作。

现在学校要登记学生考英语六级的所有历史成绩，提供一个学生类 Student，如示例 10－3。要求在教育管理部门 EduManagement 类中，实现登记并存储所有学生的英语六级成绩的方法：

public void readAllStudentEnglishScore() {}

要求输入学生的学号和历次英语六级成绩，并存储到该类的数据结构中。输入示例如下所示：

```
//学号 历次英语六级成绩
2021669911 401 501 555
2021669912 551 508 601
```

示例 10－6　登记所有学生的历次英语六级成绩

```
import org.apache.commons.collections4.ListValuedMap;
import org.apache.commons.collections4.multimap.ArrayListValuedHashMap;
import org.apache.commons.lang3.RandomStringUtils;

public class EduManagement {
    private List<Student> studentList; //教育管理部门管理所有的学生

    public EduManagement() {
        //初始化学生数组
        this.studentList = new ArrayList<>();

        //添加 10 个学生
        Student a = new Student("学生 1", "2021669911");
        studentList.add(a);
```

```
        //其余 9 个学生添加操作相同
    }

    public List<Student> getStudentList() {
        return studentList;
    }

    public void setStudentList(List<Student> studentList) {
        this.studentList = studentList;
    }

    public void readAllStudentEnglishScore() throws IOException {
        BufferedReader br = new BufferedReader(new InputStreamReader(System.in));
        //创建存储英语成绩的 MultiValueMap
  ListValuedMap<String, String> studentEnglishTestScore = new ArrayListValuedHashMap<>();
        System.out.println("按 Enter 键可以停止导入英语成绩");
        while (true) {
            String line = br.readLine();
            if (line.equals("")) {
                break;
            }
            String[] elements = line.split(" ");
            String studentId = elements[0];
            for (int i = 1; i < elements.length; i++) {
                studentEnglishTestScore.put(studentId, elements[i]);
            }
            System.out.println("已添加:" + studentId + "的英语六级成绩");
        }
    }
```

(2)ReferenceMap。ReferenceMap允许垃圾收集器删除映射。可以指定使用什么类型的引用来存储映射的键和值。如果未使用强引用,则垃圾收集器可以在键或值变为不可访问状态,或者JVM内存不足时删除映射。用它做一个简易的缓存不会因为存放内容过多导致内存溢出。

Java的引用类型主要有4种:强引用、软引用、弱引用、虚引用,常用的是强引用,关于这4种引用类型不是本节介绍的重点,不在此赘述。

通过AbstractReferenceMap.ReferenceStrength.SOFT可以设置Reference的映射为软引用,软引用在JVM内存不足时会被GC回收,示例10-7测试ReferenceMap的映射能否自动被GC回收。

示例10-7　ReferenceMap

```
import org.apache.commons.collections4.map.AbstractReferenceMap;
import org.apache.commons.collections4.map.ReferenceMap;
```

```
public class TestRerfeneceMap {
    public static void main(String[] args) {
        //当前 JVM 占用的内存总数(M)
        double total = (Runtime.getRuntime().totalMemory()) / (1024.0 * 1024);

        //JVM 最大可用内存总数(M)
        double max = (Runtime.getRuntime().maxMemory()) / (1024.0 * 1024);

        //JVM 空闲内存(M)
        double free = (Runtime.getRuntime().freeMemory()) / (1024.0 * 1024);

        //可用内存内存(M)
        double mayuse=(max - total + free);

        //已经使用内存(M)
        double used=(total-free);

        // key value 全部使用软引用,在 JVM 内存不足的情况下 GC 会回收软引用的键值对
        ReferenceMap<String, String> mapSOFT = new ReferenceMap<>(AbstractReferenceMap.
ReferenceStrength.SOFT, AbstractReferenceMap.ReferenceStrength.SOFT);

        for (int i = 0; i < 100000000; i++) {
            mapSOFT.put(String.valueOf(i), String.valueOf(i));
        //          System.out.println("JVM 当前空闲内存:"+free);
        }

        System.out.println("JVM 当前空闲内存:"+free);
        System.out.println("JVM 当前占用内存:"+total);

        // key value 全部使用强引用,在 JVM 内存不足的情况下 GC 不会回收强引用的键值对
            ReferenceMap < String, String > mapHARD = new ReferenceMap < >
( AbstractReferenceMap. ReferenceStrength. HARD, AbstractReferenceMap. ReferenceStrength.
HARD);

        for (int i = 0; i < 100000000; i++) {
            mapHARD.put(String.valueOf(i), String.valueOf(i));

        }
        System.out.println("JVM 当前空闲内存:"+free);
        System.out.println("JVM 当前占用内存:"+total);
    }
}
```

10.3 JDBC数据库连接

JDBC(Java DataBase Connectivity,Java数据库连接)是Java语言中用来规范客户端程序如何来访问数据库的应用程序接口,可以为多种关系数据库提供统一访问。它由一组用Java语言编写的类和接口组成。

JDBC有助于在Java程序中,方便地使用各种主流数据库。Java语言具有跨平台的特性,因此使用JDBC编写的程序不仅可以实现跨数据库,还可以实现跨平台,具有优越的可移植性。JDBC驱动示意图见图10-1。

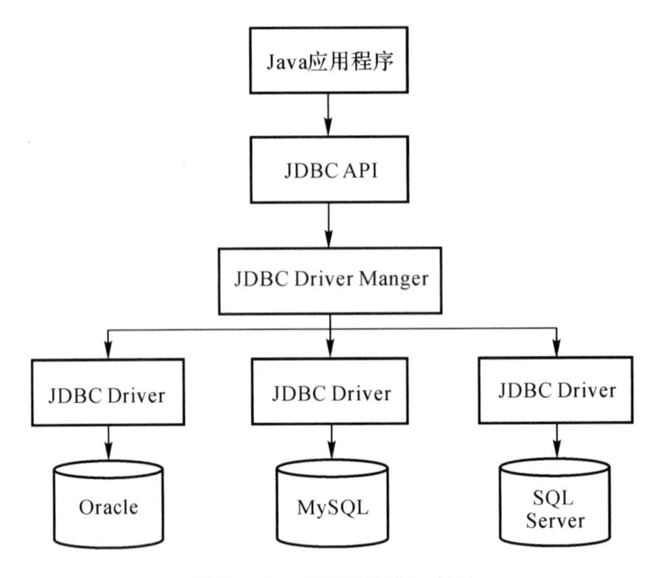

图10-1　JDBC驱动示意图

以2.3.2节雇员信息管理系统为例,调用JDBC API对数据库中的雇员信息进行查询,数据库EmployeeDb中雇员对应的employee表见表10-6,该表中已预先插入数据以支持后续操作。

表10-6　employee表

表名	employee					
序号	字段名称	字段说明	类型	位数	属性	备注
1	id	ID	char	18	非空	主键
2	name	姓名	varchar	45	非空	
3	birthday	出生日期	date	8	非空	
4	mobile	电话	char	11	非空	

1. JDBC编程步骤

(1)加载数据库驱动。通常使用Class类的forName()静态方法来加载驱动:

```
Class.forName(driverClass);
```

driverClass就是数据库驱动类所对应的字符串。

例如，加载MySQL的驱动采用如下代码：

```
Class.forName("com.mysql.cj.jdbc.Driver");
```

加载Oracle的驱动则应使用如下代码：

```
Class.forName("oracle.jdbc.driver.OracleDriver");
```

（2）通过DriverManager的getConnection()方法获取数据库连接，该方法返回Connection连接对象。

```
DriverManager.getConnection(String url, String user, String password)
```

使用DriverManager获取数据库连接时，需要传入3个参数：数据库URL、登录数据库的用户名和密码。其中用户名和密码通常由DBA（数据库管理员）分配，亦或是用户安装时所设置的用户名和密码。

数据库URL通常遵循如下写法：

```
jdbc:subprotocol:other stuff
```

不同数据库的URL写法可能存在较大差异。例如，MySQL数据库的URL写法如下：

```
jdbc:mysql://hostname:port/databasename
```

Oracle数据库的URL写法如下：

```
jdbc:oracle:thin:@hostname:port:databasename
```

（3）通过Connection对象创建Statement对象。Connection通常会创建Statement对象、PreparedStatement对象、CallableStatement对象，本案例所创建的对象为Statement对象，用来封装SQL语句发送给数据库。

（4）使用Statement执行SQL语句。

（5）操作ResultSet对象结果集。

（6）回收数据库资源，包括关闭ResultSet、Statement和Connection等资源，在本案例中通过Java的try-with-resources语句进行回收。

示例10-8介绍JDBC编程，以及借助ResultSet获取“雇员信息系统”数据库中的数据。

示例10-8　JDBC编程示例

```
import java.sql.Connection;
import java.sql.DriverManager;
import java.sql.ResultSet;
import java.sql.SQLException;
import java.sql.Statement;

public class EmployeeManagementSystem {
    public static void main(String[] args) throws ClassNotFoundException {
        // 1. 加载驱动
        Class.forName("com.mysql.cj.jdbc.Driver");
        // 使用try-with-resources语句方便后续的资源回收
```

```
try (
        // 2. 使用 DriverManager 获取数据库连接
        // 其中返回的 Connection 就代表了 Java 程序和数据库的连接
        // 不同数据库的 URL 写法需要查询驱动文档,用户名和密码由 DBA 分配
        Connection connection = DriverManager.getConnection(
        "jdbc:mysql://localhost:3306/EmployeeDb",
        // 个人数据库用户名和密码
          "root",
          "mysql");
        // 3.使用 Connection 来创建一个 Statement 对象
        Statement statement = connection.createStatement();
        // 4. 执行 SQL 语句
        ResultSet resultSet = statement.executeQuery("select * from employee");) {
        // 5. 遍历查询结果,将结果输出
        while (resultSet.next()) {
        System.out.println("ID: " + resultSet.getString(1) + ", Name: " + resultSet.getString(2)
          + ", Birthday: " + resultSet.getString(3) + ", Mobile: " + resultSet.getString(4));
            }
          } catch (SQLException e) {
            e.printStackTrace();
          }
      }
}
```

最终结果如图 10-2 所示。

```
Problems  Javadoc  Declaration  Console  Maven Repositories  Git Repositories  Git Staging
<terminated> EmployeeManagementSystem [Java Application] D:\Software\Java\jdk1.8.0_291\bin\javaw.exe (2022年5月20日 下午1:02:10)
ID: 1, Name: 张三, Birthday: 2000-01-01, Mobile: 1390000000
ID: 2, Name: 李四, Birthday: 1999-09-20, Mobile: 1380000000
```

图 10-2　雇员信息系统查询结果示意图

2. JDBC 编程操作——插入

如果需要执行插入操作,则需要调用 Statement.executeUpdate()方法,该方法会返回一个 int 类型的数值,因此可以通过对返回值进行判断来确定插入是否成功,即如果返回值大于 0,即插入成功,反之则插入失败。雇员信息插入操作代码见示例 10-9。

示例 10-9　JDBC 插入操作

```
// 1.加载驱动
        Class.forName("com.mysql.cj.jdbc.Driver");
        // 使用 try-with-resources 语句方便后续的资源回收
        try (
        // 2. 使用 DriverManager 获取数据库连接
```

```
        // 其中返回的 Connection 就代表了 Java 程序和数据库的连接
        // 不同数据库的 URL 写法需要查询驱动文档,用户名和密码由 DBA 分配
          Connection connection = DriverManager. getConnection ( " jdbc: mysql://localhost: 3306/
EmployeeDb", "root", "mysql");
        // 3. 使用 Connection 来创建一个 Statement 对象
        Statement statement = connection. createStatement();) {
        // 4. 执行 SQL 语句
        int rs = statement. executeUpdate(
                "insert into employee(id, name, birthday, mobile) values('3', '王五', '1999-3-20', '
1390000001')");
        if (rs == 0) {
          System. out. println("插入失败!");
        } else {
          System. out. println("插入成功!");
        }
} catch (SQLException e) {
        e. printStackTrace();
}
```

3. JDBC 编程操作——修改

与新增操作相同,修改操作也需要调用 statement. executeUpdate()方法,该方法返回操作成功的行数,如果返回值大于 0,修改操作成功,反之操作失败。修改操作代码见示例 10-10。

示例 10-10　JDBC 修改操作

```
//1. 加载驱动
Class. forName("com. mysql. cj. jdbc. Driver");
//使用 try-with-resources 语句方便后续的资源回收
try (
        // 2. 使用 DriverManager 获取数据库连接
        // 其中返回的 Connection 就代表了 Java 程序和数据库的连接
        // 不同数据库的 URL 写法需要查询驱动文档,用户名和密码由 DBA 分配
          Connection connection = DriverManager. getConnection ( " jdbc: mysql://localhost: 3306/
EmployeeDb", "root", "mysql");

        // 3. 使用 Connection 来创建一个 Statement 对象
        Statement statement = connection. createStatement();) {
        // 4. 执行 SQL 语句
        int rs = statement. executeUpdate(
          "update employee set mobile = '13900000002' where id = '3'");
        if (rs == 0) {
          System. out. println("修改失败!");
    } else {
          System. out. println("修改成功!");
    }
```

```
} catch (SQLException e) {
    e.printStackTrace();
}
```

4. JDBC编程操作——删除

删除操作也同样需要调用statement.executeUpdate()方法，返回值为成功操作的行数，如果返回值大于0，删除操作成功，反之操作失败。删除操作代码见示例10-11。新增、修改、删除3个操作的区别是excuteUpdate()方法中SQL语句的不同。

示例10-11　JDBC删除操作

```
//1.加载驱动
Class.forName("com.mysql.cj.jdbc.Driver");
//使用try-with-resources语句方便后续的资源回收
try (
    // 2. 使用DriverManager获取数据库连接
    // 其中返回的Connection就代表了Java程序和数据库的连接
    // 不同数据库的URL写法需要查询驱动文档,用户名和密码由DBA分配
      Connection connection = DriverManager.getConnection ( "jdbc:mysql://localhost:3306/
EmployeeDb", "root", "mysql");
    // 3.使用Connection来创建一个Statement对象
    Statement statement = connection.createStatement();) {
    // 4. 执行SQL语句
    int rs = statement.executeUpdate(
        "delete from employee where id = '3'");
    if (rs == 0) {
    System.out.println("删除失败!");
  } else {
    System.out.println("删除成功!");
  }
} catch (SQLException e) {
    e.printStackTrace();
}
```

10.4　多线程编程

进程是计算机中的程序关于某数据集合上的一次运行活动，是系统进行资源分配和调度的基本单位。线程，也被称为轻量级进程，是程序执行流的最小单元。它是程序中一个单一的顺序控制流程，在单个程序中同时运行多个线程完成不同的工作，称为多线程。

Java为多线程编程提供了内置的支持，能满足程序员编写高效率的程序来达到充分利用硬件资源的目的。多线程编程主要有两个应用场景：计算密集型和I/O密集型。计算密集型应用场景主要是对处理器资源的充分利用，如并行计算、图像处理等。I/O密集型应用场景主要是对外部设备资源的充分利用，如Web开发中的网络传输、缓存与数据库的交互等。

线程是一个动态执行的过程,它也有一个从产生到死亡的过程。一个线程完整的生命周期由新建状态、就绪状态、运行状态、阻塞状态和死亡状态组成。

· 新建状态:使用 new 关键字和 Thread 类或其子类建立一个线程对象后,该线程对象就处于新建状态。它保持这个状态直到调用 start()方法。

· 就绪状态:当线程对象调用了 start()方法之后,该线程就进入就绪状态。就绪状态的线程处于就绪队列中,要等待 JVM 里线程调度器的调度。

· 运行状态:如果就绪状态的线程得到了处理器资源,就可以执行 run()方法,此时线程便处于运行状态。处于运行状态的线程最为复杂,它可以变为阻塞状态、就绪状态和死亡状态。

· 阻塞状态:如果一个线程执行了 sleep()(睡眠)、suspend()(挂起)等方法,失去所占用资源之后,该线程就从运行状态进入阻塞状态。在睡眠时间结束或获得设备资源后可以重新进入就绪状态。阻塞情况分为 3 种:等待阻塞(运行状态中的线程执行 wait()方法)、同步阻塞(线程获取 synchronized 同步锁失败)、其他阻塞(调用线程的 sleep()、join()方法或发出了 I/O 请求)。

· 死亡状态:一个运行状态的线程完成任务或者其他终止条件发生时,该线程就切换到死亡状态。

此外,每一个 Java 线程都设置了优先级,有助于操作系统确定线程的调度顺序。Java 线程的优先级是一个整数,其取值范围是 1～10。默认情况下,每一个线程都会分配一个优先级 NORM_PRIORITY(数值为 5)。具有较高优先级的线程对程序而言更重要,并且应该在低优先级的线程之前分配处理器资源。

Java 提供了 3 种创建线程的方法:①通过实现 Runnable 接口;②通过继承 Thread 类本身;③通过 Callable 和 Future 创建线程。

3 种方法各有优劣,具体见表 10－7。

表 10－7　多线程的 3 种实现方法

实现方法	具体实现	优缺点对比
实现 Runnable 接口	实现 Runnable 接口,重写 run()方法	避免 Java 中的单继承局限,使用简单,可以更好地描述出程序共享的概念;无返回值,且不能抛出异常
继承 Thread 类	继承 Thread 类,重写 run()方法	使用简单,与实现 Runnable 接口的效果相同;存在单继承局限
实现 Callable 接口	实现 Callable 接口,重写 call()方法,将 Callable 对象包装为 FutureTask 对象,调用 FutureTask 的 get()方法取回执行结果	避免 Java 中的单继承局限,具有返回值,可以抛出异常;使用较为麻烦

下面以继承 Thread 类为例进行介绍,其他两种方法类似。Thread 类的常用方法见表 10－8。

表 10－8　Thread 类常用方法

方法定义	功　能
public int start()	使该线程开始执行,Java 虚拟机调用该线程的 run()方法
public void run()	如果该线程是使用独立的 Runnable 运行对象构造的,则调用该 Runnable 对象的 run()方法;否则,该方法不执行任何操作并返回

续表

方法定义	功　能
public final void setName(String name)	改变线程名称,使之与参数 name 相同
public final void setPriority(int priority)	改变线程的优先级,使之与参数 priority 相同
public final void join(long millisec)	等待该线程终止的时间最长为指定的参数值 millisec(毫秒)
public static void sleep(long millisec)	在指定的时间内让当前正在执行的线程休眠(暂停执行),此操作受到系统计时器和调度程序精度和准确性的影响

以继承 Thread 类为例,实现计算1亿个数字之和,并将单线程和多线程进行对比,具体代码见示例10-12～示例10-14。

示例10-12　SumThread.java

```
/**
 * Thread:计算一组数字之和
 */
    public class SumThread extends Thread {
        private double [] nums;
        private int start;
        private int end;
        private double sum;

    public SumThread(double [] nums, int start, int end) {
        this.nums = nums;
        this.start = start;
        this.end = end;
        this.sum = 0.0d;
    }

    public void run() {
        // 求和,下标从 start 到 end,不含 end
        for (int index = start; index < end; ++index) {
            sum += nums[index];
        }
    }

    public double getSum() {
      return this.sum;
    }
}
```

示例10-13　SumThreadDemo.java

```
import java.util.Random;

/**
 * 1亿个随机数求和
 */
public class SumThreadDeom {

    /*
     * 单线程求和
     */
    public static double sumBySingle(double [] nums) {
      double sum = 0.0d;
      for (double num : nums) {
          sum += num;
      }
      return sum;
    }

    /*
     * 多线程求和
     */
public static double sumByMulti(double [] nums) throws InterruptedException {
    double sum = 0.0d;
    int length = nums.length;
    // 初始化线程
    SumThread thread1 = new SumThread(nums, 0, length / 2);
    SumThread thread2 = new SumThread(nums, length / 2, length);

    // 启动线程执行
    thread1.start();
    thread2.start();

    // 线程同步
    thread1.join();
    thread2.join();
    sum = thread1.getSum() + thread2.getSum();

    return sum;
}
/*
* 比较单线程和多线程
```

```
*/
public static void main(String[] args) throws InterruptedException {
    double [] nums = new double[1 0000 0000];
    Random random = new Random();
    long startTime, endTime;

    // 生成1亿个随机数
    for(int index = 0; index < 1 0000 0000; ++index) {
      nums[index] = random.nextDouble();
    }

    // 单线程计算
    startTime = System.currentTimeMillis();
    System.out.println("单线程计算结果为:"
          + SumThreadDeom.sumBySingle(nums));
    endTime = System.currentTimeMillis();
    System.out.println("单线程耗时为:" + (endTime - startTime));

    // 多线程计算
    startTime = System.currentTimeMillis();
    System.out.println("多线程计算结果为:"
          + SumThreadDeom.sumByMulti(nums));
    endTime = System.currentTimeMillis();
    System.out.println("多线程耗时为:" + (endTime - startTime));
    }
}
```

示例 10-14　计算 1 亿个数字之和的运行结果

```
单线程计算结果为:4.999731721529061E7
单线程耗时为:175
多线程计算结果为:4.999731721528378E7
多线程耗时为:96
```

从示例 10-14 所示的运行结果可以看出，在计算 1 亿个数字之和时，多线程的运行效率更高。需要注意的是，线程的创建以及同步需要额外的时间开销，在解决规模较小的问题时，往往没法体现多线程的优势。

Java 开发过程中，经常需要用到多线程来处理一些业务，在此不建议单纯使用继承 Thread 或者实现 Runnable 接口的方式来创建线程。这种方式势必存在创建及销毁线程耗费资源、线程上下文切换问题。同时创建过多的线程也可能引发资源耗尽的风险，此时引入线程池比较合理，方便线程任务的管理。

Java中涉及线程池的相关类均在的java.util.concurrent包中，涉及的几个核心类及接口包括 Executor、Executors、ExecutorService、ThreadPoolExecutor、FutureTask、Callable、Runnable等。

ThreadPoolExecutor是线程池核心类，其主要参数如下：

- corePoolSize：线程池的核心大小，也可以理解为最小的线程池大小；
- maximumPoolSize：最大线程池大小；
- keepAliveTime：空余线程存活时间，指超过corePoolSize的空余线程达到多长时间才进行销毁；
- unit：销毁时间单位；
- workQueue：存储等待执行线程的工作队列；
- threadFactory：创建线程的工厂，一般用默认即可；
- handler：拒绝策略——给出当工作队列、线程池全已满时如何拒绝新任务所选择的方案，默认抛出异常。

线程池的工作流程可以分为以下3个步骤：

(1)当线程池中的线程小于corePoolSize时创建新线程直接执行任务。

(2)当线程池中的线程大于corePoolSize时暂时把任务存储到工作队列workQueue中等待执行。

(3)如果工作队列workQueue也满，当线程数小于最大线程池数maximumPoolSize时就创建新线程来处理，而线程数大于或等于最大线程池数maximumPoolSize时就执行拒绝策略。

Executors是JDK提供的创建线程池的工厂类，它默认提供了4种常用的线程池应用：newFixedThreadPool、newCachedThreadPool、newSingleThreadExecutor和newScheduledThreadPool。具体线程池使用的方法见示例10－15。

示例10－15　线程池的使用

```
// 定义一个固定大小的线程池
ExecutorService es = Executors.newFixedThreadPool(3);

// 提交一个线程(xxxRunnable)的两种方式
es.submit(xxRunnable);   //无返回值，性能较好
es.execute(xxRunnable);  //返回一个 Future 对象，可通过其 get()方法捕获异常

// 关闭线程池的两种方式
es.shutdown();// 不再接受新任务，等之前的任务执行结束再关闭线程池
es.shutdownNow();  //不再接受新任务，试图停止池中的任务再关闭线程池
```

线程池主要用来解决线程生命周期开销问题和资源不足问题。通过对多个任务重复使用线程，线程创建的开销就被分摊到多个任务上，而且由于在请求到达时线程已经存在，消除了线程创建所带来的延迟。立即请求服务，使应用程序响应更快。此外，通过适当地调整线程中的线程数目可以防止出现资源不足。

10.5 网络通信原理

网络通信:通过网络通信协议,实现网络互联的、不同计算机上所运行的程序之间,进行数据交换。网络通信有三大要素,分别是通信双方的IP地址、端口号以及通信协议。

(1)IP地址(Internet Protocol Address)是IP协议提供的一种统一的地址格式,它为互联网上的每一个网络和每一台主机分配一个逻辑地址,以此来屏蔽物理地址的差异。现有的互联网是在IPv4协议的基础上运行的。

(2)端口(Port)的主要作用是表示一台计算机中的特定进程所提供的服务。IP地址可以用来表示某台特定的计算机,但是一台计算机上可以同时提供许多个服务,如数据库服务、FTP服务、Web服务等,因此需要通过端口号来区别相同计算机所提供的不同的服务。

(3)通信协议是指双方实体完成通信或服务所必须遵循的规则和约定。TCP/IP模型是互联网的基础,它是一系列网络协议的总称,其中有两个具有代表性的传输层协议,分别是TCP和UDP,其区别见表10-9。

表10-9 TCP和UDP的区别

TCP	UDP
面向连接	面向无连接
仅支持单播传输	支持单播、多播和广播传输
面向字节流	面向报文
可靠传输	不可靠传输

本节将介绍基于Socket的TCP编程,通信双方为客户端和服务端,通信场景为客户端发送数据,服务端接收并显示在控制台上,如图10-3所示。

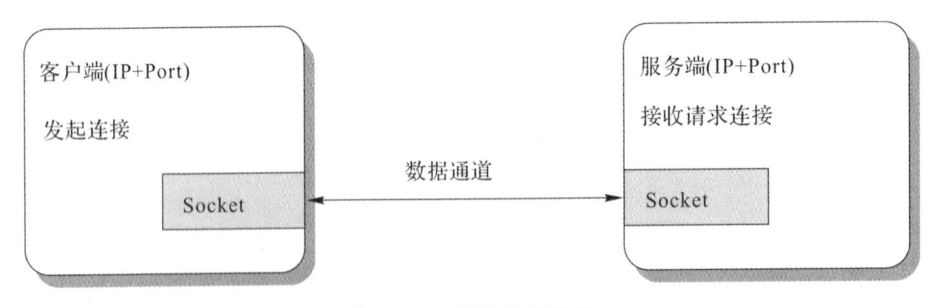

图10-3 网络通信场景

Socket即所谓的套接字,就是对网络中不同主机上的应用进程之间进行双向通信端点的抽象。网络通信其实就是Socket间的通信。一般主动发起通信的应用程序称为客户端,等待并响应请求的应用程序称为服务端。图10-4介绍了如何使用Socket实现客户端和服务端之间的通信。示例10-16和示例10-17是客户端与服务端通信的案例,运行结果如图10-5、图10-6所示。

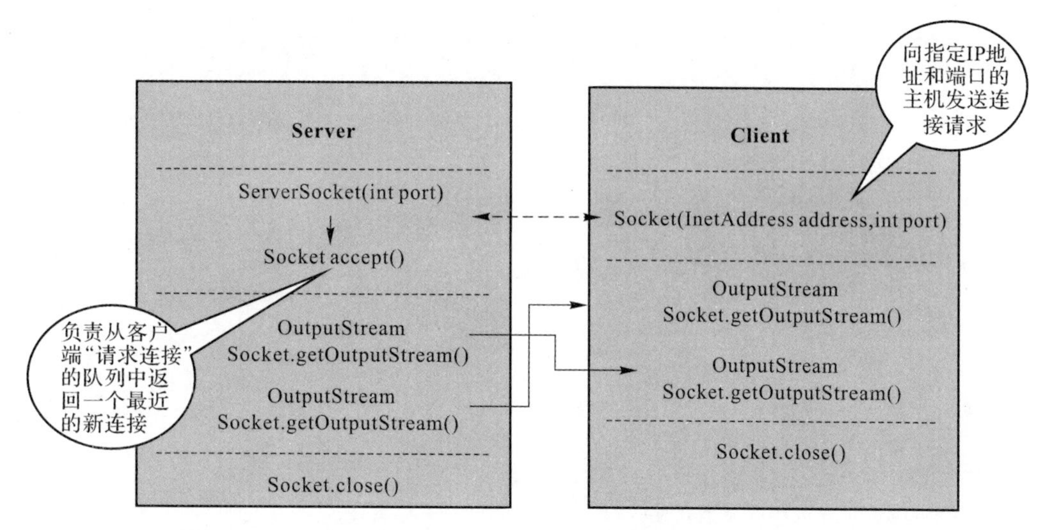

图 10－4　Socket 的使用场景

示例 10－16　服务端代码

```
/**
 * 服务端代码,数据的接收方
 */
public class Server {

    public static void main(String[] args) throws IOException {
        //1.创建服务器套接字,并制定服务端口号为 8899
        ServerSocket server = new ServerSocket(8899);
        System.out.println("服务器已成功启动");
        //2.从请求队列中取出一个客户端请求,创建并返回该请求的套接字
        Socketsocket = server.accept();
        System.out.println("接收到客户端发来的请求");
        //3.获取读取流
        InputStreamin = socket.getInputStream();
        //4.读取数据
        for (int i = 0;i < 5;i++){
          char data = (char)in.read();
          System.out.print(data);
      }
      //5.给客户端写出数据

      System.out.println();
      OutputStreamout = socket.getOutputStream();
      out.write("world".getBytes());

      System.out.println("服务器端成功发送数据");
```

```
        out.close();
    }
}
```

示例 10－17　客户端代码

```
/**
 * 客户端代码,数据的发送方
 */
public class Client {

    public static void main(String[] args) throws IOException {
        //1.连接到指定的服务器(ip+port)
        Socketsocket = new Socket("127.0.0.1",8899);
        System.out.println("已连接成功");
        //2.获取写出流
        OutputStreamout = socket.getOutputStream();
        //3.写出数据,字节流只能写出整数或字节数组
        out.write("hello".getBytes());
        System.out.println("客户端成功发送数据");

        InputStreamin = socket.getInputStream();
        for (int i = 0;i < 5;i++){
            char data = (char)in.read();
            System.out.print(data);
        }
        System.out.println();
        System.out.println("成功接收服务器端数据");
        out.close();
    }
}
```

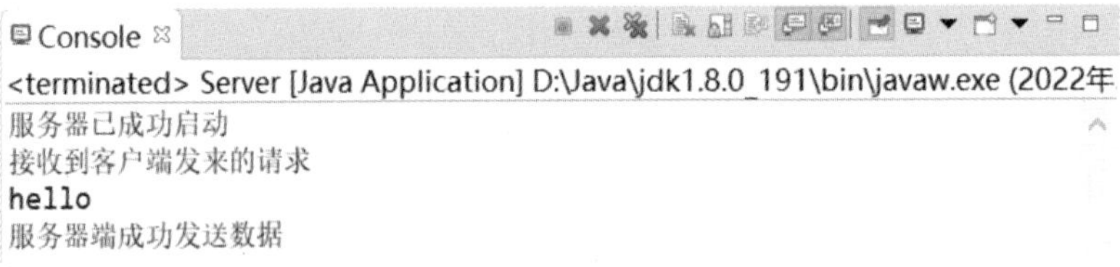

```
Console
<terminated> Server [Java Application] D:\Java\jdk1.8.0_191\bin\javaw.exe (2022年
服务器已成功启动
接收到客户端发来的请求
hello
服务器端成功发送数据
```

图 10－5　多线程服务端运行结果

```
Console
<terminated> Client [Java Application] D:\Java\jdk1.8.0_191\bin\javaw.exe (2022年
已连接成功
客户端成功发送数据
world
成功接收服务器端数据
```

图 10－6　多线程客户端运行结果

第五单元　面向对象设计进阶

第11章 设计模式

11.1 设计模式概述

“模式”一词最早由建筑学家 Christopher Alexander 在其著作《建筑模式语言》中首次提出。在该书中，Alexander 归纳了许多建筑设计中应对不同场景、不同需求的经典解决方案，这些解决方案就是模式的前身。经过更抽象的分析与研究后，Alexander 给出了模式的定义——模式是在特定环境下人们解决某类重复出现问题的一套成功或有效的解决方案。

最早描述设计模式的书籍为《设计模式：可复用面向对象软件基础》，书中总结了在软件开发中常用的 23 种设计模式，并将这些设计模式根据要解决的问题分为 3 类：创建型模式、结构型模式、行为型模式。本书中将详细介绍较为常用的 10 种设计模式，供大家学习参考。

设计模式（Design Pattern）是指在特定环境下为解决某一通用软件设计问题提供的一套定制的解决方案，该方案描述了对象和类之间的相互作用。它不是一个可以直接转换成源代码的设计，只是一套在软件系统设计过程中程序员应该遵循的最佳实践准则。使用设计模式是为了可重用代码、让代码更容易被他人理解并提高代码的可靠性。使用设计模式的好处有：

（1）设计模式使得开发过程中的代码重用更加简便，避免了大量重复性工作。创建型的设计模式能够解决对象或者类灵活创建的问题，结构性设计模式能够将类或对象进行组合从而构建灵活而高效的结构，行为型设计模式能够解决类或者对象之间互相通信的问题。

（2）设计模式本身形成了一套标准化的表述形式，方便使用不同编程语言的程序开发人员在项目中针对设计方案进行沟通交流。并且设计模式采用了通用且简单易懂的设计词汇，方便开发人员理解设计方案和软件系统架构。

（3）由于设计模式脱胎于已被证实的成功且有效的解决方案，使用设计模式能够在一定程度上提高系统的开发效率和软件质量。设计模式的使用能够帮助软件设计人员最终得到一个优秀的设计方案，有效提高开发效率，节省开发成本。

（4）学习设计模式、学好设计模式，有助于对面向对象思想的学习理解和掌握，也能够帮助开发人员提高代码编写的效率和代码的质量。

显然，设计模式不管是对自己、对他人还是对软件系统的开发设计都大有脾益。设计模式是构成复杂大型软件系统的基石，它使得代码编制真正实现工程化。

1. 创建型模式(Creational Patterns)

创建型模式示例见表11-1～表11-4。

表11-1　单例设计模式

适用情景	任意客户端访问某个类,得到的都是同一个对象,该类只允许有一个对象存在
类图	Singleton -singletonInstance:Singleton +getSingletonInstance():Singleton
应用实例	· 操作系统的时钟对象 在系统中只允许有一个时钟对象存在,否则在程序获取当前时刻值时,可能导致时刻值的不一致。 · 西北工业大学的类对象 在西北工业大学门户系统中,只会使用和维护同一个西北工业大学的类对象,否则在调用学校对象方法对教职工、专业等信息进行增删改查操作时,会出现数据混乱和错误。 · 单一实例节省内存空间 若在软件中,对某个类使用非常频繁,需要多次创建该类对象并调用方法,可以考虑只允许该类创建一个实例,从而提升程序运行的性能、节省内存空间

表11-2　简单工厂模式

适用情景	客户端根据不同需求下的参数创建不同对象的应用场景(只有一个系列产品),且用户不关心对象具体创建过程。
类图	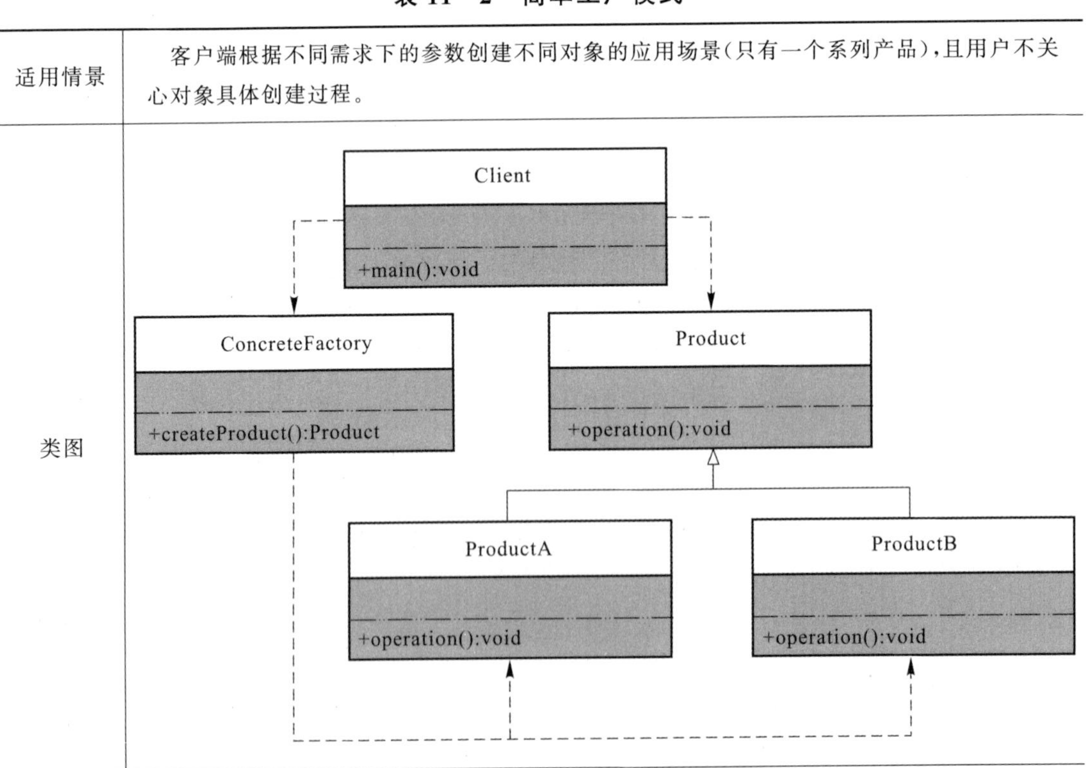

续表

应用实例	· 客户订购单一种类产品 客户订购一批鞋子，只需要将鞋子的规格（高跟鞋、平底鞋、靴子等）报给鞋店老板，鞋店老板或是自己制鞋或是另找代理生产，客户不关心具体如何制鞋，只需鞋店在预定日期交付用户订制的鞋子。 · 复杂的创建对象业务 在软件开发中，普遍都是先创建对象，再使用对象。并且在创建对象过程中，还会附带初始化的一些操作。这样一个类实例化、初始化的行为，一般都是重复的。因此可以引入一个工厂类，封装创建对象的整个过程，从而实现代码的复用且实例化过程更加灵活和易扩展

表 11-3 工厂方法模式

适用情景	客户需要实例化的类增加，单一工厂类不便维护较多数量的创建对象过程，且类实例化过程对用户透明
类图	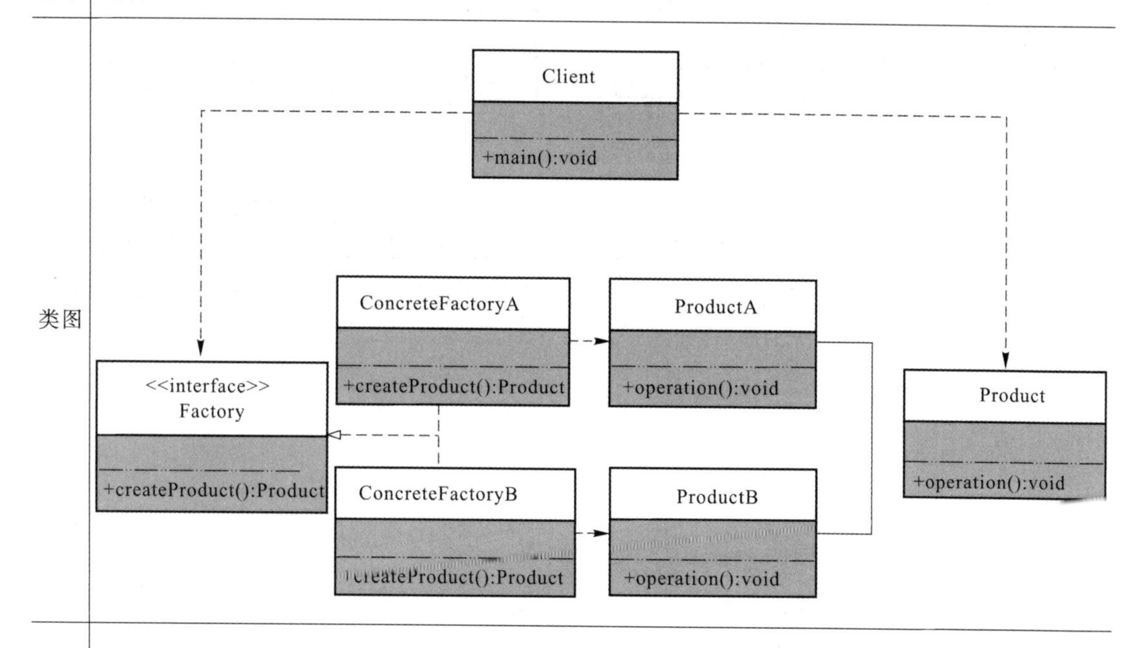
应用实例	· 餐厅聚餐 同学们考完试后，相约去聚餐。在聚餐案例中，餐品就是抽象产品类 Product。具体吃什么，有许多选择，也就是具体产品子类 ConcreteProduct，如烤串、烤冷面、火锅。而同学们的订购流程是只需要在各个餐品窗口下单，具体的餐品制作交给各个餐品窗口，制作完成同学直接取餐就行，同学们不需要知道具体怎么做菜。那么各个餐品窗口其实就是具体工厂类 ConcreteFactory，如火锅窗口、烤串窗口、烤冷面窗口，实现共有方法制作菜品。餐品窗口就是抽象工厂类 Factory，定义各窗口配备基本的灶台，共有方法是制作菜品

表 11-4 抽象工厂模式

适用情景	客户端需要实例化的类具有多种产品等级结构，且在同一个产品族中的对象一起工作时，对于客户端来说始终只使用同一个产品族中的对象，适用于需要根据当前环境来决定其行为的软件系统
类图	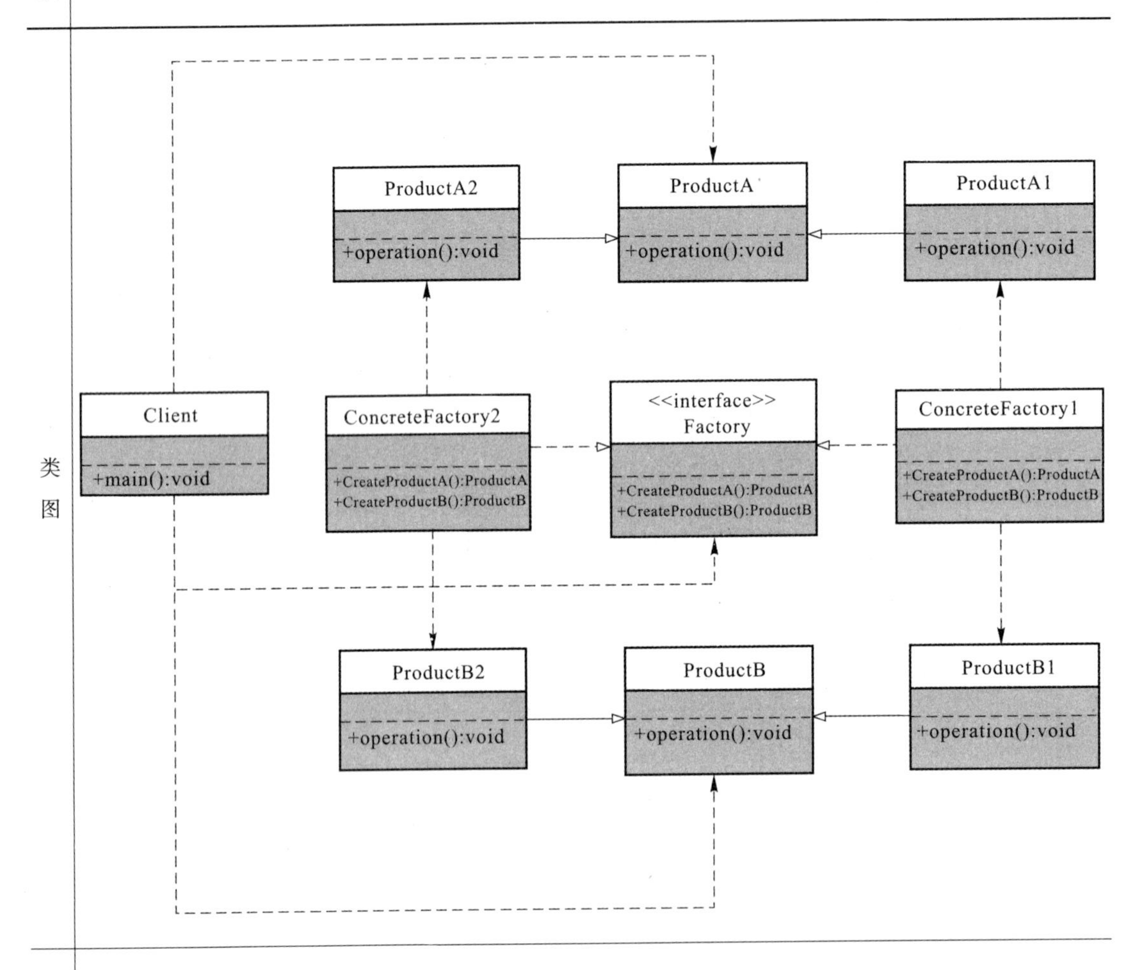
应用实例	· 冒菜厨房 学校的云天苑餐厅和海天苑餐厅各有一个家做冒菜的店，且这两家店都提供了冒菜和干锅两种菜品。客户端（学生）可以选择不同餐厅（产品工厂）的不同菜品（产品系列中的某一种产品）。在这个案例中，冒菜店就是抽象工厂类 Factory，且拥有创建冒菜、创建干锅两个抽象方法。而云天苑餐厅冒菜店和海天苑餐厅冒菜店则是继承了抽象工厂类的具体工厂实现类，冒菜和干锅则是不同的产品

2. 结构型模式（Structural Patterns）

结构型模式示例见表 11-5～表 11-7。

表11－5　适配器模式

<table>
<tr><td>适用情景</td><td>客户端在无须修改目标接口和已有接口的情况下，将目标接口和已有接口进行匹配，使得不兼容的两个接口能够一起工作</td></tr>
<tr><td>类图</td><td>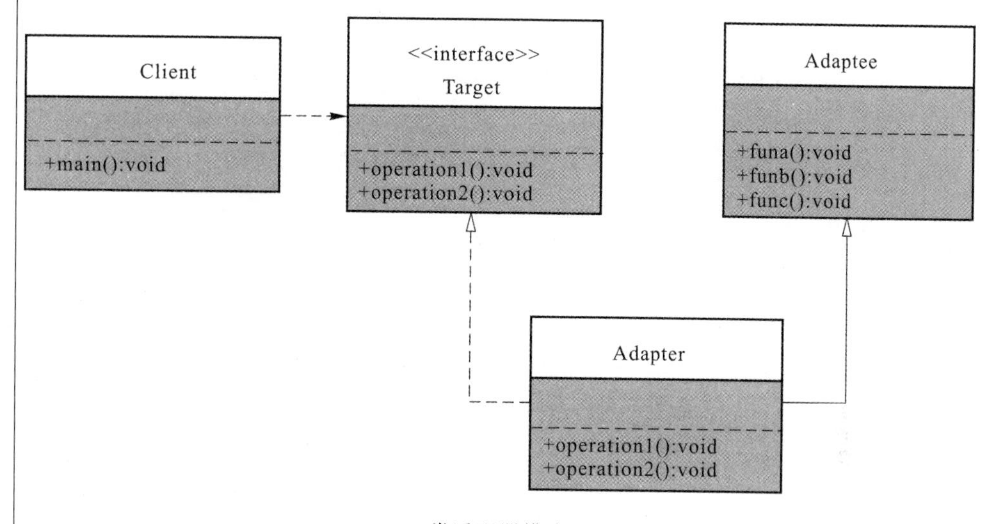

类适配器模式
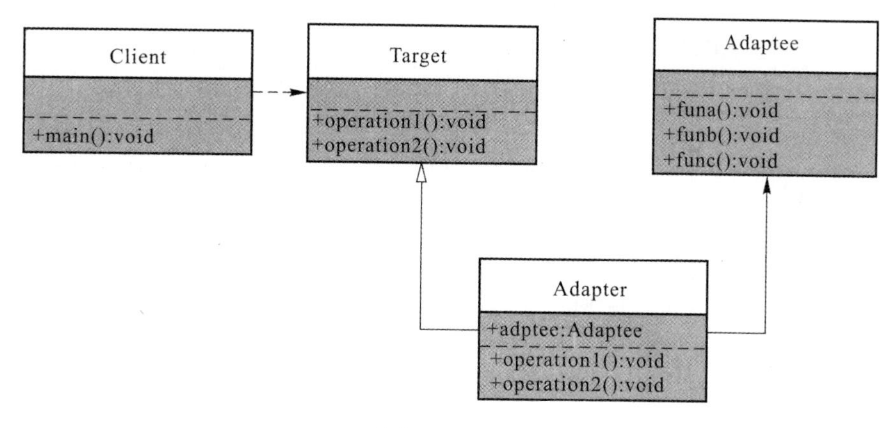

对象适配器模式</td></tr>
<tr><td>应用实例</td><td>· 计算机读卡器
客户要将内存卡的内容传输到笔记本上，笔记本上没有内存卡匹配的槽口，但可以利用读卡器作为内存卡和笔记本的适配器，来完成两个接口不匹配设备之间的传输任务。笔记本的接口是用户想要转换为的 Target，内存卡的接口是用户想要将其接口变换的 Adaptee。
· 冒泡算法适配
张三在做算法题时碰到一道题要求将一组数据按照数据字典序排列后输出，并给了一个已经实现的冒泡排序接口 BubbleSort。张三想利用 BubbleSort 实现字典序排序 DictionarySort。在此案例中，DictionarySort 就是目标类 Target，BubbleSort 就是适配者类 Adaptee</td></tr>
</table>

表 11－6　组合模式

适用情景	客户端需要使用的一组对象间存在“部分-整体”的树形结构关系，且客户端希望在使用这些对象时能够统一处理，不需要区分具体是哪个对象
类图	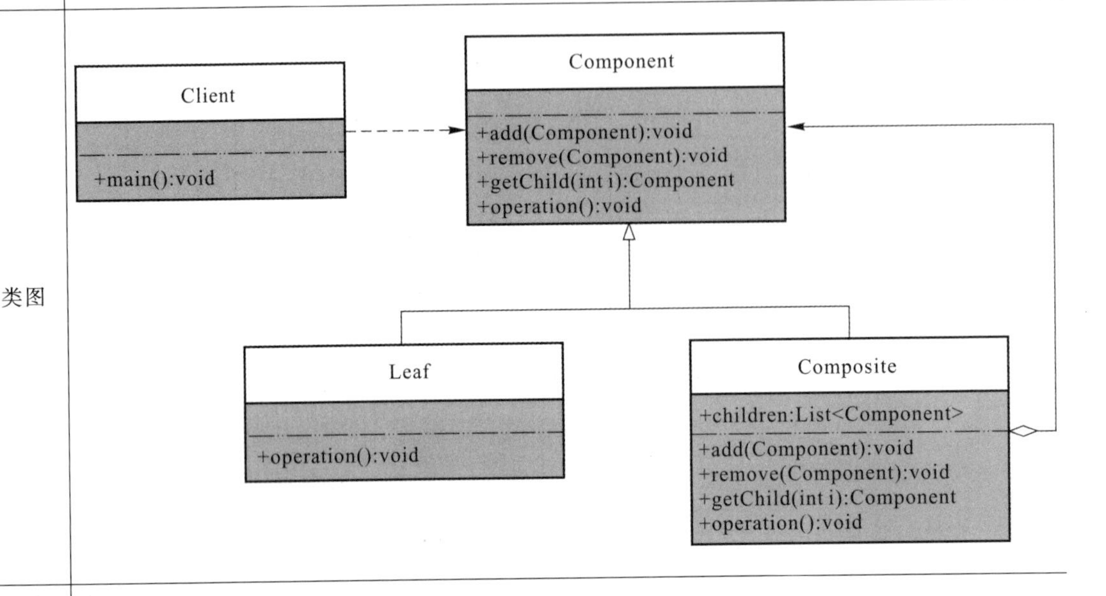
应用实例	• 文档目录结构 文档的目录系统，存在一级目录、二级目录、三级目录、普通文本 4 种样式等级，目录下设一级目录和普通文本，一级目录下设二级目录和普通文本，二级目录下设三级目录和普通文本，三级目录下设普通文本。该目录系统可以创建一个树形结构，来表示其部分和整体之间的从属关系，那么一级目录、二级目录、三级目录都属于容器对象(Composite)，都有新增/修改/删除/查看下设子目录、展示文字的功能，而普通文本属于叶子对象(Leaf)，仅有展示文字的功能。 • 公司金字塔管理架构 公司的管理层架构一般也成树形，若某公司的经理职位分成高级经理、中级经理、初级经理，其他职工属于普通员工，所有经理都有管理下属(下层经理和普通员工)的权力，所有职工都需要按时上下班，那么在这个案例中，职工就是这一架构的抽象构件类，定义了职工的共有方法——按时上下班，同时声明了各经理的管理权限。各级经理就属于容器对象，能够管理下级员工；普通员工属于叶子对象，没有向下的管理权限，只要求按时上下班即可。 • Android 的 View 体系 Android 的所有 UI 组件都是建立在 View、ViewGroup 基础之上的，Android 采用了组合设计模式来设计 View 和 ViewGroup。View 是一种界面层的控件的一种抽象，它代表了一个控件。Android 应用的所有 UI 组件都继承了 View 类，View 组件非常类似于 Swing 编程中的 JPanel，它代表一个空白的矩形区域。ViewGroup 是 View 的子类，因此 ViewGroup 也可被当成 View 使用。对于一个 Android 应用的图形用户界面来说，ViewGroup 作为容器来生盛装其他组件，而 ViewGroup 里除了可以包含普通 View 组件之外，还可以再次包含 ViewGroup 组件

表 11－7　装饰器模式

<table>
<tr><td>适用情景</td><td>在不改变原有对象功能的前提下，为原有对象动态地扩展一些额外的功能</td></tr>
<tr><td>类图</td><td>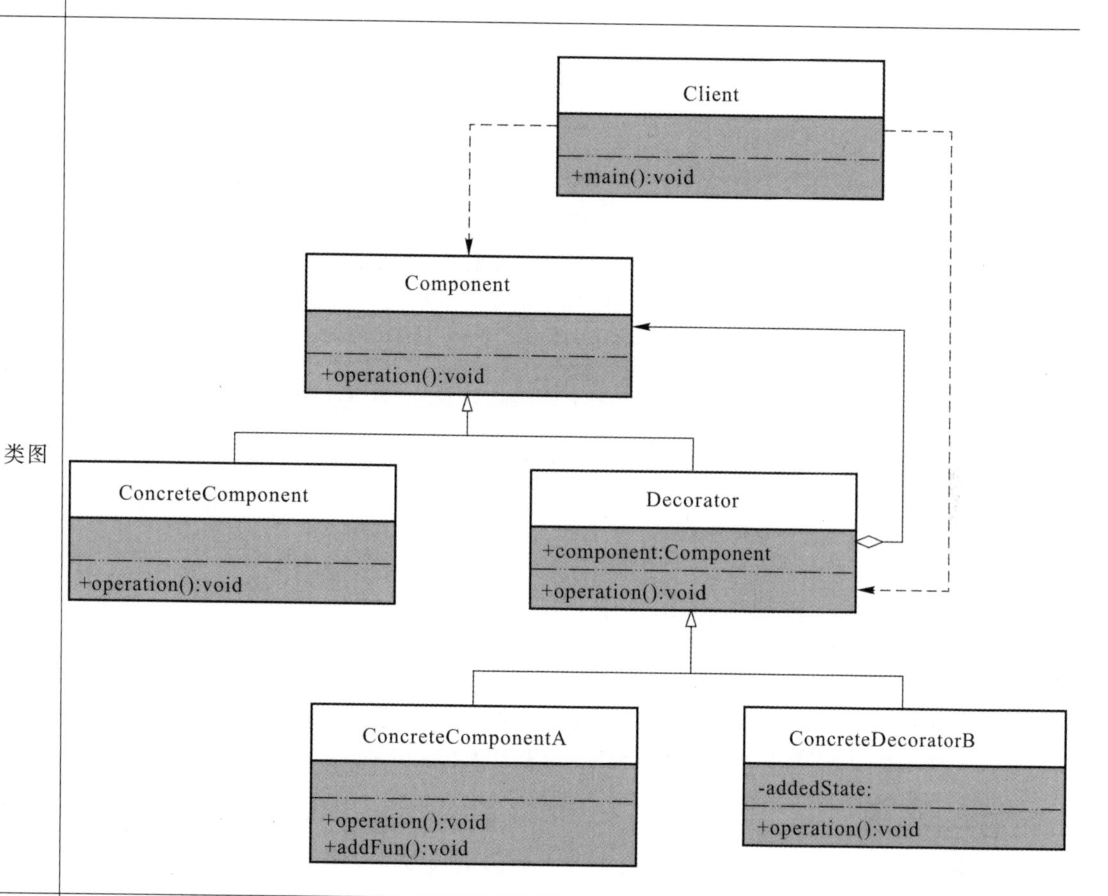
</td></tr>
<tr><td>应用实例</td><td>· 计算机软件更新
计算机软件应用中的鼠标右键，提供了一系列快捷功能，随着计算机操作系统的迭代更新，鼠标右键提供的功能集合也需要随之更新，若要新增右键支持的快捷功能，考虑到功能的扩展性要好，可以在原有的功能基础上包装扩展。那么老版本中的鼠标右键对象就是 ConcreteCompoent，新版本中新增功能如创建快捷方式，通过创建具体的包装类(ConcreteDecorator)附加新功能实现。抽象的功能包装类(Decorator)让功能扩展更加灵活。
· Java 的 IO 类
Java IO 类的设计是装饰者模式运用的经典案例，InputStream 是所有输入流的抽象父类，而 FileInputStream，ByteArrayInputStream，StringBufferInputStream 等是依据流类型而实现的具体子类。FilterInputStream 是所有装饰器类的抽象父类，而 BufferedInputStream 装饰子类添加了输入流缓冲区的功能，CheckedInputStream 装饰子类添加了输入流数据校验的功能</td></tr>
</table>

3. 行为型模式(Behavioral Patterns)

行为型模式的示例见表 11－8～表 11－10。

表 11－8　策略模式

适用情景	上下文中的某一个功能或算法的实现存在多个版本，且在未来有可能继续扩展实现版本或切换上下文中的功能或算法版本
类图	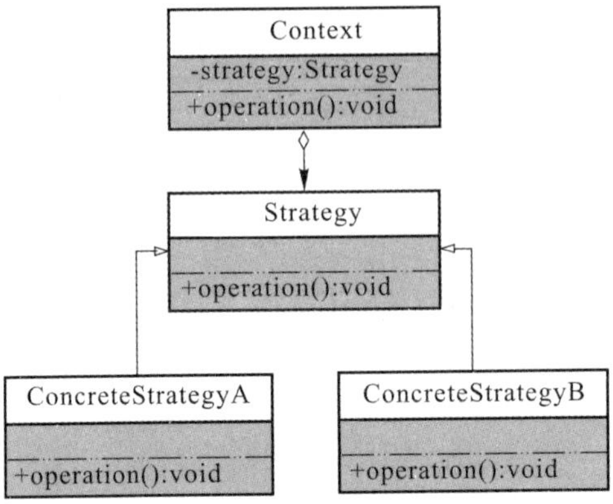 Context -strategy:Strategy +operation():void Strategy +operation():void ConcreteStrategyA +operation():void ConcreteStrategyB +operation():void
应用实例	· 电子账单支付 在生活中，人们已经习惯了电子支付，利用外卖软件来订餐已十分普遍。而当用户要下单支付时，往往有多种支付方式的选择：微信支付、支付宝支付、银行卡支付等等。在这个案例中，支付方式就是抽象策略类 Strategy，声明一些子类的共有行为；各种具体的支付途径就是 ConcreteStrategyA、ConcreteStrategyB，选择不同的支付方式即调用不同的支付实现方法。 · Java 界面布局 在 Java 开发实现前端界面布局，可选择不同的布局算法。例如可以按方位实现东、西、南、北、中布局，也可以自定义行列实现表格样式的布局，还有其他布局接口如流水账布局、网格布局等。在这个案例中，各种具体布局算法就是具体策略 ConcreteStrategyA、ConcreteStrategyB，利用不同的途径实现界面的布局需求

表 11－9　观察者模式

适用情景	该模式适用于一组对象间存在一对多的依赖关系时，当一个对象改变，所有依赖于它的对象都收到通知并随之改变。这种模式也称为 P/S(发布者-订阅者模式)
类图	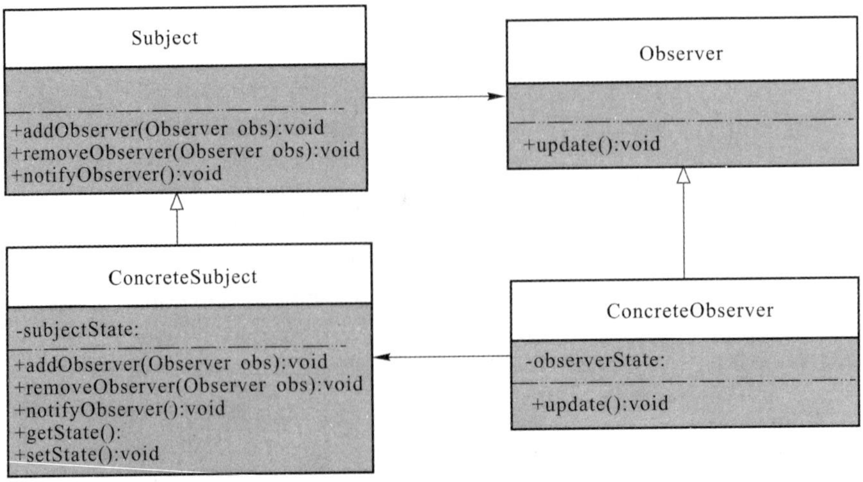 Subject +addObserver(Observer obs):void +removeObserver(Observer obs):void +notifyObserver():void Observer +update():void ConcreteSubject -subjectState: +addObserver(Observer obs):void +removeObserver(Observer obs):void +notifyObserver():void +getState(): +setState():void ConcreteObserver -observerState: +update():void

续表

<table>
<tr><td>应用实例</td><td>· 微信公众号
微信公众号应用了观察者模式，当公众号发布新的推文，所有订阅该公众号的用户都会收到更新通知并能查看到更新的推文。
· 校车排队程序
西北工业大学校车采用小程序线上排队的方式，每位参与排队的同学都会获得一个排队号。并且规定在开车前 5 分钟到乘车点现场确认，若未及时进行确认，则排队号将顺延到下一位同学。每位同学的排队号，每分钟都在实时更新。在这个案例中，线上排队就是抽象主题类，每一班次车的排队就是具体主题类。每位参与排队的同学就是具体观察者，当排队号发生改变时，会将结果实时更新到各位参与同一车次的同学手机上</td></tr>
</table>

表 11-10　迭代器模式

<table>
<tr><td>适用情景</td><td>客户端需要顺序访问集合对象，但并不关心内部具体的遍历处理逻辑</td></tr>
<tr><td>类图</td><td>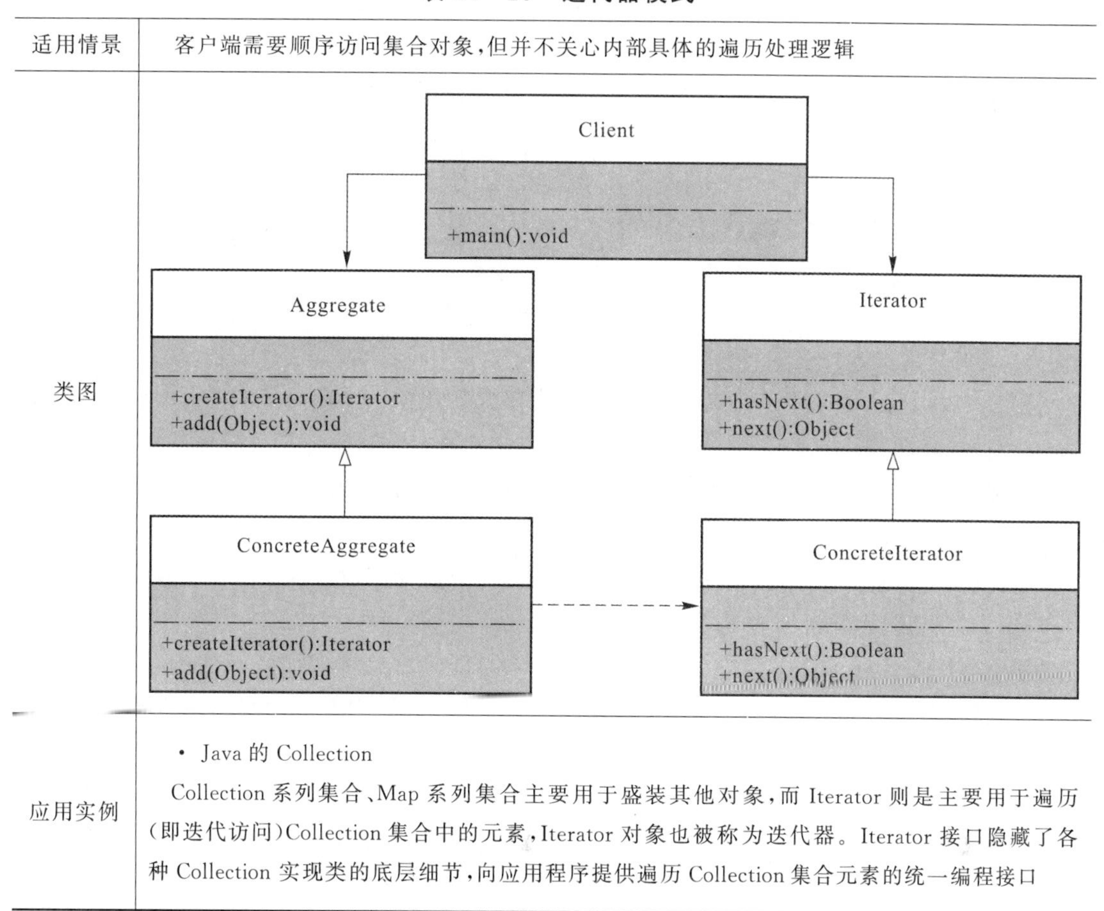
</td></tr>
<tr><td>应用实例</td><td>· Java 的 Collection
Collection 系列集合、Map 系列集合主要用于盛装其他对象，而 Iterator 则是主要用于遍历（即迭代访问）Collection 集合中的元素，Iterator 对象也被称为迭代器。Iterator 接口隐藏了各种 Collection 实现类的底层细节，向应用程序提供遍历 Collection 集合元素的统一编程接口</td></tr>
</table>

11.2　设 计 原 则

面向对象设计原则是用于评价一个设计模式使用效果的重要指标之一。最常见的面向对象的设计原则主要有以下几个方面：

(1)单一职责原则。

(2)开闭原则。

(3)里氏代换原则。

(4)依赖倒转原则。

(5)接口隔离原则。

(6)合成复用原则。

(7)迪米特法则。

每一种设计模式都符合某一个或者多个面向对象的设计原则。在设计时,遵循设计原则,找出应用中可能需要变化之处,把它们独立出来,与不需要变化的代码区分开,并将变化的部分“封装”起来,好让其他部分不会受到影响。这样代码变化引起的不可控后果变少,系统变得更有弹性。具体做法如:

- 针对接口编程,针对超类型编程。
- 多用组合,少用继承。
- 类应该对修改关闭,对扩展开放,允许系统在不修改代码的情况下,进行功能扩展。

11.3 创建型模式

11.3.1 单例模式

1. 单例模式引入

在编程时,经常会碰到这种情况:需要多次创建并使用同一个对象,这时就可以采用单例模式。例如,假设有一个类建模NPU,该类存储西北工业大学新校区和老校区的地址、学校联系电话、学校邮编等信息,该类的对象存在一个即可,因为无论存在多少个NPU对象,其有关地址、联系电话、邮编的属性值都是相同的,所以,只维护一个NPU对象是最合适的。

单例模式(Singleton Pattern)属于创建型模式,是最简单的设计模式。单例模式只包含一个类,这个类被称为单例类,在单例类内部创建全局唯一的对象。

采用单例模式进行程序开发,能够有效地防止因创建对象多次而带来的内存浪费问题。单例模式仅在内存中创建一个对象,同时将该唯一对象公开,使需要调用的地方都能共享该对象。

2. 单例模式的类图

单例模式的UML类图如图11-1所示,主要职能对象见表11-11。

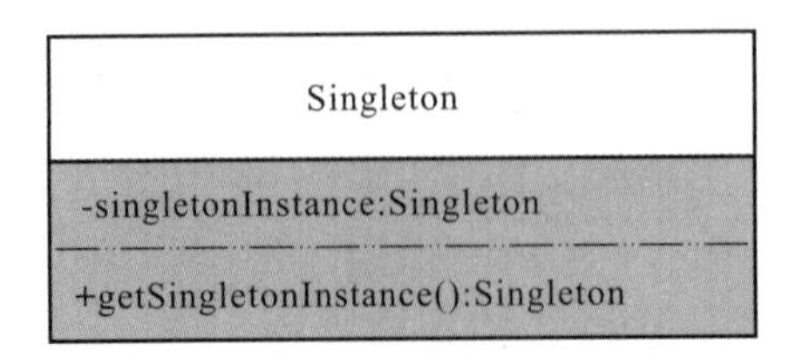

图11-1 单例模式UML类图

表11-11　单例模式角色及职能

类	角　色	职　能
Singleton	单例类	只能创建一个实例对象的类

3. 单例模式创建

使用单例模式时，保证一个类有且仅有一个实例，并提供一个能够访问该实例的函数。实现单例对象及访问该单例的过程分为以下3步：

(1)静态化实例。

```
//私有的静态属性，该类自身的唯一实例。
private static Student singletonInstance = new Student();
```

使用private关键字修饰，保证仅在本类范围内能够实例化该类对象。

使用static关键字修饰，保证外界无法通过对象访问，限定只能通过该类名来访问调用该实例对象。

(2)私有化构造方法。

```
//私有的构造方法。
private Student() { }
```

(3)提供获取唯一实例的公共访问方法。

```
//对外的静态方法，返回单一实例。
public static Student getSingletonInstance() {
    return singletonInstance;
}
```

使用public关键字修饰静态公共访问方法，该方法返回唯一的实例、供本类范围外通过该方法访问唯一实例——直接访问不需要实例化该对象。

使用static关键字修饰该公共访问方法，由于外界不能实例化对象，因此不能调用非静态的方法。

(4)单例模式的实现。

单例模式主要有两种实现方法：

1)饿汉式，因为"饥饿"，因此要求单一对象的创建时间越早越好。在该模式下，单例类一旦被加载，该单实例对象就被创建，即"一开始就创建对象"，如图11-2所示。

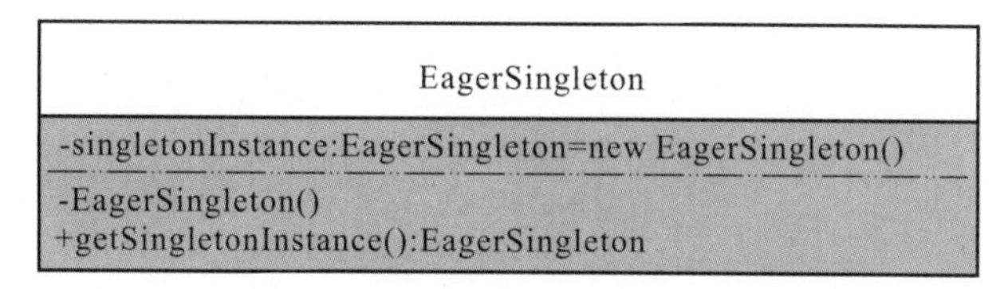

图11-2　饿汉式实现

饿汉式单例实现方式又分两种子思路：静态变量方式、静态代码块方式。

另外枚举类方式也属于饿汉式。

2)懒汉式,因为“懒惰”,因此不会主动创建对象,等到真正需要使用时,才进行判断,进而创建唯一的对象,如图11-3所示。

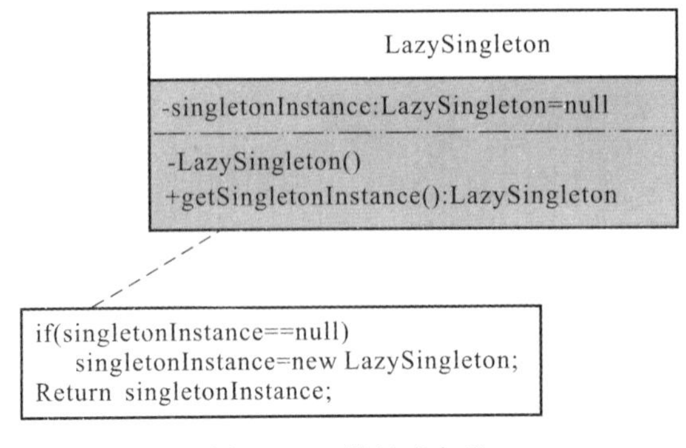

图11-3　懒汉式实现

懒汉式单例实现方式又分为4种:线程不安全方式、线程安全方式、双重检查锁方式、静态内部类方式。

(5)单例模式的应用实例。

雇员信息系统

一个公司在支付员工的工资时,员工可以选择现金支付、邮局汇款和银行转账3种方式收款。当公司的支付操作完成后,不同的支付方式输出不同的信息:①现金支付方式,输出员工的姓名、年龄、薪水起始计算时间;②邮局汇款方式,输出员工的姓名、年龄以及对应的邮政地址;③银行转账方式,输出员工的姓名、年龄和员工的银行账号信息。

对以上案例进行分析,若将公司的支付方式通过一个支付类进行管理,那么对每一个员工进行薪资支付时,都需要创建支付对象,从而调用具体的支付方法,实现公司的员工工资发放的过程。为了节省内存空间,可以对该支付对象实现单例模式,从而公司只需要维护和管理一个实现支付操作的对象,完成对公司每位员工薪资的支付功能。

经过以上对案例的分析,对雇员信息系统的公司薪资支付功能,采用单例模式,通过饿汉式和懒汉式两种思路分别进行实现。

1)饿汉式。

a.静态变量方式。

示例11-1　饿汉式之静态变量方式

```
public class Payment {
public static final int CASH = 0;
public static final int REMITTANCE = 1;
public static final int DEPOSIT = 3;
//其他的实例变量声明
//……
//1.饿汉式:静态变量方式——利用静态变量创建类的对象
//私有的静态属性,该类自身的唯一实例
//在定义静态变量时实例化单例类,因此在类加载时单例对象就已创建
```

```
private static Payment singletonInstance = new Payment();
//私有的构造方法
private Payment() {}
//对外的静态方法,获取单一实例
public static Payment getSingletonInstance() {
    return singletonInstance;
}
//执行方法,模拟薪水支付
  public void pay(BasicInformation information, int payMethod) {
        System.out.println("name:" + information.getName());
        System.out.println("age:" + information.getAge());
        //对现金支付方式进行处理
        if (CASH == payMethod) {
          System.out.println("start time:" +            information.getStartTime());
        } else //对邮局汇款方式进行处理
        if (REMITTANCE == payMethod) {
          System.out.println("mail address:" + information.getMailAddress());
        } else //对银行转账方式进行处理
        if (DEPOSIT == payMethod) {
          System.out.println("bank account:" + information.getBankAccount());
        }
    }
}
```

b.静态代码块方式。

示例11-2　饿汉式之静态代码块方式

```
public class Payment {
public static final int CASH = 0;
public static final int REMITTANCE = 1;
public static final int DEPOSIT = 3;
//其他的实例变量声明
//……
//2.饿汉式:静态代码块方式——利用静态代码块创建类的对象
//声明Payment类型的变量
private static Payment singletonInstance; //null
//在静态代码块中赋值
    static{
        singletonInstance = new Payment();
    }
    //私有的构造方法
    private Payment() {}
    //对外的静态方法,获取单一实例
    public static Payment getSingletonInstance() {
```

```
            return singletonInstance;
        }
        //执行方法,模拟薪水支付(实现同上)
}
```

两种方式都是在单例类加载的时候,创建单例对象。正是由于在创建对象之前需要完成类的加载,若单例类比较大且长时间未使用到,则会造成内存资源的浪费。

c.枚举类。

示例11-3　饿汉式之枚举类

```
publicenum Payment {
    SINGLETONINSTANCE;
}
```

2)懒汉式。

a.线程不安全。

示例11-4　懒汉式之线程不安全情况

```
public class Payment {
public static final int CASH = 0;
public static final int REMITTANCE = 1;
public static final int DEPOSIT = 3;
//其他的实例变量声明
//……
//4.懒汉式:线程不安全——在公共访问方法中,先判断再创建对象
//声明 Payment 类型的变量
private static Payment singletonInstance; //懒汉式只声明,不在此处创建对象
//私有的构造方法
private Payment() {}
//对外的静态方法,获取单一实例
    public static Payment getSingletonInstance() {
        //在首次使用,即被调用时,才创建对象
        //判断 singletonInstance 是否已创建,若不判断则每次调用都创建新对象
        if(singletonInstance == null){
          singletonInstance = new Payment();//线程不安全:考虑多线程
        }
        return singletonInstance;
    }
    //执行方法,模拟薪水支付(实现同上)
}
```

该方式线程不安全:在公共访问方法 getSingletonInstance()中,若处于多线程情况下,假设线程1进入判断,但是线程1等待还未创建对象;此时线程2抢占CPU,对象为null,同样能够进入判断。依此类推,多个线程都能进入判断,进行下一条指令,则会创建多个对象。

b.线程安全。

示例 11－5　懒汉式之线程安全情况

```
public class Payment {
public static final int CASH = 0;
public static final int REMITTANCE = 1;
public static final int DEPOSIT = 3;
//其他的实例变量声明
//……
//5.懒汉式:线程安全——在公共访问方法声明中,使用 synchronized 加同步锁
//声明 Payment 类型的变量
private static Payment singletonInstance; //懒汉式只声明,不在此处创建对象
//私有的构造方法
private Payment() {}

//对外的静态方法,获取单一实例。用 synchronized 修饰,实现同步锁
    public static synchronized Payment getSingletonInstance() {
        //在首次使用,即被调用时,才创建对象
        //判断 singletonInstance 是否已创建,若不判断则每次调用都创建新对象
        if(singletonInstance == null){
          singletonInstance = new Payment();
        }
        return singletonInstance;
    }
    //执行方法,模拟薪水支付(实现同上)
}
```

该方式线程安全:在公共访问方法 getSingletonInstance()中,若处于多线程情况下,假设线程 1 进入判断,但是线程 1 等待还未创建对象;由于线程 1 还未释放资源,此时线程 2 不能进入判断,依此类推,其他线程同样不能进入判断,最终只有唯一的实例被创建。

c. 双重检查锁(DCL)。

示例 11－6　懒汉式之双重检查锁情况

```
public class Payment {
public static final int CASH = 0;
public static final int REMITTANCE = 1;
public static final int DEPOSIT = 3;
//其他的实例变量声明
//……
//6.懒汉式:双重检查锁——在公共访问方法声明中,声明 Payment 类型的变量
private static Payment singletonInstance; //懒汉式只声明,不在此处创建对象
//私有的构造方法
private Payment() {}
//对外的静态方法,获取单一实例
    public static Payment getSingletonInstance() {
```

```
        //在首次使用,即被调用时,才创建对象
        //第一次判断 singletonInstance 是否已创建,若不判断则每次调用都创建新对象
        if(singletonInstance == null){
          synchronized (Payment. class){ //用 synchronized 修饰,同步锁范围缩小
                if(singletonInstance == null){ //第二次判断
                  singletonInstance = new Payment();
                }
          }
        }
      return singletonInstance;
    }
    //执行方法,模拟薪水支付。(实现同上)
}
```

对于线程安全方式,需要每个线程持有锁时才能够调用该方法创建对象,也会导致多线程串行执行,程序运行的性能低下。而在公共访问方法 getSingletonInstance()中,几乎都是读操作(赋值),读操作是线程安全的,因此实现了双重检查锁方式。

双重检查锁方式实现了创建对象的唯一性、满足多线程的性能和安全问题,但在多线程情况下,会出现空指针问题。空指针问题的出现,是由于JVM在实例化对象的时候会进行指令重排序。使用 volatile 关键字能够解决空指针异常。

示例 11-7　懒汉式之双重检查锁优化

```
public class Payment {
public static final int CASH = 0;
public static final int REMITTANCE = 1;
public static final int DEPOSIT = 3;
//其他的实例变量声明
//……
//7.懒汉式:双重检查锁优化 —— 在公共访问方法声明中,进行两次判断
//声明 Payment 类型的变量

private static volatile Payment singletonInstance; //懒汉式只声明,不在此处创建对象。在声明类型变量
时,使用 volatile 关键字修饰,解决空指针异常
//私有的构造方法
private Payment() {}

//对外的静态方法,获取单一实例。用 synchronized 修饰,实现同步锁
    public static Payment getSingletonInstance() {
        //在首次使用,即被调用时,才创建对象
        //第一次判断 singletonInstance 是否已创建,若不判断则每次调用都创建新对象
        if(singletonInstance == null){
          synchronized (Payment. class){
                if(singletonInstance == null){ //第二次判断
```

```
                singletonInstance = new Payment();
            }
        }
    }
    return singletonInstance;
  }
  //执行方法,模拟薪水支付(实现同上)
}
```

d. 静态内部类。

示例 11-8 懒汉式之静态内部类的使用

```
public class Payment {
public static final int CASH = 0;
public static final int REMITTANCE = 1;
public static final int DEPOSIT = 3;

//其他的实例变量声明
  ......
//8.懒汉式:静态内部类——在静态内部类中创建实例
//定义静态内部类
private static class PaymentInside{
    //声明外部类 Payment 类型的变量,并初始化外部类对象
      private static final Payment SINGLETONINSTANCE = new Payment();//使用 final 关键字,防
止外部进行修改

}
//私有的构造方法
private Payment() {}

//对外的静态方法,获取单一实例
    public static final Payment getSingletonInstance() {
        return PaymentInside.SINGLETONINSTANCE;
    }
    //执行方法,模拟薪水支付(实现同上)
}
```

由于 JVM 在加载外部类 Payment 时,并不会同时加载静态内部类 PaymentInside,因此在内部类 PaymentInside 创建实例对象 SINGLETONINSTANCE,只有当内部类被公共访问方法 getSingletonInstance()调用时,实例对象 SINGLETONINSTANCE 才被加载并初始化,且用 static 修饰符修饰实例对象 SINGLETONINSTANC,保证只实例化一次。

静态内部类保证了多线程下的安全、无任何性能影响和内存空间的浪费,是单例模式中常用的一种方式。

11.3.2 简单工厂模式

1. 简单工厂模式引入

在实际生活中,公司往往会利用工厂生产需要的各种产品。而在软件编程领域,"生产产品"这一概念正对应于使用 new 关键字创建对象。但在日常开发中,程序员们往往习惯于在同一个类中既创建对象、又使用对象,这就使得该类创建对象和使用对象的两个职能耦合。

职能耦合度过高带来一个问题:假设我们在 A 类中原本有需求创建并使用对象 B,这时若需求改为创建 B 的子类对象 C,就需要修改 A 类中有关对象实例化的代码,这就不符合开闭原则。

为满足以上的问题需求,引入工厂模式,利用"工厂"专门创建对象这一"产品"——即用一个工厂类 D 来承担创建对象的职能,将类的实例化工作从 A 类中解放出来。

这样一来,当我们想要调整创建对象的过程,只需要修改 D 类中的代码,而不会影响到 A 类。同样地,当在使用对象时,新增或修改对实例 B 的方法调用时,也只需要修改 A 类,而不会影响到 D 类的代码。工厂模式的重点就在于将对象的创建和使用分离,使其更符合单一职责原则。

工厂模式又被细分为简单工厂模式、工厂方法模式、抽象工厂模式,这三种设计模式功能接近,但有着各自的应用场景。我们将在之后分别介绍简单工厂模式、工厂方法模式和抽象工厂模式,讨论它们各自的应用场景并根据具体案例进行分析、代码实现。

简单工厂模式(Simple Factory Pattern),就是应对简单场景下的设计模式。简单工厂模式中创建实例的方法通常为静态(static)的方法,因此有的时候也称其为静态工厂方法模式。

简单工厂模式的特征是:有一个具体的核心工厂类,客户端向该类中传入一个参数从而决定具体创建哪个产品子类对象。

2. 简单工厂模式类图

简单工厂模式的 UML 类图如图 11-4 所示,3 个主要职能角色见表 11-12。

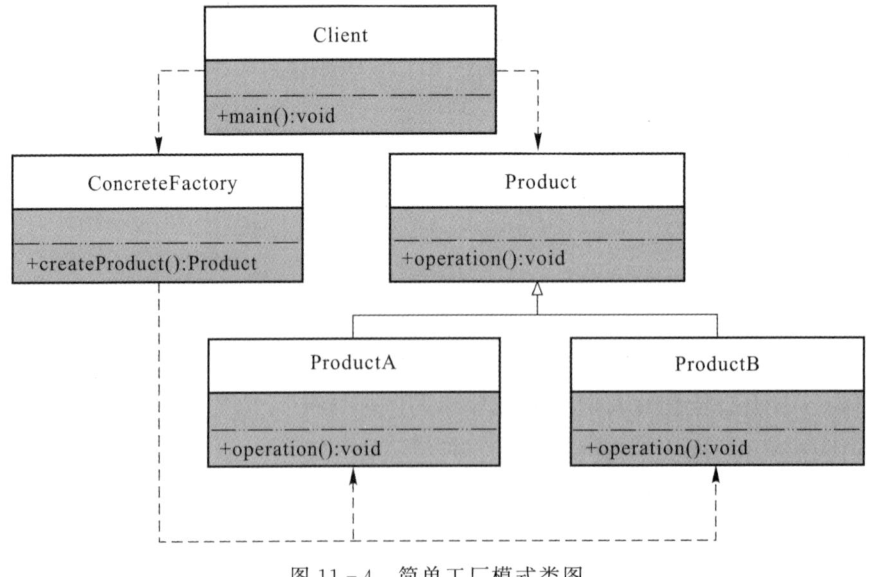

图 11-4 简单工厂模式类图

表 11－12 简单工厂模式角色及职能

类	角 色	职 能
ConcreteFactory	具体的工厂类	在工厂类中声明创建所有类型产品对象的方法，通过传入该方法的参数能够实现某个产品对象的实例化。工厂类可被外界直接调用，创建所需产品对象。
Product	抽象的产品类	是工厂类创建的所有对象的父类，封装了产品的公有方法。
ProductA ProductB	具体的产品类	继承抽象产品类，实现其抽象方法。所有被创建的对象都是某个具体产品类的实例。

3. 简单工厂模式的实现

简单工厂模式是将创建产品对象的逻辑封装在工厂类的同一方法中，将创建对象与客户端的业务逻辑分离。客户端通过工厂类来创建一个产品类的实例，无须直接使用 new 关键字来创建对象。客户端只需调用工厂类的创建方法，而不需要知道具体创建对象的过程和内容，使得创建对象和使用对象职责解耦。

示例 11－9 简单工厂模式框架

```
/**具体工厂类*/
public class ConcreteFactory {
    public Product createProduct(String productname){
        ConcreteProduct product = null;
        if(productname.equals("ProductA")){
            product = new ProductA(); //初始化设置
        }else  if(productname.equals("ProductB"")){
        product = new ProductB(); //初始化设置
        }
        return product;
    }
}
/** Client(客户端类)*/
public class Client(){
    public static void  main(String[] args){
        ConcreteFactory factory = new ConcreteFactory();
      //通过工厂类创建产品对象
        factory.createProduct("ProductA");
        factory.createProduct("ProductB");
    }
}
```

4. 简单工厂模式的应用实例

假设有一个手机生产厂商，可以生产不同品牌的手机(例：Xiaomi、Huawei、OPPO 等)，允许用户针对品牌定制购买，而且随着时间的推移，生产的手机品种也在不断发生变化。

如图 11-5 所示，在本案例中：创建一个抽象的手机类 Mobile，通过实现该接口可以获得不同品牌（Xiaomi、Huawei、OPPO）的手机类；创建一个具体的手机工厂类 SimpleMobileFactory，并在该类中实现生产具体手机对象的方法 createMobile()，客户端 Manufacturer 通过调用该方法，并传入用户想要购买的品牌名参数，可以实现对手机的定制化生产。

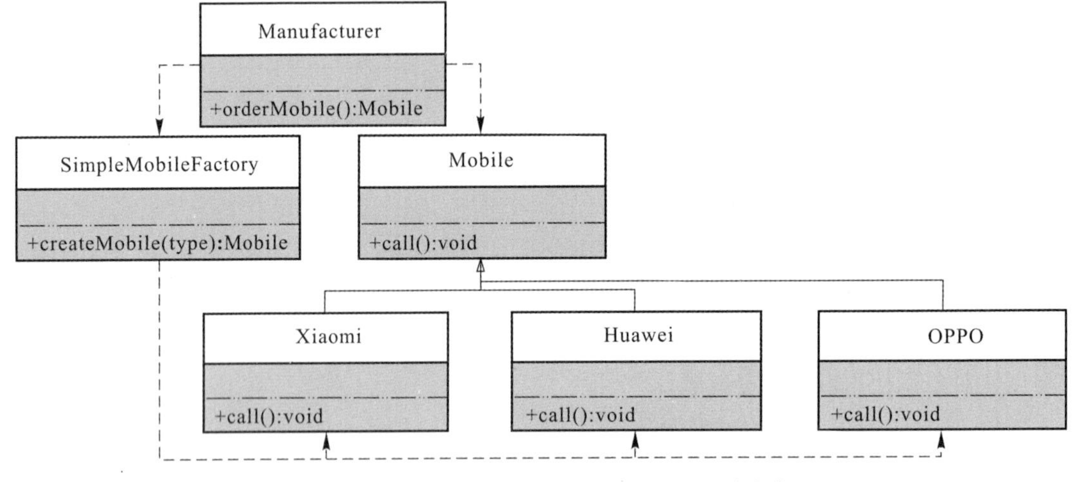

图 11-5 应用简单工厂模式的手机工厂设计方案

示例 11-10 简单工厂类 SimpleMobileFactory

```
/**
 * 该类建模一个创建手机产品对象的简单工厂类
 */
public class SimpleMobileFactory {
    /**
     * 该方法创建不同类型的手机产品对象
     * @param type 参数决定了哪款手机产品对象被创建
     */
    public Mobile createMobile(String type){
        Mobile mobile =null;
        if(type.equals("Xiaomi")){
          mobile = new Xiaomi();
        }eise if (type.equals("OPPO")){
          mobile = new OPPO();
        }else if (type.equals("Huawei")){
          mobile = new Huawei();
        }
        return mobile;
    }
}
```

示例 11-11 使用简单工厂的客户端类 Manufacturer

```
/**
 * 该类建模一个使用简单工厂创建不同类型手机产品对象的客户端类
 */
public class Manufacturer {
SimpleMobileFactory factory;
    public Manufacturer(SimpleMobileFactory factory){
        this.factory = factory;
    }
    /**
     * 该方法调用简单工厂方法创建不同类型的手机产品对象,并根据获取的手机对象完成更多功能
     * @param type 该参数决定了哪款手机产品对象被创建
     */
    void orderMobile(String type){
        Mobile mobile;
        mobile = factory.createMobile(type);
        mobile.call();
    }
}
```

方法 orderMobile()是负责创建不同类型手机对象的方法,伴随着不同品种手机的升级、老品牌的消失,以及新品种的诞生,该方法会一直处于不断的变化之中。使用简单工厂模式后,变化的部分被"封装"起来,让其他部分不受到影响,这样代码变化后影响范围减小,系统变得更有弹性。

简单工厂模式倾向于将类 Manufacturer 中改变的东西(即创建不同类型手机产品对象的代码)进行独立封装,把类 Manufacturer 由一个"创建和使用不同类型手机产品对象的客户端类"转变为一个"仅使用不同类型手机产品对象的客户端类"。

5. 简单工厂模式的扩展

将工厂模式中创建产品对象的方法定义为静态方法,这样就升级为静态工厂模式。只需要通过类.方法名()的方式,不用将类具体实例化,就能够调用创建产品对象的方法。

在示例 11-10 代码基础上,进行修改如下:

示例 11-12 简单工厂类 SimpleMobileFactory

```
/**
 * 该类建模一个创建手机产品对象的简单工厂类
 */
public class SimpleMobileFactory {
    /**
     * 该方法创建不同类型的手机产品对象
     * @param type 该参数决定了哪款手机产品对象被创建
     */
    //静态工厂方法
    public static Mobile createMobile(String type){
        Mobile mobile =null;
```

```
        if(type.equals("Xiaomi")){
            mobile = new Xiaomi();
        }else if (type.equals("OPPO")){
            mobile = new OPPO();
        }else if (type.equals("Huawei")){
            mobile = new Huawei();
        }
        return mobile;
    }
}
```

示例 11-13 使用简单工厂的客户端类 Manufacturer

```
/**
 * 该类建模一个使用简单工厂创建不同类型手机产品对象的客户端类
 */
public class Manufacturer {
    /**
     * 该方法调用简单工厂方法创建不同类型的手机产品对象,并根据获取的手机对象完成更多功能
     * @param type 该参数决定了哪款手机产品对象被创建
     */
    void orderMobile(String type){
        Mobile mobile;
        mobile = SimpleMobileFactory.createMobile(type);
        mobile.call();
        }
    }
```

11.3.3 工厂方法模式

1. 工厂方法模式引入

简单工厂模式尽管在使用上很便捷,但其缺陷在于:每增加一种产品,就需要增加一个具体的产品类,以及修改工厂类中对应的创建产品对象的方法。这种做法违背开闭原则,并且如果在类实例化过程中还附加了对象初始化的操作,就大大增加了修改代码、扩展系统的复杂程度。

工厂方法模式对简单工厂模式中出现的以上问题进行优化,引入一种工厂等级结构,即增加一种工厂的继承结构:由抽象的工厂类声明创建产品对象的公共接口,具体的工厂类继承该工厂父类并实现产品实例化的方法。

一个具体的工厂类负责创建某个具体的产品类,这样在新增一个产品类时,只需要再新增一个创建该产品对象的工厂类即可,客户端代码和其他工厂类都不受影响,符合开闭原则,且系统的可扩展性较强。

工厂方法模式属于创建类模式,定义一个创建对象的工厂接口,但让实现这个接口的子类来决定具体实例化哪个产品对象。工厂方法模式将产品子类的实例化延迟到工厂子类中进行。

工厂方法模式的一个显著特点,就是工厂等级结构与产品等级结构对应,每一个工厂子类

都负责一个产品子类的实例化工作,而工厂父类负责定义创建产品的公共接口。因此,工厂方法模式相比简单工厂模式更灵活且满足单一职责原则——将对象的创建和使用分离。

2. 工厂方法模式类图

工厂方法模式的UML类图如图11-6所示,4个主要职能角色见表11-13。

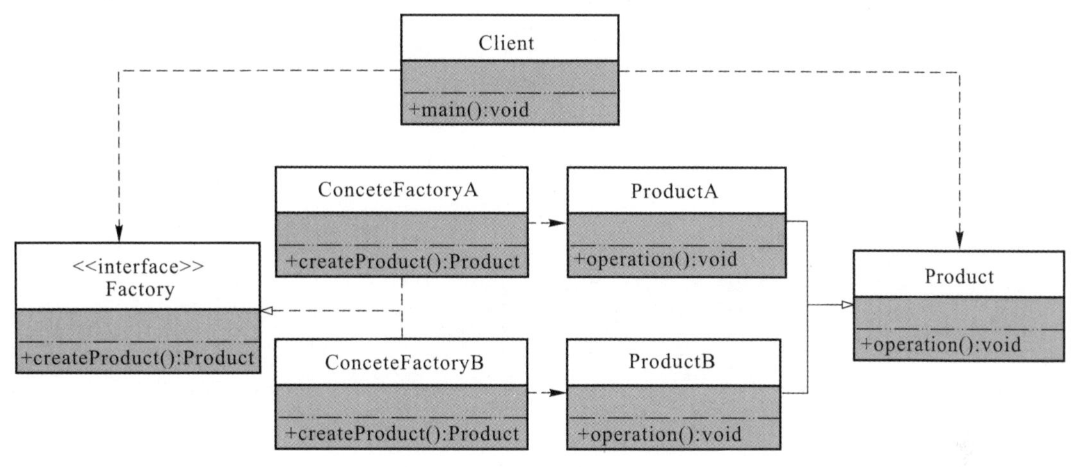

图11-6 工厂方法模式类图

表11-13 工厂方法模式角色及职能

类	角 色	职 能
Factory	抽象的工厂类	声明产品创建方法,提供工厂子类创建产品对象的接口
ConcreteFactoryA ConcreteFactoryB	具体的工厂类	是抽象工厂类的子类,实现了在抽象工厂中声明的工厂方法
Product	抽象的产品类	声明产品子类的公共接口
ProductA ProductB	具体的产品类	实现抽象产品类的公共接口,具体工厂类创建的对象都是具体产品类的实例化结果

与简单工厂模式相比,工厂方法模式新引入了抽象工厂类,抽象工厂可以是接口、抽象类或者具体类。

3. 工厂方法模式的实现

工厂方法模式先由工厂父类定义子类公共实现接口,再将创建产品对象的逻辑封装在工厂子类的方法中。工厂方法模式完全遵循了开闭原则。

示例11-14 工厂方法模式的实现框架

```
/**抽象工厂Factory类*/
public interface Factory {
    public abstract Product createProduct(); //声明产品方法但并未实现
}
/**具体工厂ConcreteFactoryA类*/
    public class ConcreteFactoryA implements Factory{
```

```
    @Override
    //产品方法的实现由具体工厂负责
    public Product createProduct() {
      return new ProductA();
    }
}
/ * * 具体工厂 ConcreteFactoryB 类 * /
public class ConcreteFactoryB implements Factory{
    @Override
    public Product creatProduct(){
      return new ProductB();
    }
}
/ * *  Client(客户端类) * /
    public class Client(){
      public static void   main(String[] args){
          //客户端指定具体工厂,创建具体产品
          Factory factorya = new ConcreteFactoryA();
        Factory factoryb = new ConcreteFactoryB();
          Product producta = factorya. createProduct();
          Product productb = factoryb. createProduct();
      }
}
```

4. 工厂方法模式的应用实例

假设有一个手机生产厂商,可以生产不同品牌的手机(例:Xiaomi、Huawei、OPPO 等),允许用户针对品牌定制购买,而且随着时间的推移,生产的手机品种也在不断发生变化。

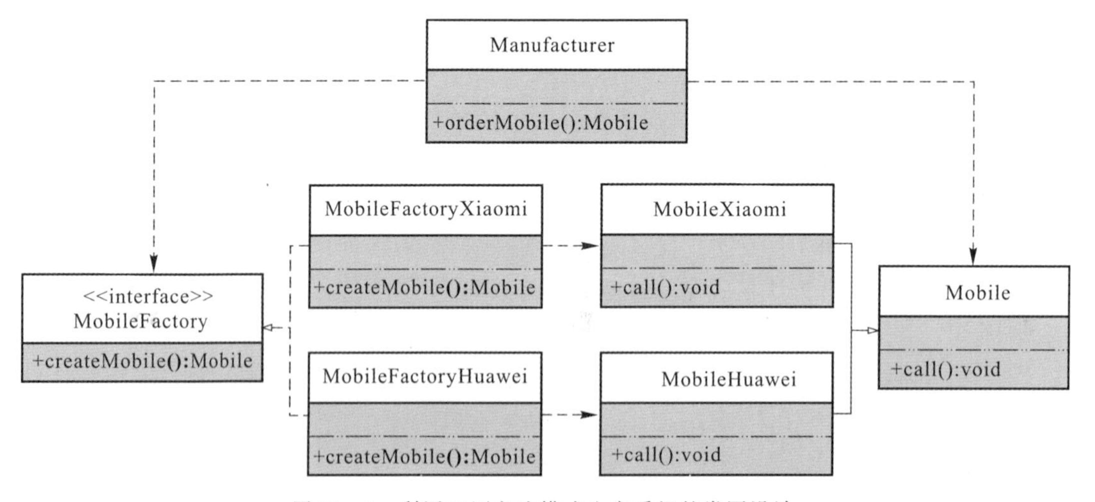

图 11－7　利用工厂方法模式生产手机的类图设计

如图 11－7 所示,在本案例中:创建一个抽象的手机类 Mobile,通过实现该接口可以获得不同品牌的手机类；创建一个具体的手机工厂类 MobileFactory，并在该类中实现生产具体产品的方法 createMobile()。客户端 Manufacturer 通过调用该方法，并传入用户想要购买的品牌名参数，可以实现对手机的定制化生产。

示例 11－15 抽象工厂 MobileFactory 类

```
/** 抽象工厂 MobileFactory 类
 * 该类建模一个定义创建对象方法的抽象工厂类
 */
public interface MobileFactory {
    /**
     * 该方法创建不同类型的手机产品对象
     */
    public abstract Mobile createMobile();
}
```

示例 11－16 具体工厂 MobileFactoryXiaomi 类、MobileFactoryHuawei 类

```
/** 具体工厂 MobileFactoryXiaomi 类
 * 该类建模一个创建具体手机产品对象的工厂子类 MobileFactoryXiaomi
 */
public class MobileFactoryXiaomi implements MobileFactory{
    /**
      * 该方法创建 Xiaomi 手机产品对象
      */
    public Mobile createMobile(){
      return new MobileXiaomi();
    }
}

/** 具体工厂 MobileFactoryHuawei 类
 * 该类建模一个创建具体手机产品对象的工厂子类 MobileFactoryHuawei
 */
public class MobileFactoryHuawei implements MobileFactory{
    /**
      * 该方法创建 Huawei 手机产品对象
      */
public Mobile createMobile(){
      return new MobileHuawei();
    }
}
```

示例 11－17 客户端 Manufacturer 类

```
/** 客户端 Manufacturer 类
 * 该类建模一个使用工厂方法模式创建不同类型手机产品对象的客户端类
 */
```

```
public class Manufacturer {
        MobileFactory factorya = new MobileFactoryXiaomi();
        MobileFactory factoryb = new MobileFactoryHuawei();
        /**
         * 该方法调用工厂子类中的方法创建不同类型的手机产品对象,并根据获取的手机对象完成更
多功能
         */
        void orderMobile(){
              Mobile mobilea ;
              Mobile mobileb ;
              mobilea = factorya.createMobile();
              mobileb = factoryb.createMobile();
           mobilea.call();
           mobileb.call();
        }
}
```

11.3.4 抽象工厂模式

1. 抽象工厂模式引入

在前面的例子中,各工厂子类生产的产品是不同品牌的手机,现在增加需求——生产不同品牌的平板、电脑。若按照工厂方法模式,假设现在有两个品牌(Xiaomi、Huawei)旗下均有手机、平板及电脑的生产需求。那么在原来只生产手机的基础上,若要追加生产平板、电脑,在增加2个产品的抽象类及4个产品子类的同时,还要增加4个平板产品子类所对应的平板工厂子类,在系统中总共增加了10个类,一共需要维护6个工厂子类。在这种情况下,新增的类太多,使得系统越来越复杂,那么使用工厂方法模式是不可取的。

因此,考虑将抽象工厂模式应用到以上情景中去。在抽象工厂模式中,每一个具体工厂中提供多个工厂方法用于生产多种不同类型的产品,这些产品构成了一个"产品族",同一个具体工厂内生产同一族产品。相比工厂方法模式中只有一个产品等级结构,抽象工厂模式由于引入了产品族的概念,因此其中将含有多个产品等级结构。将产品类按照产品族进行分组,工厂子类中有一组方法负责生产同产品族的产品,这组方法中的每一个方法负责生产该产品族中不同等级的产品。

应用之前手机工厂案例,现新增产品线(平板、电脑)并应用抽象工厂模式,那么按照品牌(产品族)Xiaomi、Huawei划分工厂子类为Xiaomi工厂子类和Huawei工厂子类。Xiaomi工厂子类中能够分别创建Xiaomi手机、Xiaomi平板、Xiaomi电脑,同样,Huawei工厂子类中也能分别创建Huawei手机、Huawei平板、Huawei电脑。这样一来,相比于工厂方法模式要维护6个工厂子类,应用了抽象工厂模式的系统只需维护2个工厂子类。

抽象工厂模式(Abstract Factory Pattern)属于创建型模式,提供一个接口创建一系列相关或相互依赖的对象,而无须指定它们具体的类,非常适合解决多维度的产品对象构造问题。

2. 抽象工厂模式类图

抽象工厂模式的UML类图如图11-8所示，4个主要职能角色见表11-14。

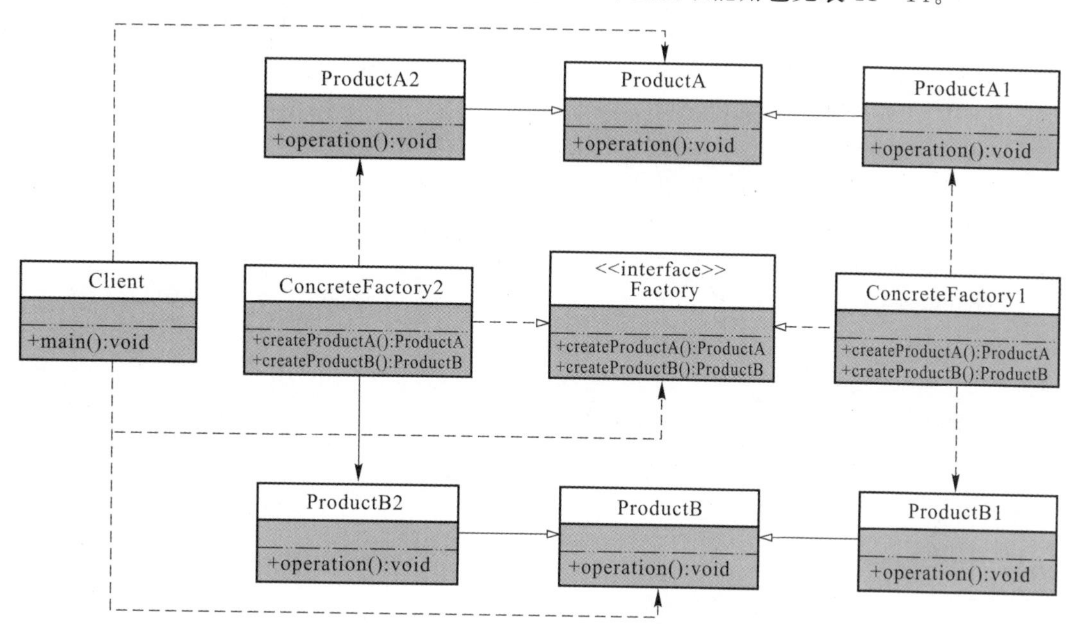

图11-8 抽象工厂模式类图

表11-14 抽象工厂模式角色及职能

类	角 色	职 能
Factory	抽象的工厂类	声明一组用于创建一族产品的方法，提供工厂子类创建产品的接口
ConcreteFactory1 ConcreteFactory2	具体的工厂类	实现创建产品对象的方法，调用该方法能够创建出一组具体产品
ProductA ProductB	抽象的产品类	可以被子类继承或实现，定义产品的规范和功能
ProductA1 ProductA2 ProductB1 ProductB2	具体的产品类	继承或实现抽象产品类，也可以实现自己的业务逻辑

抽象工厂模式比工厂方法模式更为灵活，该模式中的一个具体工厂不是维护一个产品，而是需要维护一族产品。

3. 抽象工厂模式的实现

示例11-18 抽象工厂模式的实现框架

```
/**抽象工厂类*/
    public interface Factory {
        //声明产品方法但并未实现
```

```
        public ProductA createProductA();
        public ProductB createProductB();
}
/**具体工厂类*/
    //具体工厂1所创建的对象构成一个产品族
public class ConcreteFactory1 implements Factory{
    //产品方法的实现由具体工厂负责,每一个具体工厂方法返回一个特定产品对象
    @Override
    public ProductA createProductA() {
      return new ProductA1();
    }

    @Override
    public ProductB createProductB() {
      return new ProductB1();
    }
}
    //具体工厂2所创建的对象构成一个产品族
public class ConcreteFactory2 implements Factory{
    //产品方法的实现由具体工厂负责,每一个具体工厂方法返回一个特定产品对象
    @Override
    public ProductA createProductA() {
      return new ProductA2();
    }

    @Override
    public ProductB createProductB() {
      return new ProductB2();
    }
}
/**客户端*/
public class Client{
    public static void  main(String[] args){
        //客户端指定具体工厂,创建一族产品
      Factory factorya = new ConcreteFactory1();
      ProductA producta = factorya.createProductA();
      ProductB productb = factorya.createProductB();
    }
}
```

4. 抽象工厂模式的应用实例

由于抽象工厂模式较为复杂和抽象,此处沿用前面两种模式中使用的工厂案例对抽象工厂模式进行具体实现和帮助理解。

如图11-9所示，在该案例中：抽象工厂类Factory声明了每个工厂子类（品牌）旗下的手机和平板的实例化方法；工厂子类FactoryXiaomi、FactoryHuawei继承自父类工厂，并实现了创建各自品牌手机和平板的对象方法。

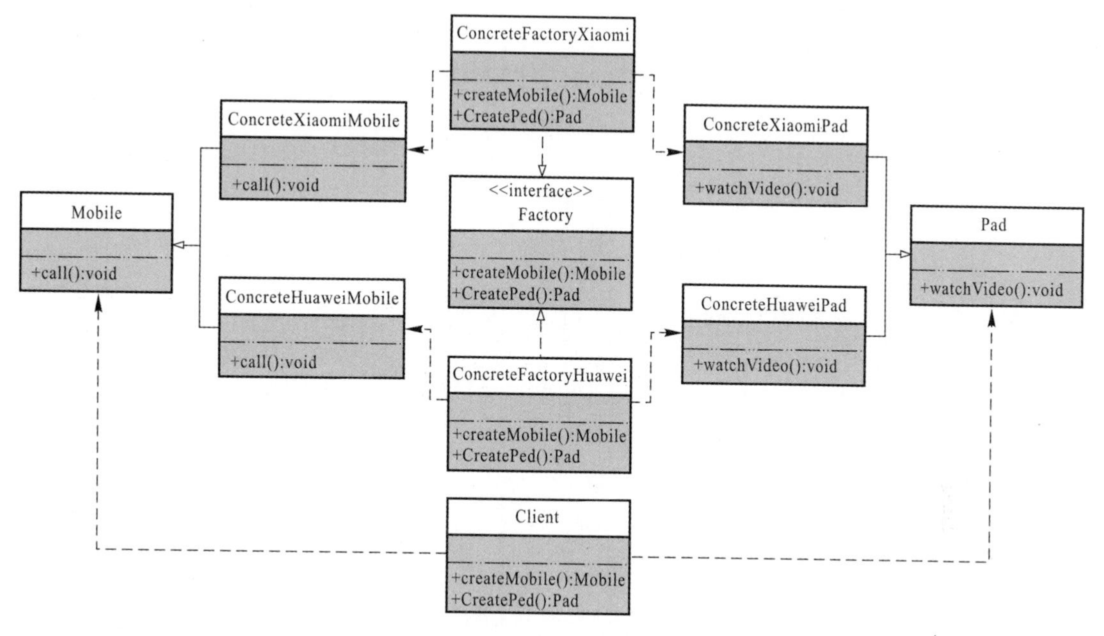

图11-9　抽象模式应用实例类图设计

在该例中，产品族依据品牌属性进行划分，产品等级结构依据电子产品（手机或平板）进行划分，分别为手机等级结构和平板等级结构。同一工厂类的不同实例化方法实现了同一品牌（Xiaomi或Huawei）的不同电子产品（手机或平板）的生产。使用抽象工厂方法，有效地减少了工厂子类的创建，且适用于生产线较稳定的情景中。

示例11-19　抽象工厂模式的应用实例

```
/**抽象工厂类*/
public interface Factory {
        public Mobile createMobile(); //产品方法一
        public Pad createPad();        //产品方法二
}

/**具体工厂 Xiaomi 类*/
public class FactoryApple implements Factory{

    @Override
    public Mobile createMobile() {
      return new ConcreteXiaomiMobile();
    }

    @Override
```

```
        public Pad createPad() {
            return new ConcreteXiaomiPad();
        }
}
/**具体工厂 Huawei 类*/
public class FactoryHuawei implements Factory{

        @Override
        public Mobile createMobile() {
            return new ConcreteHuaweiMobile();
        }
        @Override
        public Pad createPad() {
            return new ConcreteHuaweiPad();
        }
}
/**客户端*/
        public class Client(){
            public static void  main(String[] args){
                Factory factorya = new ConcreteFactoryXiaomi();
                Factory factoryb = new ConcreteFactoryHuawei();
                Mobile miphone = factorya.createMobile();
                Pad mipad = factorya.createPad();
                Mobile hphone = factorya.createMobile();
                Pad hpad = factoryb.createPad();
}
```

11.4 结构型模式

11.4.1 适配器模式

1. 适配器模式引入

生活中也常见应用适配器的情景，假设程序员去日本出差，日本酒店内插座规格是100V，但是程序员从国内带来的笔记本电脑的电源规格是220V。此时电脑电源插头与酒店插座规格不匹配，程序员无法为电脑充电，这时就可以利用一个转接头（适配器）来实现电源接口的适配。

适配器模式中的适配器，也可以简单理解为一种转换器，把客户类对于原目标的请求转化为对适配者相应接口的调用。

在程序员编码中，也经常会碰到这样的情况。某一项目的功能，只能通过访问接口A实现，而关键方法却在接口B中定义，但程序员没有接口B的源代码。在这种情况下，我们不能直接使用接口B的代码，那么就只能使用一个适配器C来承担接口A与接口B之间的匹配职责，在接口A间接地通过适配器C来访问接口B中的关键业务逻辑。

适配器模式(Adapter Design Pattern)为兼容接口的需求服务,经过适配器类的转换,将已有的与目标不兼容的接口转换为用户期望的、满足用户实际需求的接口,即当客户端调用适配器类方法时,为满足用户兼容适配的需求,在适配器类(Adapter)的内部会间接调用适配者类(Adaptee)的方法,让原本由于接口不兼容而不能一起工作的类可以共同协作。

2. 适配器模式类图

适配器模式的3个主要职能角色见表11-15,其UML类图如图11-10、图11-11所示。

表11-15 适配器模式角色及职能

类	角色	职能
Adaptee	适配者(源)	期望被转换的角色,一般是已存在的具体类,它定义了一个已存在的接口,是客户需要使用的方法。在之前的电源接口例子中是程序员电脑的220V电源接口
Adapter	适配器	作为转换器,是适配器模式的核心,实现Target接口并继承适配者类,使得不兼容且不交互的接口能够一起工作
Target	目标	期望转换为"谁"的角色,"谁"就是目标。在Java开发中,它只能是接口。在之前的电源接口案例中是日本酒店100V的电源接口

3. 适配器模式的实现

适配器模式的实现有两种:类适配器和对象适配器。类适配器使用继承关系实现,对象适配器使用关联关系实现。

(1)类适配器。

类适配器模式,适配器(Adapter)与适配者(Adaptee)之间是继承关系。若客户端期望调用operation1()、operation2()方法,而已有的适配者类Adaptee只提供funa()、funb()、func()方法,为满足客户端需求,引入适配器类Adapter。适配器类能实现目标类Target的方法operation1()、operation2(),并且适配器类Adapter继承适配者类Adaptee,在适配器类的operation1()、operation2()方法中调用所继承的适配者类的funa()、funb()、func()方法,以此使得客户端能够使用适配者类中的方法。

由于类适配器采用多重继承,但Java不支持多重继承,因此在Java开发中一般目标类Target都是接口,或多采用对象适配器来实现适配器模式,其类图如图11-10所示。

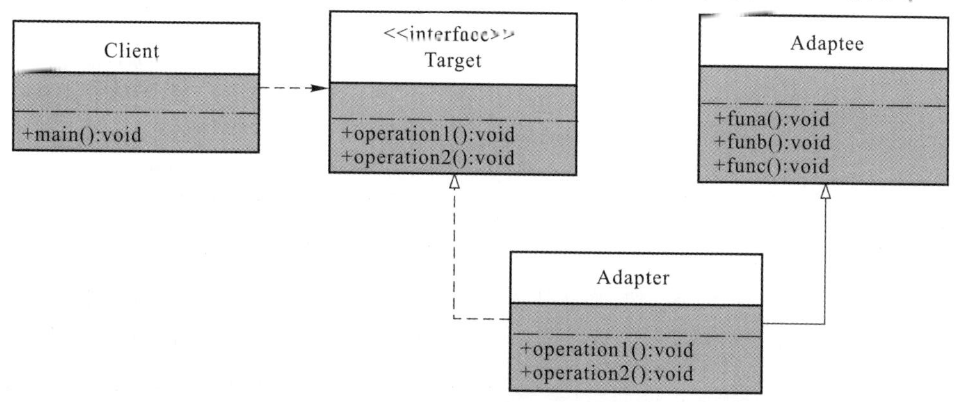

图11-10 类适配器模式类图

示例 11－20　类适配器模式实现框架

```
//目标类 Target
public interface Target {
  void operation1();
  void operation2();
}
//适配者类 Adaptee
public class Adaptee {
  public void funa() { //... }
  public void funb() { //... }
  public void func() { //... }
}
// 类适配器：基于继承
public class Adapter extends Adaptee implements Target {
    public void operation1() {
      super.funa();            //调用适配者类中的 funa 方法
    }
    public void operation2() {
      super.funb();          //调用适配者类中的方法
      super.func();
    }
}
```

(2)对象适配器。

对象适配器模式，适配器与适配者之间是关联关系。为了使得客户端能够使用适配者类 Adaptee 中的方法，引入包装类适配器 Adapter。适配器 Adapter 实现了目标类 Target 中的方法，且包装类中包装了一个适配者类 Adaptee 的实例。这样就能在包装类适配器 Adapter 的方法中通过实例调用适配者类 Adaptee 的方法。对象适配器模式类图如图 11－11 所示。

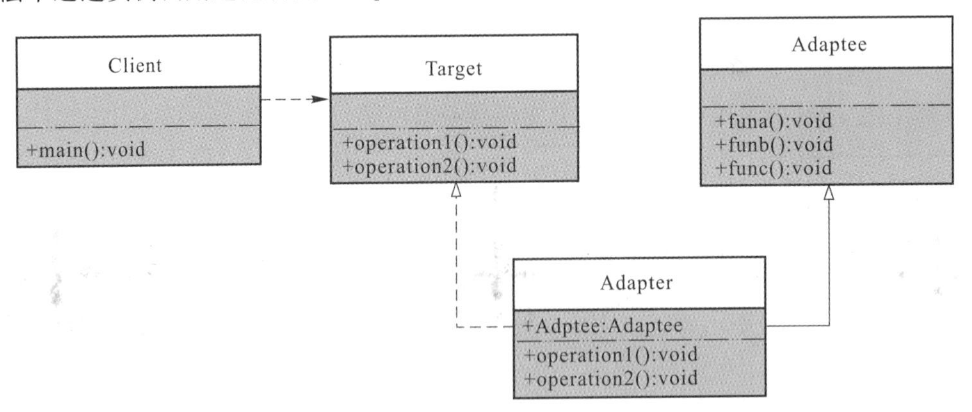

图 11－11　对象适配器模式类图

示例 11－21　对象适配器模式实现框架

```
// 对象适配器:基于关联关系
```

```
public class Adapter implements Target {
    //维护一个适配者类的实例,定义适配者 adaptee 对象
    private Adaptee adaptee;

    public Adapter(Adaptee adaptee) {
        this.adaptee = adaptee;
    }
    public void operation1() {
        adaptee.funa();          //调用适配者类中的方法
    }
    public void operation2() {
        adaptee.funb();
adaptee.func();
    }
}
```

实际开发中,如果适配者类 Adaptee 定义的方法很多,而且 Target 接口定义的方法大部分都相同,则推荐使用类适配器。因为 Adapter 复用父类 Adaptee 的方法,比起对象适配器的实现方式代码量要少一些。

如果 Adaptee 类定义的方法很多,而且 Target 接口定义的方法大部分都不相同,则推荐使用对象适配器,因为组合结构相对于继承更加灵活。

当目标类 Target 是一个抽象类,而不是接口,且适配器类中同时出现多个适配者时,由于 Java 不支持多重类继承,所以不能使用类适配器,只能通过对象适配器实现客户端需求。

4. 适配器模式的应用实例

在电子文档办公过程中,我们常常会遇到想要将 DOC 格式文件转换为 PDF 格式的文件,或者将 XLS 格式文件转换为 PDF 格式文件的情况,并且要求文档的格式转换不会影响源文档。

在这个案例中,假设用户需求是从 DOC 格式文件转换为 PDF 格式文件,且要求不改变源文档的情况下进行文档格式的转换,那么可以采用适配器模式。适配者就是 DOC 文档类,目标类 Target 是 PDF 文档类,引入一个适配器类 Adapter 类进行文档格式的适配转换。

示例 11－22　适配器模式的应用实例

```
/**适配者类:DOC 文档类*/
public class Doc{
    public void docPrint() {
        System.out.println("This is Adaptee...");
    }
}
/**目标类:PDF 文档类*/
public class Pdf{
    public void pdfPrint();
}
/**适配器类:Adapter 类*/
public class Adapter extends Pdf{
```

```
    private Doc doc;                    //定义适配者 Doc 对象
    public Adapter(Doc doc){
        this.doc = doc;
    }
    public void pdfPrint(){
        doc.docPrint();                  //调用适配者类 Doc 的方法
    }
}
```

11.4.2 组合模式

1. 组合模式引入

组合，即将多个对象组织在一起。不管是团队管理、超市采购、抓球实验，还是文件目录结构，生活中许多地方都运用到了组合的概念。在软件开发设计中，也应用到了组合的思想，将多个对象组合在一起统一管理，并形成了树形的“部分-整体”结构。

组合模式的关键就在于引入了抽象构件类，并将树形结构中的非叶子节点称为容器对象，叶子节点称为叶子对象，而抽象构件类则是容器类和叶子类的父类，并定义了子类的公共接口。由容器实现父类全部的方法，包括公共接口及管理访问子节点（容器对象或叶子对象）的方法，而叶子类不含子节点，因此只实现了公共接口。

当遇到设计模型中具有树形的对象间逻辑关系场景时，未采用组合模式优化之前，用户可能在使用对象前需要区分是容器对象还是叶子对象，再实现具体操作。在使用组合模式优化代码后，用户就不必关心使用的是哪个子节点对象，只针对抽象构件类编程即可，这大大提升了软件系统的灵活性和可扩展性。

组合模式（Composite Pattern）是将对象组合成树形结构以表示“部分－整体”的层次结构。组合模式使得用户对单个对象和组合对象的使用具有透明性和一致性。

2. 组合模式类图

组合模式的 UML 类图如图 11－12 所示，3 个主要职能角色见表 11－16。

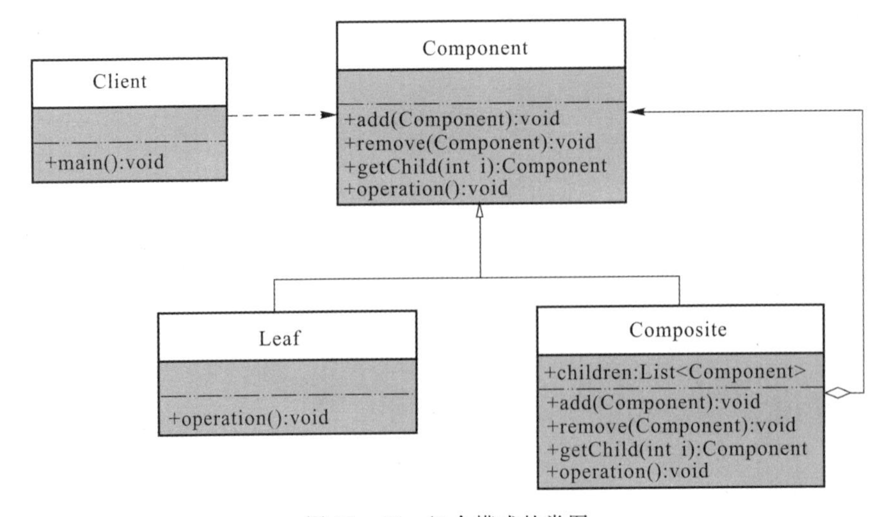

图 11－12　组合模式的类图

表 11-16 组合模式角色及职能

类	角 色	职 能
Component	抽象构件类	声明所有子类共有接口的默认行为,并定义了用于访问和管理子构件的方法
Composite	容器构件类	表示有枝节点对象,使用一个集合存储子部件。实现了共有接口和管理访问子部件的操作,如增加(add)和删除(remove)等,同时在具体业务方法中使用递归算法对子部件进行处理
Leaf	叶子构件类	表示叶子节点对象,叶子节点没有子节点,仅实现在抽象构件中定义的共有行为。对于那些访问及管理子构件的方法,可以通过异常、报错等方式进行处理

3. 组合模式的实现

示例 11-23 组合模式中的抽象构件类

```
/**Component(抽象构件类)*/
public abstract class Component {
    //定义一个抽象的业务方法
    public abstract void operation();
    //定义一个抽象的添加命令
    public abstract void add(Component c);
    //定义一个抽象的移除命令
    public abstract void remove(Component c);
    //定义一个抽象的遍历子节点命令
    public abstract Component getChild(int i);
}
```

示例 11-24 组合模式中的叶子构件类

```
/**Leaf(叶子构件类)*/
public class Leaf extends Component {
    //叶子构件具体业务方法的实现
    public void operation() {
        System.out.println("Leaf operation execute");
    }
    //添加元素的方法
    public void add(Component c) {
        //抛出异常或报错提示
        throw new UnsupportedOperationException();
    }
    //移除元素的方法
    public void remove(Component c) {
        //抛出异常或报错提示
        throw new UnsupportedOperationException();
```

```
    }
    //获取其中元素的方法
    public Component getChild(int i) {
        //抛出异常或报错提示
        return null;
    }
}
```

示例 11-25　组合模式中的容器构件类

```
/** Composite(容器构件类) */
public class Composite extends Component {
    //声明一个为 Component 类型的 ArrayList 数组
    protected List<Component> children = new ArrayList<Component>();
    //容器构件具体业务方法的实现,使用递归调用子部件的业务方法
    public void operation() {
        for (Component child : children) {
            System.out.println("Composite operation execute");
        }
    }
    //添加元素的方法
    public void add(Component c) {
        children.add(c);
    }
    //移除元素的方法
    public void remove(Component c) {
        children.remove(c);
    }
    //获取其中元素的方法
    public Component getChild(int i) {
        return children.get(i);
    }
}
```

示例 11-26　组合模式的客户端类

```
/** Client(客户端类) */
public class Client {
    public static void main(String[] args) {
        //创建对象
        Component leaf = new Leaf();
        Component composite = new Composite();
        //添加元素
        composite.add(leaf);
        //执行具体业务方法
```

```
            leaf.operation();
            composite.operation();
        }
}
```

4. 组合模式的应用实例

某大型公司在各地区设立了多家分公司,每个分公司有人力资源部和财务部等多个工作部门。从总公司到分公司,再到各具体部门,如何表示该公司的层级部门分布?通过分析案例,可以发现公司与部门之间形成"树形"层级结构,所以选择组合模式来描述公司的部门分布情况。

示例11-27 抽象构件类:公司Company类

```
/** 抽象构件类:公司 Company 类 */
public abstract class Company{
protected String name;
    public abstract void lineOfDuty();
    public abstract void add(Company c);
    public abstract void remove(Company c);
    public abstract Company getChild(int i);
protected abstract void display(int i);
}
```

示例11-28 叶子构件类:人力资源部门HRDepartment类

```
/** 叶子构件类:人力资源部门 HRDepartment 类 */
public class HRDepartment extends Company {
    public HRDepartment(String name) {
        this.name = name;
    }
@Override
public void lineOfDuty() {
System.out.println(name + " :员工招聘培训管理");
    }

@Override
public void add(Company c) {
throw new UnsupportedOperationException("不支持该操作");
    }

@Override
public void remove(Company c) {
throw new UnsupportedOperationException("不支持该操作");
    }

@Override
```

```
public Company getChild(int i) {
throw new UnsupportedOperationException("不支持该操作");
    }

@Override
protected void display(int depth) {
        //输出树形结构
        for(int i=0; i<depth; i++) {
            System.out.print('-');
        }
        System.out.println(name);
    }
}
```

示例 11-29　叶子构件类:财务部门 FinanceDepartment 类

```
/**叶子构件类:财务部门 FinanceDepartment 类*/
public class FinanceDepartment extends Company {
    public FinanceDepartment(String name) {
      this.name = name;
    }
    public void add(Company company) {
      throw new UnsupportedOperationException("不支持该操作");
    }

    public void remove(Company company) {
      throw new UnsupportedOperationException("不支持该操作");
    }


    public Company getChild(int i) {
      throw new UnsupportedOperationException("不支持该操作");
    }
    public void lineOfDuty() {
      System.out.println(name + " :公司财务收支管理");
    }
 @Override
 protected void display(int depth) {
         //输出树形结构
         for(int i=0; i<depth; i++) {
             System.out.print('-');
         }
         System.out.println(name);
    }
}
```

示例11-30　容器构件类:分公司ConcreteCompany类

```
/**容器构件类:分公司ConcreteCompany类*/
public class ConcreteCompany extends Company {
    private List<Company> companyList = new ArrayList<Company>();

    public ConcreteCompany(String name) {
        this.name = name;
    }
    public void add(Company company) {
        this.companyList.add(company);
    }

    public void remove(Company company) {
        this.companyList.remove(company);
    }

    public void display(int depth) {
        //输出树形结构
        for(int i=0; i<depth; i++) {
            System.out.print('—');
        }
        System.out.println(name);

        //下级遍历
        for (Company component : companyList) {
            component.display(depth + 1);
        }
    }

    public void lineOfDuty() {
        //职责遍历
        for (Company component: companyList) {
            component.lineOfDuty();
        }
    }
    public Company getChild(int i) {
        return companyList.get(i);
    }
}
```

示例11-31　客户端:Client类

```
/**客户端:Client类*/
public class Client {
```

```
    public static void main(String[] args) {
        Company headcompany = new ConcreteCompany("北京总公司");
        Company company1 =new ConcreteCompany("西安分公司");
        Company company2 =new ConcreteCompany("成都分公司");
        headcompany.add(company1);
        headcompany.add(company2);
        Company department1 =new HRDepartment("西安分公司人力资源部");
        Company department2 =new FinanceDepartment("西安分公司财务部");
        Company department3 =new HRDepartment("成都分公司人力资源部");
        Company department4 =new FinanceDepartment("成都分公司财务部");
        company1.add(department1);
        company1.add(department2);
        company2.add(department1);
        company2.add(department2);
        System.out.println("结构图:");
        headcompany.display(1);
        System.out.println("\n 职责:");
        headcompany.lineOfDuty();
    }
}
```

11.4.3 装饰器模式

1. 装饰器模式引入

某单机游戏有人族、精灵族、兽族 3 种角色供玩家选择,所有角色初始有姓名、血量、体力等个人信息,支持走、跑和采集的行为。在游戏开发过程中,项目组希望增加飞行的玩法。假设游戏开发员为实现这一功能的扩展,利用继承机制,对类进行扩展,那么需要新建会飞的人族、会飞的精灵族、会飞的兽族 3 个类。如果项目组又提出需求,要增加魔法攻击的玩法,如果还使用继承来拓展功能,需要新建使用火魔法的人族、使用光魔法的会飞的人族……可以预见,需要新建的类数量非常庞大。

而对类的扩展,除了通过继承方式,用户还可以通过组合来实现。还是以上面单机游戏的案例来进行说明:在增加飞行玩法时,定义一个飞行的包装类,角色对象作为包装类的成员变量。在此基础上增加魔法攻击玩法,可以定义一个魔法攻击包装类,让前一层飞行包装类对象作为外层魔法攻击包装类的成员变量。像以上利用组合的方式来实现类功能的扩展,并且支持多层嵌套的设计模式,就是装饰器模式(Decorator Pattern)。

装饰器模式属于结构型设计模式。在不改变原本的类代码以及不使用继承的情况下,动态地将责任附加到对象上,从而实现动态拓展新功能。它是通过创建一个包装对象,来包裹真实的对象。若要扩展功能,装饰器模式提供了比继承更灵活弹性的替代方案。

Java 类库中的 I/O 流,同样也应用到了装饰器模式。以 Java 输入流为例,JDK 设计了许多输入流类,包括 ByteArrayInputStream、FileInputStream 等来满足不同输入场景,如图 11-13 所示。

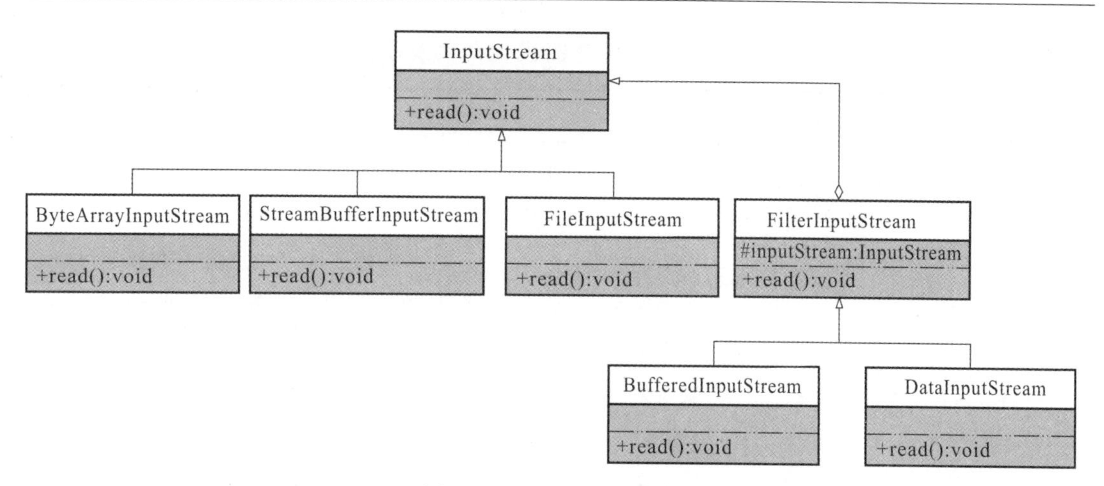

图 11-13 Java 的输入流

这些输入流都继承自共同的抽象类 InputStream。而面对不同的输入场景,需要不同的输入方式,就需要为原始输入流进行功能的扩展。JDK 设计了一个装饰器类 FilterInputStream。该类继承自 InputStream,并且“包装”了 InputStream 成员对象。

从 FilterInputStream 类派生出了许多装饰器子类,包括 BufferedInputStream, DataInputStream,等等,分别提供了输入流缓冲、从输入流读取 Java 基本数据类型等额外功能的扩展。

装饰器的应用原则是:①多用组合,少用继承。②开放-关闭原则:类应该对拓展开放,对修改关闭。

这种模式的主要意义是对原有的类进行功能扩展。

2. 装饰器模式类图

装饰器模式的 UML 类图如图 11-14 所示,主要职能角色见表 11-17。

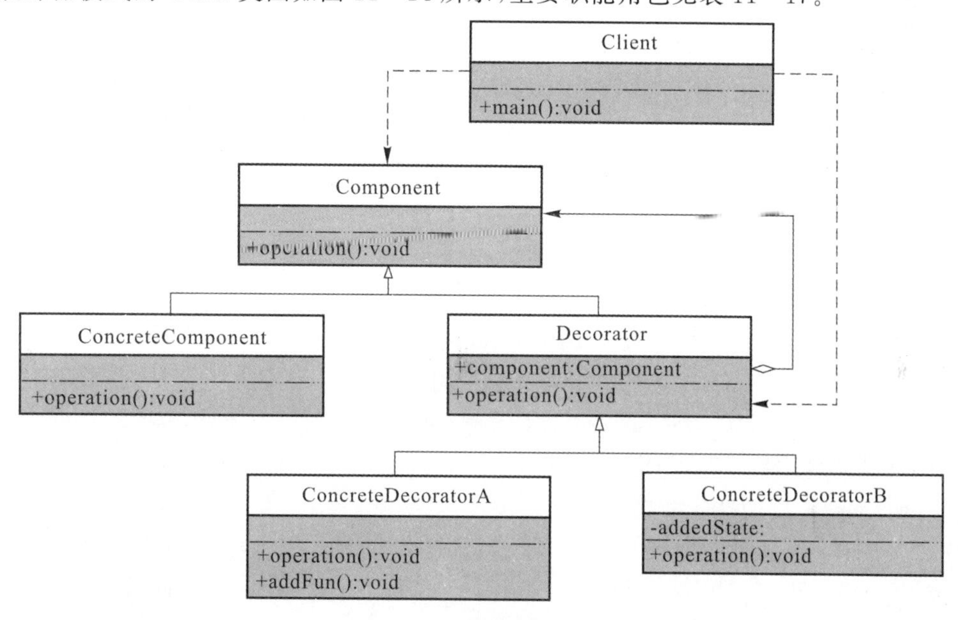

图 11-14 装饰器模式类图

表11-17 装饰器模式角色及职能

类	角 色	职 能
Component	抽象构件类	在上面的例子中,Component接口相当于角色接口,所有的被包装类、包装类,都继承于这个接口
ConcreteComponent	具体构件类	被包装类,作为Component类的子类,在该类中只提供了基础功能的实现。在例子中,人族、精灵族、兽族都属于这个角色
Decorator	抽象包装类	是ConcreteDecorator类的父类,又继承或实现了Component类。通过该引用可调用包装前构件对象的方法,并通过其子类扩展该方法,实现多层嵌套包装
ConcreteDecorator	具体包装类	具体的包装类,用于扩充被包装类的功能,作为Decorator类的子类,是对Decorator类的具体实现。在该类中可调用Decorator类的方法,也可同时定义新业务方法。比如例子中扩展的飞行玩法、魔法攻击玩法

3. 装饰器模式的实现

示例11-32 装饰器模式中的抽象构件类

```
/* * Component(抽象构件类) */
public abstract class Component {
    //定义一个抽象的业务方法
    public abstract void operation();
    }
```

示例11-33 装饰器模式中的具体构件类

```
/* * ConcreteComponent(具体构件类) */
public class ConcreteComponent extends Component {
    //基本功能的实现
    public void operation() {
        System.out.println("基本功能");
}
```

示例11-34 装饰器模式中的抽象包装类

```
/* * Decorator(抽象包装类) */
//装饰模式的核心在于抽象包装类的设计采用对象适配器模式
public class Decorator extends Component {
    //维持对抽象构件类对象的引用
    private Component component;
    public Decorator(Component component) {
        this.component = component;
    }
```

```
    public void operation() {
        component.operation();
        // 调用包装前的构件对象的方法
    }
}
```

示例11-35 装饰器模式中的具体包装类

```
/** ConcreteDecorator(具体包装类) */
public class ConcreteDecorator extends Decorator{
    public ConcreteDecorator(Component component){
      super(component);
        }

    public void operation(){
        super.operation();            //调用原有业务方法
        AddOperation();               //调用新增业务方法
    }

    //新业务方法
    public void addOperation(){
        System.out.println("新增业务");
    }
}
```

示例11-36 装饰器模式中的客户端类

```
/** Client(客户端类) */
  public class Client {
      public static void main(String[] args) {
      //使用抽象构件定义对象,创建具体构件对象
      Component component = new ConcreteComponent();
  //创建包装后的构件对象
        Component componentDec = new ConcreteDecorator(component);
    component.operation();
    componentDec.operation();
    }
}
```

4. 装饰器模式的应用实例

某公司有组织部、财务部、开发部、后勤部这四大部门,总经理决定对员工针对性培训,通过提升技术能力达到提高业绩的目标。第一批进修的目标,是财务部的全体财会们掌握数据分析的能力,开发部的全体开发人员掌握 Python 编程的能力。

在本案例中,很明显是要对雇员角色进行业务能力的扩展,因此可用装饰器模式来实现扩展

需求。按照该模式的定义,Component 接口为员工接口,定义了员工的公共业务行为 work(),不同部门的员工其 work()方法也有不同实现,如图 11－15 所示。ConcreteComponent 类为(需要被包装的)员工实现类,根据部门分别实现了文员、财会、开发人员、后勤人员这四类员工实现子类。Decorator 抽象类为实现功能扩展的抽象包装类,装饰器模式采用对象适配器模式,因此在抽象包装类中能够包装一个员工对象。ConcreteDecorator 类则为具体的包装类。

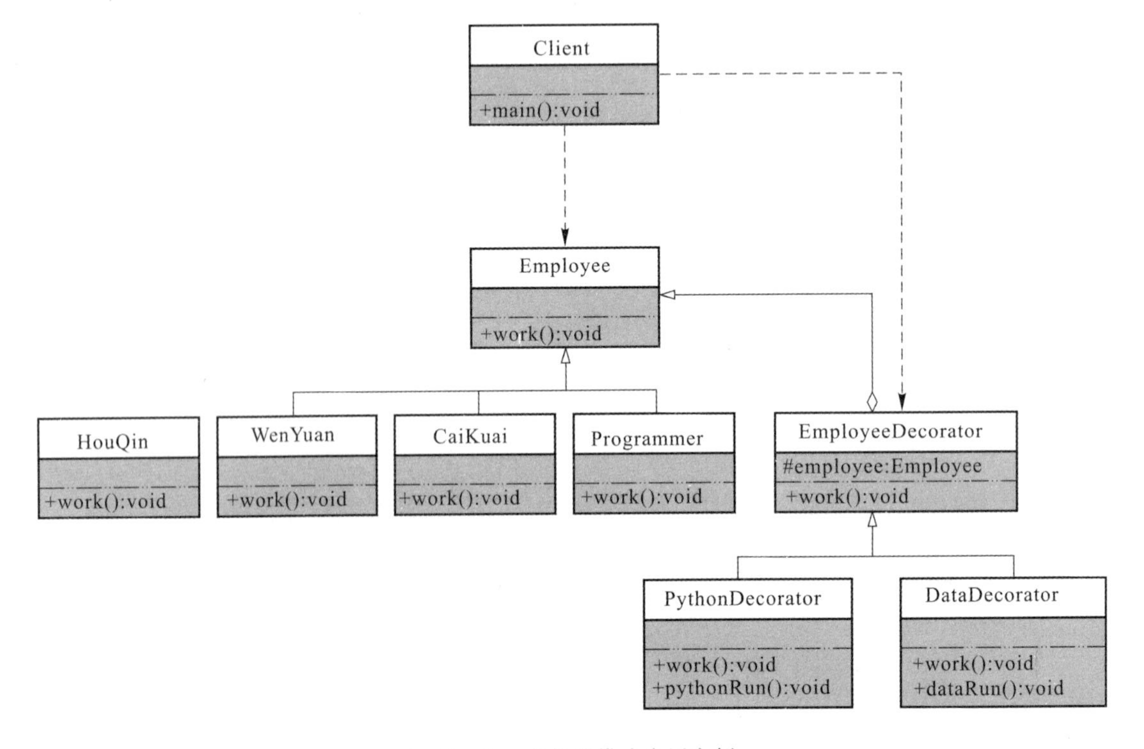

图 11－15　装饰器模式应用实例

11.5　行为型模式

11.5.1　策略模式

1. 策略模式引入

在外出旅游时,游客可以选择多种不同出行方式,如坐火车、坐飞机、坐汽车等。当面对多种选择时,游客需根据实际情况选择出一种最适合的出行方式,并且出行方式可以随时增加和改变,游客能够进行灵活选择。这种游客与选择出行方式之间的模式就是策略模式(Strategy Pattern)。在软件开发中常出现某一功能有多种算法,此时就需要引入策略模式来实现灵活地选择算法、便捷地增加新算法。

策略模式,是定义了一系列算法并封装在接口中,这些算法适合在不同类型的情况下使用。并且,由于策略模式将行为和环境分离,当出现新的行为时,只要封装新的策略,就可以在需要使用时进行调用。

2. 策略模式类图

策略模式的 UML 类图如图 11－16 所示，3 个主要职能角色见表 11－18。

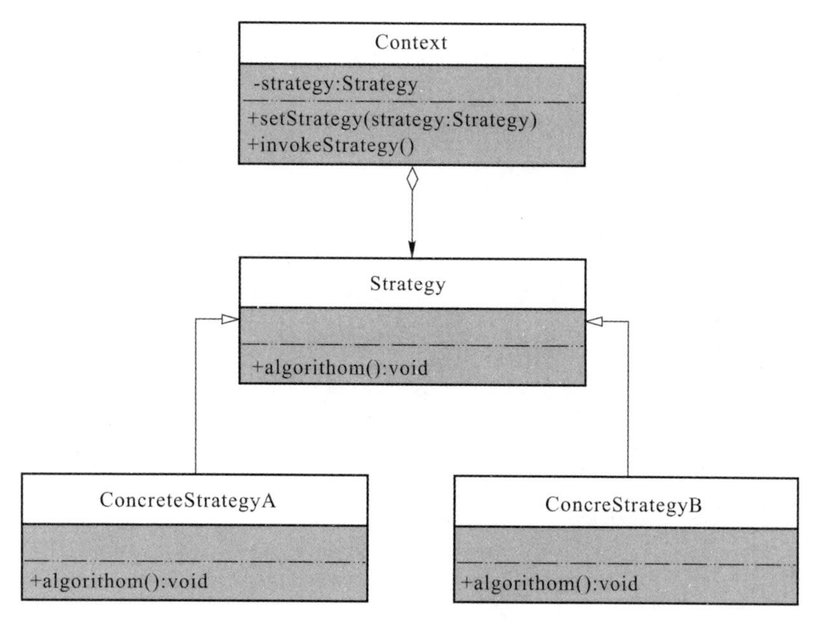

图 11－16　策略模式类图

表 11－18　策略模式角色及职能

类	角　色	职　能
Context	环境类	使用算法的角色，维护一个抽象策略类的引用实例，提供给客户端调用
Strategy	抽象策略类	是 ConcreteSrategy 类的父类，定义一个公共接口给所有支持的算法
ConcreteSrategy	具体策略类	实现公共接口，具体的算法策略

3. 策略模式的实现

示例 11－37　策略模式中的 Strategy(抽象策略类)

```
/ * * Strategy(抽象策略类) * /
public abstract class Strategy {
    //定义一个抽象的算法
    public abstract void algorithm();
 }
```

示例 11－38　策略模式中的 ConcreteStrategy(具体策略类)

```
/ * * ConcreteStrategy(具体策略类) * /
public class ConcreteStrategy extends Strategy {
    //算法的具体实现
    public void algorithm() {
        System. out. println("使用算法 A");
    }
```

示例 11-39　策略模式中的 Context(环境类)

```
/** Context(环境类) */
public class Context{
    //维持一个抽象策略类的引用
  private Strategy strategy;

    public void setStrategy(Strategy strategy) {
        this.strategy = strategy;
    }
    //调用策略类中的算法
      public void algorithm() {
        strategy.algorithm();
    }
}
```

示例 11-40　策略模式中的 Client(客户端类)

```
/** Client(客户端类) */
  public class Client {
      public static void main(String[] args) {
      //创建对象
      Context context = new Context();
    Strategy strategy = new ConcreteStrategy();
    context.setStrategy(strategy);
    context.algorithm();
      }
}
```

4. 策略模式的应用实例

某公司的雇员信息管理系统,现需要将雇员的基本信息显示到控制台上,假设用户可以选择 XML、HTML 或 TXT 3 种格式中的一种显示雇员基本信息。

在案例中,我们采用策略模式的设计将 3 种格式展示雇员基本信息的代码分别封装在 3 个类(PlainTextEmployeesFormatter, HTMLEmployeesFormatter, XMLEmployeesFormatter)中,每个类实现自己版本的方法 formatEmployees(),如图 11-17 所示。3 个类中方法实现同样的功能,都是返回表示雇员基本信息的字符串,方法的声明特征是一样的,所不同的是方法体的实现,可以充分利用面向对象多态机制的优势,进一步声明一个接口,作为这 3 个类的子类,接口中定义一个 3 个类共有的方法特征 formatEmployees(),如图 11-18 所示。该图的设计方案就是策略模式的运用,这种方案具有如下两个优势:①为实现显示雇员基本信息的功能,所写的程序的大部分代码仅操作接口 EmployeesFormat 类型的变量即可。②能够轻易扩增新类(大部分程序代码都不会被影响),使设计便于阅读和维护,例如,用户要求用不同于上述 3 种方式的一种新方式显示雇员基本信息,程序员很容易编写一个新类,它实现接口 EmployeesFormat,封装了显示雇员基本信息的新规则的实现代码,该设计方案对修改关闭,对扩展开放，允许系统在不修改代码的情况下，自由进行功能扩展。

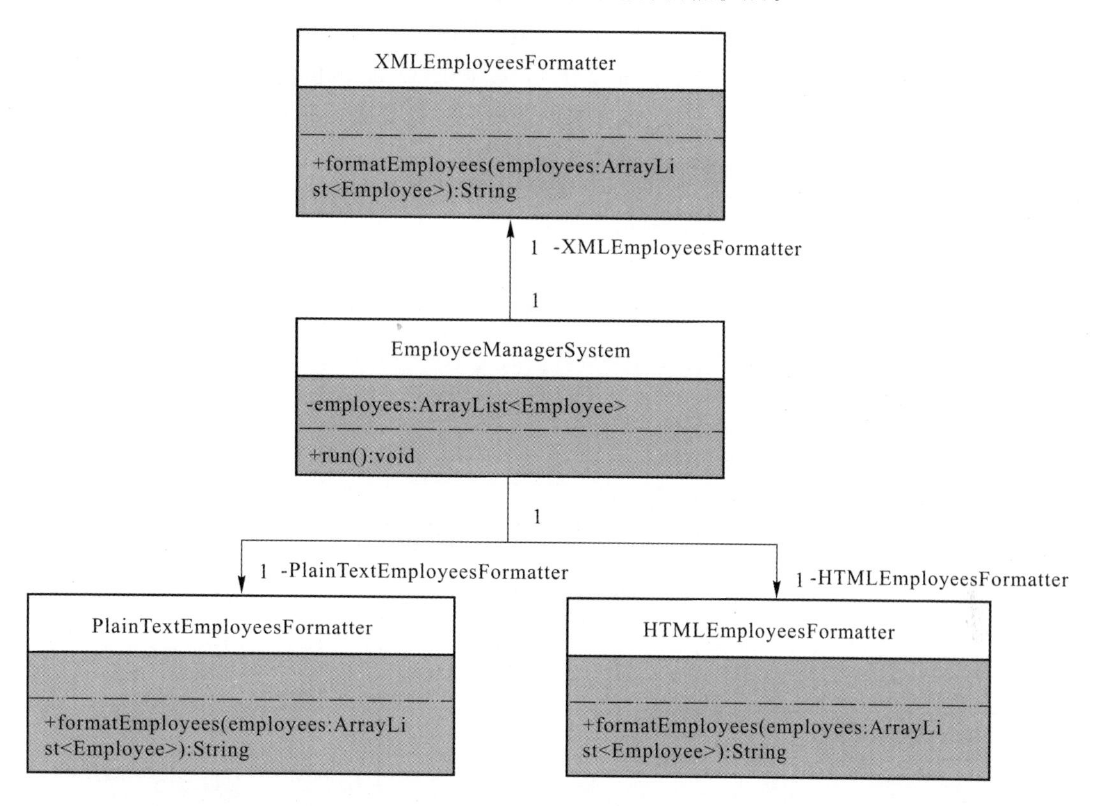

图 11－17　不同格式表示的代码分别进行封装

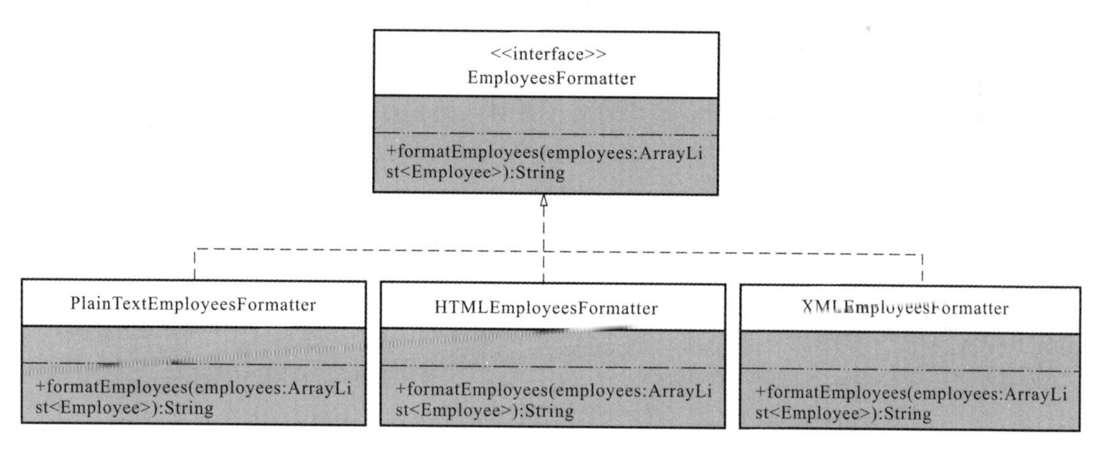

图 11－18　3 种不同格式显示雇员信息的设计方案

图 11－19 给出了雇员信息管理系统如何实现将雇员的基本信息按用户选择的格式显示到控制台上的设计方案，在类 EmployeeManagerSystem 中：

(1)包含一个私有属性 employees 存储要所有雇员的信息。

(2)包含一个接口类型(EmployeesFormatter)的私有关联变量 employeesFormatter。

(3)方法 setEmployeesFormatter(newFormatter：EmployeesFormatter)根据用户的选择

对变量 employeesFormatter 进行赋值,其值可能是类 PlainTextEmployeesFormatter 的对象、类 HTMLEmployeesFormatter 的对象或者类 XMLEmployeesFormatter 的对象。

(4)方法 displayEmployees()将会通过接口类型的变量 employeesFormatter 激活方法 formatEmployees(),根据方法的多态性,该方法的调用会根据变量 employeesFormatter 指向的对象类型(PlainTextEmployeesFormatter、HTMLEmployeesFormatter、XMLEmployeesFormatter 3种类的对象中的一个)进行方法体的绑定。

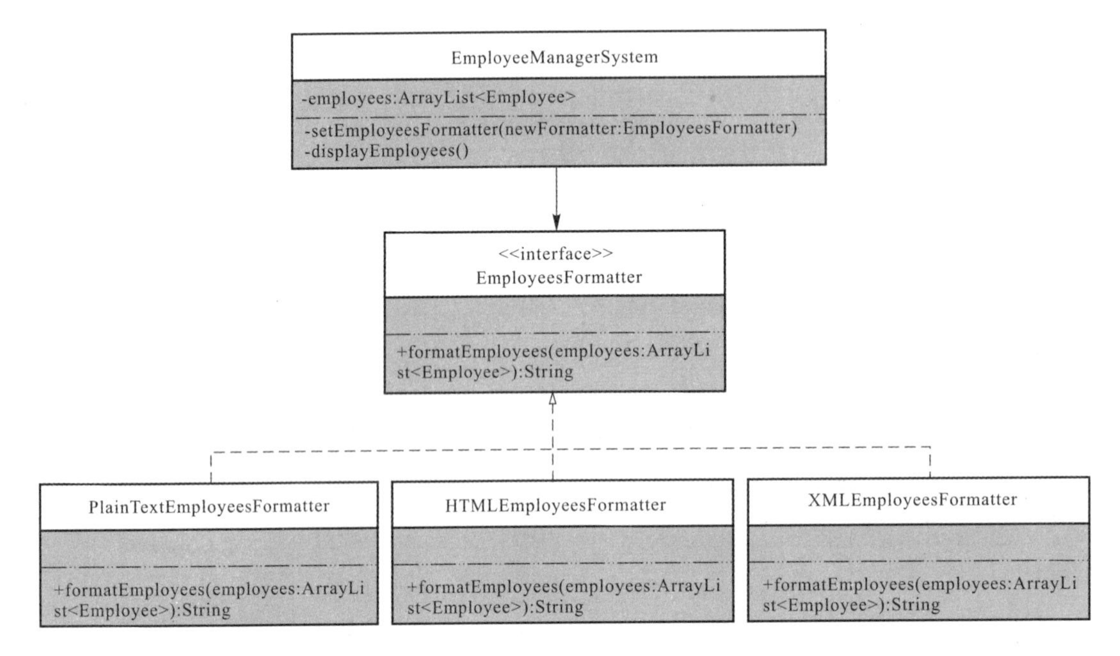

图 11-19 雇员信息显示的策略模式

策略模式的思想是:分别用单一模块封装了各种策略并提供一个简单的接口,允许用户在不同策略之间进行灵活的选择。类 ConcreteStrategyA, ConcreteStrategyB 和 ConcreteStrategyC 分别封装了具体的算法(即运算策略),Strategy 是它们公共的接口,类 Context 是应用环境,它包含了一个接口类型(Strategy)的引用变量 strategy。同时:类 Context 拥有一个方法 setStrategy(),该方法允许客户端代码指定一种运算策略,即为变量 strategy 赋值为类 ConcreteStrategyA、ConcreteStrategyB 或 ConcreteStrategyC 的对象;类 Context 拥有一个方法 invokeStrategy(),该方法允许客户端代码激活算法,即通过变量 strategy 激活方法 algorithm(),实现方法的动态绑定。

综上,该设计方案体现了面向对象设计的原则之一:类对修改关闭,对扩展开放,允许系统在不修改代码的情况下,进行功能扩展。该设计方案也体现了面向对象设计的原则之二:面向接口编程。

为了实现一种功能,实现该功能的方式或算法有多种,此种情况下可以考虑使用策略模式。例如,在以下的应用场合中,可以使用策略模式。

(1)以不同的格式保存文件。

(2)以不同的算法压缩文件。

(3)以不同的压缩算法截获图像。

(4)用不同的行分割策略显示文本数据。

(5)以不同的格式输出同样数据的图形化表示,比如曲线或框图等。

11.5.2　观察者模式

1. 观察者模式引入

当一个投资者在中华股票公司注册账号后,可以订阅他关心的信息主题,并希望观察到主题的变化。如果投资者关注的信息发生更新,他希望能够及时收到股票信息中心发来的有关主题的更新信息。在这个场景下,投资者很多,每个投资者都可以订阅不同类型的主题,主题更新,他们会收到相应的更新信息。当然,如果某些主题,投资者不再感兴趣了,他们也可以删除订阅的相关主题,或者投资者可以注销账号,就不会再收到股票行情了。那么,如何设计一个应用软件,使其可以包含有主题以及订阅者两个成员要素,并允许要素之间如上的行为方式,以满足用户需求?

通过分析可以发现在案例中有"主题"(各类股票信息)和"观察者"(不同的投资者)两个关键部分,观察者对主题的数据改变感兴趣,希望主题一旦有变化,就会将变化通知给他。一个主题可以被多个观察者关注,由于主题对象和观察者对象之间为一对多的依赖关系,因此当主题对象的状态发生变化时,它的所有观察者对象都会收到通知并自动更新。为满足主题和观察者之间的这种动态变化关系,我们引入观察者模式(Observer Pattern)。

观察者模式定义了一组对象间的一对多依赖关系,当每一个对象状态发生改变时,其相关依赖对象都会收到通知并自动更新。

2. 观察者模式类图

观察者模式的 UML 类图如图 11-20 所示,4 个主要职能角色见表 11-19。

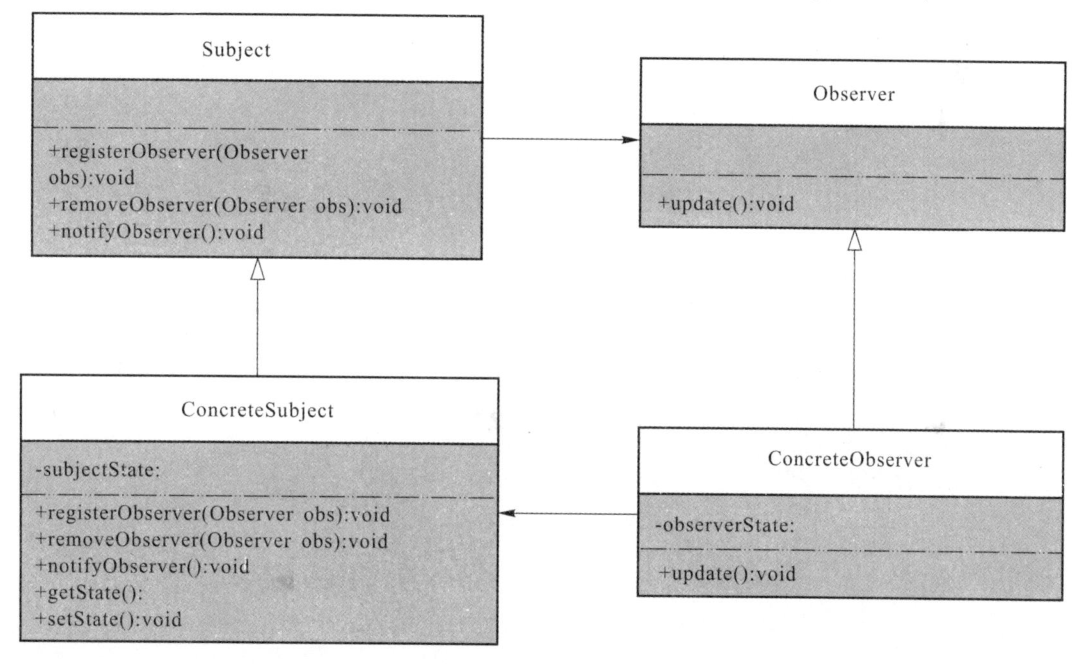

图 11-20　观察者模式类图

表 11-19　观察者模式角色及职能

类	角色	职能
Subject	抽象主题类	被观察对象的抽象类,定义了如下接口: (1)registerObserver():增加/注册观察者对象; (2)removeObserver():删除观察者对象; (3)notifyObservers():通知观察者对象主题的状态信息发生变化
ConcreteSubject	具体主题类	被观察对象的具体类,继承自 Subject,维护了主题的状态信息(subjectState)以及观察者列表(observers)。实现了抽象类的方法并新增如下方法: (1)getState():获取被观察对象的状态信息; (2)setState():更新被观察对象的状态信息
Observer	抽象观察者类	观察者的抽象类,定义了一个更新接口 update(),当主题对象改变时进行更新操作
ConcreteObserver	具体观察者类	观察者的具体类,维护了当前观察者订阅的主题(subject)以及从订阅的主题中接收到的状态值(observerState),并实现了更新接口

3. 观察者模式的实现

(1)主题。在观察者模式中不同类型的主题都需要实现 3 个功能:①如果观察者对该主题感兴趣,允许观察者注册;②如果观察者对该主题失去兴趣,不想继续关注,允许删除相应的观察者;③该主题如果有更新,可以通知注册的所有当前观察者。可以将不同类型主题的"共同的操作"独立出来,设计一个主题接口,便于主题的弹性扩展,该主题接口提供 3 个操作 registerObserver(),removeObserver()和 notifyObservers(),它们分别实现上述 3 个功能,具体的主题类可以实现该接口,并提供自己"特有"的属性和行为。

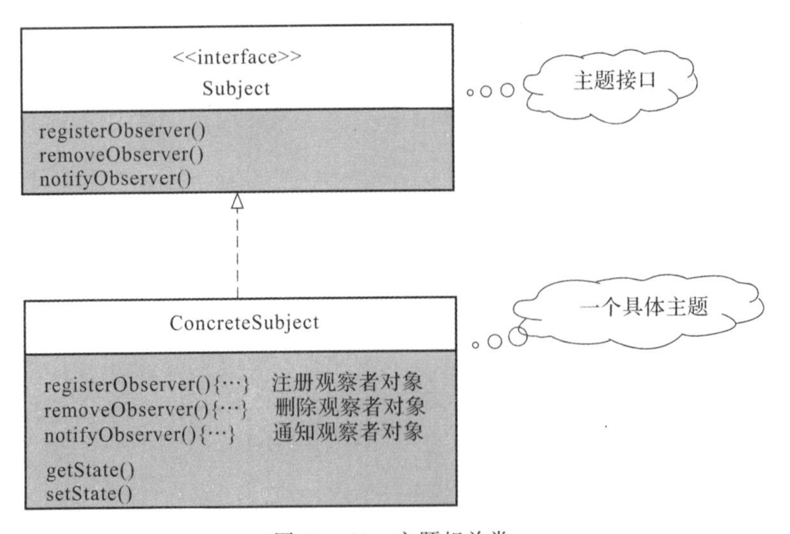

图 11-21　主题相关类

(2)观察者。由于观察者需要更新从主题接收的状态值,所以,所有的观察者都提供一个 update()方法,用于接收相关主题更新的状态。为了建模观察者,这里设计一个 Observer 接口，该接口提供update()方法，update()方法可以根据具体情况设置形参列表，每个形参可以表示要更新的一个状态。每个具体观察者都继承Observer，并提供自己特有的方法。观察者设计模式图中包含两个关联关系：

1)图中主题和观察者之间是单向一对多的关联关系，表示每个具体的主题都维护一个关心该主题的观察者集合，该集合标示为observers，作为具体主题类ConcreteSubject的私有关联属性，集合observers中的每个元素是接口Observer类型的，主题的方法notifyObservers()通过遍历集合observers中的所有观察者，激活各个观察者的update()方法，将更新的主题信息通知各个观察者，这样观察者的相应状态值就会更新。

2)图中观察者与主题是单向一对一的关联关系，表示每个具体的观察者维护一个它关心的具体的主题，关联属性标示为subject，它作为具体观察者ConcreteObserver的私有属性，其数据类型是ConcreteSubject类型的，通过该属性可以激活ConcreteSubject的registerObserver()方法，将当前的观察者注册到该主题的observers属性中去，表示该观察者对该主题subject感兴趣。

示例11-41 观察者模式中的抽象主题类

```
/* * Subject(抽象主题类) * /
public interface Subject{
    //声明一个向观察者集合中增加对象的方法
    public void registerObserver(Observer observer);
  //声明一个从观察者集合中删除对象的方法
    public void removeObserver(Observer observer);

    //声明抽象通知方法
    public abstract void notifyObserver();
      }
```

示例11-42 观察者模式中的具体主题类

```
/* * ConcreteSubject(具体主题类) * /
public class ConcreteSubject implements Subject {
//定义观察者集合用于存储所有观察者对象
    protected ArrayList<Observer> observers = new ArrayList();
    //定义主题的状态信息    private int subjectState;
    //实现增加对象的具体方法
    public void registerObserver(Observer observer){
      observers. add(observer);
  }
    //实现删除观察者的具体方法
    public void removeObserver(Observer observer){
      observers. remove(observer);
    }
      //实现通知方法
      public void notifyObserver() {
        //调用每一个观察者的响应方法
```

```
            for(Observer o:observer){
        o.update();
    }
            }
    //实现获取主题状态信息方法
    public int getState() {
      return subjectState;
    }
    //实现更新主题状态信息方法
    public void set(int newState) {
        subjectState = newState;
    }
```

示例11-43　观察者模式中的抽象观察者类

```
/** Observer(抽象观察者类)*/
public interface Observer{
    //声明响应方法
        public void update();
    }
```

示例11-44　观察者模式中的具体观察者类

```
/** ConcreteObserver(具体观察者类)*/
public class ConcreteObserver implements Observer{
    //实现响应方法
    public void update() {
      //具体响应
      System.out.println("更新观察者接收到的主题状态值");
      }
}
```

示例11-45　观察者模式中的客户端类

```
/** Client(客户端类)*/
public class Client {
     public static void main(String[] args) {
     //创建对象
     Subject subject = new ConcreteSubject();
Observer observer = new ConcreteObserver();
subject.registerObserver(observer);
subject.notifyObserver();
}
}
```

4. 观察者模式的应用实例

目前，有一个PM25Data类负责追踪天气状况，例如：温度区间、风力风向、生活指数、空气质量指数等，现在希望在该类之上，建立一个应用软件，该应用软件可以发布类似于图11-22

所示的 3 种终端显示的布告板，分别以不同的形式显示目前的天气状况、温度区间、风力风向、生活指数以及空气质量指数等信息，当 PM25Data 对象获得最新的测量数据时，3 种终端显示布告板必须实时更新。

图 11-22　有关天气状况的 3 种终端显示布告板

分析上述 3 种终端布告板显示天气状况和空气质量跟踪的案例，在案例中有“主题”(各类天气数据)和“观察者”(不同的终端显示布告板)，所以最好的解决方法是采用观察者设计模式。类 PM25Data 的对象是主体，它继承 Subject 接口，维护一个 observers 集合，存储所有对该主题感兴趣的观察者，建立在维护的属性 observers 之上，为从接口中继承的方法 registerObserver()，removeObserver() 和 notifyObservers() 分别提供方法体，同时，类 PM25Data 还提供了 getTemperature()，getPm25()，getWind()等方法用于获取天气状态，measurementsChanged()表示主题状态信息更新的事件。3 种显示方式(即类 DisplayOne，DisplayTwo 和 DisplayThree)对应的对象是 3 个不同的观察者，每个具体的观察者除了继承接口 Observer，还继承了用于显示的类 Display，每个观察者维护一个变量 subject，通过该变量激活 registerObserver()，进行注册。只要主题 PM25Data 对象的天气状况和空气质量发生变化，就会及时通知各个观察者。空气质量跟踪模型如图 11-23 所示。

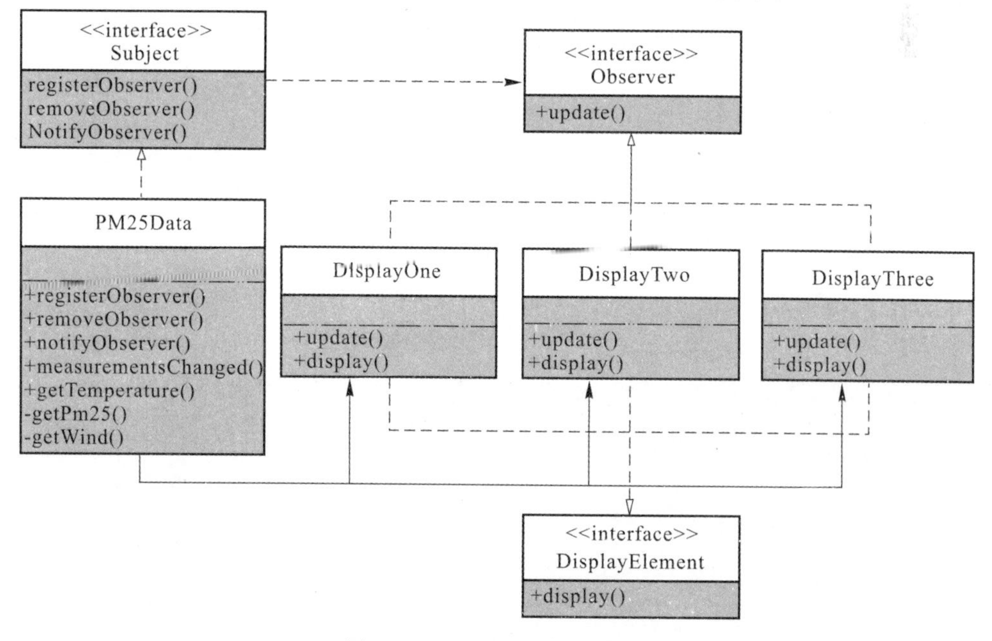

图 11-23　空气质量跟踪模型

示例 11－46　抽象主题类：Subject 类

```
/ * * 抽象主题类：Subject 类
 * 该接口建模主题
 */
public interface Subject {
      public void registerObservers(Observer o);   //注册方法
      public void removeObservers(Observer o);      //删除方法
      public abstract void notifyObservers(float temperature, String pm25, String wind);
      //声明抽象通知方法
}
```

示例 11－47　抽象观察者类：Observer 类

```
/ * * 抽象观察者类：Observer 类
 * 该接口建模观察者
 */
public interface Observer {
    //声明温度、PM2.5、风向的更新方法
    public void update (float temp, String pm25, String wind);
}
```

示例 11－48　抽象观察者类：DisplayElement 类

```
/ * * 抽象观察者类：DisplayElement 类
 * 该接口建模显示模式
 */
public interface DisplayElement {
        public void display ();
}
```

示例 11－49　具体主题类：PM25Data 类

```
/ * * 具体主题类：PM25Data 类
 * 该类建模具体的主题"空气状况信息"
 */
public class PM25Data   implements Subject {
      private ArrayList<Observer> observers;
      private float temperature;
      private String pm25;
      private String wind;
      / * *
       * 构造函数   初始化一个空的集合 observers
       */
//定义观察者集合用于存储所有观察者对象
      public   PM25Data(){
          observers = new ArrayList<Observer>();
}
```

```
    /**
     *   注册一个观察者,将其存入集合 observers 中
     * @param o 注册的观察者
*/
    public void registerObservers(Observer o) {
        observers.add(o);
}
    /**
      *   删除一个观察者,将其从集合 observers 中删除
      * @param o 删除的观察者
      */
    public void removeObservers(Observer o) {
        int j = observers.indexOf(o);
        if (j >= 0) {
            observers.remove(j);            }
}
    /**
      * 遍历集合 observers 中每个观察者,并激活各个观察者的 update()方法。
      */
    public void notifyObservers(float temperature, String pm25, String wind) {
        for (int j = 0; j < observers.size(); j++) {
        Observer observer = observers.get(j);
        observer.update(temperature, pm25, wind);
        }
}
    public float getTemperature(){
        return temperature;
    }

    public void setPm25(String pm25){
      this.pm25 = pm25;
    }
    public void setWind(String wind){
      this.wind = wind;
    }
    public String getPm25(){
      return pm25;
    }
    public String getWind(){
      return wind;
    }
}
```

示例11-50　具体观察者类:DisplayOne类

```
/**
* 该类建模一个具体的观察者 DisplayOne
*/
public class DisplayOne implements Observer, DisplayElement {
    private float temperatue;
    private float humidity;
    private PM25Data pm25Data;
    /**
     * 构造函数  初始化感兴趣的具体的主题,并注册
     * @param pm25Data  初始化感兴趣的具体的主题
     */
    public DisplayOne (PM25Data pm25Data) {
        this. pm25Data =pm25Data;
    }
    /**
     * 更新观察者所关心状态的值
     * @param temperature 温度
     * @param pm25 PM2. 5 数据
     * @param wind 风力
     */
  public void update (float temperature, float pm25, float wind) {
      this. temperature = temperature;
      this. pm25Data. setPm25(pm25);
      this. pm25Data. setWind(wind);
      display ();
  }
  /**
     * 打印天气状况信息
     */
public void display (){
        System. out. println("Current conditions :" + temperature + " " + pm25Data. getPm25() +
" " +pm25Data. getWind());
    }
}
```

11.5.3　迭代器模式

1. 迭代器模式引入

在生活中人们通过使用电视遥控器实现换台操作。每台电视机都有自己配套的遥控器,可以将电视机视为一个存储电视频道的聚合对象,每个遥控器都具有遍历功能,通过遥控器来遍历所有的电视频道。

在软件开发过程中,存在着大量可以存储多个成员对象的类,这些类被称为聚合类,为了

方便对这些聚合类进行遍历操作，就需要类似电视遥控器的具有遍历功能的角色，这就是我们要引入的迭代器模式(Iterator Pattern)。

迭代器模式将对聚合对象的遍历行为提取封装，抽象为一个迭代器类来负责遍历聚合的职能，从而让两者的职责更加单一。这样能够做到既不暴露聚合对象的内部结构，又提供一种方法让外部代码透明地访问聚合内部的数据，从而遍历聚合对象中的各个元素。

在Java类库中也实现了一个接口Iterable，该接口有一个方法iterator()，用以获取每种容器自身的迭代器。

2. 迭代器模式类图

迭代器模式的UML类图如图11-24所示，主要角色及职能见表11-20。

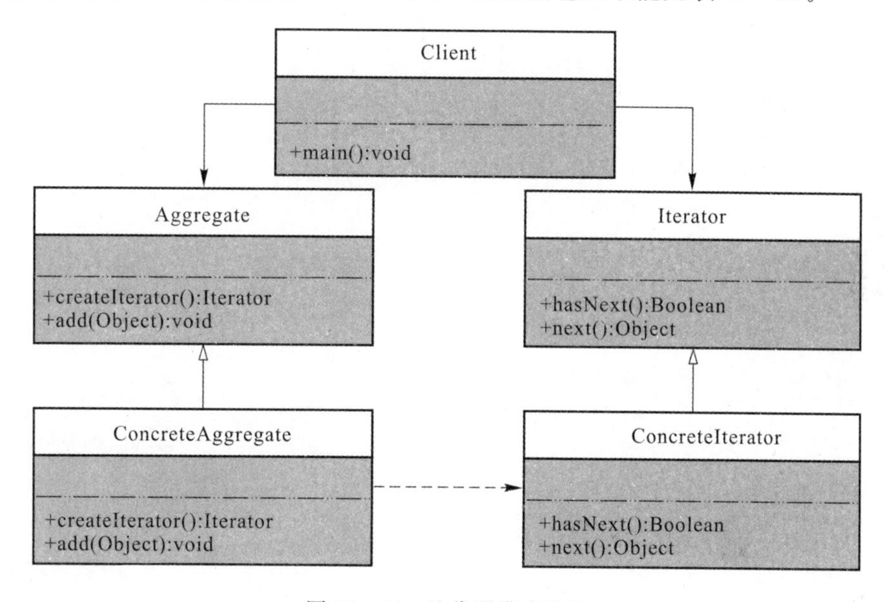

图11-24 迭代器模式类图

表11-20 迭代器模式角色及职能

类	角色	职能
Aggregate	抽象聚合类 (对应抽象工厂类)	定义了对象add、delete聚合元素等操作及创建迭代器对象方法的接口
ConcreteAggregate	具体聚合类 (对应具体工厂类)	实现抽象聚合类，返回一个具体迭代器的实例
Iterator	抽象迭代器类 (对应抽象产品类)	定义访问和遍历元素的接口，声明访问和遍历聚合对象的方法，如hasNext()、next()等
ConcreteIterator	具体迭代器类 (对应具体类)	实现抽象迭代器接口，实现对聚合对象的遍历操作

3. 迭代器模式的实现

示例11-51 迭代器模式中的抽象迭代器类

```
/ * * Inerator(抽象迭代器类) * /
public interface Iterator {
        //得到下一个对象
    Object next();
        //判断是否有下一个对象
    boolean hasNext();
}
```

示例11-52　迭代器模式中的具体迭代器类

```
/ * * ConcreteIterator(具体迭代器类) * /
import java. util. List;
public class ConcreteIterator implements Iterator {
    //维持对具体聚合对象的引用
    private List list;
    //定义一个标记位并设置初始值,用于记录当前访问的位置
    private int currentIndex = 0;
    public ConcreteIterator(List list) {
      this. list = list;
    }
    public Object next() {
      if (hasNext()) {
        return list. get(currentIndex++);
      }
      return null;
    }
    public boolean hasNext() {
      if (currentIndex == list. size()) {
            return false;
      }
      return true;
    }
}
```

示例11-53　迭代器模式中的抽象聚合类

```
/ * * Aggregate(抽象聚合类) * /
//存储数据并创建迭代器对象
public interface Aggregate {
    //添加
    void add(Object object);
    //删除
    void delete(Object object);
    //创建迭代器
    Iterator createIterator();
}
```

示例11－54 迭代器模式中的具体聚合类

```
/* * ConcreteAggregate(具体聚合类) */
import java.util.ArrayList;
import java.util.List;
public class ConcreteAggregate implements Aggregate {
    private List<Object> items = new ArrayList<>();
    public Iterator createIterator() {
      return new ConcreteIterator(items);
    }
    public void add(Object object) {
      items.add(object);
    }
    public void delete(Object object) {
      items.remove(object);
    }
}
```

示例11－55 迭代器模式中的客户端类

```
/* * Client(客户端) */
public class Client {
    public static void main(String[] args) {
    Aggregate aggregate = new ConcreteAggregate();
    aggregate.add(1);
    aggregate.add(2);
    aggregate.add(3);
    aggregate.add(4);
    Iterator iterator = aggregate.createIterator();
      while (iterator.hasNext()) {
        System.out.println(iterator.next());
      }
    }
}
```

4. 迭代器模式的应用实例

在雇员信息系统中，常常需要对员工进行大量相同的增加、修改、删除等操作，为简化这样的重复操作，可以实现一个迭代器，将这样的遍历功能交由迭代器完成。使用该系统的客户，不需了解迭代器中复杂的逻辑，就可以轻松完成对员工聚合的遍历操作。

该聚合对象中的元素就是员工对象，定义一个接口实现对员工对象add、delete操作并创建获取员工对象迭代器的方法。EmployeeAggregate类实现该接口，并返回一个迭代器的实例。迭代器接口中定义了访问和遍历聚合对象的方法，具体员工对象迭代器实现对聚合对象的遍历。

示例11－56 抽象聚合类Aggregate

```
/* * 抽象聚合类 * /
public interface Aggregate {
    //添加
    void add(Object object);
    //删除
    void delete(Object object);
    //创建迭代器对象的抽象工厂方法
    public abstractIterator createIterator();
}
```

示例 11－57　具体聚合类:EmployeeAggregate 类

```
/* * 具体聚合类:EmployeeAggregate 类 * /
import java.util.ArrayList;
import java.util.List;
public class EmployeeAggregate implements Aggregate {
    private List<Object> items = new ArrayList<>();
    //实现迭代器对象的具体工厂方法
    public Iterator createIterator() {
      return new EmployeeIterator(items);
    }

    public void add(Object object) {
      items.add(object);
    }
    public void delete(Object object) {
      items.remove(object);
    }
}
```

示例 11－58　抽象迭代器类 Iterator

```
/* * 抽象迭代器类 * /
public interface Iterator {
      //得到下一个对象
    Object next();
      //判断是否有下一个对象
    boolean hasNext();
}
```

示例 11－59　具体迭代器类:EmployeeIterator 类

```
/* * 具体迭代器类:EmployeeIterator 类 * /
import java.util.List;
public class EmployeeIterator implements Iterator {
    private List list;
```

```
    //定义一个标记位并设置初始值,用于记录当前遍历的位置
    private int currentIndex = 0;

    //获取集合对象
    publicEmployeeIterator(List list) {
      this. list = list;
    }

    public Object next() {
      if (hasNext()) {
        return list. get(currentIndex++);
      }
      return null;
    }

    public boolean hasNext() {
      if (currentIndex == list. size()) {
         return false;
      }
         return true;
    }
}
```

示例11-60 迭代器模式应用实例中的客户端类

```
/**客户端类*/
public class Client {
    public static void main(String[] args) {
    Aggregate aggregate = new EmployeeAggregate();//创建集合对象
    aggregate. add("张三");
    aggregate. add("李四");
    aggregate. add("王五");
    Iterator iterator = aggregate. createIterator();//创建迭代器对象
        while (iterator. hasNext()) {
        System. out. println("存在下一个对象 :"+iterator. next());
        }
      }
}
```

参考文献

[1] BRUCE E W. Java 与 UML 面向对象程序设计. 王海鹏,译. 北京:人民邮电出版社,2002.

[2] BARKER J. Beginning Java Objects 中文版:从概念到代码. 2 版. 万波,等译. 北京:人民邮电出版社,2007.

[3] PILONE D,PITMAN N. UML 2.0 in a Nutshell. Sevastopol:O'Reilly Media,2005.

[4] BOOCH G. 面向对象的分析与设计. 冯博琴,冯岚,薛涛,等译. 北京:机械工业出版社,2003.

[5] ECKEL B. Java 编程思想. 4 版. 陈昊鹏,译. 北京:机械工业出版社,2007.

[6] BLOCH J. Effective Java. 杨春花,俞黎敏,译. 北京:机械工业出版社,2009.

[7] 许晓斌. Maven 实战. 北京:机械工业出版社,2010.

[8] FREEMAN E. Head First 设计模式:中文版. O'Reilly Taiwan 公司,译. 北京:中国电力出版社,2007.

[9] GAMMA E,HELM R,JOHNSON R,等. 设计模式:可复用面向对象软件的基础. 李英军,马晓星,蔡敏,等译. 北京:机械工业出版社,2005.

[10] MARTIN R C. UML for Java Programmers. Upper Saddle River:Prentice Hall,2003.

[11] 刘伟. Java 设计模式. 北京:清华大学出版社,2018.